普通高等学校规划教材·力学系列

材料力学

（少学时）

张新占　主　编

内 容 提 要

本书是作者根据教育部高等学校工科力学课程教学指导委员会对力学系列课程的要求,结合多年的力学教学实践,按土建、机械两类专业的少学时要求编写的。

本书基本内容包括:绪论、轴向拉伸与压缩、截面几何性质、扭转、弯曲内力、弯曲应力、弯曲变形、应力分析与强度理论、组合变形、压杆稳定和动荷载等。各章后备有相应的习题,并附有参考答案。

本书可作为高等院校土建、机械类专业的材料力学教材,也可供高等专科、高等职业、成人教育等工科各专业教学使用,亦可供有关工程技术人员参考。

图书在版编目(CIP)数据

材料力学:少学时 / 张新占主编. — 北京 :人民交通出版社股份有限公司,2016.8

ISBN 978-7-114-13047-2

Ⅰ.①材… Ⅱ.①张… Ⅲ.①材料力学—高等学校—教材 Ⅳ.①TB301

中国版本图书馆 CIP 数据核字(2016)第 120972 号

普通高等学校规划教材・力学系列

书　　名:**材料力学**(少学时)
著 作 者:张新占
责任编辑:郑蕉林　王景景
出版发行:人民交通出版社股份有限公司
地　　址:(100011)北京市朝阳区安定门外外馆斜街 3 号
网　　址:http://www.ccpress.com.cn
销售电话:(010)59757973
总 经 销:人民交通出版社股份有限公司发行部
经　　销:各地新华书店
印　　刷:大厂回族自治县正兴印务有限公司
开　　本:787 × 1092　1/16
印　　张:19.5
字　　数:453 千
版　　次:2016 年 8 月　第 1 版
印　　次:2019 年 3 月　第 3 次印刷
书　　号:ISBN 978-7-114-13047-2
定　　价:36.00 元
(有印刷、装订质量问题的图书由本公司负责调换)

前　言

本书是根据教育部高等学校工科材料力学课程中少学时课程要求和教育部工科力学课程教学指导委员会面向21世纪工程力学课程教学改革的要求编写的。

本书编者根据多年在材料力学教学中积累的经验，综合考虑与先修课程的衔接和向后续专业课的过渡，通过优化教材内容和叙述方法，使读者使用本书时更加容易、方便。本书特点如下：

(1)安排内容时注重系统性、完整性，重点放在介绍材料力学的基本概念、基本理论、基本计算方法，学完本书就可掌握材料力学的基本内容。

(2)在叙述方法上循序渐进，将"截面几何性质"编入第三章，以方便后面内容的学习和理解；在动荷载一章中去掉"冲击韧性"，增加"疲劳"一节，引入新知识。

(3)为方便读者自学和课前预习，每章内容前编写了导读，导读主要介绍本章的基本内容、重点、难点及要注意的问题，章后有"本章复习要点"和习题，书后有习题参考答案。

(4)为帮助读者提高分析问题、解决问题的能力，在典型例题后编写了"评注"。"评注"根据题目的不同，其形式和内容也不同，有的介绍分析问题、解决问题的思路和方法，有的是进一步透视题目所涉及理论的实质和处理问题的方法。

(5)注重理论联系实际，例题和习题的题材选用尽量与工程实际相结合，以增加读者的学习兴趣和积极性。

(6)本书可作为高等学校工科工程力学第二分册(材料力学)和材料力学(少学时)的教材使用。

本书共11章。第一、二、三、四、十章由张新占编写，第五、六、七章由石晶编写，第八、九、十一章由靳玉佳编写。张新占担任主编，负责全书统稿、修改和定稿工作。

本书编写过程中，长安大学工程力学系的老师给予了大力支持和帮助，并提出许多宝贵意见，同时，编者还参考了同行部分优秀教材，并选用了其中部分例题和习题。在出版过程中，人民交通出版社的同志付出了辛勤的劳动，谨此一并致谢。

本书出版获得长安大学与人民交通出版社精品教材建设及专著出版基金资助。

由于编者的水平有限，难免有不妥之处，竭诚欢迎献计读者批评指正。

编　者

2016 年 3 月

目 录

第一章 绪 论

第一节 材料力学的任务

工程中常使用各式各样的结构和机械,这些结构和机械一般都是由许多部件或零件按一定的规律组合而成,我们把这些部件或零件统称为**构件**,如桥梁结构中的梁板、墩柱,房屋结构中的楼板、纵横梁、屋顶,起重机的横梁、吊钩、钢丝绳等都是构件。当结构或机械工作时,构件将受到其他构件传递的力的作用,这种力称为**荷载**。构件在荷载作用下,形状及尺寸将发生变化,这种变化称为变形。构件的变形分为两类;一类是当外力解除后可消失的变形,称为**弹性变形**;另一类是当外力解除后不能消失的变形,称为**塑性变形**或**残余变形**。

为了保证结构或机械的正常工作,各构件都必须能够正常工作。为此,首先要求构件在受到荷载作用时不发生破坏或不产生显著的塑性变形。其次,对于许多构件,工作时产生过大变形一般也是不容许的,例如,机床主轴或机身在工作时如果变形过大,将影响加工精度;桥梁结构在荷载作用下如果变形过大,将影响车辆的行走,等等。此外,有些构件在某种荷载作用下,将发生不能保持其原有平衡形式的现象,如桥梁中的墩柱,如果是细长的,当传递的压力超过一定限度后,将有可能显著地变弯,导致桥梁倒塌。构件在一定荷载作用下突然发生不能保持其原有平衡形式的现象,称为**失稳**。由以上分析可知,构件要正常工作需满足以下三点:

(1)具有足够的**强度**。构件的强度是指构件在荷载作用下,抵抗破坏或过量塑性变形的能力,例如房屋中的横梁不应断裂,楼板不能有过大的变形等。

(2)具有足够的**刚度**。构件的刚度是指构件在荷载作用下,抵抗弹性变形的能力,如机床主轴变形不应过大,否则将影响加工精度。

(3)具有足够的**稳定性**。构件的稳定性是指构件在压力荷载作用下,保持其原有平衡状态的能力,例如千斤顶的螺杆,桥梁结构中的墩柱等。

构件的强度、刚度和稳定性统称为构件的**承载力**,在设计构件时,首先承载力要满足要求,同时还必须尽可能地合理选用材料和节省材料,以降低成本并减轻构件的重量。前者是为了安全可靠,可通过选用优质材料与较大的截面尺寸实现,但这样一来,可能造成材料浪费与结构笨重;后者是为了少用材料,减少费用。可见,两者之间存在着矛盾。材料力学的任务就是研究构件在荷载作用下的变形、受力与破坏的规律,为设计既经济又安全的构件,提供强度、刚度和稳定性分析的基本理论和计算方法。构件的承载力是材料力学所要研究的主要内容。

研究构件的承载力时,离不开材料在荷载作用下表现出的变形和破坏等方面的性能,即**材料的力学性能**。材料的力学性能只能通过试验来测定。此外,经过简化得出的理论是否反映实际情况,也要借助于试验来验证。所以,试验分析和理论研究同是材料力学解决问题的方法。

第二节 变形固体的基本假设

组成实际构件的材料是多种多样的,但它们具有一个共同的特点,即都是固体。在荷载作用下,一切固体都将发生变形,故称为**变形固体**。由于变形固体的性质是多方面的,而且很复杂,为了便于进行强度、刚度和稳定性的理论分析,通常省略一些对分析计算影响小的次要因素,将它们抽象为理想化的材料,然后进行分析计算。通常对变形固体常做以下四个基本假设。

(1)**连续性假设**。认为在整个物体体积内毫无空隙地充满着物质,即认为结构是密实的。根据这一假设,构件内的一些力学量既可用坐标的连续函数表示,也可采用无限小的数学分析方法。同时,这种连续性不仅存在于构件变形前,也存在于变形后,即构件在变形后不会出现空隙或孔洞,也不会出现重叠现象。

(2)**均匀性假设**。认为物体内的任何部分,其力学性能相同。根据这一假设,从构件内部任何一点所取的微小体积单元,其力学性质与其他部分相同,可以代表整个构件的力学性质。

实际的材料,其组成部分的力学性能往往存在不同程度的差异,例如水泥混凝土材料,是由砂、石、水、水泥等材料经水化反应后形成,对每个组成材料而言,其力学性质存在差别,但由于构件或构件的任一部分包含了数量极大的组成材料,而且无规则地排列,构件的力学性能是这些组成材料力学性能的统计平均值,能保持一个恒定的量,所以可认为各部分的力学性能是均匀的。

(3)**各向同性假设**。认为在材料内沿各个不同方向的力学性能相同。对金属材料的单一晶粒而言,沿不同方向,其力学性能是有差异的。但构件中包含大量的晶粒,且杂乱无章地排列,这样,从宏观来看,沿各个方向的力学性能就接近相同了。铸钢、铸铜、玻璃等也属这类材料。我们把具有这种性质的材料称为**各向同性材料**;沿不同方向力学性能不同的材料,称为**各向异性材料**,如木材、胶合板和一些复合材料等。

(4)**小变形假设**。认为构件在荷载作用下产生的变形与构件的原始尺寸比较很微小。根据这一假设,由于构件的变形很小,在研究构件的平衡和运动以及内部受力和变形等问题时,均按构件的原始尺寸和形状进行计算,在各种计算中出现的变形数值的高次方项可忽略不计。在工程实际中,也会遇到一些柔性构件,在荷载作用下其变形常常很大,这时必须按变形后的形状计算,对于大变形问题的研究,已超出了课程涉及的范围。

第三节 外力和内力

一、外力

对于材料力学的研究对象——构件而言,其他构件和物体作用于其上的力均是外力,包括外加荷载和约束反力。我们把外力按下列方式分类。

1. 按外力的作用方式分类

(1)体积力,就是连续分布于构件内部各点上的力。如构件的自重和惯性力。

(2)表面力,就是作用于构件表面上的外力,按其在表面的分布情况又可分为分布力和集中力。

分布力是连续作用于构件表面或某一范围的力,如作用于船体上的水压力,作用于挡土墙上的土压力,作用于高压容器内壁的气体或液体压力等。

如果分布力的作用面积远小于构件的表面积或沿杆件轴线的分布范围远小于杆件长度,则可将分布力简化为作用于一点的力,称为**集中力**,如车轮对桥面的压力、火车轮对钢轨的压力等。

2. 按荷载随时间变化的情况分类

(1)**静荷载**。荷载大小缓慢地由零增加到某一定值后,不再随时间变化,保持不变或变动很不显著,称为静荷载。如建成的桥梁,上部结构自重对墩柱的作用力;构件的自重等。

(2)**动荷载**。随时间显著变化或使构件各质点产生明显的加速度的荷载。称为动荷载。动荷载又可分为交变荷载和冲击荷载。

交变荷载是指随时间作周期性变化的荷载。如当齿轮转动时,作用于每一个齿上的荷载;车辆行走时,作用于轴上某点的荷载等。

冲击荷载是指物体的运动在瞬时内发生突然变化所引起的荷载,如紧急制动时飞轮的轮轴、锻造时汽锤的锤杆等都受到冲击荷载的作用。

二、内力与截面法

1. 内力

构件在外力作用下发生变形,其内部相邻部分之间的距离发生改变,从而引起相邻部分之间的相互作用力发生改变,改变部分称为**内力**。事实上,即使无外力作用,构件内各质点之间依然存在着相互作用的力,由于这种作用力的存在,使构件以固体的形式存在。材料力学中的内力,是指外力作用下引起的质点相互作用力的变化量,因此也称“附加内力”。

构件在荷载作用下内力的大小及分布规律,直接与构件的强度、刚度和稳定性密切相关,因此,内力分析在材料力学中占有重要地位。

2. 截面法

为了显示内力并确定其大小,假想沿欲求内力的截面将构件切开,用内力表示其相互作用,使欲求内力得以显露,如图1-1所示。由连续性假设可知,内力在切开截面上是连续分布的,因此,有时也称“分布内力”。

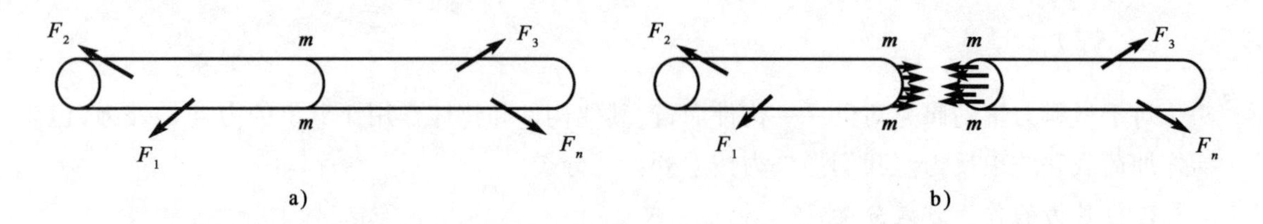

图 1-1

按照力系简化理论,将上述分布内力进行简化,结果为一主矢 F_R 和一主矩 M(图1-2)。建立坐标系,沿截面轴线建立 x 轴,y 轴和 z 轴在切开截面内,将主矢 F_R 和主矩 M 分别向 x 轴、y 轴和 z 轴分解,得内力分量 F_x、F_y 和 F_z 以及内力偶矩分量 M_x、M_y 和 M_z。我们把沿轴线的内力分量 F_x 称为**轴力**,通常用 F_N 表示;作用线位于所切截面的内力分量 F_y 和 F_z 称为剪力;矢量沿轴线的内力偶矩 M_x 称为**扭矩**,通常用 T 表示;矢量位于所切截面的内力偶矩 M_y 和 M_z 称为**弯矩**。为叙述方便,将内力分量和内力偶矩分量统称为**内力分量**。由于原构件在外力作用下保持平衡,因此所截部分在外力和内力分量共同作用下保持平衡。根据平衡方程

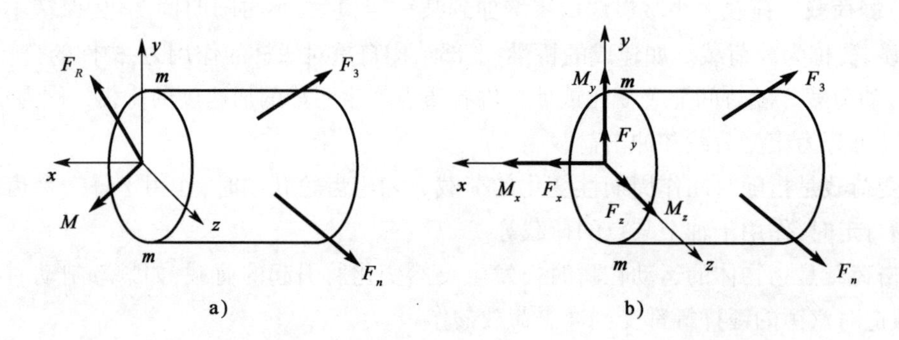

图 1-2

$$\sum F_x = 0, \sum F_y = 0, \sum F_z = 0 \quad \sum M_x = 0, \sum M_y = 0, \sum M_z = 0$$

即可建立内力与外力间的关系并由外力确定内力。

上述将构件假想地切开以显示内力,由平衡条件建立内力与外力间的关系并由外力确定内力的方法,称为**截面法**。截面法是材料力学中研究内力的基本方法,可将其归纳为以下三个步骤。

(1)**截开**。在欲求内力的截面处,假想用一平面将截面分成两部分,任意保留一部分,弃去另一部分。

(2)**代替**。用作用于截面上的内力代替弃去部分对留下部分的作用。

(3)**平衡**。对留下部分建立平衡方程,确定内力分量。

第四节　应力和应变

一、应力

确定了构件截面上的内力后,还不能直接用内力判断该截面上的强度是否足够,为此,引入内力分布集度的概念。如图1-3所示,围绕任一点 K 取微小面积 ΔA,ΔA 上分布内力的合力为 ΔF,ΔF 与 ΔA 的比值,用 p_{m} 表示,即

$$p_{\mathrm{m}}=\frac{\Delta F}{\Delta A}$$

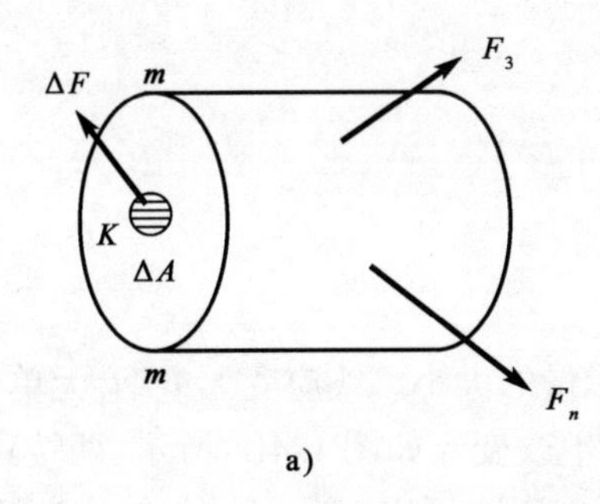

a)

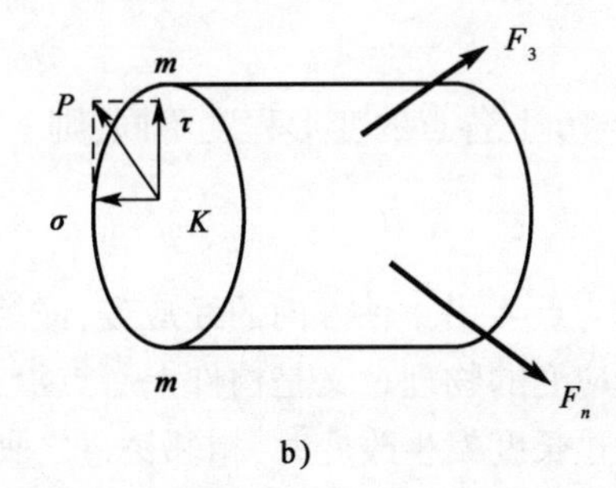

b)

图　1-3

p_{m} 是一个矢量,代表在 ΔA 范围内,单位面积上的内力的平均集度,称为平均应力。当 ΔA 趋于零时,p_{m} 的大小和方向都将趋于一定极限,于是有

$$p=\lim_{\Delta A\to 0}p_{\mathrm{m}}=\lim_{\Delta A\to 0}\frac{\Delta F}{\Delta A}=\frac{\mathrm{d}F}{\mathrm{d}A} \tag{1-1}$$

式中,p 称为 $\boldsymbol{K}$ 点处的应力。由式(1-1)知,应力可理解为单位面积上的内力,表示截面上某点当 $\Delta A\to 0$ 时内力的密集程度。通常把应力 p 分解成垂直于截面的分量 σ 和位于截面的分量 τ,σ 称为**正应力**,τ 称为**切应力**。显然有

$$p^2=\sigma^2+\tau^2 \tag{1-2}$$

应力的单位为 $\mathrm{N/m^2}$,且 $1\mathrm{N/m^2}=1\mathrm{Pa}$(帕),$1\mathrm{GPa}=10^9\mathrm{Pa}$,$1\mathrm{MPa}=10^6\mathrm{Pa}$。

二、应变

构件在荷载作用下,其形状和尺寸都将发生改变,即产生变形。构件发生变形时,内部任意一点将产生移动,这种移动称为**线位移**。同时,构件上的线段(或平面)将发生转动,这种转动称为**角位移**。由于构件的刚体运动也可产生线位移和角位移,因此,构件的变形要用线段长度的改变和角度的改变来描述。线段长度的改变称为线变形,角度的改变称为**角变形**,线变形和角变形分别用**线应变**和**角应变**来度量。

图1-4a)所示为在构件中取出的一微小六面体,现取其中一棱边研究。设棱边 AB 原长为 Δx,构件在荷载作用下发生变形,A 点沿 x 轴方向的位移为 u,B 点沿 x 轴方向的位移为 $u+\Delta u$,则棱边沿 x 轴方向的改变为 $[(\Delta x+u+\Delta u)-u]-\Delta x=\Delta u$,则棱边 AB 的平均应变为

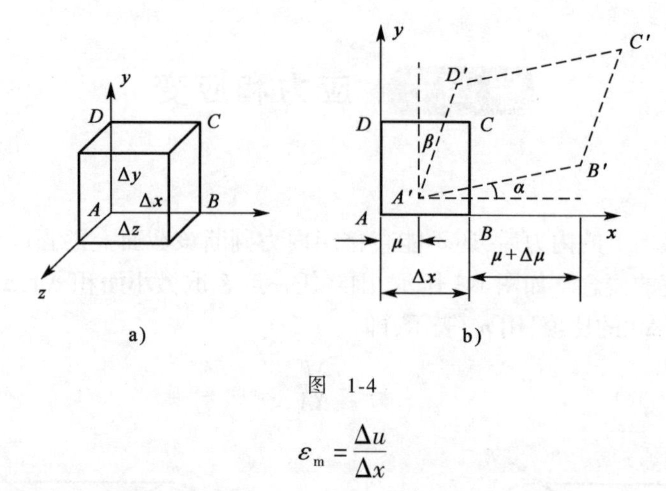

图 1-4

$$\varepsilon_{\mathrm{m}}=\frac{\Delta u}{\Delta x}$$

若 AB 上各点的变形程度不同,则

$$\varepsilon=\lim_{\Delta x\to 0}\frac{\Delta u}{\Delta x}=\frac{\mathrm{d}u}{\mathrm{d}x} \tag{1-3}$$

称为点 A 沿 x 轴方向的**线应变**,或简称为**应变**。

线应变的物理意义是构件上一点沿某一方向变形量的大小。线应变无量纲,无单位。

棱边长度发生改变时,相邻棱边之夹角一般也发生改变。如图 1-4b)所示,两棱边所夹直角改变了 $\alpha+\beta$,这种直角的改变量称为**切应变**,用 γ 表示。切应变无量纲,单位为弧度。

第五节 杆件变形的基本形式

实际中的构件有各种不同的形状,可简单分为块体(长、宽、高三向尺寸接近)、板壳(长、宽方向尺寸远大于厚度方向尺寸)和杆件(纵向尺寸远大于横向尺寸)。材料力学研究的对象为**杆件**,简称**杆**。

杆件的形状和尺寸由两个几何参数确定——**横截面**和**轴线**(图 1-5)。横截面是指与轴线垂直的截面;轴线是横截面形心的连线。

杆件按横截面沿轴线的变化情况可分为等截面杆和变截面杆。按轴线的形状可分为直杆、曲杆和折杆。

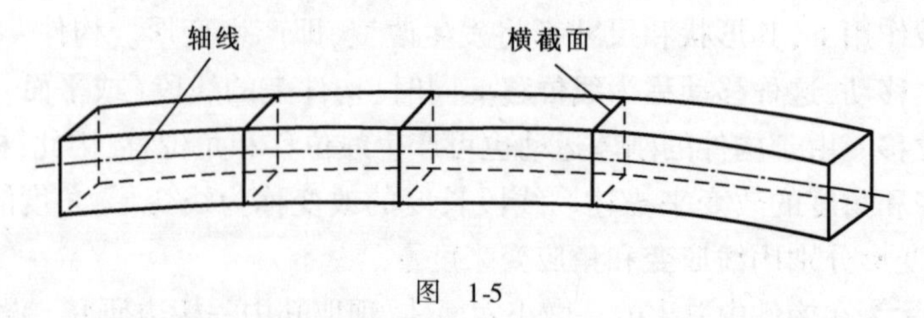

图 1-5

杆件所受的荷载多种多样,产生的变形也有各种形式。在工程结构中,杆件的基本变形只有以下四种:

(1)**轴向拉伸与压缩**。杆的变形是由大小相等、方向相反、作用线与杆件轴线重合的一对外力引起,表现为杆件的长度发生伸长或缩短[图1-6a)、b)]。

(2)**剪切**。杆的变形是由大小相等、方向相反、相互平行且作用线相距很近的一对力引起,表现为受剪杆件的两部分沿外力作用方向发生相对错动[图1-6c)]。

(3)**扭转**。杆的变形是由大小相等、转向相反、作用面都垂直于杆件轴的两个力偶引起,表现为杆件的任意两个横截面发生绕轴线的相对转动[图1-6d)]。

(4)**弯曲**。杆的变形是由垂直于杆件轴线的横向力,或由作用于包含杆轴线的纵向平面内的力偶引起,表现为杆件轴线由直线变为曲线[图1-6e)]。

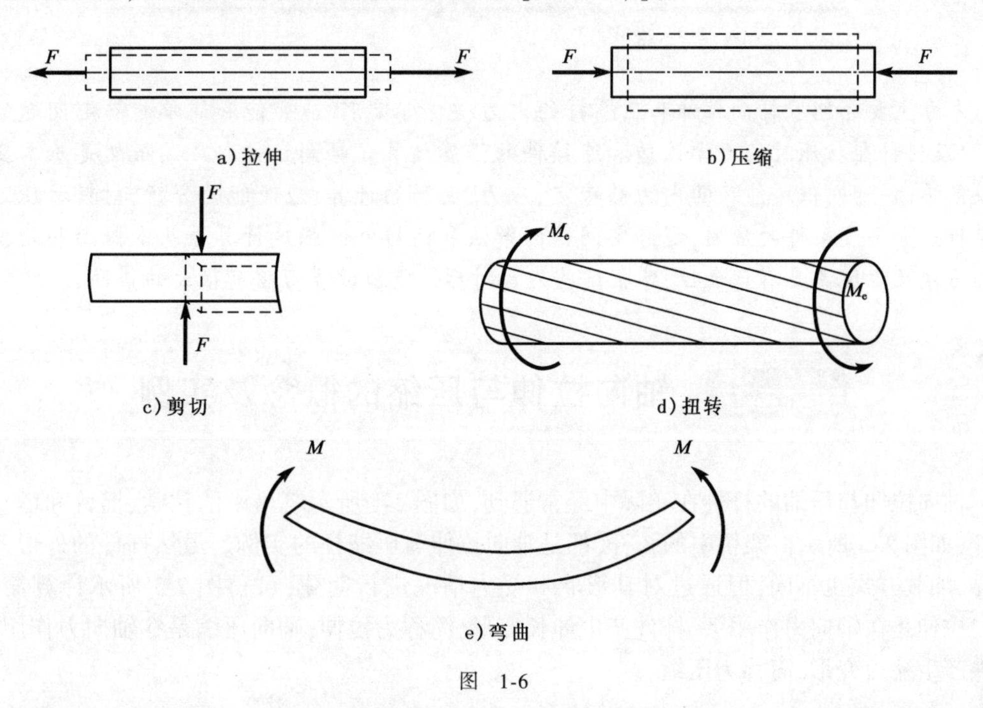

图 1-6

在工程实际中,构件在荷载作用下的变形,单独属于某种基本变形的情况较少,常为上述几种基本变形的组合。处理这类问题时,若构件以某一种基本变形形式为主,其他变形为次时,则按这种基本变形计算;若几种基本变形同等重要,则按组合变形计算。本书在分析讨论每一种基本变形的基础上,再分析组合变形。

第二章　轴向拉伸与压缩

本章主要介绍了轴向拉伸和压缩杆的内力、应力、变形、应变能和简单超静定问题的计算，以及材料在拉压时的力学性质和连接件的强度计算。轴向拉伸和压缩虽然是基本变形中较简单的一种，但所涉及的内力的确定，应力、变形的计算，应变能的分析，材料拉压时的力学性能和强度条件的应用，超静定问题的解法和连接件的强度计算等基本概念和处理问题的方法及步骤都具有代表性，掌握这些内容对后续章节的学习将有很大的帮助。

第一节　轴向拉伸与压缩的概念及实例

轴向拉伸与压缩的杆件在实际中经常遇到，如图 2-1 所示塔吊中的拉索、摇臂和塔身中连杆，如图 2-2 所示桁架桥中的弦杆，都是轴向拉伸与压缩杆的实例。虽然杆件的外形各有差异，加载方式也不同，但通过对其形状和受力情况进行简化，可得图 2-3 所示计算简图。轴向拉伸是在轴向力作用下，杆件产生伸长变形，简称为**拉伸**；轴向压缩是在轴向力作用下，杆件产生缩短变形，简称为**压缩**。

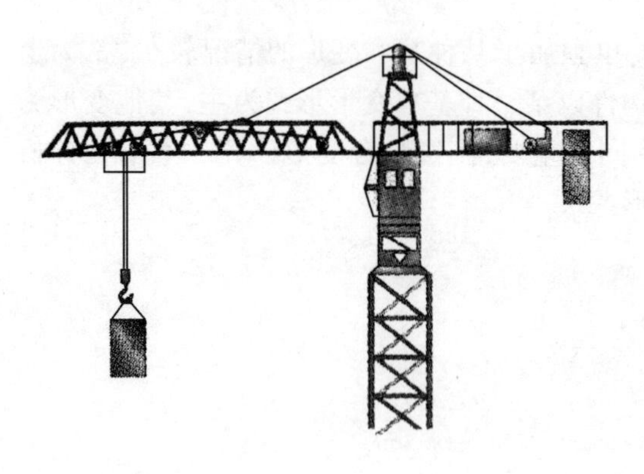

图　2-1

图　2-2

通过上述实例得知，轴向拉伸与压缩具有以下特点：

(1)受力特点：作用于杆件两端的外力大小相等，方向相反，与杆件轴线重合。

(2)变形特点：杆件变形是沿轴线的方向伸长或缩短。

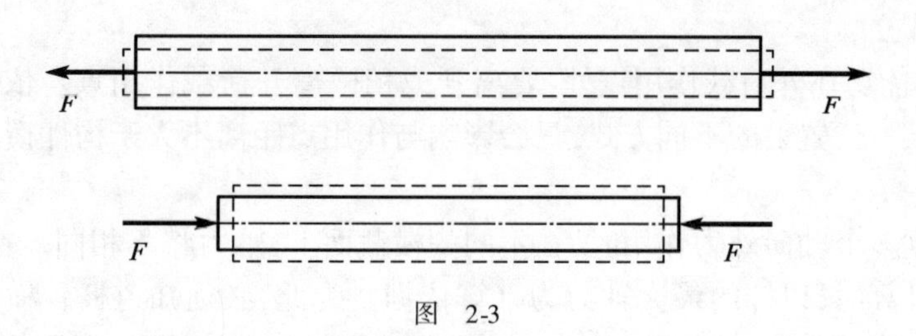

图　2-3

第二节　轴向拉(压)杆横截面上的内力和应力

一、内力

1. 轴力

图 2-4a)所示为一轴向拉杆,为了显示杆横截面上的内力,沿杆件上任一横截面 m-m 假想地被截开,取左段部分[图 2-4b)],并以分布内力的合力 F_N 代替右段对左段的作用,根据所截部分的平衡可知,横截面上的内力分量只有 F_N。由平衡条件 $\sum F_x=0$,得

$$F_N - F = 0$$

$$F_N = F$$

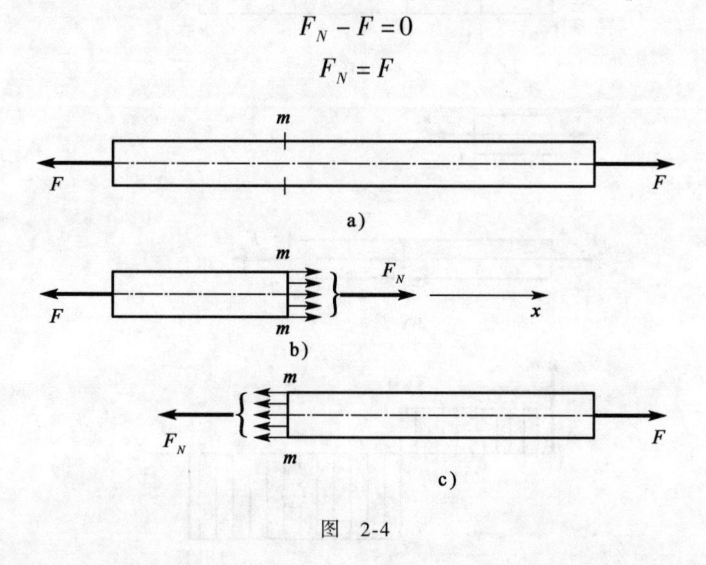

图　2-4

由于外力沿着杆件的轴线作用,根据二力平衡原理,横截面上分布内力的合力 F_N 也必然与轴线重合,故将 F_N 称为**轴力**。

若取右段部分[图 2-4c)],则由作用力与反作用力原理知,右段部分在截开面的轴力与前述左段部分的轴力数值相等,而指向相反。

为了使由左段和右段所得同一截面 m-m 上的轴力不但数值相等,而且具有相同的正、负号,参照杆件的变形情况,对轴力 F_N 的正负号作如下规定:杆件的变形为轴向伸长时,轴力 F_N 为正,称为拉力;杆件的变形为轴向压缩时,轴力 F_N 为负,称为**压力**。

上述方法即为截面法。在应用截面法时需要注意以下几点:

(1)外荷载不能沿其作用线移动。因为材料力学中研究的对象是可变形体,不是刚体,力的可传性不成立。

(2)截面不能切在外荷载作用点处,要离开或稍微离开荷载作用点。依据圣维南原理,力作用在构件某一位置上的不同方式,只会影响与作用点距离不大于构件横向尺寸的范围。

2. 轴力图

当杆件受到多个轴向外力作用时,在不同的横截面上,轴力将不相同。在对等直拉杆或压杆进行强度计算时,以杆的最大轴力为计算依据。为此,必须知道杆各横截面上的轴力,以确定最大值。为了表明横截面上的轴力随横截面位置变化的情况,可按选定的比例尺,用平行于杆轴线的坐标表示横截面的位置,用垂直于杆轴线的坐标表示横截面上轴力的数值,从而绘出表示轴力与截面位置关系的图线,称为**轴力图**。习惯上将正值的轴力画在轴线坐标轴的上侧,负值画在下侧。下面举例说明。

[**例 2-1**]　一等直杆件受力如图 2-5a)所示,试计算杆件的内力,并作轴力图。

解　(1)计算各段内力。

AC 段:作截面 1-1,取左段部分[图 2-5b)]。由 $\sum F_x=0$ 得

$$F_{N1}=F_1=5\text{kN}\quad(拉力)$$

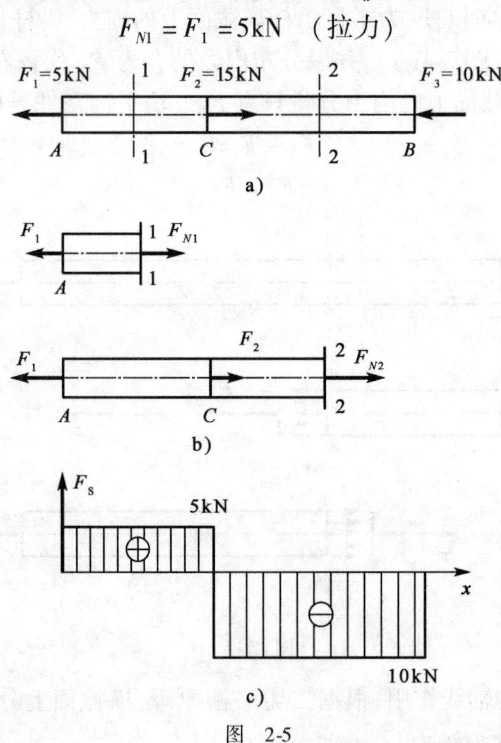

图　2-5

CD 段:作截面 2-2,取左段部分[图 2-5b)],并假设 F_{N2} 方向如图中所示。由 $\sum F_x=0$ 得

$$F_{N2}+F_2-F_1=0$$

则

$$F_{N2}=F_1-F_2=-10\text{kN}\quad(压力)$$

负号表示 F_{N2} 的方向与图中所示方向相反。

(2)绘轴力图。选截面位置为横坐标,相应截面上的轴力为纵坐标,选择适当比例,绘出轴力图[图 2-5c)]。由图 2-5c)可知 *CB* 段的轴力值最大,即 $|F_N|_{max}=10\text{kN}$,所以 *CB* 段最危险。

由例 2-1 可以看出：

(1)任意截面上的轴力，在数值上等于该截面任一侧（左侧或右侧）轴向外力的代数和。在计算代数和时，外力作用方向背离截开截面时，取正号；反之取负号进行计算。

(2)在用轴力代替其相互作用时，可先不管轴力的正负，假设其为正（拉力），然后按平衡方程计算。若得到的值为正，说明该轴力为拉力，其方向与假设方向相同；反之为压力，其方向与假设方向相反。我们把这种方法称为**设正法**。在以后的计算中都将采取这种方法。

二、应力

根据截面法求得各个截面上的轴力后，并不能直接判断杆件的强度。必须用横截面上的应力来度量杆件的受力程度。如前所述，轴向拉（压）杆横截面上只有轴力，轴力的大小为分布内力的合力，轴力的方向垂直于横截面，且通过横截面的形心。与轴力相对应，横截面上有应力，由于还不知道其在横截面上的变化规律，所以无法直接求出。为了求得应力的分布规律，从研究杆件的变形入手。如图 2-6 所示，杆变形前，在侧面画上垂直于轴线的横线 ab 和 cd，变形后，发现 ab 和 cd 仍为直线，且仍然垂直于轴线，只是分别平行移至 $a'b'$ 和 $c'd'$。根据这一现象，可知：(1)横截面上只有正应力，没有切应力；(2)若 ab 和 cd 代表横截面，则变形前原为平面的横截面，变形后仍保持为平面且仍垂直于轴线，这就是**平面假设**。

如果假想杆件是由一根根纤维组成，根据平面假设可推断，由于各纤维的变形相同，故各纤维的受力是一样的。所以横截面上各点引起变形的正应力 σ 相等，即正应力在其横截面上均匀分布。由静力平衡条件求得正应力，即

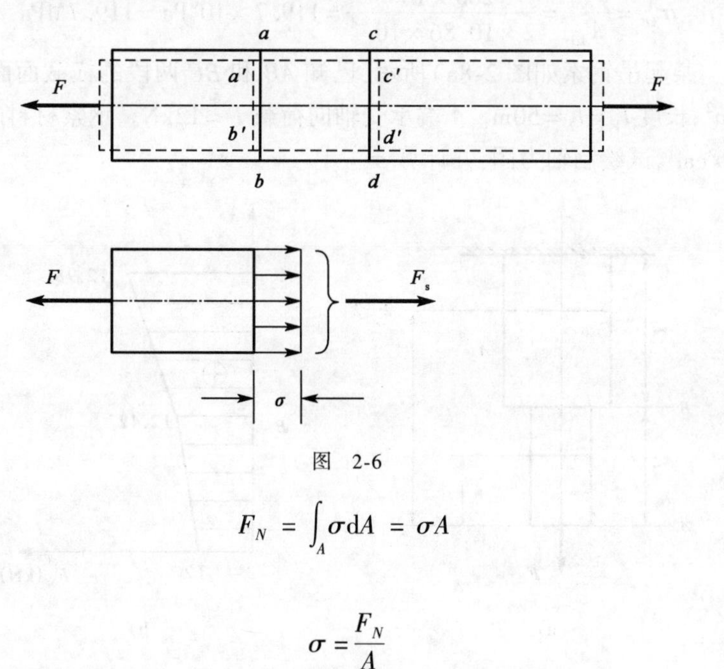

图　2-6

$$F_N = \int_A \sigma \mathrm{d}A = \sigma A$$

则

$$\sigma = \frac{F_N}{A} \tag{2-1}$$

式中，σ 为横截面上的正应力；F_N 为横截面上轴力；A 为横截面面积。

公式(2-1)对 F_N 为压力时同样适用。

由式(2-1)知，正应力 σ 的正负号与轴力 F_N 相同，即拉应力为正，压应力为负。

当外力合力与轴线重合,杆横截面上的轴力和面积沿轴线缓慢变化时,式(2-1)仍可使用。这时可写成

$$\sigma(x)=\frac{F_N(x)}{A(x)} \tag{2-2}$$

式中,$\sigma(x)$、$F_N(x)$和$A(x)$表示这些量都是横截面位置的函数。

对于等截面直杆,当杆受到几个轴向荷载作用时,由式(2-1)知最大正应力发生在轴力最大横截面。即

$$\sigma_{\max}=\frac{F_{N\max}}{A} \tag{2-3}$$

最大轴力所在的截面称为**危险截面**,危险截面上的正应力称为**最大工作应力**。

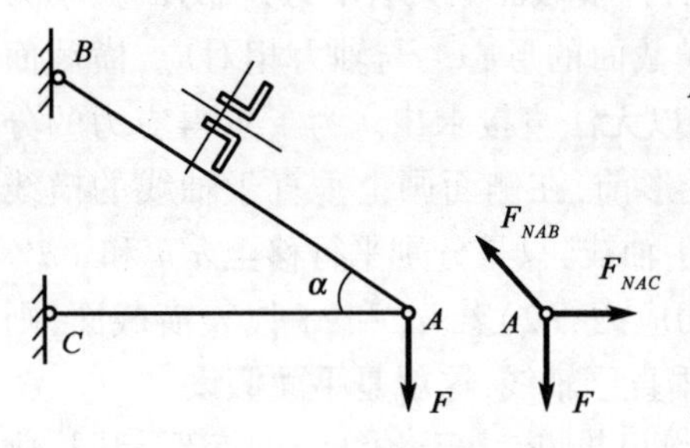

图 2-7

[例 2-2] 如图 2-7 所示简易起吊三角架,已知 AB 杆由 2 根截面面积为 10.86cm² 的角钢制成,$F=130\text{kN}$,$\alpha=30°$。求 AB 杆横截面上的应力。

解 (1)计算 AB 杆内力。取节点 A 为研究对象,由平衡条件$\sum F_y=0$,得

$$F_{NAB}\sin 30°=F$$

则

$$F_{NAB}=2F=260\text{kN} \quad (拉力)$$

(2)计算 σ_{AB}。

$$\sigma_{AB}=\frac{F_{NAB}}{A_{AB}}=\frac{260\times10^3}{2\times10.86\times10^{-4}}=119.7\times10^6\text{Pa}=119.7\text{MPa}$$

[例 2-3] 某起吊钢索如图 2-8a)所示,已知 AB 和 BC 两段的横截面面积分别为 $A_1=3\text{cm}^2$,$A_2=4\text{cm}^2$;长度 $l_1=l_2=50\text{m}$。A 端承受轴向荷载 $F=12\text{kN}$。钢索材料的单位体积重量为 $\rho=0.028\text{N/cm}^3$,试绘制轴力图,并计算 $\sigma_{\max}$。

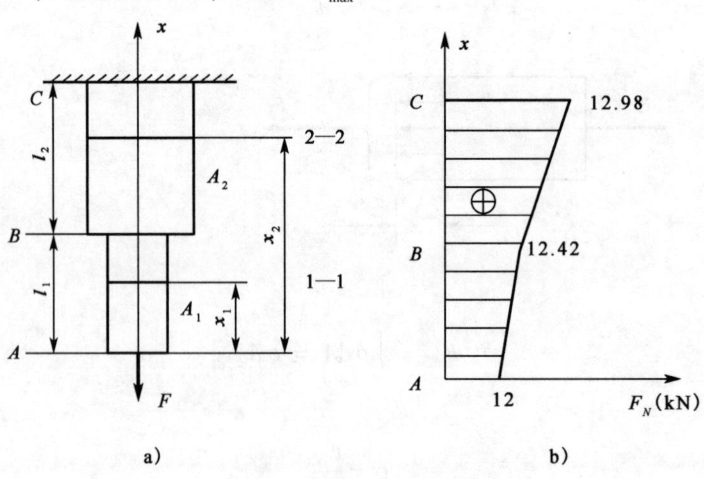

图 2-8

解 (1)计算轴力。

AB 段:设沿 1-1 截面截开,其轴力 F_{N1} 为拉力。由下半部分的平衡得

$$F_{N1}=F+\rho A_1x_1 \quad (0<x_1\leqslant l_1) \tag{a}$$

BC 段:设沿 2-2 截面截开,其轴力 F_{N2} 为拉力。由下半部分的平衡得

$$F_{N2}=F+\rho A_1 l_1+\rho A_2(x_2-l_1)\quad (l_1\leqslant x_2\leqslant l_1+l_2) \tag{b}$$

(2) 绘制轴力图。根据式(a)和式(b)可得各截面的轴力为

当 $x_1=0$ 时,$F_{NA}=F=12\text{kN}$

当 $x_1=l_1$ 时,$F_{NB}=F+\rho A_1 l_1=12\times10^3+0.028\times3\times50\times10^2=12.42\times10^3\ \text{N}=12.42\text{kN}$

当 $x_2=l_1$ 时,$F_{NB}=F+\rho A_1 l_1+\rho A_2(l_1-l_1)=12.42\text{kN}$

当 $x_2=l_1+l_2$ 时,$F_{NC}=F+\rho A_1 l_1+\rho A_2 l_2=12.98\text{kN}$

由各截面的轴力值作轴力图如图 2-8b)所示。

(3)应力计算。由轴力表达式(a)和式(b)知,AB 段的最大应力在 B 截面,BC 段最大应力在 C 截面。根据式(2-1)得其应力值为

$$\sigma_B=\frac{F_{NB}}{A_1}=\frac{12.42\times10^3}{3\times10^{-4}}=41.4\times10^6\text{Pa}=41.4\text{MPa}$$

$$\sigma_C=\frac{F_{NC}}{A_2}=\frac{12.98\times10^3}{4\times10^{-4}}=32.5\times10^6\ \text{Pa}=32.5\text{MPa}$$

比较 σ_B 和 σ_C 的大小得 $\sigma_{\max}=41.4\ \text{MPa}$。

第三节　轴向拉(压)杆斜截面上的应力

前面讨论了轴向拉伸或压缩时,杆横截面上的正应力,它是强度计算的依据。但不同材料的试验表明,拉(压)杆的破坏并不总是沿横截面发生,有时是沿斜截面发生的。为此,需要讨论斜截面上的应力。仍以拉杆为例,分析与横截面成 α 角的任一斜截面 m-m 上的应力(图 2-9)。

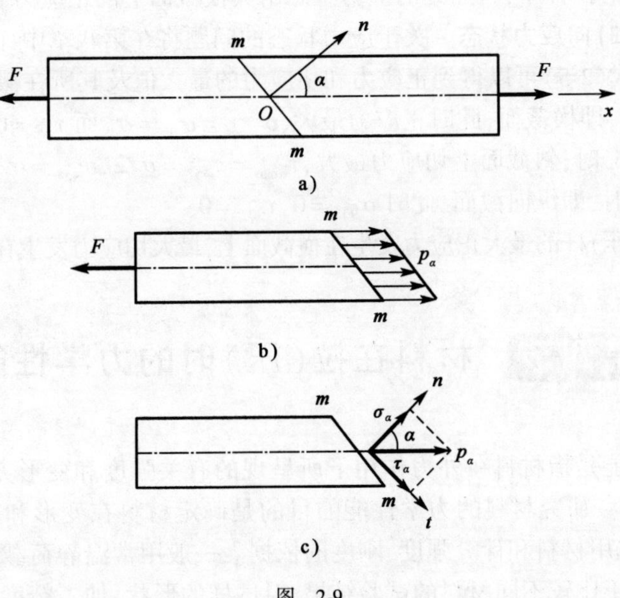

图　2-9

设直杆的轴向拉力为 F,横截面面积为 A,由式(2-1)知,横截面上的正应力为

$$\sigma = \frac{F_N}{A} = \frac{F}{A}$$

设斜截面 $m\text{-}m$ 的面积为 A_α,A_α 与 A 之间的关系为

$$A_\alpha = \frac{A}{\cos\alpha}$$

仿照证明横截面上正应力均匀分布的方法,可得斜截面上沿轴线方向的应力也是均匀分布的。若以 p_α 表示斜截面 $m\text{-}m$ 沿轴向的应力,则由轴向平衡方程得

$$p_\alpha A_\alpha - F = p_\alpha \frac{A}{\cos\alpha} - F = 0$$

即

$$p_\alpha = \frac{F}{A}\cos\alpha = \sigma\cos\alpha$$

将 p_α 分解成垂直于斜截面的正应力 σ_α 和相切于斜截面的切应力 τ_α,有

$$\sigma_\alpha = p_\alpha\cos\alpha = \sigma\cos^2\alpha \tag{2-4}$$

$$\tau_\alpha = p_\alpha\sin\alpha = \frac{\sigma}{2}\sin2\alpha \tag{2-5}$$

式中,α、σ_α、τ_α 正负号的规定为:

α:自 x 轴逆时针转向截面外法线 n 时为正,反之为负。

σ_α:拉应力为正,压应力为负。

τ_α:取保留截面内任一点为矩心,而 τ_α 对矩心产生顺时针的矩时为正,反之为负。

由式(2-4)和式(2-5)知,σ_α 和 τ_α 都是 α 的函数,所以斜截面的方位不同,截面上的应力也就不同。

通过一点的所有不同方向截面上应力的全部称为该点处的**应力状态**。由式(2-4)和式(2-5)知,在所研究的拉杆中,一点处的应力状态由其横截面上的正应力 σ 完全确定,这样的应力状态称为**单(轴)向应力状态**。关于应力状态的问题将在第八章中详细讨论。

由式(2-4)与式(2-5)可以得到正应力和切应力的最大值及其所在截面方位:

(1)当 $\alpha=0$ 时,即横截面,此时正应力最大,$\sigma_{\alpha\max}=\sigma_{0^\circ}=\sigma$,而 $\tau_{0^\circ}=0$。

(2)当 $\alpha=+45^\circ$时,斜截面上切应力最大,$\tau_{\alpha\max}=\tau_{45^\circ}=\sigma/2$,$\sigma_{45^\circ}=\sigma/2$。

(3)当 $\alpha=90^\circ$时,即纵向截面,此时 $\sigma_{90^\circ}=0$,$\tau_{90^\circ}=0$。

结论:轴向拉(压)杆的最大正应力发生在横截面上,最大切应力发生在45°的斜截面上。

第四节　材料在拉(压)时的力学性能

材料的力学性能是指材料在外力作用下所呈现的有关强度和变形方面的特性,如弹性模量 E、极限强度等。研究材料的力学性能的目的是确定材料在变形和破坏情况下的一些指标,并以此作为选用材料和计算强度、刚度的依据。一般用常温静荷载试验来测定材料的力学性能。为了便于比较不同材料的试验结果,对试样的形状、加工精度、加载速度、试验环

境等,国家标准都有统一的规定。如图 2-10 所示拉伸试样,试样的中间段为试验段,其长度 l 称为**标距**。若取圆截面试样,标距 l 与直径 d 的比例为 $l=10d$,或 $l=5d$;而对于矩形截面,标距 l 与横截面面积 A 的比例为 $l=11.3\sqrt{A}$,或 $l=5.65\sqrt{A}$。

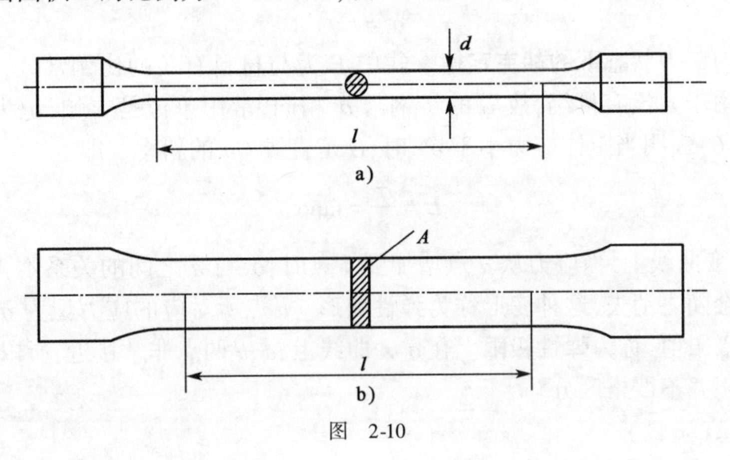

图　2-10

一、低碳钢拉伸时的力学性能

低碳钢是指含碳量在 0.3% 以下的碳素钢。试验时,将标准试样安装在材料试验机的上、下夹头内,在标距段安装测量变形仪器。然后开动机器,缓慢加载(国标中有应变速率法和应力速率法两种),随着荷载 F 的增大,试样逐渐被拉长,直至试样断裂。试验过程中试验机可自动绘制拉力 F 与拉伸变形 ΔL 的关系曲线,称为**力-伸长曲线或拉伸图**。

拉伸图与试样的尺寸有关。为了消除试样尺寸的影响,把拉力 F 除以试样横截面的原面积 A,得到正应力 σ,同时,把伸长量 ΔL 除以标距的原始长度 l,得到应变 ε。以 σ 为纵坐标,ε 为横坐标,作图表示 σ 与 ε 的关系,如图 2-11 所示,称为**应力-应变曲线或 σ-ε 图**。

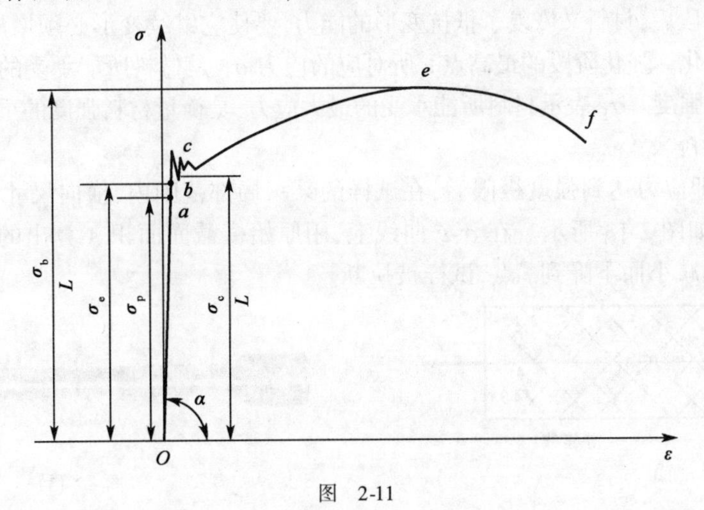

图　2-11

根据试验结果,将低碳钢的应力-应变曲线分四个阶段,以分析其力学性能。

1. 弹性阶段(Oa 段)

在拉伸的初始阶段,应力 σ 与应变 ε 为直线关系,直至 a 点。a 点所对应的应力值称为**比**

例极限,记为σ_p。它是应力与应变成正比例的最大值。在这一阶段,应力与应变成正比,即

$$\sigma \propto \varepsilon$$

把它写成等式,即

$$\sigma = E\varepsilon \tag{2-6}$$

这就是单向应力状态下的**胡克定律**。式中E为与材料有关的比例常数,称为**弹性模量**或**扬氏模量**。由于ε没有量纲,故E的量纲与σ相同,常用单位是吉帕,记为GPa($1\text{GPa} = 10^9\text{Pa}$)。式(2-6)表明当工作应力小于$\sigma_p$时,$E$是直线$Oa$的斜率。即

$$E = \frac{\sigma}{\varepsilon} = \tan\alpha$$

在应力-应变曲线上,当应力从a点增加到b点时,σ与ε之间的关系不再是直线,但应力解除后应变会随之消失,这种变形称为**弹性变形**。b点所对应的应力记为σ_e,是材料只出现弹性变形的极限值,称为**弹性极限**。在σ-ε曲线上,a、b两点非常接近,所以工程上对弹性极限和比例极限并不严格区分。

2. 屈服阶段(bc段)

当应力超过弹性极限后继续加载,应变会很快地增加,而应力先是下降,然后作微小的波动,在σ-ε曲线上出现接近水平线的小锯齿形线段。这种应力基本保持不变,而应变显著增加的现象,称为**屈服**或**流动**。试样发生屈服而应力首次下降前的最大应力称为**上屈服强度**,屈服期间的最小应力称为**下屈服强度**。通常上屈服强度的数值与试样形状、加载速度等因素有关,一般不稳定。而下屈服强度则有比较稳定的数值,能够反映材料的性能,通常称下屈服强度为**屈服极限**或称**屈服强度**,用σ_s表示。σ_s是衡量材料强度的重要指标。

表面磨光的试样发生屈服时,表面将出现与轴线大致成45°倾角的条纹,这是由材料内部相对滑移形成的,称为**滑移线**,如图2-12所示。

3. 强化阶段(ce段)

过了屈服阶段后,材料又恢复了抵抗变形的能力,要使它继续变形必须增加拉力。这种现象称为材料的强化。强化阶段的最高点e所对应的应力σ_b是材料所能承受的最大应力,称为**强度极限**或**抗拉强度**。σ_b表示材料所能承受的最大应力,是衡量材料强度的重要指标。

4. 局部变形阶段

过e点后,即应力达到强度极限后,在试样的某一局部范围内,横向尺寸突然急剧缩小,形成颈缩现象,如图2-13所示。在σ-ε曲线上,用原始横截面面积A算出的应力σ随着横截面面积的迅速减小而下降到f点,试样被拉断。

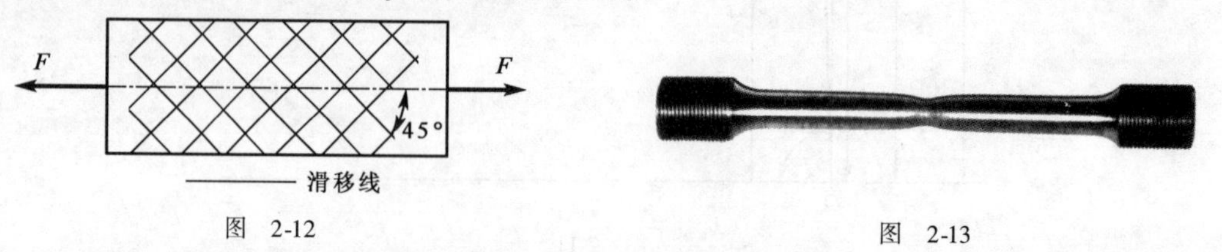

图 2-12　　　　图 2-13

5. 塑性指标

材料经受较大塑性变形而不破坏的能力称为**延性**或**塑性**,材料的塑性用**延长率**或**断面收缩率**度量。

设试样拉断后的标距长度为 l_1，原始长度为 l，则延伸率定义为*[1]

$$\delta = \frac{l_1 - l}{l} \times 100\% \tag{2-7}$$

设试样的原始横截面面积为 A，拉断后颈缩处的最小截面面积变为 A_1，则断面收缩率定义为

$$\psi = \frac{A - A_1}{A} \times 100\% \tag{2-8}$$

材料的延伸率和断面收缩率值越大，说明材料塑性越好。工程上通常按延伸率的大小把材料分为两类：$\delta \geqslant 5\%$ 为**塑性材料**；$\delta < 5\%$ 为**脆性材料**。

6. 卸载与再加载性质

在弹性阶段卸载，应力与应变关系将沿着直线 Oa 回到 O 点（图 2-14），变形完全消失。当把试样拉到超过屈服极限，到强化阶段的 d 点，然后卸载，应力与应变关系将沿着直线 dd' 回到 d'。斜直线 dd' 近似地平行于 Oa。这说明，在卸载过程中，应力和应变按直线规律变化。这就是**卸载定律**。卸载后在短期内再次加载，则应力和应变大致上沿卸载时的斜直线 dd' 变化，直到 d 点后，又沿曲线 def 变化。可见在再次加载时，直到 d 点以前材料的变形是弹性的，过 d 点后才开始出现塑性变形。比较图 2-14 中的 $Oabcdef$ 和 $d'ef$ 两条曲线，可以看出在第二次加载时，其比例极限（亦即弹性极限）得到提高，但塑性变形和延伸率却有所降低。这种现象称为**冷作硬化**。冷作硬化现象经退火可以消除。若将试样拉到超过屈服极限后（图 2-14 中的 d 点）卸载，并经过一段时间后重新加载，其比例极限还将有所提高，如图 2-14 中虚线 dh 所示。这种现象称为**冷作时效**。冷作时效与卸载后至重新加载的时间间隔和加载时试样的温度有关。

二、其他塑性材料拉伸时的力学性能

图 2-15 所示为锰钢与硬铝等金属材料的应力-应变曲线。可以看出，有些材料，如 Q345 钢与低碳钢类似，有明显的 4 个阶段。有些材料，如硬铝，没有屈服阶段，其他 3 个阶段比较明显。但它们断裂时均产生较大的残余变形，均属于塑性材料。

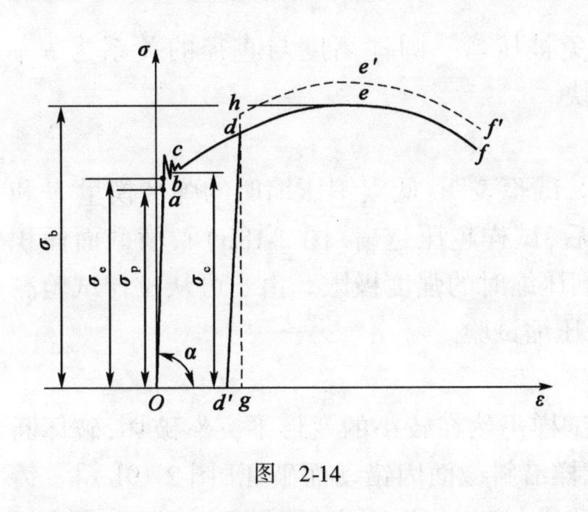

图　2-14

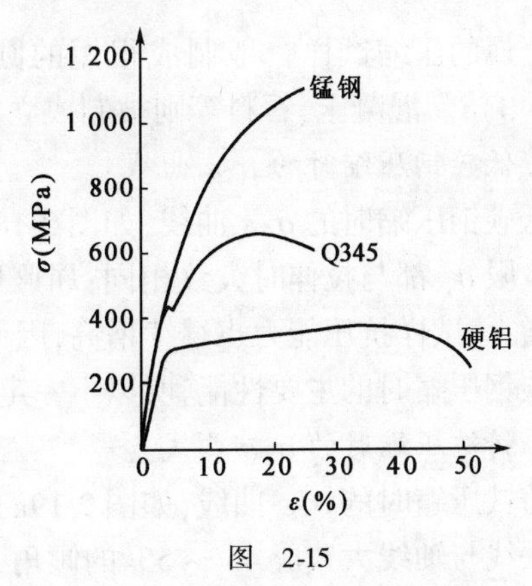

图　2-15

*[1] 依据《金属材料试验方法》（GB/T 228.1—2010），这种定义为断面伸长率。

对于不存在明显屈服阶段的塑性材料,工程中通常以卸载后产生数值为0.2%的残余应变的应力作为屈服应力,称为**屈服强度**或**名义屈服极限**,用$\sigma_{p0.2}$表示(图2-16)。

三、铸铁拉伸时的力学性能

灰口铸铁拉伸时的应力-应变关系如图2-17所示,没有弹性阶段、屈服阶段、强化阶段和局部变形阶段,是一条微弯曲线。而且在较小的拉应力下就被拉断,拉断前产生的应变很小,因此延伸率很小,是典型的脆性材料。

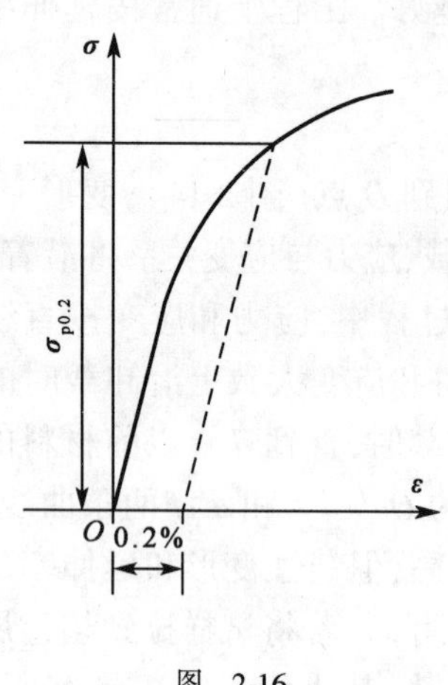

图 2-16

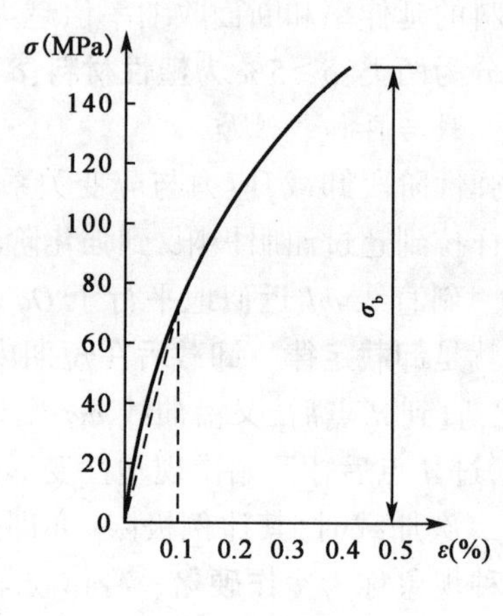

图 2-17

由于铸铁的σ-ε曲线没有明显的直线部分,弹性模量E的数值随应力的大小而变化。在工程实际的应用中,当拉应力较小时,近似地认为铸铁服从胡克定律。通常取σ-ε曲线的割线代替曲线的开始部分,并以割线的斜率作为弹性模量,称为**割线弹性模量**。

铸铁拉断时的最大应力即为其抗拉强度极限σ_b。因为没有屈服现象,抗拉强度σ_b是衡量强度的唯一指标。铸铁等脆性材料的抗拉强度很低,所以不宜作为抗拉构件的材料。

四、材料在压缩时的力学性能

金属的压缩试样一般制成很短的圆柱,以免被压弯。圆柱高度与直径的关系为$h=(1.5\sim3)d$。混凝土、石料等则被制成立方体试块。

1. 低碳钢压缩时的σ-ε曲线

低碳钢压缩时的σ-ε曲线,如图2-18a)所示,试验表明:低碳钢压缩时的弹性模量E和屈服极限σ_s都与拉伸时大致相同;屈服阶段以后,试样越压越扁[图2-18b)],横截面面积不断增大,试样抗压能力也继续增高,因而得不到压缩时的强度极限。由于可从拉伸试验测定低碳钢压缩时的主要性能,所以不一定要进行压缩试验。

2. 铸铁压缩时的σ-ε曲线

铸铁压缩时的σ-ε曲线,如图2-19a)所示,试样仍然在较小的变形下突然破坏,破坏断面的法线与轴线大致成45°~55°的倾角,表明试样沿斜截面因错动而破坏[图2-19b)]。铸铁的抗压强度极限高于其抗拉强度极限。其他脆性材料,如混凝土、石料等,抗压强度也远高于抗拉强度。

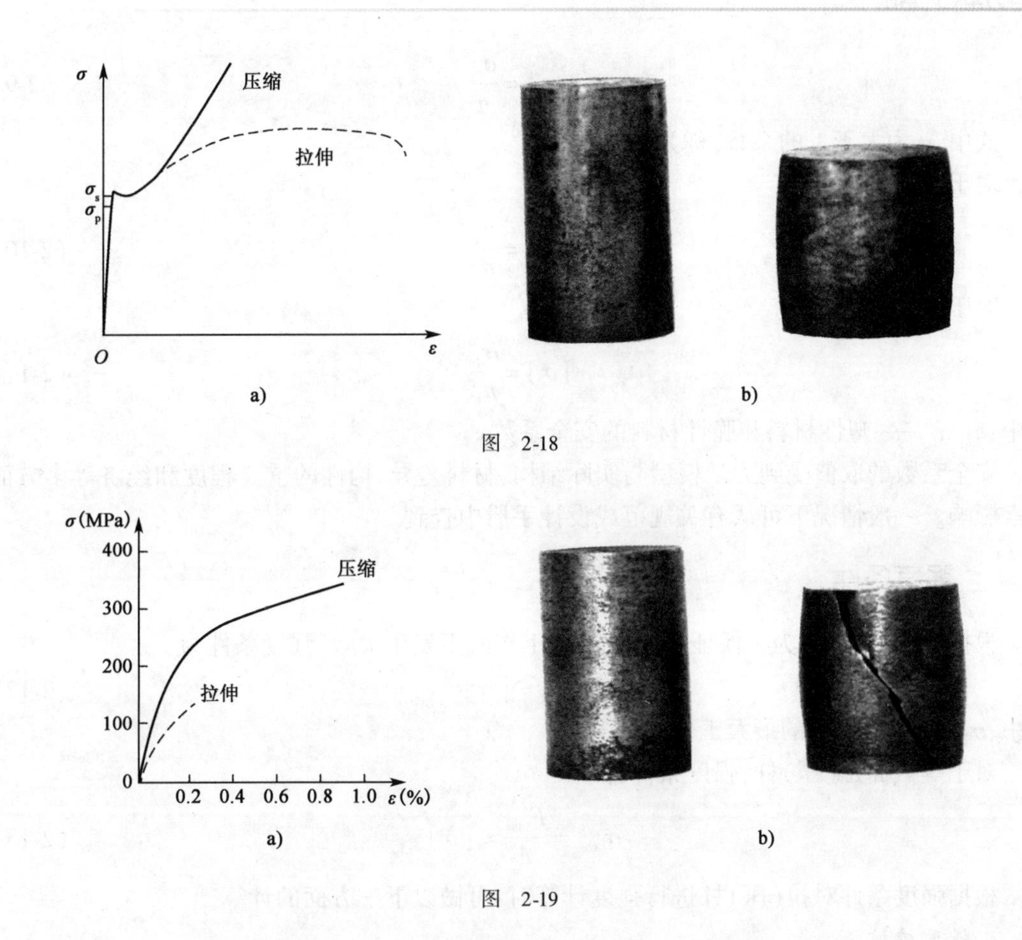

图　2-18

图　2-19

第五节　轴向拉(压)杆的强度计算

一、失效与许用应力

由于各种原因使结构丧失正常工作能力的现象,称为失效。本章第四节试验表明,对于塑性材料,当横截面上的正应力达到屈服极限 σ_s 时,出现屈服现象,产生较大的塑性变形,当应力达到强度极限 σ_b 时,试样断裂;对于脆性材料,当横截面上的正应力达到强度极限 σ_b 时,试样断裂,断裂前试样塑性变形较小。在工程中,构件工作时不容许断裂是无须质疑的;同时,如果构件在工作时产生较大的塑性变形,将影响整个结构的正常工作,因此也不容许构件在工作时产生较大的塑性变形。所以,从强度方面考虑,断裂和屈服都是构件的失效形式。

通常将材料失效时的应力称为**极限应力**,并以 σ_u 表示。对于塑性材料,以屈服强度作为极限应力;对于脆性材料,以强度极限 σ_b 作为极限应力。

在对构件进行强度计算时,考虑力学模型与实际情况的差异及必须有适当的强度安全储备等因素,对于由一定材料制成的具体构件,需要规定一个工作应力的最大容许值,这个最大容许值称为材料的**许用应力**。许用应力用$[\sigma]$表示,即

$$[\sigma]=\frac{\sigma_u}{n} \tag{2-9}$$

式中,n 为大于 1 的系数,称为安全系数。

对于塑性材料

$$[\sigma]=\frac{\sigma_s}{n_s} \tag{2-10}$$

对于脆性材料

$$[\sigma]=\frac{\sigma_b}{n_b} \tag{2-11}$$

式中:n_s、n_b——塑性材料和脆性材料的安全系数。

安全系数的取值受到力学模型与实际结构、材料差异、构件的重要程度和经济等多方面因素影响。一般情况下可从有关规范或设计手册中查到。

二、强度条件

根据上述分析知,为了保证受拉(压)杆工作时不发生失效,强度条件为

$$\sigma_{max}\leqslant[\sigma] \tag{2-12}$$

式中:σ_{max}——构件内的最大工作应力。

对于等截面拉(压)杆,强度条件为

$$\sigma_{max}=\frac{F_{max}}{A}\leqslant[\sigma] \tag{2-13}$$

根据强度条件对拉(压)杆进行强度计算时,可做以下三方面的计算。

1. 强度校核

在已知拉(压)杆的材料、截面尺寸和所受荷载时,检验最大工作应力是否超过许用应力,称为强度校核。

2. 截面设计

在已知拉(压)杆的材料和所受荷载时,根据强度条件确定该杆横截面面积或尺寸的计算,称为截面设计。对于等截面拉(压)杆,由式(2-13)得

$$A\geqslant\frac{F_{max}}{[\sigma]} \tag{2-14}$$

3. 许可荷载确定

在已知拉(压)杆的材料和截面尺寸时,根据强度条件确定该杆或结构所能承受的最大荷载的计算,称为许可荷载确定。按式(2-13)有

$$F_{max}\leqslant[\sigma]A \tag{2-15}$$

需要指出的是,当拉(压)杆的工作应力 σ_{max} 超过许用应力$[\sigma]$,而偏差不大于许用应力的 5% 时,在工程上是允许的。

[例 2-4] 结构尺寸及受力如图 2-20a)所示,AB 为刚性梁,斜杆 CD 为圆截面钢杆,直径 $d=30\text{mm}$,材料为 Q235 钢,许用应力$[\sigma]=160\text{MPa}$,若荷载 $F=50\text{kN}$,试校核此结构的强度。

解 (1)受力分析。受力图如图 2-20b)所示,由平衡方程 $\sum M_A=0$ 得

$$F_N \sin 30° \times 2\ 000 - F \times 3\ 000 = 0$$

解得

$$F_N = 3F = 150\text{kN}$$

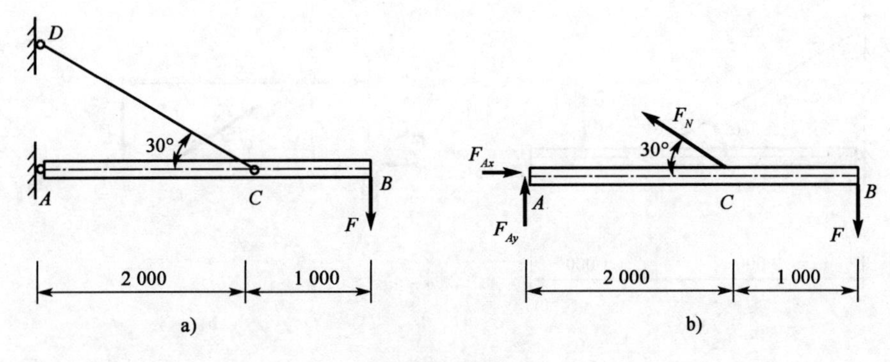

图　2-20

(2)应力计算。由式(2-1)得 CD 杆横截面上的应力

$$\sigma = \frac{F_N}{A} = \frac{F_N}{\frac{\pi d^2}{4}} = \frac{4 \times 150 \times 10^3}{\pi \times 30^2 \times 10^{-6}} = 212.3 \times 10^6 \text{Pa} = 212.3\text{MPa}$$

(3)强度校核。由计算结果知,$\sigma_{CD} = 212.3\text{MPa} > [\sigma] = 160\text{MPa}$,即杆 CD 的强度不满足要求,所以结构是不安全的。

[例 2-5]　由例 2-4 知,杆 CD 横截面上的应力超过了许用应力,在所受荷载不变的情况下,重新设计 CD 杆的截面。

解　根据强度条件式(2-13),杆 CD 的截面面积为

$$A = \frac{\pi d^2}{4} \geqslant \frac{F_N}{[\sigma]}$$

即

$$d \geqslant \sqrt{\frac{4F_N}{\pi[\sigma]}} = \sqrt{\frac{4 \times 150 \times 10^3}{\pi \times 160 \times 10^6}} = 3.46 \times 10^{-3}\text{m} = 34.6\text{mm}$$

因此,杆 CD 横截面的直径最小取 34.6mm。

[例 2-6]　设在例 2-4 中杆 CD 的直径仍为 $d = 30\text{mm}$,其他条件不变。试确定结构所能承受的许可荷载。

解　由梁 AB 的平衡得

$$F_N = 3F = 150\text{kN}$$

根据强度条件

$$\sigma = \frac{F_N}{A} = \frac{3F}{\frac{\pi d^2}{4}} \leqslant [\sigma]$$

得到

$$F \leqslant \frac{\pi d^2 [\sigma]}{12} = \frac{\pi \times 30^2 \times 10^{-4} \times 160 \times 10^6}{12} = 37.7 \times 10^3 \text{N} = 37.7\text{kN}$$

即结构所能承受的最大荷载为37.7kN。

[**例2-7**] 设在例2-4中,斜杆CD与刚性梁AB的夹角为α[图2-21a)],荷载F可在梁AB上水平移动,其他条件不变。试求α为何值时,斜杆的重量最轻。

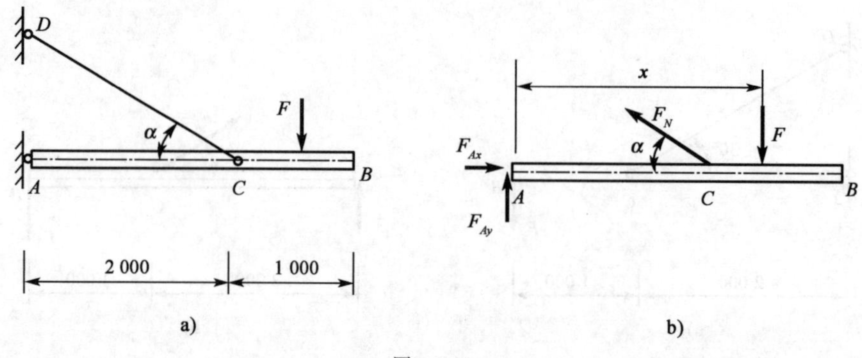

图 2-21

解 结构受力如图2-21b)所示,设斜杆CD的轴力为F_N,荷载作用于距A端x处,由平衡方程$\sum M_A=0$得

$$F_N=\frac{Fx}{2\ 000\times\sin\alpha}$$

由上式知,当$x=3\ 000$mm(F作用于B点)时,F_N最大。

$$F_{N\max}=\frac{3F}{2\sin\alpha}$$

按照强度条件,斜杆CD轴力最大时所需要的横截面面积为

$$A\geqslant\frac{F_{N\max}}{[\sigma]}=\frac{3F}{2[\sigma]\sin\alpha}$$

则斜杆CD的体积为

$$V=Al_{CD}=\frac{3F}{2[\sigma]\sin\alpha}\cdot\frac{2}{\cos\alpha}=\frac{6F}{[\sigma]\sin2\alpha}$$

由上式可见,斜杆CD的体积V是α的函数,要使其重量最轻,应使V最小,则只有$\sin2\alpha=1$。

从而得

$$\alpha=45°$$

【评注】 例2-4到例2-7都是杆拉(压)强度条件的应用。解这类题目,关键是结构的受力分析,解题步骤通常是:①画出受力图;②根据平衡方程求各杆的轴力与外荷载的关系;③求各杆的应力;④根据强度条件求解。

第六节 轴向拉(压)杆的变形

杆件在轴向荷载作用下将发生变形。杆件沿轴线方向的变形称为**轴向变形**或**纵向变形**,垂直于轴线方向的变形称为**横向变形**。

一、杆件的轴向变形与胡克定律

如图 2-22 所示,设等直杆的原长为 l,横截面面积为 A,在轴向力 F_N 作用下,长度由 l 变为 l_1。杆件在轴线方向的伸长,即纵向变形为

$$\Delta l = l_1 - l$$

由于轴向拉(压)杆沿轴向的变形是均匀的,因此任一点纵向线应变为杆件的变形 Δl 除以原长 l,即

$$\varepsilon = \frac{\Delta l}{l}$$

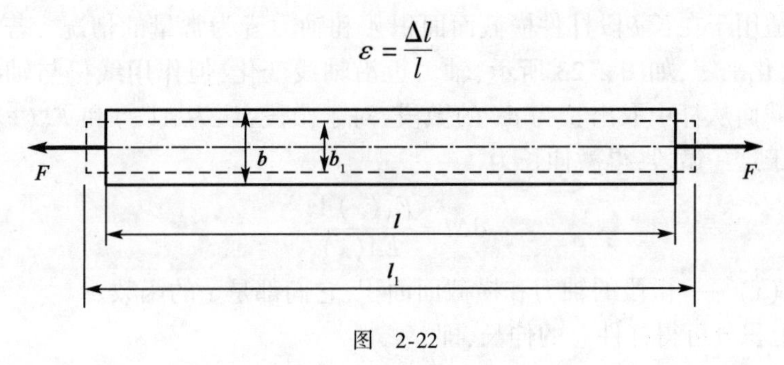

图　2-22

当杆横截面上应力不超过比例极限时,应力、应变的关系为 $\sigma = E\varepsilon$,将应力、应变计算式代入得

$$\sigma = \frac{F_N}{A} = E\varepsilon = E\frac{\Delta l}{l}$$

所以

$$\Delta l = \frac{F_N l}{EA} \tag{2-16}$$

式(2-16)的关系称为**胡克定律**。它表明,当应力不超过材料的比例极限时,杆件的伸长 Δl 与轴力 F_N 和杆件的原始长度 l 成正比,与横截面面积 A 成反比。式中:EA——材料弹性模量与拉(压)杆件横截面面积乘积;EA 越大,则杆件的变形越小,将 EA 称为**拉(压)刚度**。

由式(2-16)知,轴向变形 Δl 与轴力 F_N 具有相同的正负号,即伸长为正,压缩为负。

需要说明的是,由于式(2-16)是杆件在轴线方向的变形均匀前提下推导的,因此应用时应注意,在杆长 l 段内其轴力 F_N 和拉(压)刚度 EA 不随截面位置变化,否则不能应用。

二、拉(压)杆的横向变形与泊松比

在图 2-22 中,杆在轴向力 F_N 作用下,杆件的横向尺寸由 b 变为 b_1,则杆件的横向变形为

$$\Delta b = b_1 - b$$

由于变形均匀,杆件的横向线应变为

$$\varepsilon' = \frac{\Delta b}{b}$$

试验结果表明,当拉(压)杆件横截面上的应力不超过材料的比例极限时,横向应变 ε' 与纵向应变 ε 比值的绝对值为一常数。这个比值称为材料的**横向变形系数**或**泊松比**,通常用 ν 表示,即

$$\nu = \left|\frac{\varepsilon'}{\varepsilon}\right| \tag{2-17}$$

由于横向应变 ε' 与纵向应变 ε 的正负号始终相反,故式(2-17)又可写成

$$\varepsilon' = -\nu\varepsilon \tag{2-18}$$

泊松比 ν 的值随材料而异,可通过试验测定。

三、变截面杆

式(2-16)适用于在长 l 段杆件横截面面积 A 和轴力皆为常量的情况,若杆件横截面沿轴线变化,但变化平缓,如图 2-23 所示,轴力也沿轴线变化,但作用线仍与轴线重合,这时,可用相邻的横截面从杆中取出长为 $\mathrm{d}x$ 的微段,对于微段,认为 $A(x)$ 和 $F_N(x)$ 不变化,则将式(2-16)应用于这一微段,得微伸长为

$$\mathrm{d}\Delta l = \frac{F_N(x)\mathrm{d}x}{EA(x)}$$

式中:$F_N(x)$、$A(x)$——微段的轴力和横截面面积,它们都是 x 的函数。

在杆长 l 上积分可得杆件总的伸长,即

$$\Delta l = \int_l \frac{F_N(x)}{EA(x)}\mathrm{d}x \tag{2-19}$$

[例 2-8] 图 2-24 所示变截面杆,已知 BD 段横截面面积 $A_1 = 2\mathrm{cm}^2$,AD 段横截面面积 $A_2 = 4\mathrm{cm}^2$。材料的弹性模量 $E = 120\mathrm{GPa}$,承受荷载 $F_1 = 5\mathrm{kN}$,$F_2 = 10\mathrm{kN}$。试计算 AB 杆的变形 Δl_{AB}。

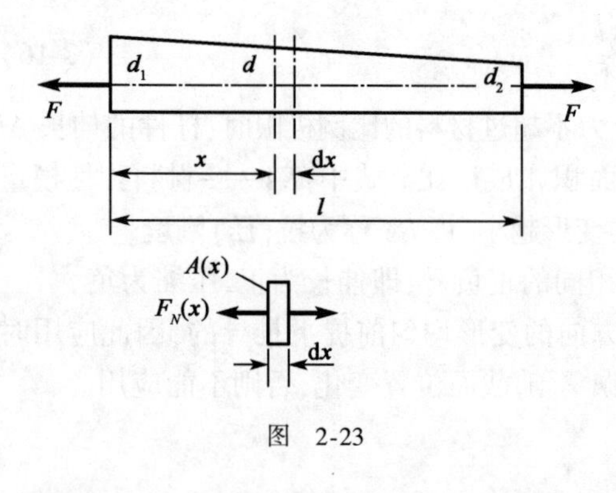

图 2-23

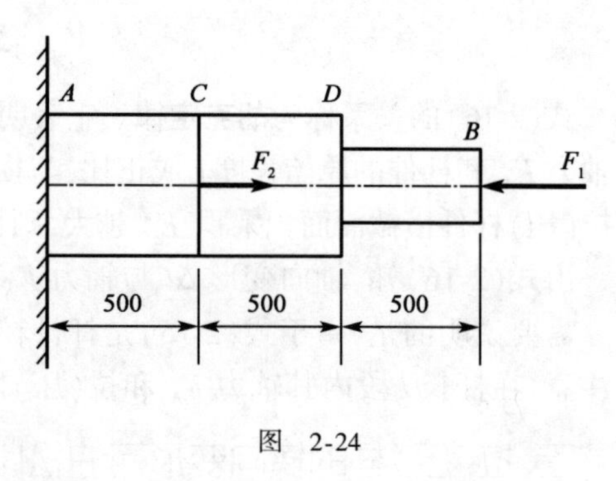

图 2-24

解 (1)内力计算。分别求得 BD、DC、CA 三段的轴力为

$$F_{N1} = -5\mathrm{kN}, F_{N2} = -5\mathrm{kN}, F_{N3} = 5\mathrm{kN}$$

(2)变形计算。由于三段内力和面积不同,需按式(2-16)计算各段变形,即

$$\Delta l_{BD} = \Delta l_1 = \frac{F_{N1}l_1}{EA_1} = \frac{-5\times10^3\times0.5}{120\times10^9\times2\times10^{-4}} = -1.04\times10^{-4}\mathrm{m}$$

$$\Delta l_{DC} = \Delta l_2 = \frac{F_{N2}l_2}{EA_2} = \frac{-5\times10^3\times0.5}{120\times10^9\times4\times10^{-4}} = -0.52\times10^{-4}\mathrm{m}$$

$$\Delta l_{CA} = \Delta l_3 = \frac{F_{N3}l_3}{EA_3} = \frac{5\times10^3\times0.5}{120\times10^9\times4\times10^{-4}} = 0.52\times10^{-4}\mathrm{m}$$

(3)计算杆的变形。

$$\Delta l_{AB}=\Delta l_1+\Delta l_2+\Delta l_3=-1.04\times10^{-4}\text{m}$$

Δl_{AB}的负号说明此杆总的变形是缩短。

[例 2-9]　图 2-25a)所示杆系结构，已知 BD 杆为圆截面钢板，直径 $d=20\text{mm}$，长度 $l=1\text{m}$，$E=200\text{GPa}$；BC 杆为方截面木杆，边长 $a=100\text{mm}$，$E=12\text{GPa}$。荷载 $F=50\text{kN}$。求 B 点的位移。

解　(1)计算轴力。取节点 B[图 2-25b)]。由 $\sum F_x=0$ 和 $\sum F_y=0$ 得

$$F_{N1}=50\text{kN}\quad(\text{拉力})$$

$$F_{N2}=70.7\text{kN}\quad(\text{压力})$$

(2)计算变形。由图 2-25a)知，$l_1=l=1\text{m}$，$l_2=\dfrac{l}{\cos45°}=1.41\text{m}$

由胡克定律求得 BC 杆和 BD 杆的变形

$$\Delta l_1=\frac{F_{N1}l_1}{E_1A_1}=\frac{50\times10^3\times1}{200\times10^9\times\frac{\pi}{4}\times20^2\times10^{-6}}=7.96\times10^{-4}\text{m}$$

$$\Delta l_2=\frac{F_{N2}l_2}{E_2A_2}=\frac{70.7\times10^3\times1.41}{12\times10^9\times100^2\times10^{-6}}=8.31\times10^{-4}\text{m}$$

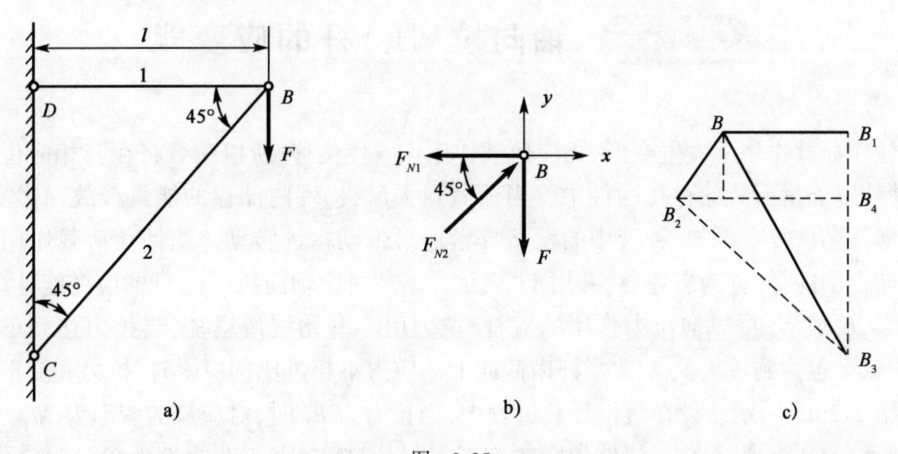

图　2-25

(3)确定 B 点位移。由前面计算知，Δl_1 为拉伸变形，Δl_2 为压缩变形。设想将结构在节点 B 拆开，BD 杆伸长变形变为 B_1D，BC 杆压缩变形后变为 B_2C。分别以 D 点和 C 点为圆心，以$\overline{DB_1}$和$\overline{CB_2}$为半径，作圆弧相交于 B_3。B_3 点即为结构变形后 B 点的位置。因为变形很小，B_1B_3 和 B_2B_3 是两段极其微小的短弧，因而可用分别垂直于 B_1D 和 B_2C 的直线线段来代替，这两段直线交点为 B_3，BB_3 即为 B 点的位移，且$\overline{BB_1}=\Delta l_1$，$\overline{BB_2}=\Delta l_2$。

由图 2-25c)可以求出

$$\overline{B_2B_4}=\overline{BB_1}+\overline{BB_2}\cos45°=\Delta l_1+\Delta l_2\times\frac{\sqrt{2}}{2}$$

B 点的垂直位移

$$\overline{B_1B_3}=\overline{B_1B_4}+\overline{B_4B_3}=\overline{BB_2}\sin45°+\frac{\overline{B_2B_4}}{\tan45°}$$

$$=\Delta l_2\times\frac{\sqrt{2}}{2}+\Delta l_1+\Delta l_2\times\frac{\sqrt{2}}{2}=1.97\times10^{-3}\text{m}$$

B 点的水平位移

$$\overline{BB_1}=\Delta l_2=7.96\times10^{-4}\text{m}$$

所以 B 点的位移$\overline{BB_3}$为

$$\overline{BB_3}=\sqrt{(B_1B_3)^2+(BB_1)^2}=2.12\times10^{-3}\text{m}$$

【评注】 求解这类题目时首先要清楚两个概念:一个是构件的变形与结构的位移;另一个是"以弦代替弧"方法。杆件的变形是杆件在荷载作用下其形状和尺寸的改变,结构某个节点位移指结构在荷载作用下该节点空间位置的改变。在用图解法求结构位移时,常用"以弦代替弧",这是由于在小变形假设前提下,用弦代替弧而引起的误差可以接受,并使问题的解决变得较为简便。求解结构节点位移的步骤为:①受力分析;②利用平衡方程求解各杆轴力;③应用胡克定律求解各杆的变形;④用"以弦代替弧"的方法找出节点位移后的位置;⑤寻找各杆变形间的关系,求节点位移。

第七节 轴向拉(压)杆的应变能

构件在荷载作用下发生变形,相应荷载作用点发生位移,所以荷载将在其相应位移上做功,这种功以能量形式储存在构件中。当荷载除去后,构件内储存的能量释放而做功,使构件的变形逐渐恢复。例如,钟表中的发条拧紧后可带动指针转动。构件在荷载作用下发生变形而储存的能量,称为**应变能**,并用 V_ε 表示。本节讨论轴向拉(压)杆的应变能计算。

图 2-26a)所示受轴向拉力作用的直杆,拉力由零开始缓慢增加,当拉力达到最大值 F 时,杆的变形也达到最大值 Δl。当杆横截面上的应力不超过比例极限时,拉力和变形之间的关系如图 2-26b)所示。设在缓慢加载过程中,当拉力为 F_1 时,对应杆的变形为 Δl_1。

现给拉力一个增量 $\mathrm{d}F_1$,杆件相应的变形增量为 $\mathrm{d}\Delta l_1$,由于此时拉力 F_1 一直作用在杆上,则常力 F_1 在位移 $\mathrm{d}\Delta l_1$ 上所做的功为

$$\mathrm{d}W=F_1\mathrm{d}\Delta l_1$$

由图 2-26b)可以看出,$\mathrm{d}W$ 为图中阴影线部分的微面积。若将拉力从零到 F 的整个加载过程看成是一系列的 $\mathrm{d}F_1$ 积累,则从零到 F 的整个加载过程中拉力 F 所做的总功 W 为图 2-26b)所示微面积的总和,即为 F-Δl 线下三角形面积,故有

$$W=\int_0^{\Delta l}F_1\mathrm{d}\Delta l_1=\frac{1}{2}F\Delta l \tag{2-20}$$

由于在整个加载过程中,荷载是从零开始缓慢增加,因此可以忽略加载过程中杆件的动能与热能等变化,根据能量守恒定律,加载过程中储存在杆件内的应变能,在数值上等于拉

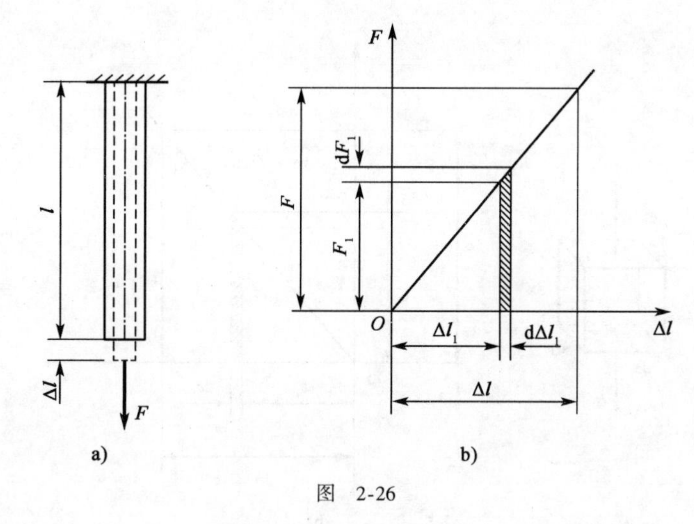

图　2-26

力所做的功 W,即

$$V_{\varepsilon}=W=\frac{1}{2}F\Delta l \tag{2-21}$$

考虑轴力 $F_N=F$,在线弹性范围内,轴力与变形之间符合胡克定律,即

$$\Delta l=\frac{F_N l}{EA}$$

则

$$V_{\varepsilon}=\frac{1}{2}F\Delta l=\frac{F_N^2 l}{2EA} \tag{2-22}$$

应变能的单位为 J(焦耳),1J = 1N · m(牛顿 · 米)。

前面讨论是轴向拉(压)杆的应变能计算,由前面分析我们知道,轴向拉(压)杆横截面上只有正应力,且均匀分布。而对于应力不均匀分布的构件,内部各点的受力和变形均不相等,因此储存在各点的应变能也将不相同。为了便于计算,引入单位体积内的应变能,即**应变能密度**。为了得到应变能,假想从杆件中取出边长分别为 dx、dy 和 dz 的六面体,dx、dy 和 dz 都是微量,这种六面体称为**单元体(微元体)**[图 2-27a)],设单元体上只有一个方向(x 方向)受力(即为单向应力状态),其应力是从零缓慢增加到终值 σ,与此对应的终值应变为 ε,如果应力不超过比例极限,应力-应变关系应符合胡克定律,关系曲线如图 2-27b)所示。在加载过程中,当应力为 σ_1(即上、下面的外力为 $\sigma_1 dydz$),应变为 ε_1 时,给应力一个增量 $d\sigma_1$,相应应变增量为 $d\varepsilon_1$,则 dx 边伸长的增量为 $d\varepsilon_1 dx$。依照前述方法,上、下面上的外力 $\sigma_1 dydz$ 在位移 $d\varepsilon_1 dx$ 上所做的功,即单元体上的应变能为

$$dW=dV_{\varepsilon}=\int_0^{\varepsilon}\sigma_1 dydz\cdot d\varepsilon_1 dx=\left(\int_0^{\varepsilon}\sigma_1 d\varepsilon_1\right)dV$$

式中,$dV=dxdydz$ 为单元体的体积,则单位体积内的应变能,即应力能密度为

$$v_{\varepsilon}=\frac{dV_{\varepsilon}}{dV}=\int_0^{\varepsilon}\sigma_1 d\varepsilon_1 \tag{2-23}$$

式(2-23)中 $\sigma_1 d\varepsilon_1$ 为图 2-27b)中阴影线部分的微面积,整个积分为 σ-ε 线下三角形面

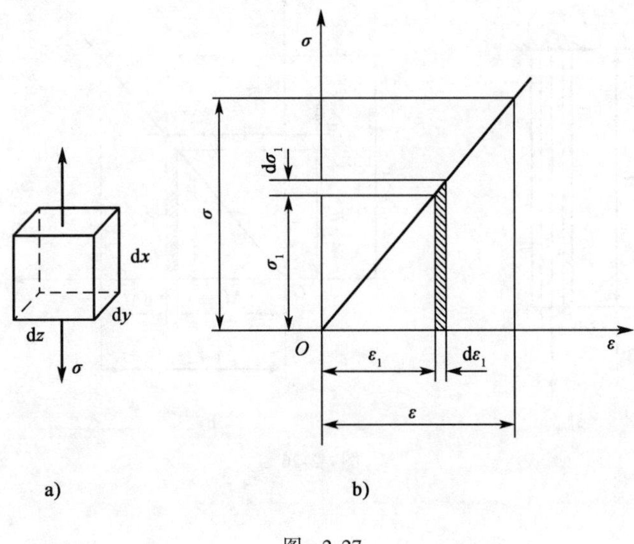

图 2-27

积,则有

$$v_{\varepsilon}=\frac{1}{2}\sigma\varepsilon \tag{2-24}$$

由胡克定律 $\sigma=E\varepsilon$,得

$$v_{\varepsilon}=\frac{1}{2}\sigma\varepsilon=\frac{E\varepsilon^{2}}{2}=\frac{\sigma^{2}}{2E} \tag{2-25}$$

应变能密度的单位为 J/m^3(焦/米^3)。

以上计算仅是以拉杆为例,但也同样适用于压杆。式(2-25)适用于所有单向应力状态。

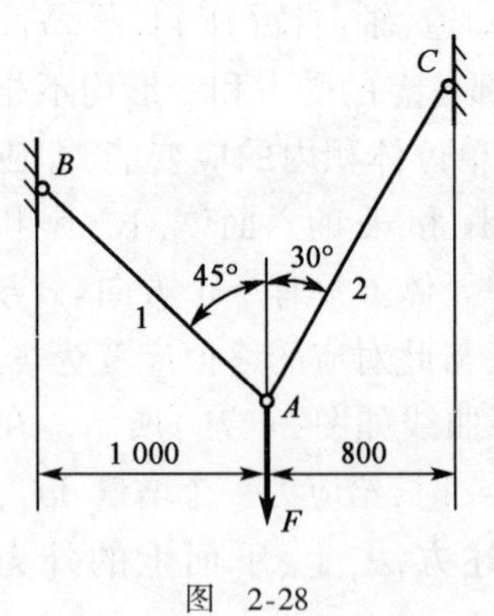

图 2-28

[例 2-10] 图 2-28 所示结构,由 AB 和 AC 两实心钢杆在 A 点以铰相连接,A 点作用有垂直向下的力 $F=35\text{kN}$。已知杆 AB 和 AC 的直径分别为 $d_1=12\text{mm}$ 和 $d_2=15\text{mm}$,钢的弹性模量 $E=210\text{GPa}$。试求 A 点在垂直方向的位移。

解 (1)内力分析。根据节点 A 的平衡,求得杆 1 和杆 2 的轴力分别为

$$F_{N1}=\frac{\sqrt{2}}{\sqrt{3}+1}F \quad (\text{拉力})$$

$$F_{N2}=\frac{2}{\sqrt{3}+1}F \quad (\text{拉力})$$

(2)应变能计算。结构的应变能为

$$V_{\varepsilon}=\frac{F_{N1}^{2}l_{1}}{2EA_{1}}+\frac{F_{N2}^{2}l_{2}}{2EA_{2}}=\frac{4F^{2}l_{1}}{E(1+\sqrt{3})^{2}\pi d_{1}^{2}}+\frac{8F^{2}l_{2}}{E(1+\sqrt{3})^{2}\pi d_{2}^{2}}$$

(3)位移计算。设节点 A 沿垂直方向的位移为 Δ,并与荷载 F 的方向相同,则外力功为

$$W = \frac{1}{2}F\Delta$$

根据能量守恒定律得

$$\frac{1}{2}F\Delta = \frac{F_{N1}^2 l_1}{2EA_1} + \frac{F_{N2}^2 l_2}{2EA_2} = \frac{4F^2 l_1}{E(1+\sqrt{3})^2 \pi d_1^2} + \frac{8F^2 l_2}{E(1+\sqrt{3})^2 \pi d_2^2}$$

由上式得

$$\Delta = \frac{8Fl_1}{E(1+\sqrt{3})^2 \pi d_1^2} + \frac{16Fl_2}{E(1+\sqrt{3})^2 \pi d_2^2} = 1.368 \times 10^{-3}\text{m} = 1.368\text{mm}$$

结果为正，表明位移Δ方向与假设的一致，即与荷载F的方向相同。

第八节　拉(压)杆超静定问题

一、超静定问题及其解法

在以前讨论的问题中，杆件的轴力可由平衡方程求出，这类问题称为**静定问题**。例如图2-29a)所示桁架为一静定问题。然而，如果在上述桁架中增加一杆AD[图2-29b)]，则未知轴力变为3个，但力系为平面汇交力系，独立平衡方程只有2个，显然，仅由2个平衡方程不能确定3个未知轴力，把这种单凭静力平衡方程不能解出全部未知力的问题称为**超静定问题**。

在静定问题中，未知力的数目等于独立平衡方程的数目。而在超静定问题中，存在多于维持平衡所必需的约束或杆件，称为**多余约束**。由于多余约束的存在，未知力的数目必然多于独立平衡方程的数目，未知力超过独立平衡方程的数目称为**超静定次数**。与多余约束相应的未知反力或内力，习惯上称为**多余未知力**，因此，超静定次数等于多余约束或多余未知力数目。可见，图2-29b)所示桁架为一次超静定。

为了对结构进行强度、刚度等计算，必须先求解超静定问题，但由于未知力的数目多于平衡方程的数目，因此除应利用平衡方程外，还必须寻求补充方程。现以图2-29b)所示桁架为例，说明超静定问题的分析方法。

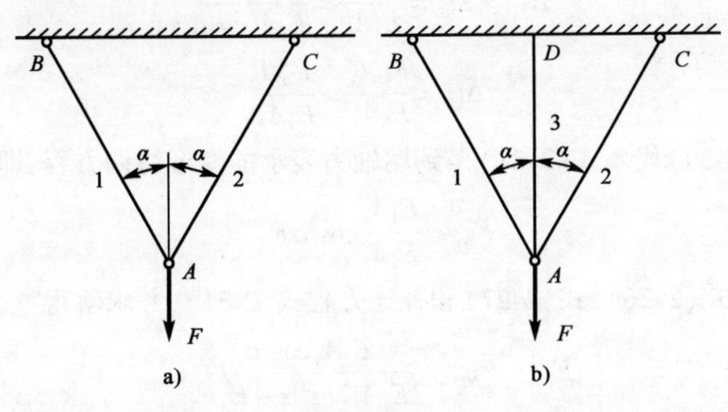

图　2-29

设杆1与杆2的拉(压)刚度相同，均为E_1A_1，杆3的拉(压)刚度为E_3A_3，杆3的长度

为 l。

现将杆 3 看成多余约束,多余未知力为 F_{N3}(拉力),取掉多余约束杆 3,以多余未知力 F_{N3}代替杆的作用,则原结构变为静定结构[图 2-30a)]。在荷载 F 和未知力 F_{N3} 共同作用下,设杆 1、杆 2 的轴力分别为 F_{N1}(拉力)和 F_{N2}(拉力)。作节点 A 的受力图如图 2-30b)所示,其平衡方程为

$$\sum F_x = 0, F_{N2}\sin\alpha - F_{N1}\sin\alpha = 0 \tag{2-26}$$

$$\sum F_y = 0, F_{N1}\cos\alpha + F_{N2}\cos\alpha + F_{N3} - F = 0 \tag{2-27}$$

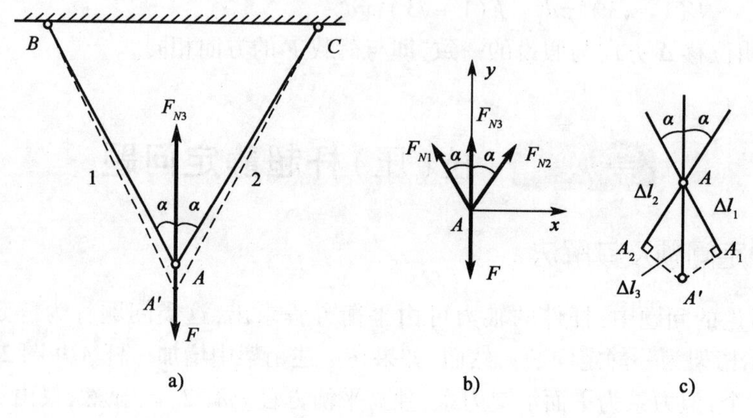

图 2-30

对图示结构,在力 F 作用下,变形前与变形后三杆始终交于一点。设变形后 A 点变到点[图 2-30c)],假设 A 点约束不存在,杆 1 和杆 2 在各自轴力作用下自由变形,杆 1 变形 Δl_1,由 A 变到 A_1;杆 2 变形 Δl_2,由 A 变到 A_2。从 A_1 作 BA_1 垂线,从 A_2 作 CA_2 垂线,两垂线相交于 DA 延长线于 A'点,A'点就是 A 点变形后的位置。显然$\overline{AA'}$就是杆 3 的变形 Δl_3。在 $\Delta AA_1A'$或 $\Delta AA_2A'$中,可以找出 Δl_1 与 Δl_3 或 Δl_2 与 Δl_3 的关系,即

$$\Delta l_1 = \Delta l_3 \cos\alpha \tag{2-28}$$

式(2-28)是保证结构连续性所应满足的变形几何关系,称为变形协调条件或几何方程。

设三杆均处于线弹性范围,由胡克定律得

$$\Delta l_1 = \Delta l_2 = \frac{F_{N1} l_1}{E_1 A_1} = \frac{F_{N1} l}{E_1 A_1 \cos\alpha} \tag{2-29}$$

$$\Delta l_3 = \frac{F_{N3} l_3}{E_3 A_3} = \frac{F_{N3} l}{E_3 A_3} \tag{2-30}$$

将式(2-29)和式(2-30)代入式(2-28)得到用轴力表示的变形协调方程,即补充方程

$$F_{N1} = \frac{E_1 A_1}{E_3 A_3}\cos^2\alpha F_{N3} \tag{2-31}$$

联立平衡方程式(2-26)、式(2-27)和补充方程式(2-31),并求解得

$$F_{N1} = F_{N2} = \frac{E_1 A_1 \cos^2\alpha}{2E_1 A_1 \cos^3\alpha + E_3 A_3} F \tag{2-32}$$

$$F_{N3} = \frac{E_3 A_3}{2E_1 A_1 \cos^3\alpha + E_3 A_3} F \tag{2-33}$$

结果均为正，说明各杆的轴力与假设相同，均为拉力。

归纳上述方法，一般拉(压)杆超静定问题解法的步骤为：

(1)进行受力分析，建立平衡方程。

(2)根据变形满足的条件，建立几何方程。

(3)根据胡克定律建立物理方程(或者杆件变形与其他物理量的关系方程)。

(4)将物理方程代入几何方程得到补充方程。

(5)联立求解平衡方程和补充方程，求出未知力(约束力、内力)。

[例 2-11] 图 2-31a)所示阶梯杆，两端固定，在截面 B 处承受荷载 F 作用，已知 AB 段的拉(压)刚度为 EA_1，BC 段的拉(压)刚度为 EA_2。试求 A、C 端的支反力。

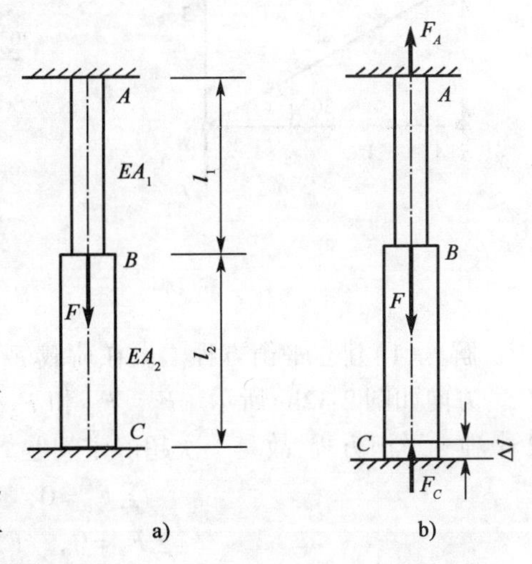

图 2-31

解 (1)静力平衡方程。设在荷载 F 作用下，A、C 端的支反力分别为 F_A 和 F_C，方向如图 2-31b)所示。由共线力系平衡条件得

$$F_A + F_C - F = 0 \tag{a}$$

式(a)中 F_A 和 F_C 均为未知力，一个方程无法求解两个未知力，故是一次超静定问题。

(2)几何方程。取掉 C 端约束，以约束反力 F_C 代替，结构便形成在荷载 F 和 F_C 共同作用下的静定结构。设静定结构在 F 和 F_C 共同作用下的变形为 Δl。

由于原结构两端为固定端约束，受力后各段虽变形，但杆的总长不变，因此变几何方程为

$$\Delta l = 0 \tag{b}$$

(3)物理方程。设 AB 与 BC 段处于弹性范围内，由胡克定律得

$$\Delta l_{AB} = \frac{F_{NAB} l_1}{EA_1} = \frac{F_A l_1}{EA_1} \tag{c}$$

$$\Delta l_{BC} = \frac{F_{NBC} l_2}{EA_2} = \frac{-F_C l_2}{EA_2} \tag{d}$$

$$\Delta l = \Delta l_{AB} \Delta l_{BC} = \frac{F_A l_1}{EA_1} = \frac{F_C l_2}{EA_2} \tag{e}$$

(4)支反力计算。将式(e)代入式(b)，即得补充方程

$$\Delta l = \frac{F_A l_1}{EA_1} = \frac{F_C l_2}{EA_2} = 0 \tag{f}$$

联立求解平衡方程式(a)和补充方程式(f)，得

$$F_A = \frac{A_1 l_2}{A_1 l_2 + A_2 l_1} F$$

$$F_C = \frac{A_2 l_1}{A_1 l_2 + A_2 l_1}F$$

[**例 2-12**] 图 2-32a)所示结构,各杆的拉(压)刚度均为 EA,在节点 B 受荷载 F 作用,杆 1、杆 3 的长度均为 l。试求各杆的轴力。

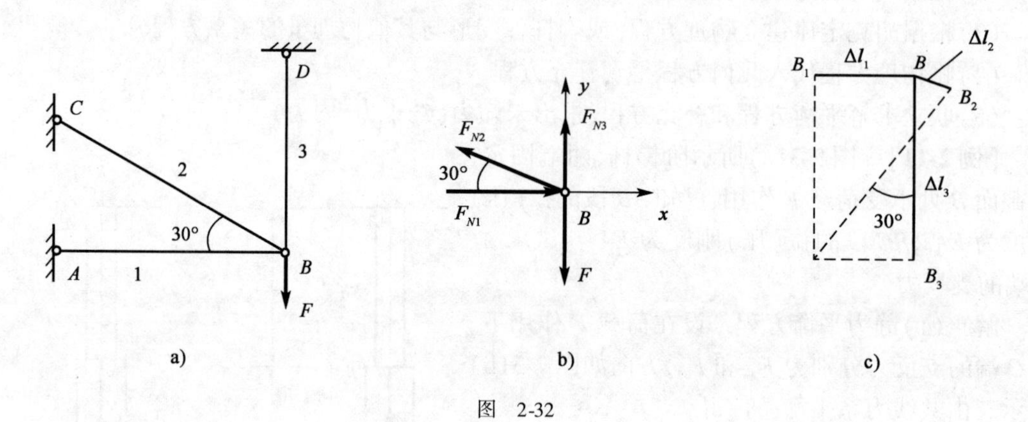

图 2-32

解 (1)建立平衡方程。设在荷载 F 作用下,杆 1、杆 2 和杆 3 的轴力分别为 F_{N1}、F_{N2} 和 F_{N3},方向如图 2-32b)所示。F_{N1}、F_{N2} 和 F_{N3} 均为未知力,所以共有 3 个未知力,汇交力系只有 2 个独立平衡方程,故是一次超静定问题。由 B 点的平衡条件得平衡方程

$$\sum F_x = 0, \quad F_{N1} - F_{N2}\cos30° = 0 \tag{a}$$

$$\sum F_y = 0, \quad F_{N3} + F_{N2}\sin30°\alpha - F = 0 \tag{b}$$

(2)建立几何方程。由图 2-32c)可以看出,杆 1、杆 2、杆 3 间的变形关系为

$$\Delta l_3 = \frac{\Delta l_2}{\sin30°} + \frac{\Delta l_1}{\tan30°} = 2\Delta l_2 + \sqrt{3}\Delta l_1 \tag{c}$$

(3)建立补充方程。根据胡克定律有

$$\Delta l_1 = \frac{F_{N1} l_1}{EA} = \frac{F_{N1} l}{EA} \tag{d}$$

$$\Delta l_2 = \frac{F_{N2} l_2}{EA} = \frac{F_{N2} l}{EA\cos30°} = \frac{2F_{N2} l}{\sqrt{3}EA} \tag{e}$$

$$\Delta l_3 = \frac{F_{N3} l_3}{EA} = \frac{F_{N3} l}{EA} \tag{f}$$

将式(d)、式(e)和式(f)代入式(c),得补充方程

$$\sqrt{3}F_{N3} = 4F_{N2} + 3F_{N1} \tag{g}$$

(4)求解轴力。联立求解式(a)、式(b)和式(g)得

$$F_{N1} = \frac{3}{4(2+\sqrt{3})}F$$

$$F_{N2} = \frac{3}{2(2+\sqrt{3})}F$$

$$F_{N3} = \frac{8\text{-}3\sqrt{3}}{4(2+\sqrt{3})}F$$

二、预应力和温度应力

1. 预应力

杆件在加工时，其尺寸难免存在微小误差，在静定杆或杆系中，这种误差不会引起应力，只改变原有结构形式。如图 2-33 所示，原结构为对称结构，由于杆 2 加工比设计长度稍微短了一些，安装后结构不再对称，但在杆内不引起应力。在超静定杆或杆系中，如果存在加工误差，则必须采取某种强制方法才能将其装配，这样，在结构未受荷载作用时，杆内就已经存在应力。这种应力称为**初应力**或**预应力**。在工程实际中，常利用预应力进行某些构件的装配，例如将轮圈套在轮毂上；或为提高某些构件的承载能力，例如预应力混凝土梁板。下面通过例题说明预应力的分析计算方法。

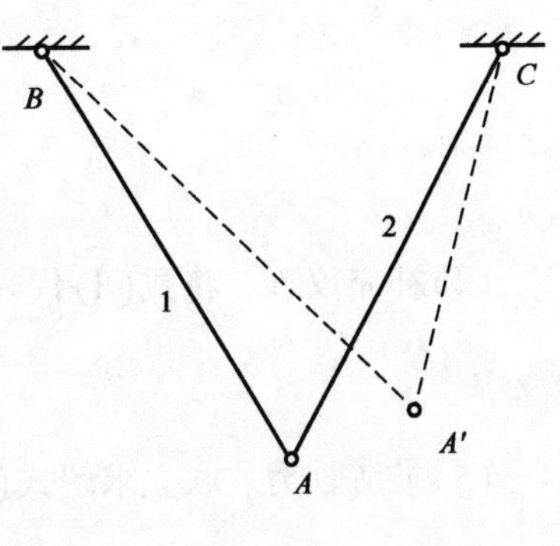

图　2-33

［**例 2-13**］　已知杆系结构如图 2-34a）所示，杆 1、杆 2 的拉（压）刚度为 E_1A_1，杆 3 拉（压）刚度为 E_3A_3。现杆 3 的实际长度比设计长度 l 稍短，误差为 δ。试求杆系装配后三杆的轴力。

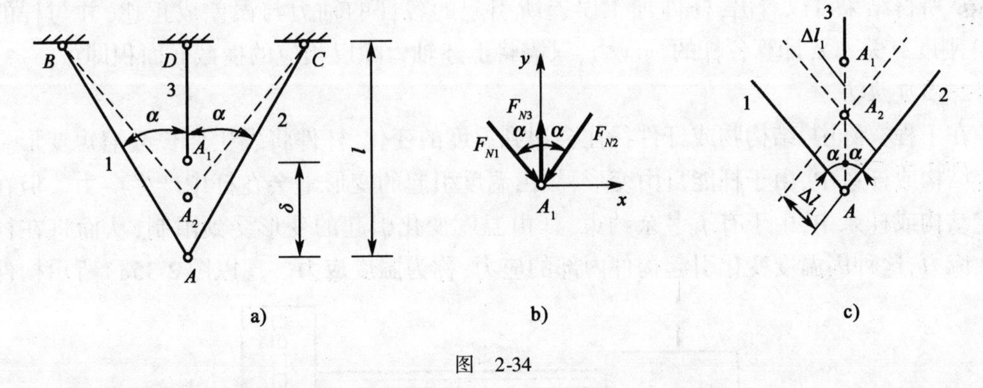

图　2-34

解　（1）受力分析。为了将三杆连接在一起，必须把杆 3 拉长，装配后，杆 3 的应变能做功使其欲返回原长，由于杆 3 与杆 1 和杆 2 连接，因此给杆 1 和杆 2 施加压力，使其缩短。最终三杆平衡于图 2-34a）所示虚线位置。设杆 1、杆 2 和杆 3 的轴力分别为 F_{N1}、F_{N2} 和 F_{N3}，杆 1、杆 2 和杆 3 的变形分别为 Δl_1、Δl_2 和 Δl_3。节点 A_1 的受力如图 2-34b）所示，其平衡方程为

$$\sum F_x = 0, \qquad F_{N1}\sin\alpha - F_{N2}\sin\alpha = 0$$

得

$$F_{N1} = F_{N2} \tag{a}$$

$$\sum F_y = 0, \qquad F_{N3} - F_{N1}\cos\alpha - F_{N2}\cos\alpha = 0$$

简化并利用式（a）得

$$F_{N3} = F_{N1}\cos\alpha + F_{N2}\cos\alpha = 2F_{N1}\cos\alpha$$

即

$$F_{N1} = \frac{F_{N3}}{2\cos\alpha} \tag{b}$$

(2)建立几何方程。由图 2-34c)所示可看出

$$\delta=\overline{AA_1}=\overline{AA_2}+\overline{A_2A_1}=\Delta l_3+\frac{\Delta l_1}{\cos\alpha} \tag{c}$$

(3)建立物理方程。由胡克定律得

$$\begin{cases}\Delta l_1=\Delta l_2=\dfrac{F_{N1}l}{E_1A_1\cos\alpha}\\ \Delta l_3=\dfrac{F_{N3}l}{E_3A_3}\end{cases} \tag{d}$$

(4)补充议程。将式(d)代入式(c),得补充方程

$$\delta=\frac{F_{N1}l}{E_1A_1\cos^2\alpha}+\frac{F_{N3}l}{E_3A_3} \tag{e}$$

(5)求解轴力。联立求解式(e)和式(b),得

$$F_{N1}=F_{N2}=\frac{E_1A_1E_3A_3\cos^2\alpha}{E_3A_3+2E_1A_1\cos^3\alpha}\times\frac{\delta}{l}$$

$$F_{N3}=\frac{2E_1A_1E_3A_3\cos^3\alpha}{E_3A_3+2E_1A_1\cos^3\alpha}\times\frac{\delta}{l}$$

从所得结果可以看出,杆件加工误差所引起的各杆的轴力与误差成正比,并与杆的拉(压)刚度有关。要计算各杆的预应力,只需将上述轴力除以相应的横截面面积即可。

2. 温度应力

在工程实际中,结构物或杆件往往会遇到温度的变化,杆件将发生伸长或缩短变形。在静定结构或杆系中,由于杆能自由变形,故由温度引起的变形不会在杆中产生应力。但在超静定结构或杆系中,由于有了多余约束,杆由温度变化引起的变形受到限制,从而将在杆内产生应力,这种因温度变化引起构件内部的应力,称为**温度应力**。现以图 2-35a)所示构件为

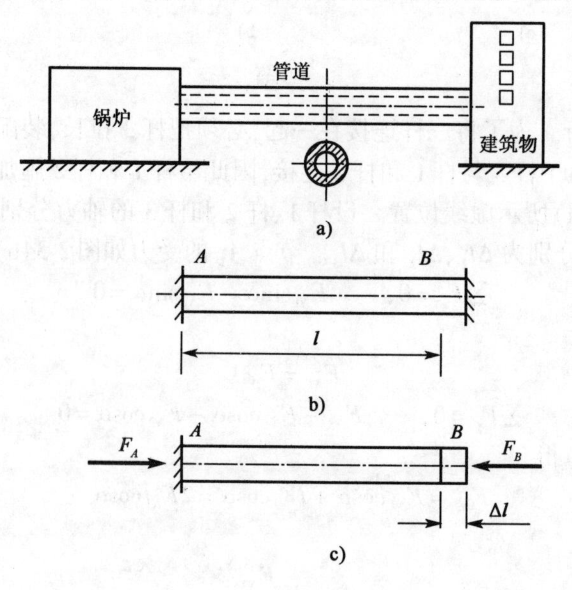

图 2-35

例进行分析。在图2-35b)中，杆AB代表锅炉与建筑物间的热力管道。与锅炉和建筑物相比，管道刚度很小，故可以把A、B两端简化成固定端。当管道中通过高温蒸汽时，管道就会膨胀，但由于两端固定端限制其膨胀或收缩，必然产生约束反力，用F_A和F_B分别表示A端和B端的反力，如图2-35c)所示。对管道AB来说，由平衡方程得

$$F_A = F_B \tag{2-34}$$

由于式(2-34)中有2个未知数，不能确定其数值，因此是一次超静定问题。

设想拆除右端支座，以支反力F_B代替其作用，杆件变为静定的。设温度变化和支反力F_B共同作用引起杆件的变形为Δl，则有

$$\Delta l = \Delta l_T + \Delta l_F \tag{2-35}$$

式中：Δl_T、Δl_F——温度变化引起的变形和支反力F_B作用引起的变形。

实际上，由于管道两端固定，杆件长度不能变化，必须有$\Delta l = 0$，即

$$\Delta l_T + \Delta l_F = 0 \tag{2-36}$$

这就是几何方程。

由物理关系得Δl_T和Δl_F的表达式，即物理方程

$$\Delta l_T = \alpha l \Delta T \tag{2-37}$$

$$\Delta l_F = -\frac{F_B l}{EA} \tag{2-38}$$

式中：α——管道材料的线膨胀系数；

ΔT——管道温度变化量；

EA——管道材料的拉(压)刚度。

将式(2-37)和式(2-38)代入式(2-36)，得补充方程为

$$\alpha l \Delta T = \frac{F_B l}{EA}$$

所以

$$F_B = EA\alpha\Delta T$$

温度引起的应力为

$$\sigma_T = \frac{F_N}{A} = \frac{-F_B}{A} = -E\alpha\Delta T$$

钢的$\alpha = 1.25 \times 10^{-5}$℃$^{-1}$，$E = 200 \times 10^3$MPa，则当温度升高$\Delta T$时，温度应力为

$$\sigma_T = -E\alpha\Delta T = -1.25 \times 10^{-5} \times 200 \times 10^3 \times \Delta T = -2.5\Delta T \text{MPa}$$

负号表示为压应力。可见当ΔT较大时，σ_T的数值非常可观。

【评注】　超静定问题是本章的一个难点，涉及的知识点较多。求解超静定问题的步骤为：①受力分析，列平衡方程，判断问题属于几次超静定；②分析结构的变形情况，根据变形满足的条件，列出几何方程；③根据胡克定律建立物理方程或杆件变形与其他物理量之间的关系式；④将物理方程代入几何方程，得到补充方程；⑤联立平衡方程和补充方程求解未知量。在这5个步骤中，第②步最为关键，解题时，要特别注意固定端约束(总变形为零)、几个杆的节点(变形前后各杆仍交结同一节点)、刚性杆(不变形，可绕某点转动)及制造误差等，这些都是列出几何方程的已知条件。

第九节 应力集中概念

一、应力集中概念

由第二节分析知,等截面直杆在轴向拉伸或压缩变形时,横截面上的应力是均匀分布的。在工程实际中,有些构件需要有切口、切槽、油孔、螺纹等,这样在这些部位上构件的截面尺寸发生突变。实践证明,有时构件的破坏就是从这些部位开始的。根据试验结果和理论分析,在结构尺寸突变处的横截面上,应力并不是均匀分布的,如图2-36所示开有圆孔和带有切口的板条,当其轴向拉伸时,在圆孔和切口附近的局部区域内,应力的数值剧烈增加,而在离开这一区域稍远的地方,应力迅速降低而趋于均匀。这种因杆件外形突变而引起局部应力急剧增大的现象,称为**应力集中**。

应力集中的程度用应力**集中因数** K_t 表示,其定义为

$$K_t = \frac{\sigma_{max}}{\sigma_n} \tag{2-39}$$

式中:σ_n——名义应力;

σ_{max}——最大局部应力。

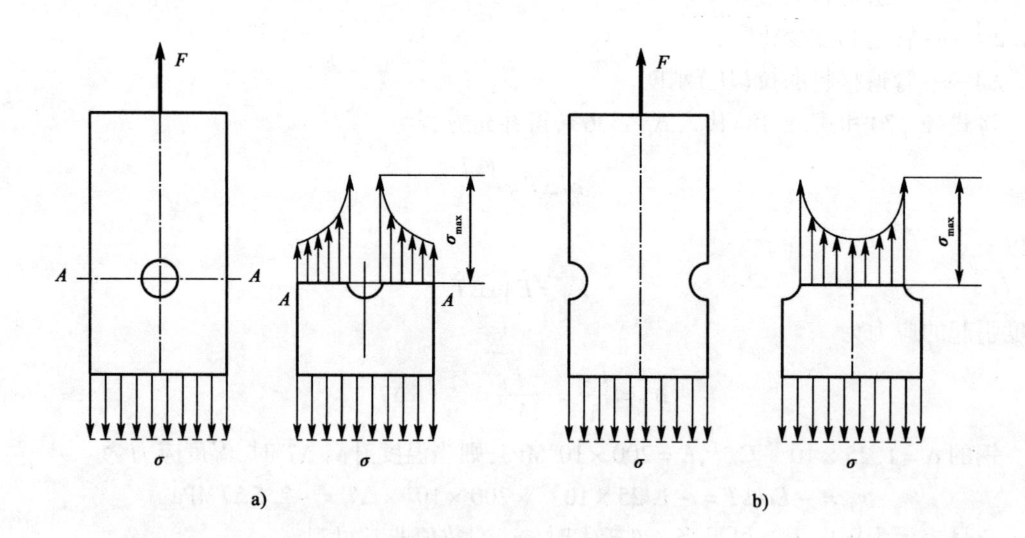

图 2-36

名义应力是在不考虑应力集中的条件下求得的,例如上述含圆孔薄板,若所受拉力为F,板厚为δ,板宽为b,孔径为d,则截面A-A上的名义应力为

$$\sigma_n = \frac{F}{(b-d)\delta} \tag{2-40}$$

最大局部应力则由解析理论(例如弹性力学)、试验或数据方法(例如有限元法与边界元法等)确定。

二、应力集中对构件强度的影响

对于由脆性材料制成的构件，当由应力集中所形成的最大局部应力达到强度极限时，在应力集中处首先出现裂纹，随着裂纹的发展，应力集中程度加剧，最终导致构件发生破坏。因此，在设计脆性材料构件时，应考虑应力集中的影响。

对于由塑性材料制成的构件，应力集中对其在静荷载作用下的强度几乎无影响。因为当应力集中处最大应力达到屈服应力后保持不变，如果继续增大荷载，所增加的荷载将由同一截面的未屈服部分承担，以致屈服区域不断扩大，应力分布逐渐趋于均匀化。所以，在研究塑性材料构件的静强度问题时，通常可以不考虑应力集中的影响。

然而，应力集中能促使疲劳裂纹的形成与扩展，因而对构件（无论是塑性材料还是脆性材料）的疲劳强度影响极大。所以在这种构件设计时，要特别注意减小构件的应力集中。

第十节　连接件的强度计算

在工程实际中，构件与构件之间通常采用销钉、铆钉、螺栓、键等相连接，以实现力和运动的传递。例如图 2-37 所示用铆钉连接的情况。这些连接件的受力与变形一般比较复杂，精确分析、计算比较困难，工程中常采用**实用计算方法**，或称为“**假定计算法**”。这种方法有两方面的含义：一方面假设在受力面上应力均匀分布，并按此假设计算出相应的“**名义应力**”，它实际上是受力面上的平均应力；另一方面，对同类连接件进行破坏试验，用计算“名义应力”方法由破坏荷载确定材料的极限应力，并将此极限应力除以适当的安全系数，就得到该材料的许可应力，从而可对连接件建立强度条件，进行强度计算。

分析图 2-37 所示连接件的强度，通常有三种可能的破坏形式：①铆钉沿受剪面 m-m 和 n-n 被剪坏［图 2-38a)］；②连接板铆钉孔边缘或铆钉本身被挤压而发生显著的塑性变形［图 2-38b)］；③连接板在被铆钉孔削弱的截面被拉断［图 2-38c)］。第一种为剪切破坏；第二种为挤压破坏；第三种为强度破坏，前面章节已经叙述过。下面分析介绍剪切和挤压的实用计算。

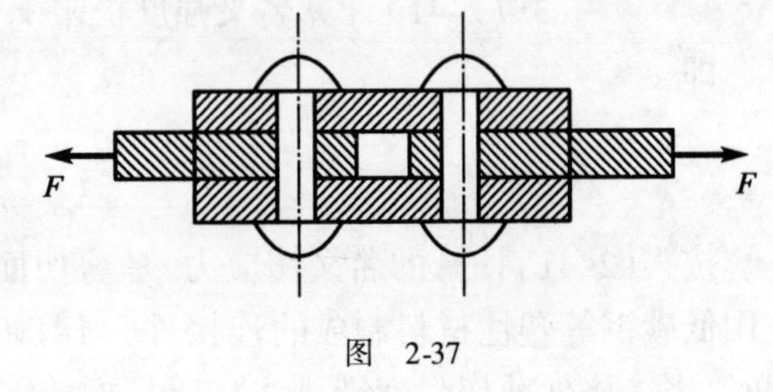

图　2-37

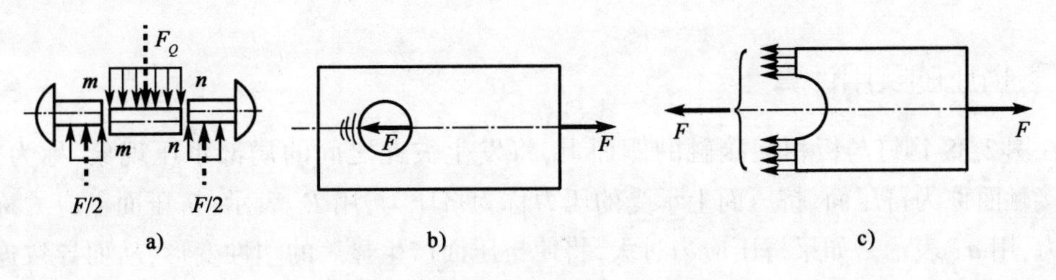

图　2-38

一、剪切的实用计算

以图2-37所示铆钉为例,其受力如图2-39a)所示。在铆钉的两侧面上受到分布外力系的作用,这种外力系可简化成大小相等、方向相反、作用线很近的一组力,在这样的外力作用下,铆钉发生的是剪切变形。当外力过大时,铆钉将沿横截面 $m\text{-}m$ 和 $n\text{-}n$ 被剪断[图2-39b)],横截面 $m\text{-}m$ 和 $n\text{-}n$ 被称为**剪切面**。为了分析铆钉的剪切强度,先利用截面法求出剪切面上的内力,如图2-39c)所示,在剪切面上,分布内力的合力称为**剪力**,用 F_Q 表示。

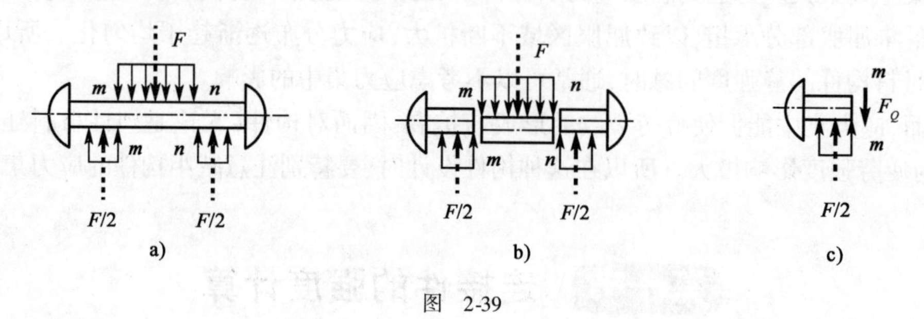

图 2-39

在剪切面上,切应力的分布较复杂,工程中常采用实用计算,假设在剪切面上切应力均匀分布,则剪切面上的名义切应力为

$$\tau = \frac{F_Q}{A_Q} \tag{2-41}$$

式中:A_Q——剪切面面积。

剪切强度条件为

$$\tau = \frac{F_Q}{A_Q} \leqslant [\tau] \tag{2-42}$$

式中:$[\tau]$——许用切应力,其值为连接件材料的剪切破坏荷载 F_{Qu},通过破坏试验得到,用式(2-41)计算名义强度极限 τ_{bu},除以适当安全系数得到。

即

$$[\tau] = \frac{\tau_{bu}}{n} = \frac{1}{n}\frac{F_{Qu}}{A_Q} \tag{2-43}$$

按式(2-41)计算的名义切应力,是剪切面上的平均切应力,不是实际的切应力值,但由于用低碳钢等塑性材料制成的连接件,当剪切变形较大时,剪切面上的切应力将趋于均匀。同时,当连接件剪切强度满足式(2-42)时,连接件将不发生剪切破坏,从而满足工程使用的要求。

二、挤压的实用计算

在图2-38铆钉与板相互接触的侧面上,将发生彼此之间的局部承压现象,称为挤压。相互接触面称为挤压面,挤压面上承受的压力称为挤压力,用 F_{bs} 表示;挤压面上应力称为挤压应力,用 σ_{bs} 表示。如果挤压应力过大,将使挤压面产生显著的塑性变形,从而导致连接松动,影响正常工作,甚至导致失效无法工作。挤压应力在挤压面上分布也很复杂,工程实际

中采用实用计算，名义挤压应力的定义为

$$\sigma_{bs} = \frac{F_{bs}}{A_{bs}} \tag{2-44}$$

式中：A_{bs}——计算挤压面面积。

当挤压面为圆柱面（例如铆钉与板连接）时，由理论分析计算知，理论挤压应力沿圆柱面的变化规律如图 2-40b）所示，最大理论挤压应力约等于挤压力除以 dδ［图 2-40a）中阴影部分］，即

$$\sigma_{bsmax} \approx \frac{F_{bs}}{d\delta}$$

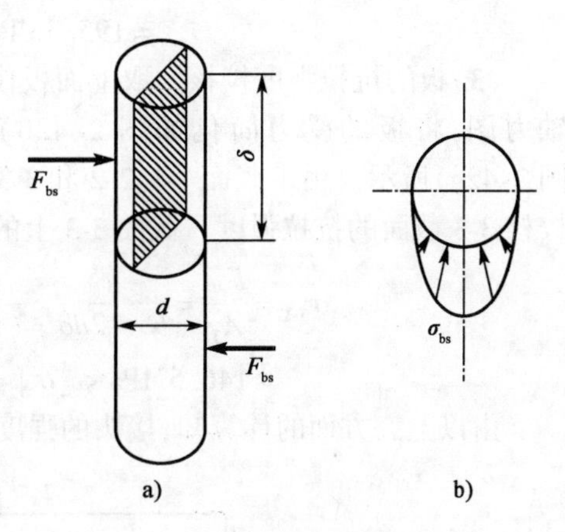

图　2-40

故按式(2-44)计算名义挤压应力时，计算挤压面面积取实际挤压面在直径平面上的投影面积。

当挤压面为平面（例如键与轴的连接）时，计算挤压面面积取实际挤压面面积。

挤压强度条件式为

$$\sigma_{bs} = \frac{F_{bs}}{A_{bs}} \leqslant [\sigma_{bs}] \tag{2-45}$$

式中，$[\sigma_{bs}]$为许用挤压应力，其值是通过破坏试验得到极限挤压力 F_{bsu}，用名义挤压应力公式计算出材料的极限挤压应力 σ_{bsu}，并除以适当的安全系数得到。

即

$$[\sigma_{bs}] = \frac{\sigma_{bsu}}{n} = \frac{1}{n}\frac{F_{bsu}}{A_{bs}} \tag{2-46}$$

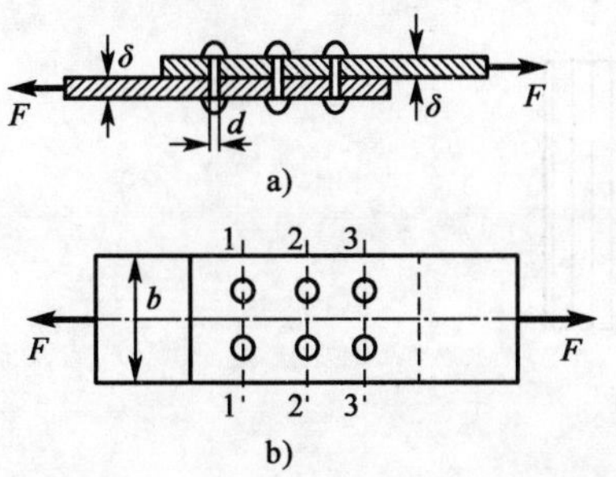

图　2-41

［例 2-14］　图 2-41 所示铆钉接头，两块钢板用 6 个铆钉连接，钢板的厚度 $\delta = 8\text{mm}$，宽度 $b = 160\text{mm}$，铆钉的直径 $d = 16\text{mm}$，承受 $F = 150\text{kN}$ 的荷载作用。已知铆钉材料的许用切应力$[\tau] = 140\text{MPa}$，许用挤压应力$[\sigma_{bs}] = 330\text{MPa}$，钢板的许用应力$[\sigma] = 170\text{MPa}$。试校核接头的强度。

解　(1)铆钉的剪切强度校核。对铆钉群，当铆钉的材料与直径相同，外力作用线通过铆钉群剪切面的形心时，各铆钉剪切面上所受的剪力相同。因此，各铆钉剪切面上的剪力为

$$F_Q = \frac{F}{6}$$

名义切应力为

$$\tau = \frac{F_Q}{A_Q} = \frac{4F_Q}{\pi d^2} = \frac{4 \times 25 \times 10^3}{\pi \times 16^2 \times 10^{-6}} = 124.4 \times 10^6\text{Pa}$$

$$= 124.4\text{MPa} < [\tau] = 140\text{MPa}$$

(2)铆钉的挤压强度校核。由分析可知，铆钉所受的挤压力等于剪切面上的剪力，因此挤压应力为

$$\sigma_{bs}=\frac{F_{bs}}{A_{bs}}=\frac{\frac{F}{6}}{d\delta}=\frac{25\times10^3}{16\times8\times10^{-6}}=195.3\times10^6\text{Pa}$$

$$=195.3\text{MPa}<[\sigma_{bs}]=330\text{MPa}$$

(3)板的抗拉强度校核。取上面板作受力分析,受力图如图2-42a)所示,为了得到板的轴力图,将板的受力简化如图2-42b)所示。利用截面法求各截面的轴力,轴力图如图2-42c)所示。由于截面1-1、2-2和3-3的削弱程度相同,而截面3-3的轴力最大,故只需校核3-3截面的抗拉强度。截面3-3上的拉应力为

$$\sigma_{3\text{-}3}=\frac{F_{N3}}{A_3}=\frac{F}{b\delta-2d\delta}=\frac{150\times10^3}{(160-2\times16)\times8\times10^{-6}}=146.5\times10^6\text{Pa}$$

$$=146.5\text{MPa}<[\sigma]=170\text{MPa}$$

由以上三方面的计算知,接头的强度满足要求。

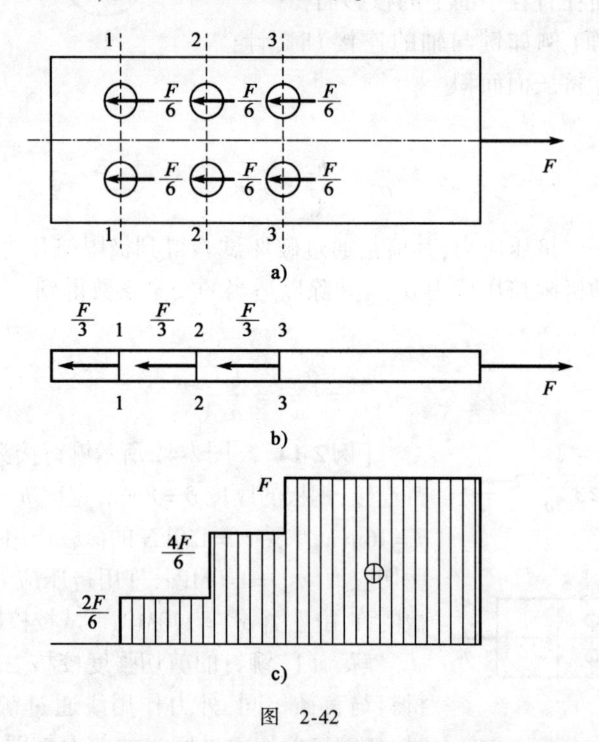

图 2-42

[例2-15] 图2-43a)所示齿轮用平键与轴连接(图中未画出齿轮,只画了轴与键)。已知轴的直径$d=70\text{mm}$,键的尺寸为$b\times h\times l=20\text{mm}\times12\text{mm}\times100\text{mm}$,键的许用切应力$[\tau]=60\text{MPa}$,许用挤压应力$[\sigma_{bs}]=100\text{MPa}$。试求轴所能承受的最大力偶矩$M_e$。

解 (1)受力分析。假想将平键沿n-n截面分成两部分,截面以下平键部分和轴看成一个整体[图2-43b)],设n-n截面上的剪力为F_Q,则由平衡条件得

$$F_Q\frac{d}{2}=M_e$$

即

$$F_Q=\frac{2M_e}{d}$$

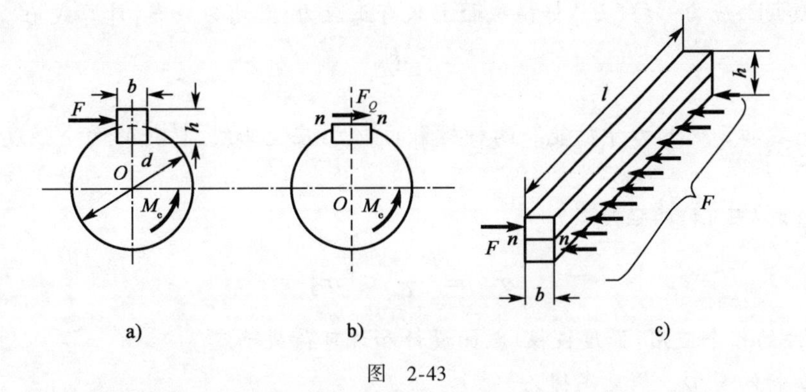

图　2-43

(2)键的剪切强度分析。按剪切强度条件

$$\tau=\frac{F_Q}{A_Q}=\frac{\frac{2M_e}{d}}{bl}=\frac{2M_e}{bdl}\leqslant[\tau]$$

得

$$M_e\leqslant\frac{bdl[\tau]}{2}=\frac{20\times70\times100\times10^{-9}\times60\times10^{6}}{2}=4\ 200\mathrm{N\cdot m}=4.2\mathrm{kN\cdot m}$$

(3)键的挤压强度分析。由图 2-43c)可得挤压力为

$$F_{bs}=F_Q=\frac{2M_e}{d}$$

由挤压强度条件

$$\sigma_{bs}=\frac{F_{bs}}{A_{bs}}=\frac{\frac{2M_e}{d}}{\frac{h}{2}l}=\frac{4M_e}{bhl}\leqslant[\sigma_{bs}]$$

得

$$M_e\leqslant\frac{bhl[\sigma_{bs}]}{4}=\frac{70\times12\times100\times10^{-9}\times100\times10^{6}}{4}=2\ 100\mathrm{N\cdot m}=2.1\mathrm{kN\cdot m}$$

综合以上分析结果,可得轴所能承受的最大力偶矩为

$$M_{emax}=2.1\mathrm{kN\cdot m}$$

【评注】　求解连接件强度方面的题目时,要特别注意以下几个问题:①连接件受力分析,当有多个连接件(如铆钉、螺栓、键等)时,若外力通过这些连接件剪切面的形心,则认为各连接件上所受的力相等;②剪切面和挤压面的计算,要判断清楚哪个面是剪切面,哪个面是挤压面,特别当挤压面为圆柱面时,要注意“计算挤压面”面积;③当被连接件的材料、厚度不同时,切应力、挤压应力要取最大值进行计算;④在计算连接件剪切强度、挤压强度的同时,要考虑被连接件由于断面被削弱,其抗拉(压)强度是否满足要求。总之,解此类题目时,要细心、全面。

本章复习要点

(1)用截面法求轴力。任意截面上的轴力,在数值上等于该截面任一侧轴向外力代数和。

(2)横截面上应力。拉(压)杆横截面上只有正应力,且均匀分布,计算式为

$$\sigma = \frac{F_N}{A}$$

(3)材料在拉压时的力学性能。两种材料的应力-应变曲线,材料的两个强度指标,两个塑性指标。

(4)等直拉(压)杆的强度条件

$$\sigma_{\max} = \frac{F_{N\max}}{A} \leqslant [\sigma]$$

强度条件的三个应用:强度校核、截面设计和许可荷载确定。

(5)拉压杆的变形。胡克定律为

$$\sigma = E\varepsilon$$

或

$$\Delta l = \frac{F_N l}{EA}$$

(6)拉(压)杆的应变能。应变能和应变能密度计算式为

$$V_\varepsilon = \frac{F_N^2 l}{2EA}, v_\varepsilon = \frac{1}{2}\sigma\varepsilon$$

(7)拉(压)超静定问题。超静定问题解法的步骤:①受力分析,列平衡方程;②列几何方程;③列物理方程;④列补充方程;⑤联立求解。

(8)连接件强度计算。

剪切的实用计算

$$\tau = \frac{F_Q}{A_Q} \leqslant [\tau]$$

挤压的实用计算

$$\tau = \frac{F_Q}{A_Q} \leqslant [\tau]$$

习　题

2-1　试计算如题 2-1 图所示各杆的轴力,并指出其最大值。

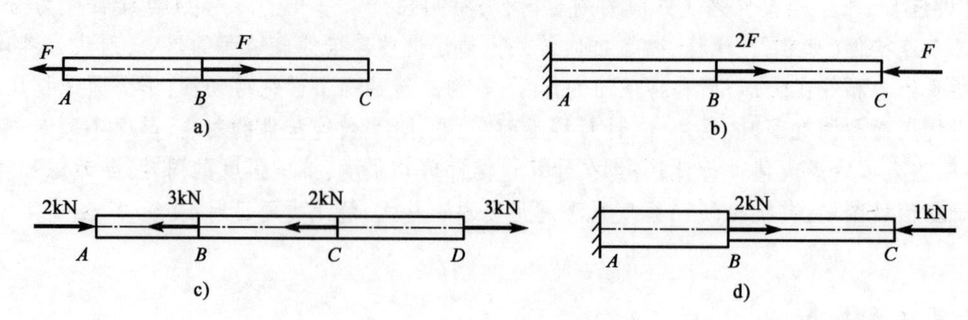

题 2-1 图

2-2　求如题 2-2 图所示各杆 1-1 和 2-2 横截面上的轴力，并作轴力图。

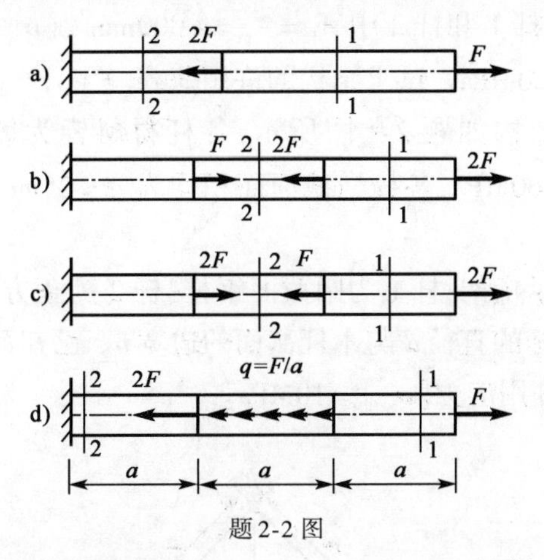

题 2-2 图

2-3　求如题 2-3 图所示等直杆横截面 1-1、2-2 和 3-3 上的轴力，并作轴力图。如果截面面积 $A=400\text{mm}^2$，求各横截面上的应力。

2-4　求如题 2-4 图所示阶梯状直杆横截面 1-2、2-2 和 3-3 上的轴力，并作轴力图。如果横截面面积 $A_1=400\text{mm}^2$，$A_2=300\text{mm}^2$，$A_3=200\text{mm}^2$，求各横截面上的应力。

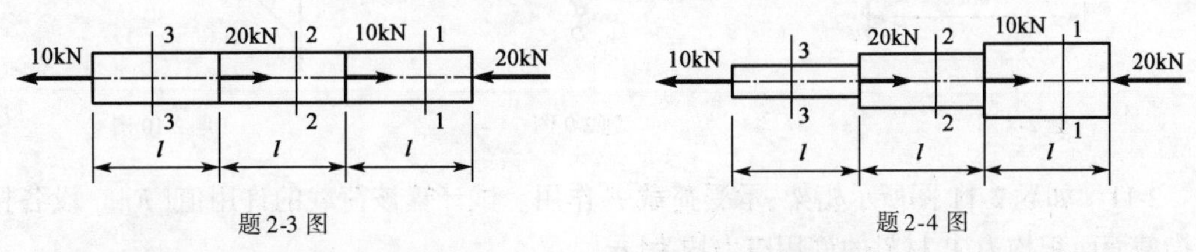

题 2-3 图　　　　题 2-4 图

2-5　如题 2-5 图所示拉杆承受轴向力 $F=10\text{kN}$，杆的横截面面积 $A=100\text{mm}^2$。若以 α 表示斜截面与横截面的夹角，试求当 $\alpha=0°$、$30°$、$45°$、$60°$、$90°$时各斜截面上的正应力和切应力。

2-6　如题 2-6 图所示杆件，承受轴向荷载 F 作用。该杆由两根木杆黏接而成，若欲使黏接面上的正应力为其切应力的 2 倍，则黏接面的方向角 α 应为何值？

题 2-5 图　　　　题 2-6 图

2-7　如题 2-7 图所示硬铝试件，其中 $a=2\text{mm}$，$b=20\text{mm}$，$l=70\text{mm}$。在轴向拉力 $F=6\text{kN}$ 作用下，测得试验段伸长 $\Delta l=0.15\text{mm}$，板宽缩短 $\Delta b=0.014\text{mm}$。试计算硬铝的弹性模量 E 和泊松比 ν。

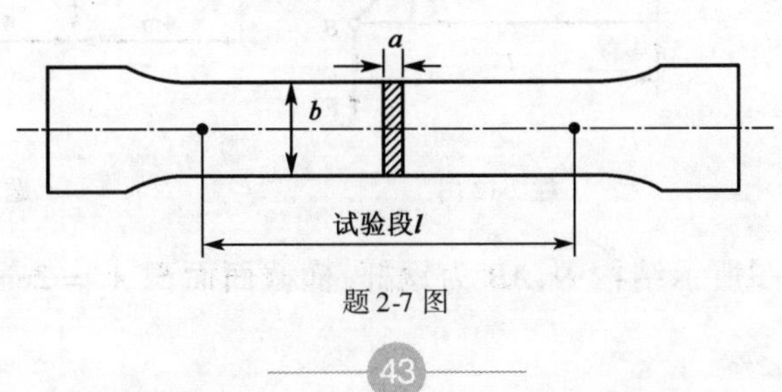

题 2-7 图

2-8　如题 2-8 图所示的杆件结构中杆 1、杆 2 为木制，杆 3、杆 4 为钢制。已知各杆的横截面面积和许用应力如下：杆 1 和杆 2 中 $A_1 = A_2 = 4\,000\text{mm}^2$，$[\sigma_w] = 20\text{MPa}$，杆 3 和杆 4 中 $A_3 = A_4 = 800\text{mm}^2$，$[\sigma_s] = 120\text{MPa}$。试求结构的许用荷载$[F]$。

2-9　铰接的正方形结构如题 2-9 图所示，各杆材料皆为铸铁，许用拉应力$[\sigma_t] = 50\text{MPa}$，许用压应力$[\sigma_c] = 60\text{MPa}$，各杆横截面面积均为 $A = 25\text{mm}^2$。试求结构的许用荷载$[F]$。

2-10　如题 2-10 图所示桁架，杆 1 为圆截面钢杆，杆 2 为正方形截面木杆，在节点 B 承受荷载 F 作用。试确定钢杆的直径 d 与木杆截面的边宽 b。已知荷载 $F = 50\text{kN}$，钢的许用应力$[\sigma_s] = 160\text{MPa}$，木材的许用应力$[\sigma_w] = 10\text{MPa}$。

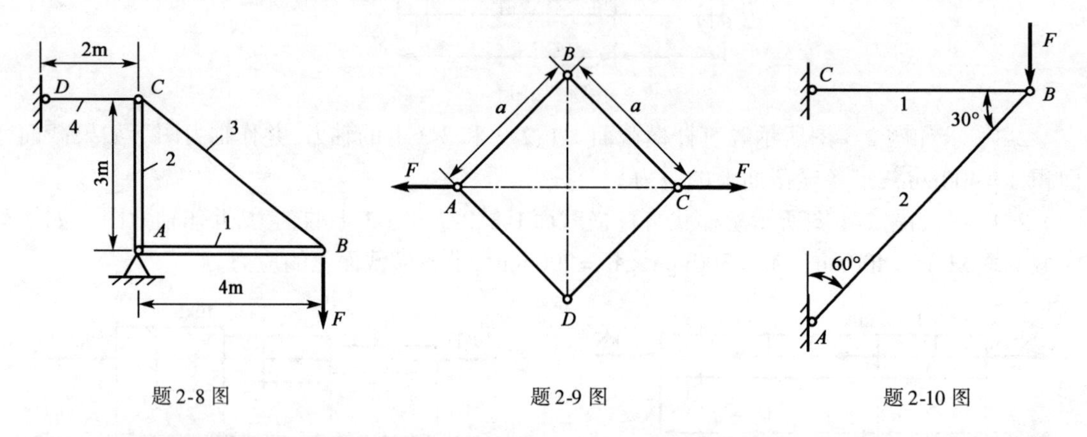

题 2-8 图　　题 2-9 图　　题 2-10 图

2-11　如题 2-11 图所示桁架，承受荷载 F 作用。试计算该荷载的许用值$[F]$。设各杆的横截面面积均为 A，材料的许用应力均为$[\sigma]$。

2-12　如题 2-12 图所示桁架，承受荷载 F 作用。已知杆的许用应力为$[\sigma]$。若在节点 A 和 B 的位置保持不变的条件下，试确定使结构重量最轻的 α 值。

2-13　一桁架受力如题 2-13 图所示。各杆均由两个等边角钢组成。已知材料的许用应力$[\sigma] = 170\text{MPa}$。试选择 AC 杆和 CD 杆的角钢型号。

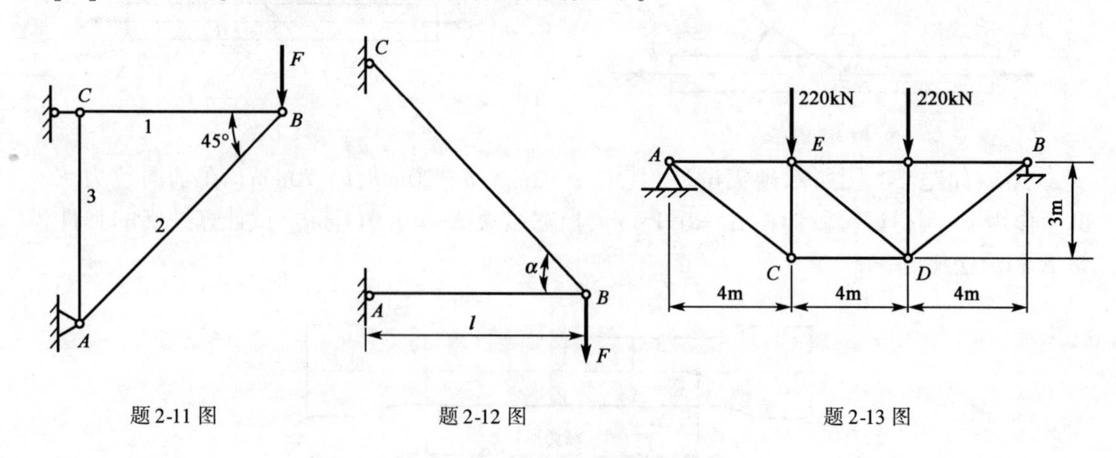

题 2-11 图　　题 2-12 图　　题 2-13 图

2-14　如题 2-14 图所示结构中，AB 为钢杆，横截面面积 $A_1 = 2\text{cm}^2$，许用应力$[\sigma_s] =$

160MPa；AC 为铜杆，横截面面积 $A_2 = 3\text{cm}^2$，许用应力 $[\sigma_c] = 100\text{MPa}$。试求结构的许用荷载 $[F]$。

2-15　一根等直杆受力如题 2-15 图所示。已知杆的横截面面积 A 和材料的弹性模量 E。试求杆端点 D 的位移。

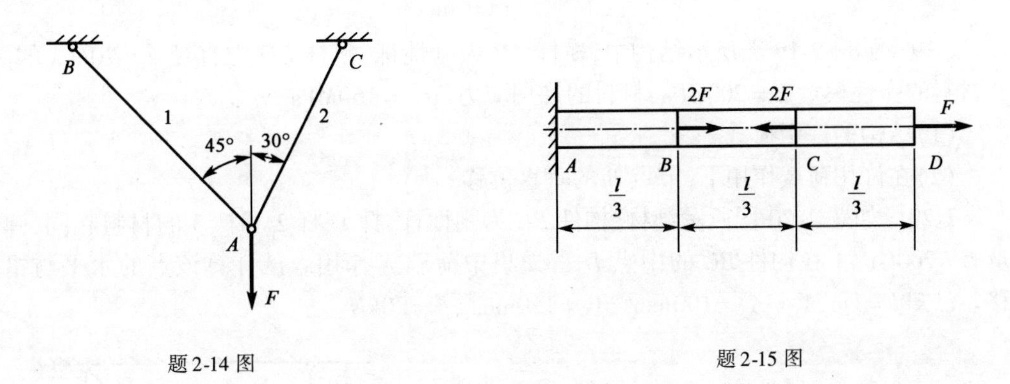

题 2-14 图　　　　题 2-15 图

2-16　一根木柱受力如题 2-16 图所示。柱的横截面为边长为 200mm 的正方形，材料可认为符合胡克定律，其弹性模量 $E = 10\text{GPa}$。如不计柱的自重，试求下列各项：

(1)各段柱横截面上的应力。

(2)各段柱的轴向线应变。

(3)柱的总变形。

2-17　如题 2-17 图所示，打入黏土的木桩受荷载 F 及黏土的摩擦力作用，摩擦力集度 $f = ky^2$，其中 k 为常数。已知 $F = 420\text{kN}$，$l = 12\text{m}$，杆的横截面面积 $A = 64 \times 10^3\text{mm}^2$，弹性模量 $E = 10\text{GPa}$。试确定常数 k，并求木桩的缩短量。

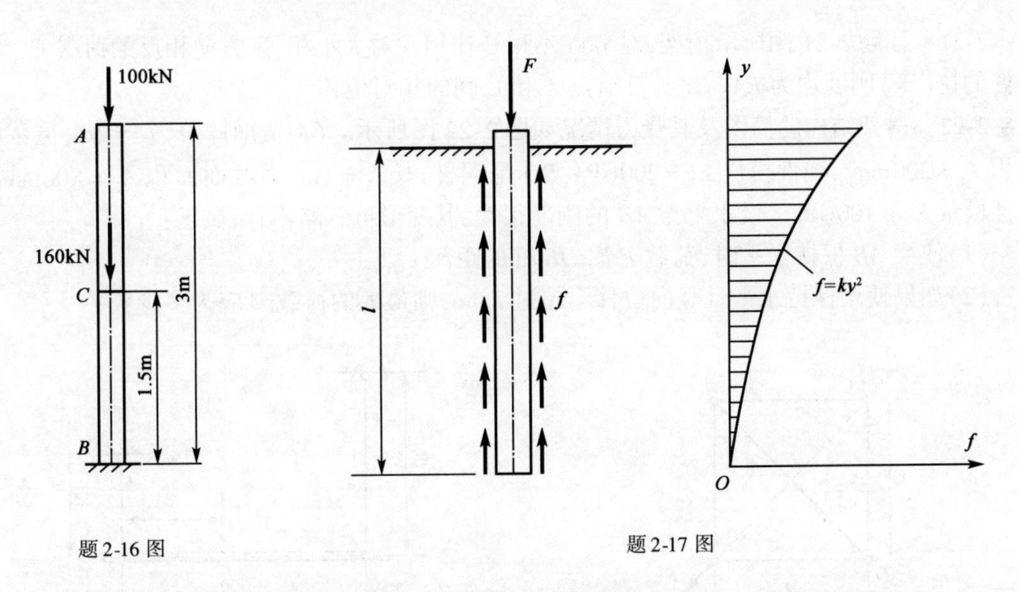

题 2-16 图　　　　题 2-17 图

2-18　如题 2-18 图所示变宽平板，承受轴向荷载 F 作用。已知板的厚度为 δ，长为 l，左、右端的宽度分别为 b_1 和 b_2，弹性模量为 E。试计算板的轴向变形。

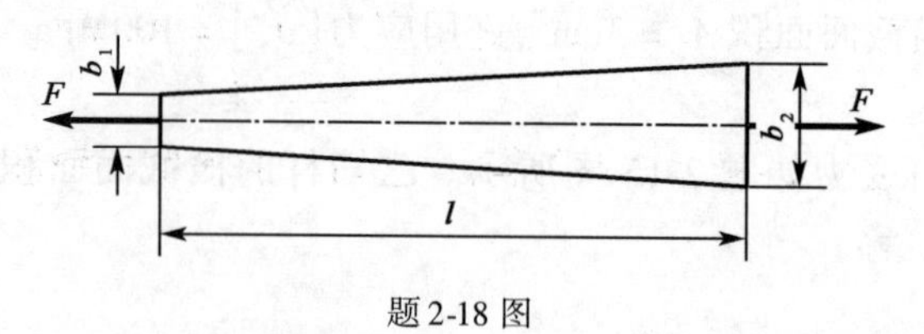

题2-18图

2-19　如题2-19图所示结构中,横杆 AB 为刚性杆,斜杆 CD 为直径 $d=20\text{mm}$ 的圆杆,其材料的弹性模量 $E=200\text{GPa}$,材料的许用应力$[\sigma]=160\text{MPa}$。试求:

(1)结构的许用荷载。

(2)在许用荷载作用下,节点 B 的垂直位移。

2-20　如题2-20图所示结构,构件 BC 为刚性杆,杆1、杆2和杆3的材料相同,弹性模量 $E=200\text{GPa}$。在构件 BC 的中点 D 承受集中荷载 F 作用。试计算该点的水平与铅垂位移。已知 $l=1\text{m}$,$A_1=A_2=100\text{mm}^2$,$A_3=150\text{mm}^2$,$F=20\text{kN}$。

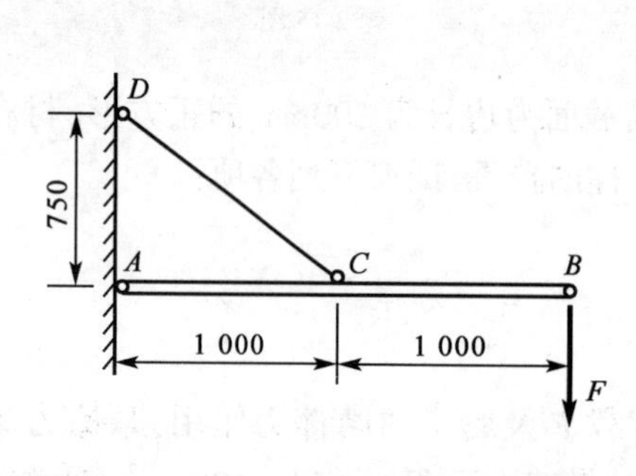

题2-19图

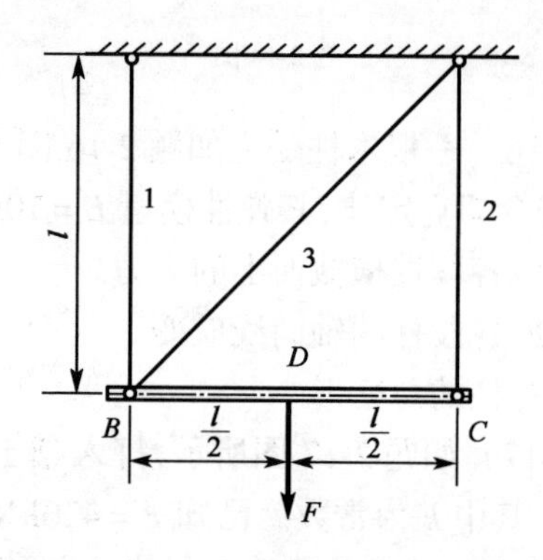

题2-20图

2-21　如题2-21图所示桁架,在节点 A 和 C 作用一对大小相等、方向相反的荷载 F。设各杆的拉(压)刚度均为 EA。试计算节点 A 和 C 间的相对位移。

2-22　吊架结构的简图及其受力情况如题2-22图所示。CA 是钢杆,长 $l_1=2\text{m}$,横截面面积 $A_1=200\text{mm}^2$,弹性模量 $E_1=200\text{GPa}$;BD 是铜杆,长 $l_2=1\text{m}$,横截面面积 $A_2=800\text{mm}^2$,弹性模量 $E_2=100\text{GPa}$。设水平梁 AB 的刚度很大,其变形可忽略不计,试求:

(1)使梁 AB 保持水平时,荷载 F 离 DB 杆的距离 x。

(2)如果使梁保持水平且竖向位移不超过2mm,则最大的荷载 F 应为多少?

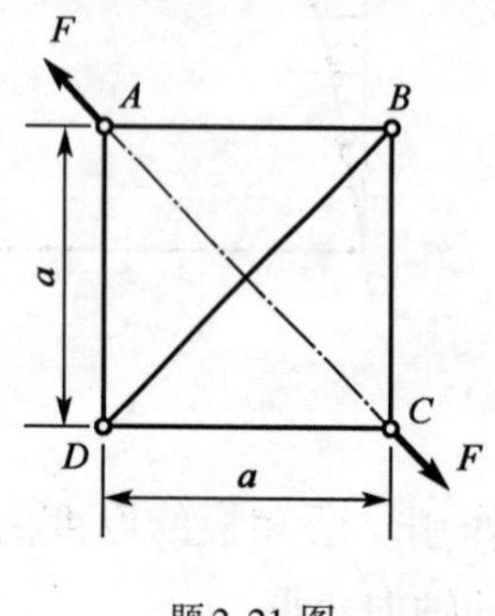

题2-21图

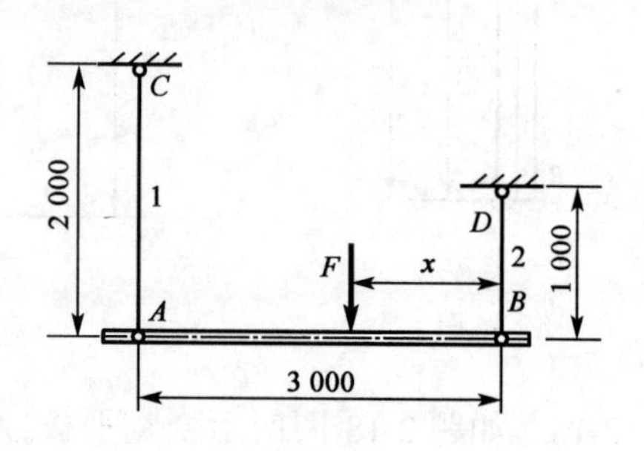

题2-22图

2-23　如题2-23图所示两端固定杆件，承受轴向荷载作用。试求支反力与杆内的最大轴力。

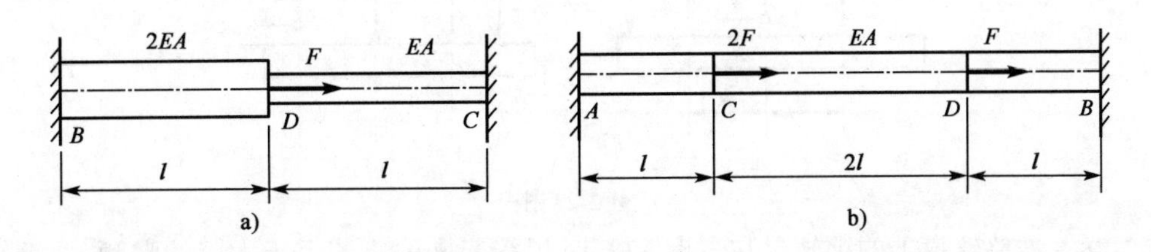

题2-23图

2-24　如题2-24图所示结构，杆1与杆2的拉(压)刚度均为EA，梁AB为刚体，荷载$F=20\text{kN}$，许用拉应力$[\sigma_t]=30\text{MPa}$，许用压应力$[\sigma_c]=90\text{MPa}$。试确定各杆的横截面面积。

2-25　一钢管混凝土柱如题2-25图所示。柱长$l=3\text{m}$，钢管的壁厚为$\delta=5\text{mm}$，内部混凝土直径$d=100\text{mm}$。承受的压力为F。已知钢管的许用应力$[\sigma_s]=160\text{MPa}$，弹性模量$E_s=200\text{GPa}$；混凝土的许用应力$[\sigma_h]=30\text{MPa}$，弹性模量$E_h=30\text{GPa}$。试求钢管混凝土柱的许用荷载$[F]$。

2-26　如题2-26图所示钢杆，弹性模量$E=210\text{GPa}$，横截面面积$A_1=3\ 000\text{mm}^2$，$A_2=2\ 500\text{mm}^2$，轴向荷载$F=180\text{kN}$。试确定在下列两种情况下杆端的支反力：

(1)间隙$\delta=0.6\text{mm}$。

(2)间隙$\delta=0.4\text{mm}$。

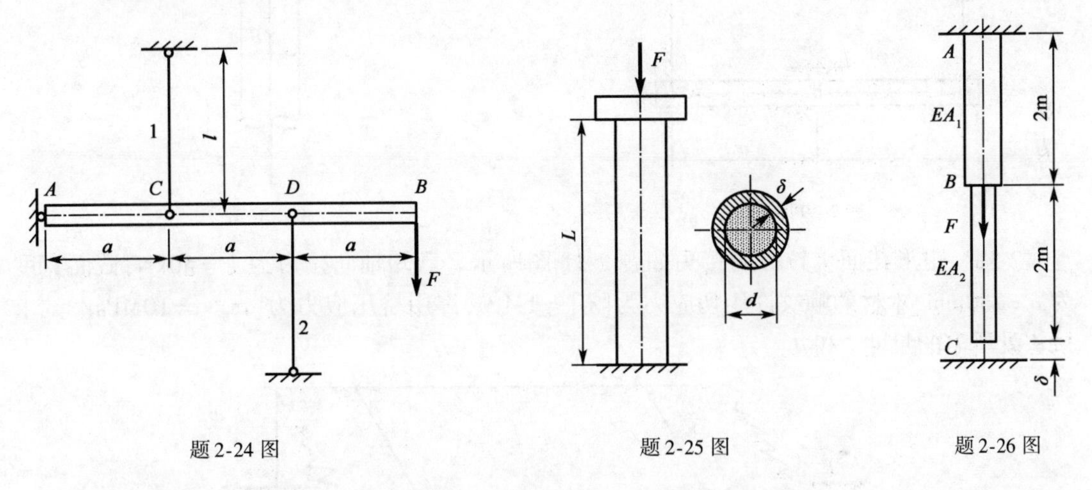

题2-24图　　题2-25图　　题2-26图

2-27　如题2-27图所示刚性梁由三根钢杆支承，钢杆材料的性模量$E_s=210\text{GPa}$，横截面面积均为2cm^2，其中一杆的长度做短了$\delta=5l/10^4$。在按下述两种情况装配后，试求各杆横截面上的应力。

(1)短杆为2号杆[题2-27图a)]。

(2)短杆为3号杆[题2-27图b)]。

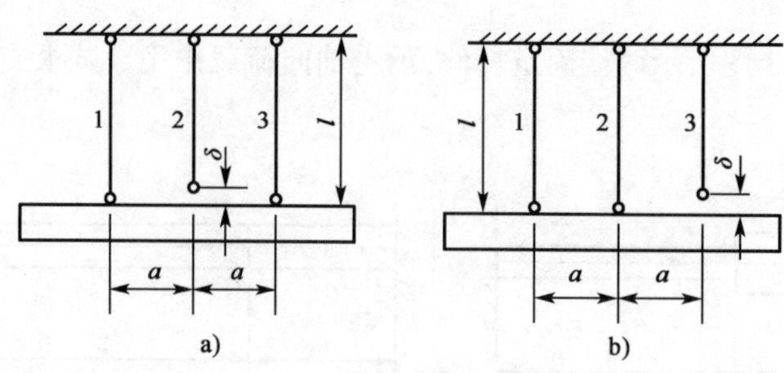

题 2-27 图

2-28　铁路轨道上的钢轨是在温度 13℃时焊接起来的。若由于太阳的曝晒,使钢轨温度升高到了 43℃,问在轨道中将产生多大的温度应力。已知钢材的线膨胀系数 $\alpha = 12 \times 10^{-6}℃^{-1}$,弹性模量 $E = 200\text{GPa}$。

2-29　如题 2-29 图所示杆 1 为钢杆,$E_1 = 210\text{GPa}$,$\alpha_1 = 12.5 \times 10^{-6}℃^{-1}$,$A_1 = 30\text{cm}^2$;杆 2 为铜杆,$E_2 = 105\text{GPa}$,$\alpha_2 = 19 \times 10^{-6}℃^{-1}$,$A_2 = 30\text{cm}^2$。荷载 $F = 50\text{kN}$。若 AB 为刚杆,且始终保持水平,试问温度升高还是降低?并求温度改变量 ΔT。

2-30　如题 2-30 图所示圆截面杆件,承受轴向拉力 F 作用。设拉杆的直径为 d,端部墩头的直径为 D,高度为 h,试从强度方面考虑,建立三者间的合理比值。已知材料的许用应力 $[\sigma] = 120\text{MPa}$,许用切应力 $[\tau] = 90\text{MPa}$,许用挤压应力 $[\sigma_{bs}] = 240\text{MPa}$。

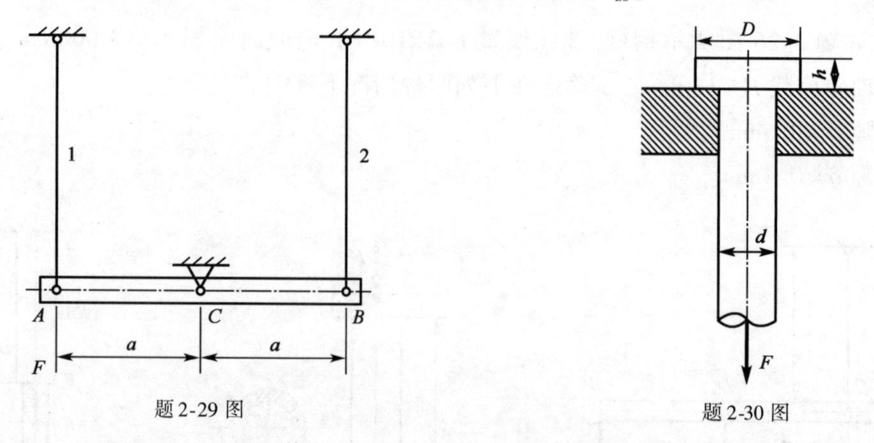

题 2-29 图　　　　题 2-30 图

2-31　矩形截面木拉杆的接头如题 2-31 图所示。已知轴向拉力为 $F = 50\text{kN}$,截面宽度为 $b = 250\text{mm}$,木材的顺纹许用切应力为 $[\tau] = 1\text{MPa}$,许用挤压应力为 $[\sigma_{bs}] = 10\text{MPa}$。试求接头处所需的尺寸 l 和 a。

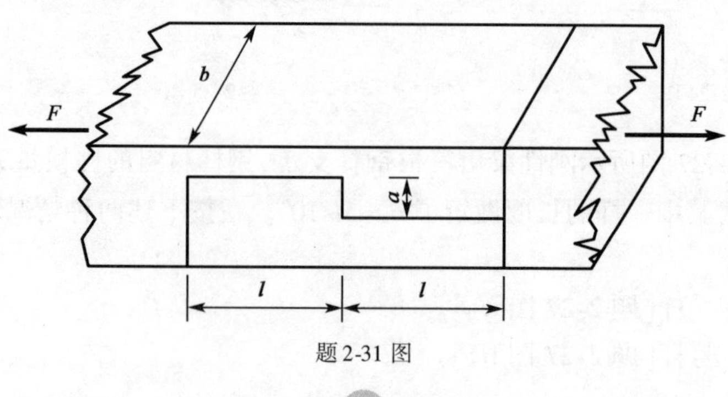

题 2-31 图

2-32　如题 2-32 图所示两根矩形截面木杆，用两块钢板连接在一起，截面的宽度 $b=250\text{mm}$，沿拉杆顺纹方向承受轴向荷载作用 $F=50\text{kN}$，木材顺纹方向的许用挤压应力 $[\sigma_{bs}]=10\text{MPa}$，许用切应力为 $[\tau]=1\text{MPa}$。试确定接头处所需的尺寸 L 和 δ。

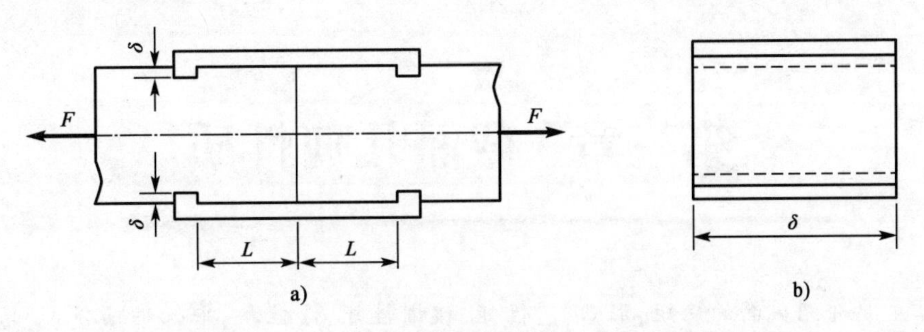

题 2-32 图

2-33　如题 2-33 图所示轴的直径 $d=80\text{mm}$，键的尺寸 $b=24\text{mm}$，$h=14\text{mm}$。键的许用切应力 $[\tau]=40\text{MPa}$，许用挤压应力 $[\sigma_{bs}]=90\text{MPa}$。若轴传递的力偶矩 $M_e=3.2\text{kN}\cdot\text{m}$，求键的长度 l。

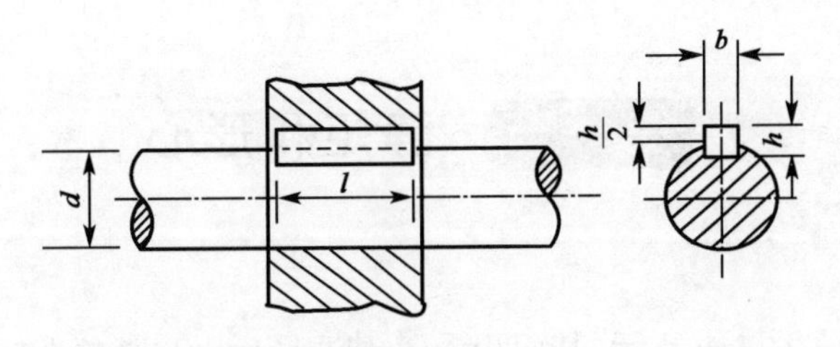

题 2-33 图

2-34　如题 2-34 图所示，铆钉接头受轴向荷载 F 作用，试校核其强度。已知 $F=80\text{kN}$，$b=80\text{mm}$，$\delta=10\text{mm}$，$d=16\text{mm}$，材料的许用应力 $[\sigma]=160\text{MPa}$，$[\tau]=120\text{MPa}$，$[\sigma_{bs}]=320\text{MPa}$。

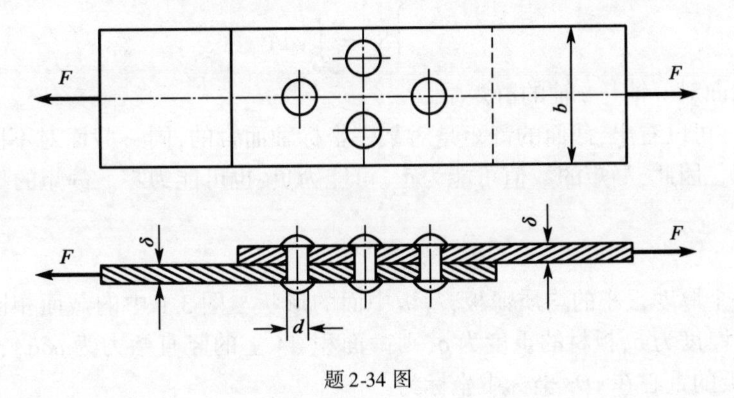

题 2-34 图

第三章　截面几何性质

本章主要介绍截面的静矩、形心、惯性矩、极惯性矩、惯性积、平行移轴公式、转轴公式、主惯性轴和主惯性矩等的定义和计算方法。这些几何量统称为截面的几何性质。研究截面的几何性质是研究构件的强度、刚度和稳定性的基础。研究方法是先给出几何量的数学定义,然后推导出具体计算公式并扩展应用,并结合实例,帮助读者加深对各几何量的理解和应用。

第一节　静矩和形心

一、静矩

设任意形状截面如图3-1所示,其面积为A,建立图示yOz直角坐标系。任取微面积$\mathrm{d}A$,其坐标为(z,y),则积分

$$\begin{cases} S_y = \int_A z\mathrm{d}A \\ S_z = \int_A y\mathrm{d}A \end{cases} \tag{3-1}$$

分别定义为截面对y轴与z轴的**静矩**。

从式(3-1)可以看出,截面的静矩是对某一坐标轴而言的,同一截面对不同的坐标轴,其静矩也就不同。因此,静矩的数值可能为正,可能为负,也可能为零。静矩的量纲为[长度]。

二、形心

设想有一个厚度很小的均质薄板,薄板中面的形状与图3-1中的截面相同,薄板水平放置。若薄板的厚度为δ,板材的重度为ρ,则微面积$\mathrm{d}A$上的竖直微力为$\rho\delta\mathrm{d}A$,根据合力矩定理,该均质薄板的重心在yOz坐标中坐标为

$$\begin{cases} y_C = \dfrac{\int_A y\rho\delta\mathrm{d}A}{\rho\delta A} = \dfrac{\int_A y\mathrm{d}A}{A} \\ z_C = \dfrac{\int_A z\rho\delta\mathrm{d}A}{\rho\delta A} = \dfrac{\int_A z\mathrm{d}A}{A} \end{cases} \tag{3-2}$$

对于均质板，重心与中面的形心 C 重合（图 3-1），所以，C 也是截面的形心。将式(3-1)代入式(3-2)得

$$\begin{cases} z_C = \dfrac{S_y}{A} \\ y_C = \dfrac{S_z}{A} \end{cases} \tag{3-3}$$

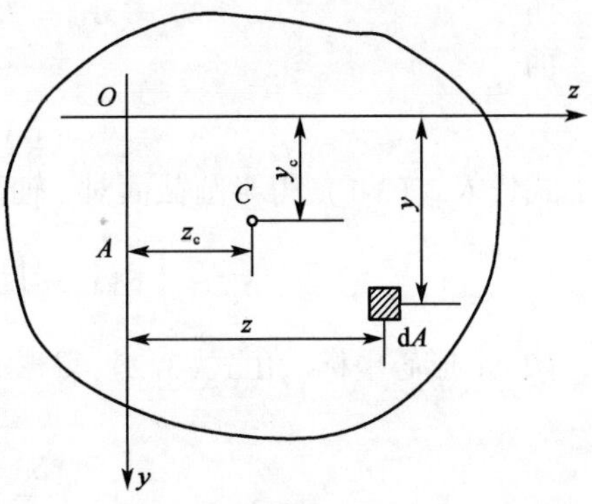

或

$$\begin{cases} S_y = A \cdot z_C \\ S_z = A \cdot y_C \end{cases} \tag{3-4}$$

图　3-1

我们把通过截面形心的坐标轴称为**形心轴**。由式(3-4)得知，对形心轴，由于 $y_C = 0$ 或 $z_C = 0$，则 $S_y = 0$，或 $S_z = 0$，即截面对形心轴的静矩等于零；相反，若截面对某一轴的静矩等于零，则该轴必然为形心轴。

三、组合截面的静矩与形心

当一个截面可看成是由几个简单图形（例如矩形、圆形、三角形）组成时，称为组合截面。

根据静矩的定义可知，截面组成部分对某一轴的静矩的代数和，等于整个截面对同一轴的静矩，即

$$\begin{cases} S_z = \sum\limits_{i=1}^{n} A_i y_{C_i} \\ S_y = \sum\limits_{i=1}^{n} A_i z_{C_i} \end{cases} \tag{3-5}$$

式中：A_i、y_{C_i}、z_{C_i}——任一组成部分的面积及其形心的坐标；

n——组成该截面的简单图形个数。

将式(3-5)代入式(3-3)，便得到组合截面形心坐标的计算公式为

$$\begin{cases} y_C = \dfrac{S_z}{A} = \dfrac{\sum\limits_{i=1}^{n} A_i y_{C_i}}{\sum\limits_{i=1}^{n} A_i} \\ z_C = \dfrac{S_y}{A} = \dfrac{\sum\limits_{i=1}^{n} A_i z_{C_i}}{\sum\limits_{i=1}^{n} A_i} \end{cases} \tag{3-6}$$

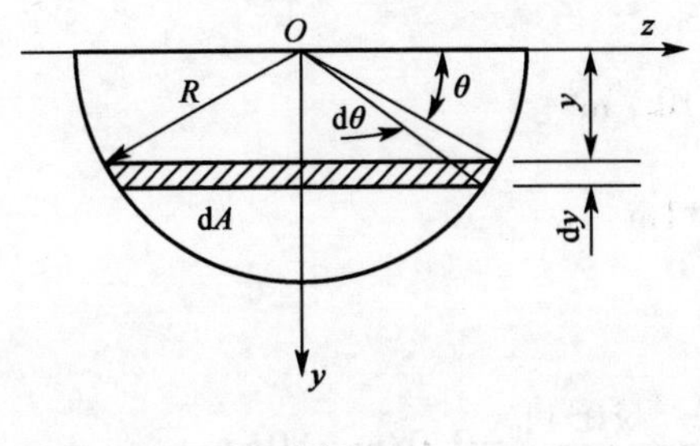

图　3-2

[例 3-1]　求图 3-2 所示半圆截面的静矩 S_y、S_z 及形心 C 位置。已知圆的半径为 R。

解　(1)求静矩。建立图 3-2 所示坐标系，由于 y 轴为对称轴，故有

$$S_y = 0$$

取平行于 z 轴的狭长条作为微面积 dA，则有

$$dA = 2R\cos\theta dy$$

而
$$dy = R\cos\theta d\theta, y = R\sin\theta$$
即
$$dA = 2R^2\cos^2\theta d\theta$$
将上式代入式(3-1),得半圆截面对 z 轴静矩为
$$S_z = \int_A y dA = \int_0^{\frac{\pi}{2}} R\sin\theta \cdot 2R^2\cos^2\theta d\theta = \frac{2}{3}R^3$$
(2)求形心坐标。由式(3-2),得形心坐标为
$$y_C = \frac{S_z}{A} = \frac{\frac{2}{3}R^3}{\frac{1}{2}\pi R^2} = \frac{4R}{3\pi}, z_C = 0$$

[**例 3-2**] 试确定图 3-3a)所示截面形心 C 的位置。

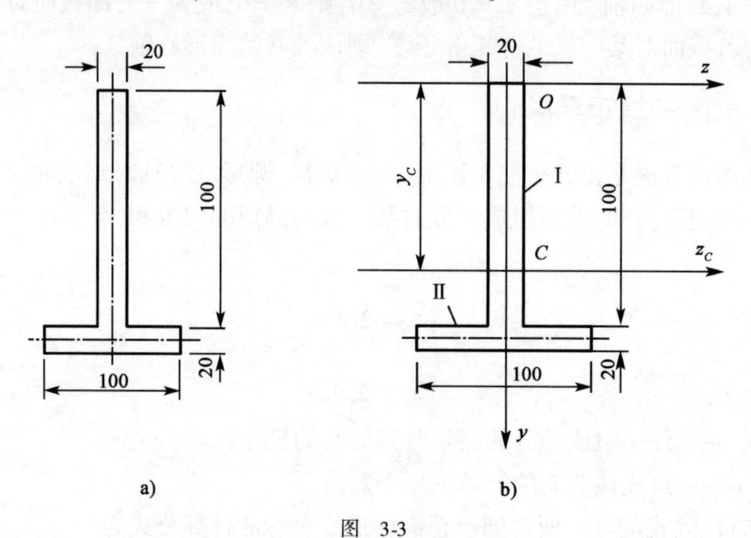

图 3-3

解 选如图 3-3b)所示参考坐标系 yOz,并将截面划分为Ⅰ和Ⅱ两个矩形。

矩形Ⅰ的面积与形心的纵坐标分别为
$$A_1 = 0.1 \times 0.02 = 2.0 \times 10^{-3} \text{m}^2$$
$$y_1 = \frac{0.1}{2} = 5.0 \times 10^{-2} \text{m}$$
矩形Ⅱ的面积与形心的纵坐标分别为
$$A_2 = 0.1 \times 0.02 = 2.0 \times 10^{-3} \text{m}^2$$
$$y_2 = 0.1 + \frac{0.02}{2} = 0.11 \text{m}$$
由式(3-6)得组合截面形心 C 的纵坐标为
$$y_C = \frac{S_z}{A} = \frac{2.0 \times 10^{-3} \times 5.0 \times 10^{-2} + 2.0 \times 10^{-3} \times 0.11}{2.0 \times 10^{-3} + 2.0 \times 10^{-3}} = 0.08\text{m} = 80\text{mm}$$

第二节　惯性矩和惯性积

一、定义

设任意形状截面如图 3-4 所示。其截面面积为 A，任取微面积 $\mathrm{d}A$，坐标为 (z, y)，微面积到坐标原点的距离为 ρ。则

$$\begin{cases} I_y = \int_A z^2 \mathrm{d}A \\ I_z = \int_A y^2 \mathrm{d}A \end{cases} \tag{3-7}$$

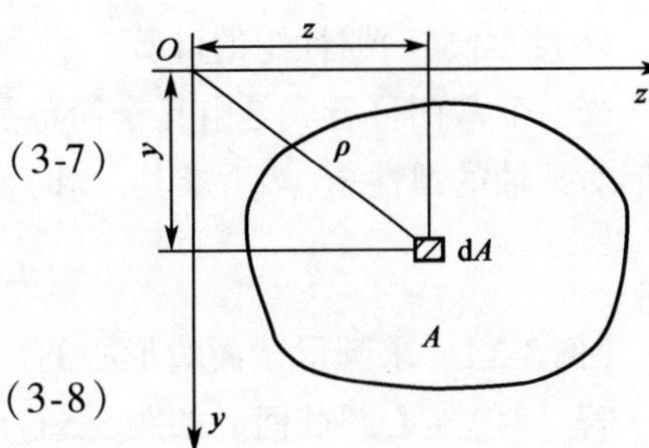

图 3-4

分别定义为截面对 y 轴和对 z 轴的**惯性矩**。

$$I_{\mathrm{p}} = \int_A \rho^2 \mathrm{d}A \tag{3-8}$$

定义为截面对坐标原点的**极惯性矩**。

$$I_{yz} = \int_A yz \mathrm{d}A \tag{3-9}$$

定义为截面对 y、z 两坐标轴的**惯性积**。

二、性质

由式(3-7)～式(3-9)知，上述三个几何量有以下性质：

(1)惯性矩 I_y 和 I_z、极惯性矩 I_{p} 恒为正，而惯性积 I_{yz} 可正、可负、可为零。

若坐标轴 y 和 z 中有一个是截面的对称轴，则截面的惯性积 I_{yz} 恒为零。因为在对称轴的两侧，处于对称位置的两面积元素 $\mathrm{d}A$ 的惯性矩 $yz\mathrm{d}A$，数值相等而正负号相反，致使整个截面的惯性积 $I_{yz} = \int_A yz\mathrm{d}A$ 必等于零。

(2)惯性矩 I_y 和 I_z、极惯性矩 I_{p} 和惯性积 I_{yz}，量纲均为[长度]^4。

(3)惯性矩 I_y 和 I_z 是对轴的二次矩，极惯性矩 I_{p} 是对点的二次矩，而惯性积 I_{yz} 是对一对轴二次矩。

(4)惯性矩与极惯性矩的关系。

由图 3-4 可以看出

$$\rho^2 = y^2 + z^2$$

于是有

$$I_{\mathrm{p}} = \int_A (y^2 + z^2)\mathrm{d}A = I_z + I_y \tag{3-10}$$

式(3-10)表明，截面对任意两个相互垂直轴的惯性矩之和，等于它对该两轴交点的极惯性矩。

(5)惯性矩 I_y 和 I_z 的另一种表达式。

在力学计算中，有时也把惯性矩写成如下形式

$$\begin{cases} I_y = Ai_y^2 \\ I_z = Ai_z^2 \end{cases} \tag{3-11}$$

或者改写为

$$\begin{cases} i_y = \sqrt{\dfrac{I_y}{A}} \\ i_z = \sqrt{\dfrac{I_z}{A}} \end{cases} \tag{3-12}$$

式中,i_y 和 i_z 分别称为截面对 y 轴和 z 轴的**惯性半径**。惯性半径的量纲是长度。

(6)组合截面惯性矩的计算。

当一个截面可看成是由几个简单图形组成时,根据惯性矩的定义,可先计算出每个简单图形对某轴的惯性矩,然后求其总和,得整个截面对同一轴的惯性矩。用公式表达为

$$I_y = \sum_{i=1}^{n} I_{yi}, I_z = \sum_{i=1}^{n} I_{zi} \tag{3-13}$$

[例 3-3] 求圆形截面对形心的极惯性矩和对形心轴的惯性矩。

解 (1)实心圆截面。如图 3-5a)所示,设有直径为 d 的圆截面,微面积取厚度为 $d\rho$ 的圆环,则有

$$dA = 2\pi\rho d\rho$$

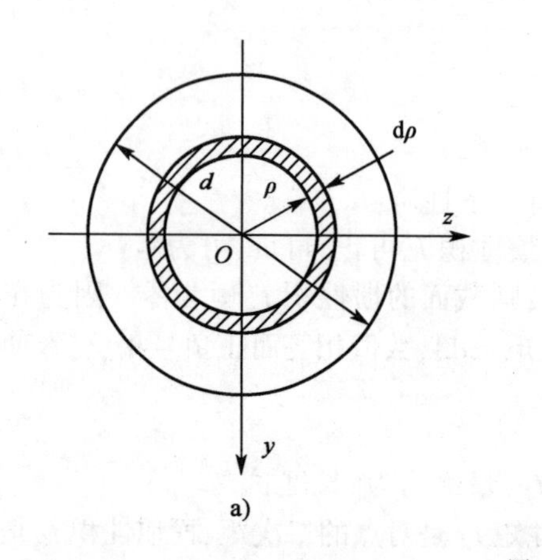

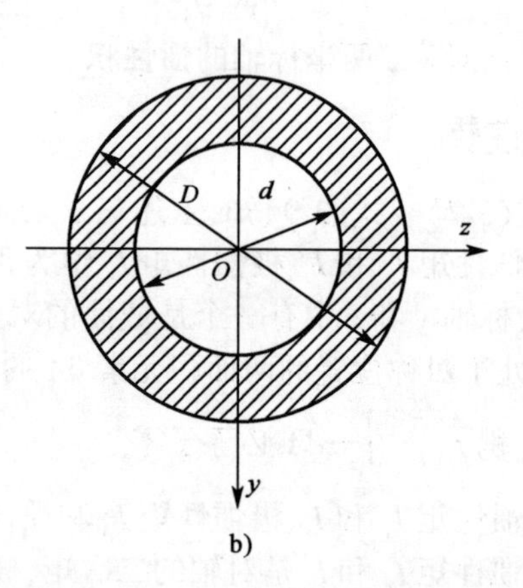

图 3-5

由式(3-8)得实心圆截面对形心的极惯性矩为

$$I_p = \int_0^{\frac{d}{2}} \rho^2 2\pi\rho d\rho = \frac{\pi d^4}{32}$$

由于圆截面对称的原因,则有

$$I_y = I_z$$

由式(3-10),显然有

$$I_p = 2I_y = 2I_z$$

则有

$$I_y = I_z = \frac{I_p}{2} = \frac{\pi d^4}{64}$$

(2)空心圆截面。设有内径为 d、外径为 D 的空心圆截面[图 3-5b)],按实心圆的方法,得截面对其形心的极惯性矩为

$$I_p = \int_{\frac{d}{2}}^{\frac{D}{2}} \rho^2 2\pi\rho \mathrm{d}\rho = \frac{\pi D^4}{32} - \frac{\pi d^4}{32} = \frac{\pi}{32}(D^4 - d^4) = \frac{\pi D^4}{32}(1 - \alpha^4)$$

同理,可得空心圆截面对 y 轴和 z 轴的惯性矩为

$$I_y = I_z = \frac{\pi D^4}{64} - \frac{\pi d^4}{64} = \frac{\pi}{64}(D^4 - d^4) = \frac{\pi D^4}{64}(1 - \alpha^4)$$

式中,$\alpha = \dfrac{d}{D}$代表内外径的比值。

[**例 3-4**]　求图 3-6 所示矩形截面对形心轴的惯性矩。

解　如图 3-6 所示,微面积取宽为 dz、高为 h 且平行于 y 轴的狭长矩形,即 $\mathrm{d}A = h\mathrm{d}z$。

于是,由式(3-7)得矩形截面对 y 轴的惯性矩为

$$I_y = \int_A z^2 \mathrm{d}A = \int_{-\frac{b}{2}}^{\frac{b}{2}} z^2 h \mathrm{d}z = \frac{hb^3}{12}$$

同理,得矩形截面对 z 轴的惯性矩为

$$I_z = \frac{bh^3}{12}$$

图　3-6

[**例 3-5**]　试计算图 3-7a)所示工字形截面对形心轴 z 的惯性矩。

解　如图 3-7b)所示边长为 $B \times H$ 的矩形截面,可视为由工字形截面与阴影部分矩形截面的组合。即边长为 $B \times H$ 的矩形截面对形心轴 z 的惯性矩 I_{z1},等于工字形截面对 z 轴的惯性矩 I_z,加上阴影部分矩形对 z 轴的惯性矩 I_{z2}。亦即

$$I_{z1} = I_z + I_{z2}$$

由此得

$$I_z = I_{z1} - I_{z2}$$

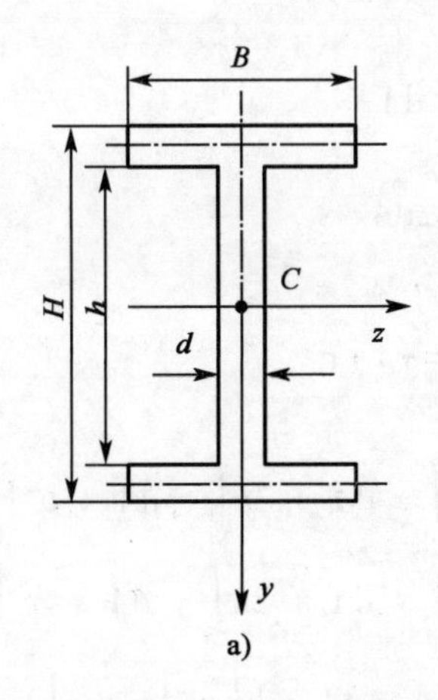

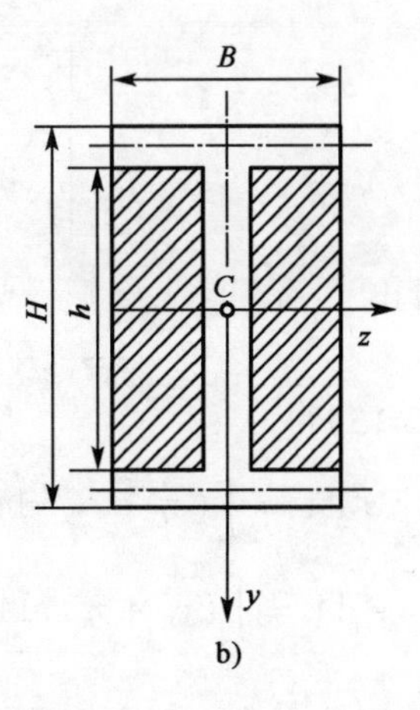

图　3-7

根据例 3-4 知

$$I_{z1}=\frac{BH^3}{12},I_{z2}=2\times\frac{\frac{B-d}{2}h^3}{12}=\frac{(B-d)h^3}{12}$$

所以工字形截面对 z 轴的惯性矩为

$$I_z=\frac{BH^3}{12}-\frac{(B-d)h^3}{12}$$

第三节 平行移轴公式

利用前述惯性矩和惯性积的定义,易求出简单形状截面对其形心轴的惯性矩和惯性积。但工程实际中的截面形式多样,有时需要计算截面对非形心轴的惯性矩和惯性积。本节先讨论截面对与形心轴平行的坐标轴的惯性矩和惯性积的计算,截面对与形心轴有夹角轴的惯性矩和惯性积下节讨论。

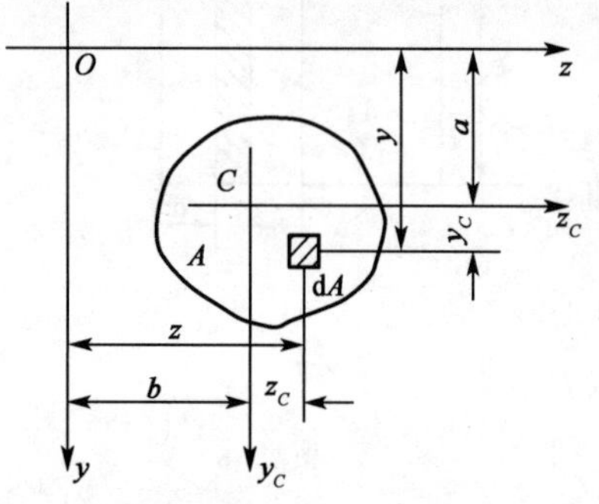

图 3-8

如图 3-8 所示,设 C 为截面的形心,y_C 和 z_C 是通过形心的坐标轴,截面对形心轴的惯性矩和惯性积已知,即有

$$\begin{cases}I_{y_C}=\int_A z_C^2\mathrm{d}A\\I_{z_C}=\int_A y_C^2\mathrm{d}A\\I_{y_Cz_C}=\int_A y_Cz_C\mathrm{d}A\end{cases}\tag{3-14}$$

若 y 轴平行于 y_C,且两者间的距离为 b;z 轴平行于 z_C,且两者间的距离为 a。按照定义,截面对 y 轴和 z 轴的惯性矩和惯性积应为

$$\begin{cases}I_y=\int_A z^2\mathrm{d}A\\I_z=\int_A y^2\mathrm{d}A\\I_{yz}=\int_A yz\mathrm{d}A\end{cases}\tag{3-15}$$

由图 3-8 可以看出

$$z=z_C+b,y=y_C+a\tag{3-16}$$

将式(3-16)代入式(3-15)得

$$I_y=\int_A z^2\mathrm{d}A=\int_A(z_C+b)^2\mathrm{d}A=\int_A z_C^2\mathrm{d}A+2b\int_A z_C\mathrm{d}A+b^2\int_A\mathrm{d}A$$

$$I_z=\int_A y^2\mathrm{d}A=\int_A(y_C+a)^2\mathrm{d}A=\int_A y_C^2\mathrm{d}A+2a\int_A y_C\mathrm{d}A+a^2\int_A\mathrm{d}A$$

$$I_{yz}=\int_A yz\mathrm{d}A=\int_A(y_C+a)(z_C+b)\mathrm{d}A=\int_A y_Cz_C\mathrm{d}A+b\int_A y_C\mathrm{d}A+a\int_A z_C\mathrm{d}A+ab\int_A\mathrm{d}A$$

在以上三式中,$\int_A z_C\mathrm{d}A$ 和 $\int_A y_C\mathrm{d}A$ 分别为截面对形心轴 y_C 和 z_C 的静矩,故其值为零。而

$\int_A dA = A$，再利用式(3-14)，则上三式可简化为

$$\begin{cases} I_y = I_{y_C} + b^2 A \\ I_z = I_{z_C} + a^2 A \\ I_{yz} = I_{y_C z_C} + abA \end{cases} \tag{3-17}$$

式(3-17)称为惯性矩和惯性积的**平行移轴公式**。由式(3-17)可以看出，所有平行轴中，截面对形心轴的惯性矩最小。

[例 3-6]　求例 3-2 中(图 3-3)T 形截面对水平形心轴的惯性矩。

解　如图 3-3b)所示，将截面分解为矩形Ⅰ和矩形Ⅱ。设矩形Ⅰ的水平形心轴为 z_1，则由平行移轴公式知，矩形Ⅰ对 z_C 轴的惯性矩为

$$I_{z_C}^{\mathrm{I}} = I_{z_1}^{\mathrm{I}} + a_1^2 A_1 = \frac{0.02 \times 0.1^3}{12} + (y_C - 0.05)^2 \times 0.02 \times 0.1$$

$$= \frac{0.02 \times 0.1^3}{12} + (0.08 - 0.05)^2 \times 0.02 \times 0.1 = 3.47 \times 10^{-6}\,\mathrm{m}^4$$

设矩形Ⅱ的水平形心轴为 z_2，则由平行移轴公式(3-17)知，矩形Ⅱ对 z_C 轴的惯性矩为

$$I_{z_C}^{\mathrm{II}} = I_{z_1}^{\mathrm{II}} + a_2^2 A_2 = \frac{0.1 \times 0.02^3}{12} + (0.1 + 0.02 - y_C - 0.01)^2 \times 0.02 \times 0.1$$

$$= \frac{0.1 \times 0.02^3}{12} + (0.11 - 0.08)^2 \times 0.02 \times 0.1 = 1.87 \times 10^{-6}\,\mathrm{m}^4$$

于是得整个截面对 z_C 轴的惯性矩为

$$I_{z_C} = I_{z_C}^{\mathrm{I}} + I_{z_C}^{\mathrm{II}} = 3.47 \times 10^{-6} + 1.87 \times 10^{-6} = 5.34 \times 10^{-6}\,\mathrm{m}^4$$

[例 3-7]　在图 3-9 所示三角形截面中，已知截面对过底边轴 x 的惯性矩为 $I_x = \frac{bh^3}{12}$，x_1 轴过顶点且与 x 轴平行，试计算截面对轴 x_1 的惯性矩 I_{x_1}。

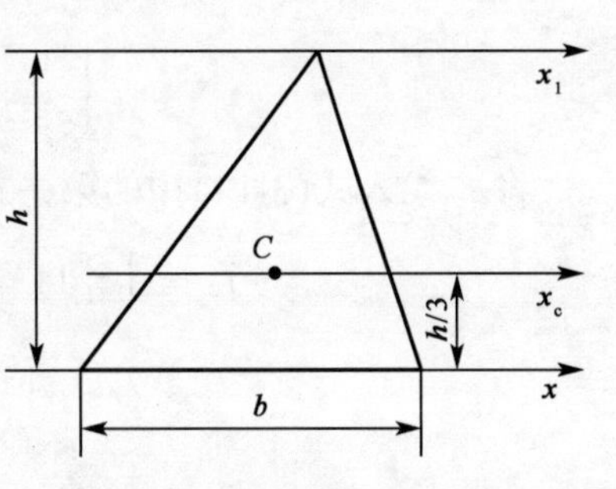

图 3-9

解　在应用平行移轴公式时，两平行轴中必有一轴为形心轴，所以不能直接用 I_x 求 I_{x_1}。需先求出截面对形心轴的惯性矩 I_{x_C}。如图 3-9 所示，作平行于 x 轴的形心轴 x_C。由式(3-17)得

$$I_x = I_{x_C} + \left(\frac{h}{3}\right)^2 A$$

$$I_{x_1} = I_{x_C} + \left(\frac{2h}{3}\right)^2 A$$

将以上两式相减得

$$I_{x_1} - I_x = \left[\left(\frac{2h}{3}\right)^2 - \left(\frac{h}{3}\right)^2\right] A = \frac{bh^3}{6}$$

因此

$$I_{x_1} = \frac{bh^3}{6} + I_x = \frac{bh^3}{6} + \frac{bh^3}{12} = \frac{bh^3}{4}$$

第四节 转轴公式

一、转轴公式

设有面积为 A 的任意截面(图 3-10),对 y 轴、z 轴的惯性矩和惯性积已知,即有

$$\begin{cases} I_y = \int_A z^2 \mathrm{d}A \\ I_z = \int_A y^2 \mathrm{d}A \\ I_{yz} = \int_A yz \mathrm{d}A \end{cases} \tag{3-18}$$

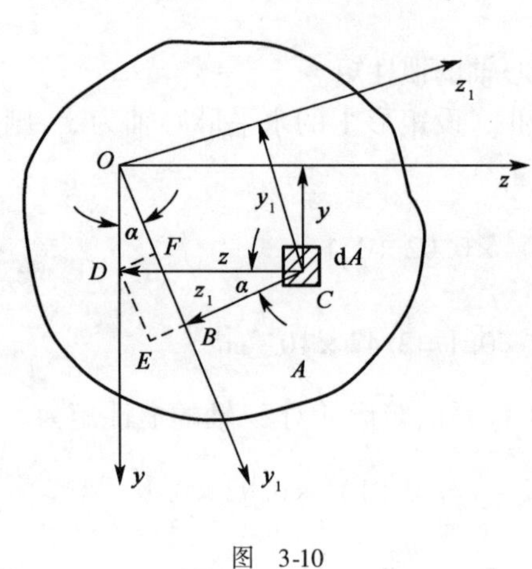

图 3-10

若将坐标轴绕 O 点旋转 α 角,且以逆时针转向为正,旋转后得到新的坐标轴为 y_1、z_1,依据定义,截面对 y_1、z_1 轴的惯性矩和惯性积分别为

$$\begin{cases} I_{y_1} = \int_A z_1^2 \mathrm{d}A \\ I_{z_1} = \int_A y_1^2 \mathrm{d}A \\ I_{y_1z_1} = \int_A y_1 z_1 \mathrm{d}A \end{cases} \tag{3-19}$$

由图 3-10,微面积 $\mathrm{d}A$ 在新旧两个坐标系中的坐标关系为

$$\begin{cases} y_1 = \overline{OB} = \overline{OF} + \overline{DE} = y\cos\alpha + z\sin\alpha \\ z_1 = \overline{CB} = \overline{CE} - \overline{BE} = z\cos\alpha - y\sin\alpha \end{cases} \tag{3-20}$$

将 z_1 代入式(3-19)中的第一式,即

$$\begin{aligned} I_{y_1} &= \int_A z_1^2 \mathrm{d}A = \int_A (z\cos\alpha - y\sin\alpha)^2 \mathrm{d}A \\ &= \cos^2\alpha \int_A z^2 \mathrm{d}A + \sin^2\alpha \int_A y^2 \mathrm{d}A - 2\sin\alpha\cos\alpha \int_A yz \mathrm{d}A \\ &= I_y \cos^2\alpha + I_z \sin^2\alpha - I_{yz}\sin 2\alpha \\ &= \frac{I_y + I_z}{2} + \frac{I_y - I_z}{2}\cos 2\alpha - I_{yz}\sin 2\alpha \end{aligned} \tag{3-21}$$

同理,由式(3-19)的第二式和第三式可以求得

$$I_{z_1} = \frac{I_y + I_z}{2} - \frac{I_y - I_z}{2}\cos 2\alpha + I_{yz}\sin 2\alpha \tag{3-22}$$

$$I_{y_1z_1} = \frac{I_y - I_z}{2}\sin 2\alpha + I_{yz}\cos 2\alpha \tag{3-23}$$

I_{y_1}、I_{z_1}、$I_{y_1z_1}$ 随角 α 的改变而变化,它们都是 α 的函数。式(3-21)、式(3-22)与式(3-23)分别称为惯性矩与惯性积的**转轴公式**。

将式(3-21)与式(3-22)相加得

$$I_{y_1}+I_{z_1}=I_y+I_z \tag{3-24}$$

式(3-24)表明,截面对于通过同一点的任意直角坐标轴的两个惯性矩之和恒为常数。由此可进一步断定,在以 O 点为共同原点的所有坐标系中,一定存在一对特殊的坐标系,截面对其一轴的惯性矩达到最大值,而对另一轴的惯性矩则为最小值。

二、主轴与主惯性矩

由式(3-23)可以看出,当一对坐标轴绕原点转动时,惯性积随坐标轴转动而变化。由此,总可找到一个特殊角度 α_0 以及相应的坐标轴 y_0、z_0,使得截面对这一对坐标轴的惯性积 $I_{y_0z_0}$ 为零,则称这一对坐标轴为截面的**主惯性轴**,简称为**主轴**。截面对主惯性轴的惯性矩称为**主惯性矩**,简称**主惯矩**。如果坐标系的原点位于截面形心,则相应的主惯性轴称为**形心主惯性轴**。截面对形心主惯性轴的惯性矩称为**形心主惯性矩**。

在式(3-23)中,令 $\alpha=\alpha_0$ 及 $I_{y_0z_0}=0$ 有

$$\frac{I_y-I_z}{2}\sin 2\alpha_0+I_{yz}\cos 2\alpha_0=0 \tag{3-25}$$

从而得

$$\tan 2\alpha_0=-\frac{2I_{yz}}{I_y-I_z} \tag{3-26}$$

由式(3-26)可以求出两个相差$\frac{\pi}{2}$的角度 α_0 和 $\alpha_0+\frac{\pi}{2}$,从而确定了一对坐标轴 y_0 和 z_0。

由式(3-26)求出的角度 α_0 的数值,代入式(3-21)和式(3-22)就可求得截面的主惯性矩。由式(3-26)得

$$\cos 2\alpha_0=\frac{1}{\sqrt{1+\tan^2 2\alpha_0}}=\frac{I_y-I_z}{\sqrt{(I_y-I_z)^2+4I_{yz}^2}}$$

$$\sin 2\alpha_0=\tan 2\alpha\cos 2\alpha=\frac{-2I_{yz}}{\sqrt{(I_y-I_z)^2+4I_{yz}^2}}$$

将上面两式代入式(3-21)和式(3-22),经简化后得主惯性矩的计算式为

$$\left\{\begin{aligned}I_{y_0}&=\frac{I_y+I_z}{2}+\frac{1}{2}\sqrt{(I_y-I_z)^2+4I_{yz}^2}\\I_{z_0}&=\frac{I_y+I_z}{2}-\frac{1}{2}\sqrt{(I_y-I_z)^2+4I_{yz}^2}\end{aligned}\right. \tag{3-27}$$

由式(3-21)和式(3-22)知,惯性矩 I_{y_1} 和 I_{z_1} 是 α 的函数,在 α 从 $0°\sim360°$ 的变化过程中,I_{y_1} 和 I_{z_1} 必然存在极值。由式(3-24)知,在 I_{y_1} 和 I_{z_1} 中一个为最大值时,另一个则为最小值。设 I_{y_1} 和 I_{z_1} 取极值时 $\alpha=\alpha_1$,则有

$$\left.\frac{\mathrm{d}I_{y_1}}{\mathrm{d}\alpha}\right|_{\alpha=\alpha_1}=0,\quad \left.\frac{\mathrm{d}I_{z_1}}{\mathrm{d}\alpha}\right|_{\alpha=\alpha_1}=0$$

由这两式得

$$\frac{I_y-I_z}{2}\sin 2\alpha_1+I_{yz}\cos 2\alpha_1=0 \tag{3-28}$$

由式(3-28)可以看出,当I_{y_1}和I_{z_1}取极值(即$\alpha=\alpha_1$)时,$I_{y_1z_1}=0$,表明在惯性矩取极值时,惯性积为零,即主惯性矩是所有惯性矩中的极值惯性矩。

根据以上结果可得出以下结论:

(1)当截面有两个以上对称轴时,任一对称轴都是截面的形心主轴,且截面对任一形心轴的惯性矩相等,如图3-11a)、b)、c)所示。

(2)当截面有两个对称轴时,这两个轴都是截面的形心主轴,如图3-11d)、e)所示。

(3)当截面只有一个对称轴时,则该轴必是一个形心主轴,另一个形心主轴为通过截面形心且与对称轴垂直的轴,如图3-11f)、g)所示。

(4)当截面没有对称轴时,通过计算得到形心主轴及主惯性矩的值,如图3-11h)、i)所示。

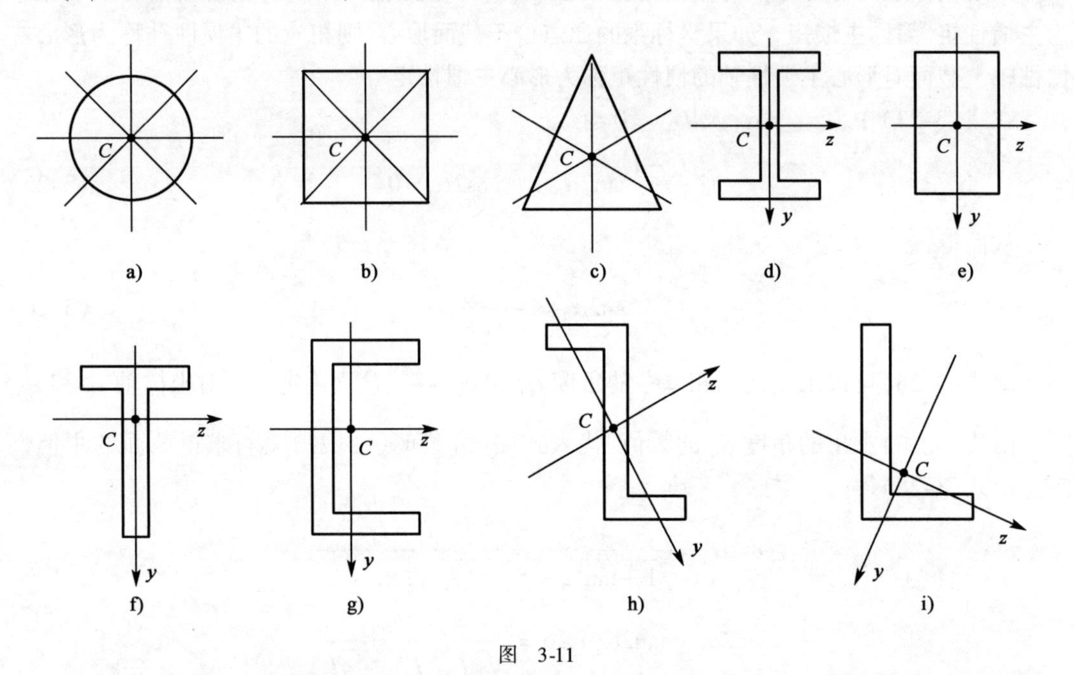

图 3-11

[例3-8] 试确定图3-12所示L形截面的形心主惯性轴位置,并计算形心主惯性矩。

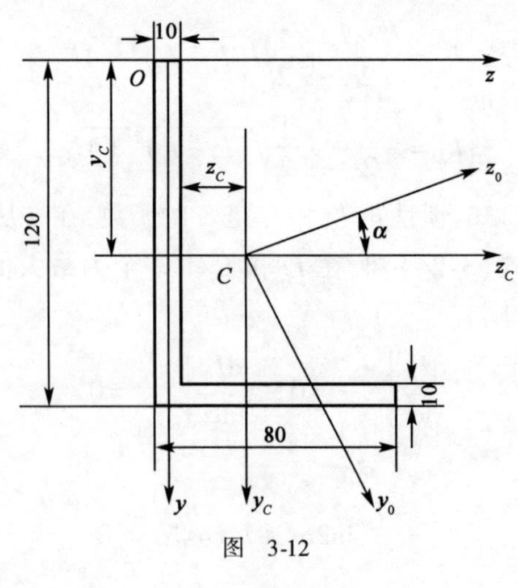

图 3-12

解　(1)确定形心位置。如图3-12所示,建立Oyz坐标系。设截面形心位于C点,形心坐标为y_C和z_C,则有

$$y_C=\frac{S_z}{A}=\frac{120\times10\times60+70\times10\times115}{120\times10+70\times10}=80\text{mm}$$

$$z_C=\frac{S_y}{A}=\frac{70\times10\times40}{120\times10+70\times10}=15\text{mm}$$

(2)求截面对与y和z轴平行的形心轴y_C和z_C轴的惯性矩I_{y_C}、I_{z_C}和惯性积$I_{y_Cz_C}$。利用平行移轴公式得

$$I_{y_C}=\frac{120\times10^3}{12}+120\times10\times15^2+\frac{10\times70^3}{12}+10\times70\times25^2=1.003\times10^6\text{mm}^4$$

$$I_{z_C}=\frac{10\times120^3}{12}+10\times120\times20^2+\frac{70\times10^3}{12}+70\times10\times35^2=2.783\times10^6\text{mm}^4$$

$$I_{y_Cz_C}=10\times120\times(-15)\times(-120)+70\times10\times25\times35=9.725\times10^5\text{mm}^4$$

(3)确定形心主轴位置。由式(3-26)得

$$\tan2\alpha_0=-\frac{2I_{y_Cz_C}}{I_{y_C}-I_{z_C}}=-\frac{2\times9.725\times10^5}{1.003\times10^6-2.783\times10^6}=1.093$$

由此得

$$2\alpha_0=47.5°\text{或}227.5°$$

$$\alpha_0=22.8°\text{或}113.8°$$

结果表明,形心主惯性轴是由y_C、z_C轴逆时针转$\alpha_0=22.8°$得到的。

(4)求形心主惯性矩。由式(3-27)得

$$I_{z_0}=\frac{I_{y_C}+I_{z_C}}{2}+\frac{1}{2}\sqrt{(I_{y_C}-I_{z_C})^2+4I_{y_Cz_C}^2}$$

$$=\frac{2.783\times10^6+1.003\times10^6}{2}+\frac{1}{2}\sqrt{(2.783\times10^6-1.003\times10^6)^2+4\times(9.725\times10^5)^2}$$

$$=3.214\times10^6\text{mm}^4$$

$$I_{y_0}=\frac{I_{y_C}+I_{z_C}}{2}-\frac{1}{2}\sqrt{(I_{y_C}-I_{z_C})^2+4I_{y_Cz_C}^2}$$

$$=\frac{2.783\times10^6+1.003\times10^6}{2}-\frac{1}{2}\sqrt{(2.783\times10^6-1.003\times10^6)^2+4\times(9.725\times10^5)^2}$$

$$=0.574\times10^6\text{mm}^4$$

本章复习要点

(1)静矩。静矩是截面对某轴的一次矩,静矩的定义为

$$S_y=\int_A z\mathrm{d}A,S_z=\int_A y\mathrm{d}A$$

静矩可正、可负、可为零,截面对形心轴的静矩为零。

(2)形心。截面形心坐标的计算式为

$$z_C=\frac{S_y}{A},y_C=\frac{S_z}{A}$$

(3)惯性矩。惯性矩是截面某轴的二次矩,定义为

$$I_y=\int_A z^2\mathrm{d}A,I_z=\int_A y^2\mathrm{d}A$$

惯性矩恒为正。

(4)极惯性矩。极惯性矩是截面对某点的二次矩,定义为

$$I_\mathrm{p}=\int_A \rho^2\mathrm{d}A$$

极惯性矩恒为正。极惯性矩与惯性矩之间的关系为

$$I_\mathrm{p}=I_y+I_z$$

(5)惯性积。惯性积是截面对互相垂直的一对坐标轴的二次矩,定义为

$$I_{yz}=\int_A yz\mathrm{d}A$$

惯性积可正、可负、可为零。在一对坐标中,至少一个是对称轴时,惯性积恒为零。

(6)组合截面静矩和惯性矩。组合截面对某轴的静矩、惯性矩等于各组成部分对同一轴的静矩、惯性矩的代数和,即

$$S_z=\sum_{i=1}^{n}A_iy_C,S_y=\sum_{i=1}^{n}A_iz_C$$

$$I_y=\sum_{i=1}^{n}I_{y_i},I_z=\sum_{i=1}^{n}I_{z_i}$$

(7)平行移轴公式。平行移轴公式是截面两个相互平行轴惯性矩之间的关系,两个轴中必须有一个轴为形心轴。计算公式为

$$\begin{cases}I_y=I_{y_C}+b^2A\\I_z=I_{z_C}+a^2A\\I_{yz}=I_{y_Cz_C}+abA\end{cases}$$

(8)转轴公式。转轴公式是截面对通过同一原点的两对坐标轴惯性矩和惯性积之间的关系。计算公式为

$$I_{y_1}=\frac{I_y+I_z}{2}+\frac{I_y-I_z}{2}\cos2\alpha-I_{yz}\sin2\alpha$$

$$I_{z_1}=\frac{I_y+I_z}{2}-\frac{I_y-I_z}{2}\cos2\alpha+I_{yz}\sin2\alpha$$

$$I_{y_1z_1}=\frac{I_y-I_z}{2}\sin2\alpha+I_{yz}\cos2\alpha$$

(9)主惯性矩。截面对过某点所有轴中惯性矩最大和最小的轴称为主惯性轴,截面对主惯性轴的惯性矩称为主惯性矩。主惯性轴方向的确定公式为

$$\tan2\alpha_0=-\frac{2I_{yz}}{I_y-I_z}$$

主惯性矩的计算公式为

$$\begin{cases} I_{y_0}=\dfrac{I_y+I_z}{2}+\dfrac{1}{2}\sqrt{(I_y-I_z)^2+4I_{yz}^2} \\ I_{z_0}=\dfrac{I_y+I_z}{2}-\dfrac{1}{2}\sqrt{(I_y-I_z)^2+4I_{yz}^2} \end{cases}$$

习 题

3-1 试用积分法计算如题 3-1 图所示截面形心位置。

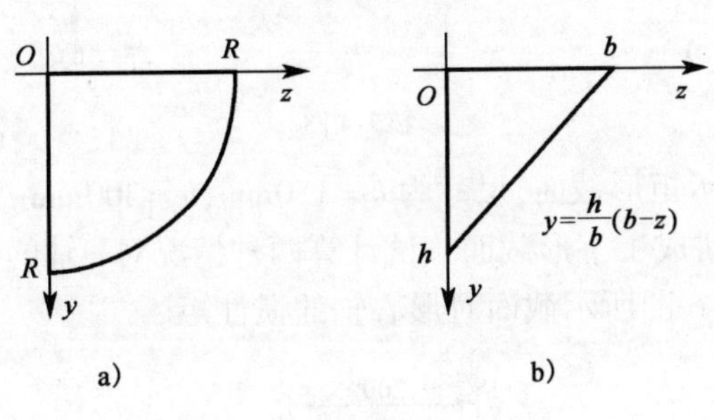

题 3-1 图

3-2 试求题 3-2 图所示平面阴影部分面积对 z 轴的静矩。

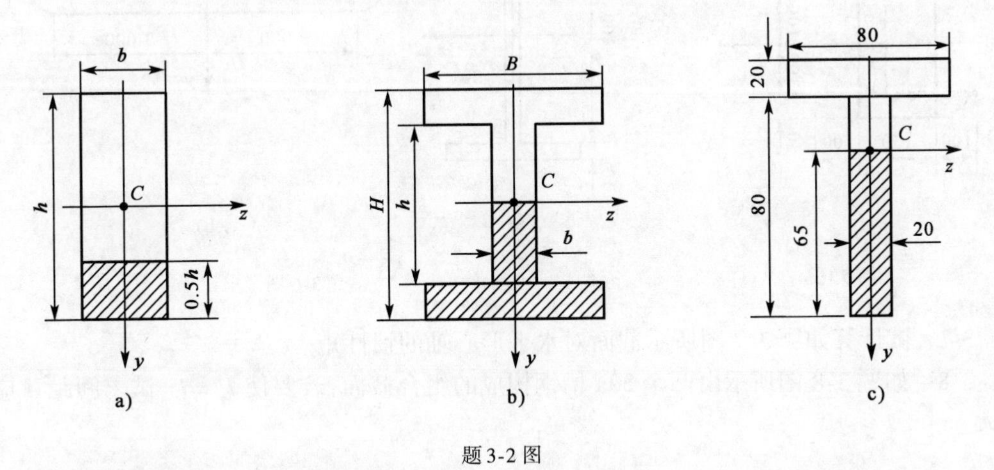

题 3-2 图

3-3 试确定题 3-3 图所示截面形心位置。

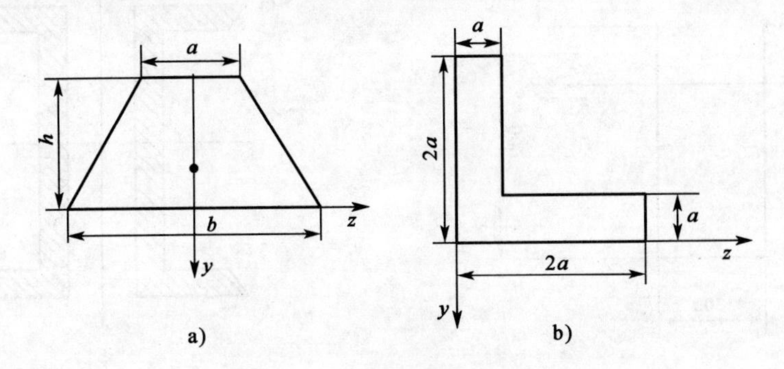

题 3-3 图

3-4　试计算题 3-4 图所示截面对 y 轴的惯性矩。

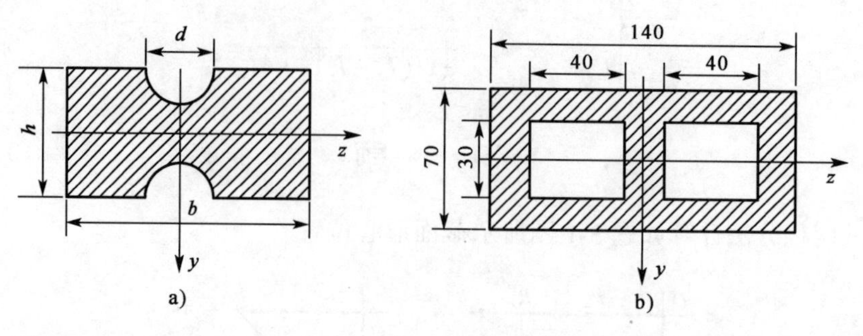

题 3-4 图

3-5　如题 3-5 图所示矩形截面,尺寸为 $b=150\text{mm}$,$h=300\text{mm}$。若按图中虚线所示将矩形的中间部分移到两边拼成工字形截面。试计算两种情况对 z 轴的惯性矩之比。

3-6　试计算如题 3-6 图所示截面对形心轴的惯性矩。

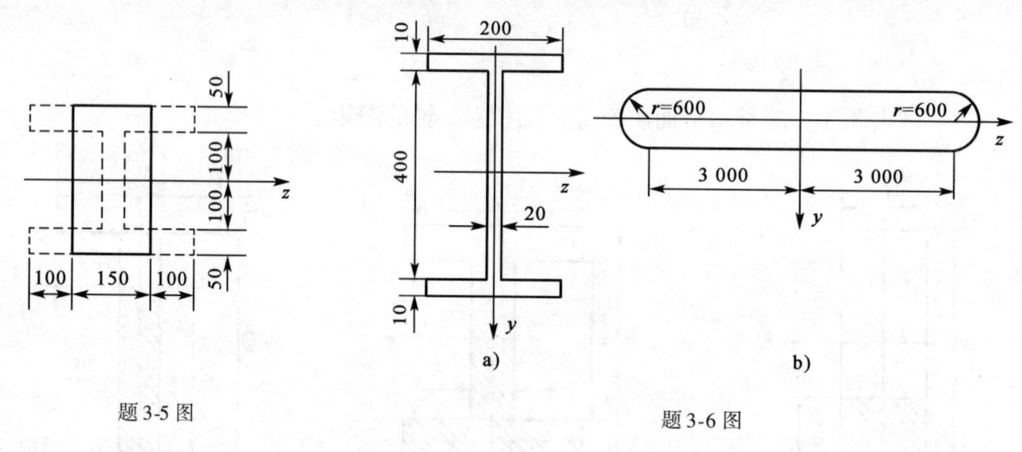

题 3-5 图

题 3-6 图

3-7　试计算如题 3-7 图所示截面对水平形心轴的惯性矩。

3-8　如题 3-8 图所示由两个 20a 槽钢构成的组合截面,若要使 $I_y=I_z$,试求间距 a 应为多大。

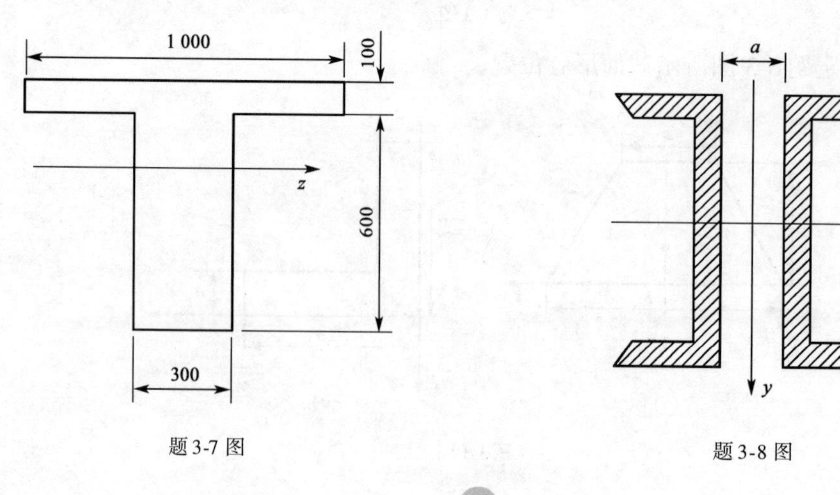

题 3-7 图

题 3-8 图

3-9　试求如题 3-9 图所示截面对形心轴的惯性矩。

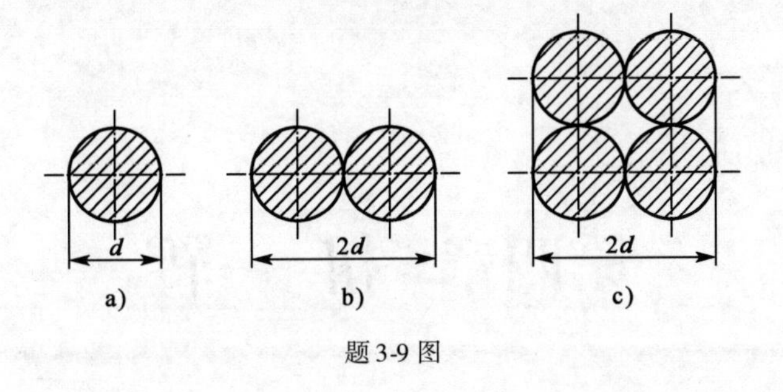

题 3-9 图

第四章 扭 转

本章通过对薄壁圆筒的应力分析,得到了切应力互等定理和剪切胡克定律;详细分析了圆轴扭转时的内力、应力和变形的计算方法;对非圆截面杆在自由扭转时的应力和变形计算做了简单介绍。通过本章的学习,读者可对常见的扭转变形进行强度和刚度计算,解决工程实际中的简单扭转问题。

第一节 概 述

一、扭转变形的特点

在工程实际和日常生活中经常会遇到扭转变形的杆件。如图4-1a)所示的螺丝刀,在丝杆下端受到一对大小相等、方向相反的切向力 F 构成的力偶作用,其力偶矩为 $M_e = Fd$。根据平衡条件可知,在手柄上必受到一反作用力偶,其力偶矩 $M'_e = M_e$,如图4-1b)所示。在力偶 M_e 和 M'_e 作用下,丝杆各横截面绕轴线作相对旋转的变形。

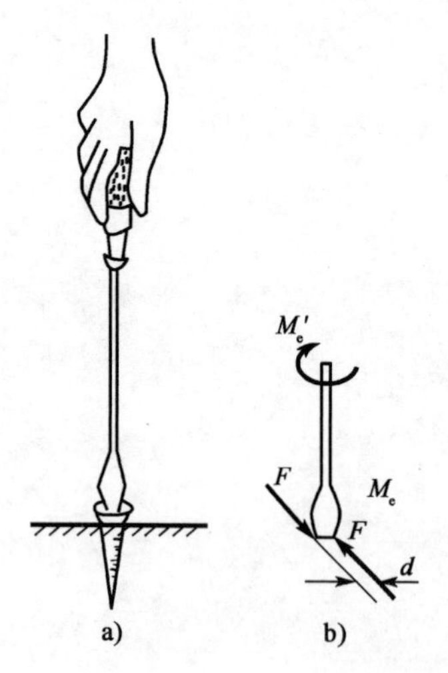

图 4-1

常把以横截面绕轴线作相对旋转为主要特征的变形形式称为**扭转**。其计算简图如图4-2所示。截面与截面之间绕轴线的相对转动的变形,称为**扭转角**,用 φ 表示。

工程中把以扭转变形为主要变形的直杆称为**轴**。

本章主要研究圆截面直杆的扭转,这是工程中常见的情况,又是扭转中最简单的问题。对非圆截面杆的扭转,只作简单介绍。

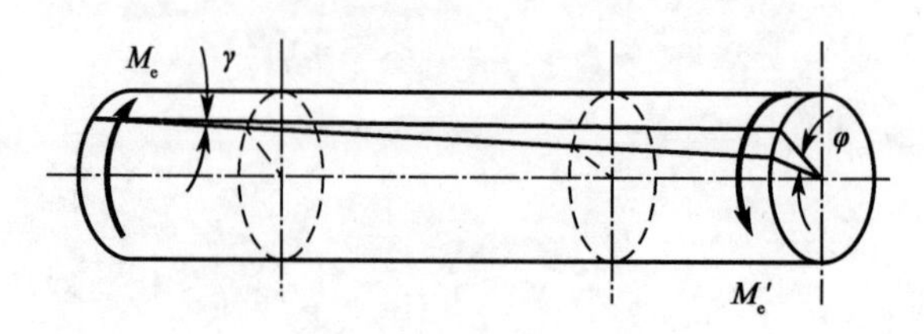

图 4-2

二、外力偶的计算

如图 4-2 所示,通常作用在轴上的外力是垂直于杆件轴线的力偶 M_e。但在传动轴计算中,通常不是直接给出作用于轴上的外力偶的力偶矩 M_e,而是给出轴所传送的功率和轴的转速。如图 4-3 所示,由电动机的转速和功率,可求出传动轴 AB 的转速及通过皮带轮输入的功率。功率输入到 AB 轴上,再经右端的齿轮输送出去。设通过皮带轮输入 AB 轴的功率为 P kW(千瓦),由于 1kW = 1 000N · m/s,所以输入 P kW 的功率在每秒内输入功的数值为

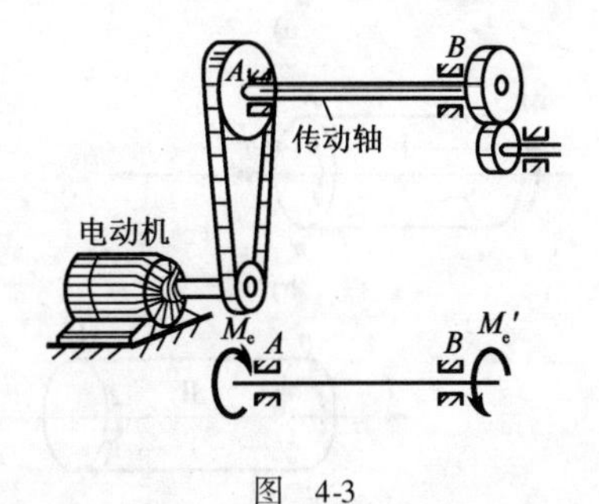

图　4-3

$$W = 1\ 000 \times P \times 1$$

电动机是通过皮带轮以力偶矩 M_e 作用于 AB 轴上的,若轴的转速为每分钟 n 转(r/min),则 M_e 在每秒内完成的功应为 $2\pi \times n \times M_e$(N · m),由于两者做的功应该相等,则有

$$P \times 1\ 000 = 2\pi \times \frac{n}{60} \times M_e$$

由此求出外力偶的力偶矩 M_e 为

$$M_e = 9\ 549\ \frac{P}{n} \tag{4-1}$$

式中:P——输入功率(kW);

n——轴的转速(r/min)。

第二节　扭矩和扭矩图

轴在外力偶作用下,横截面上的内力可由截面法求出。

以图 4-4a)所示圆轴为例,假设将圆轴沿 n-n 截面分成两部分,取部分Ⅰ作为研究对象[图 4-4b)],由于整个轴是平衡的,所以部分Ⅰ也必然处于平衡状态。根据平衡条件,外力为力偶,这就要求截面 n-n 上的分布内力必须合成一内力偶 T,由部分Ⅰ的平衡方程 $\sum M_x = 0$,得

$$T - M_e = 0$$
$$T = M_e$$

式中,T 称为截面 n-n 上的**扭矩**,它是Ⅰ、Ⅱ两部分在 n-n 截面上相互作用的分布内力系的合力偶。

若取部分Ⅱ为研究对象[图 4-4c)],仍然可以求得 $T = M_e$ 的结果,其方向则与用部分Ⅰ求出的扭矩相反。

为了使无论用部分Ⅰ或部分Ⅱ求出的同一截面上的扭矩不但数值相等,而且正负号相

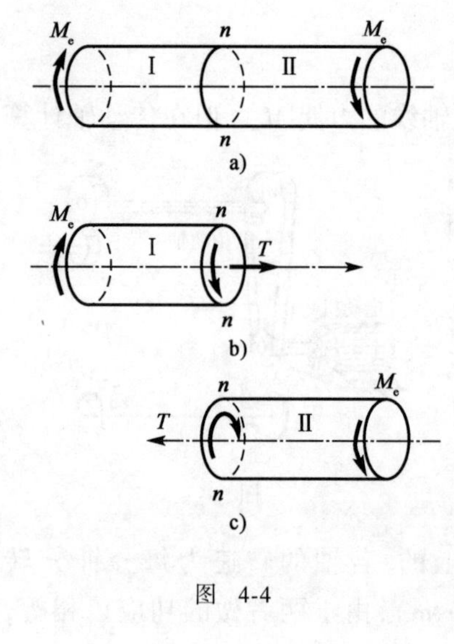

图 4-4

同,对扭矩 T 和正、负号规定为:若按右手螺旋法则把 T 表示为矢量,当矢量方向与截面的外法线的方向一致时,T 为正;反之为负。根据这一法则,图 4-4 中,n-n 截面上扭矩无论用部分Ⅰ分析或用部分Ⅱ分析均为正。

若作用于轴上的外力偶多于两个时,外力偶将轴分成若干段,各段横截面上的扭矩不尽相同,则需分段按截面法求扭矩。为了表示各截面扭矩沿轴线变化的情况,可画出扭矩图。扭矩图中横轴表示横截面的位置,纵轴表示相应截面上的扭矩值。下面通过例题说明扭矩的计算和扭矩图的绘制。

[**例 4-1**] 图 4-5a)所示为一传动系统,A 为主动轮,B、C、D 为从动轮。各轮的功率分别为 $P_A=60\text{kW}$,$P_B=25\text{kW}$,$P_C=25\text{kW}$,$P_D=10\text{kW}$,轴的转速为 $n=300\text{r/min}$。试画出轴的扭矩图。

解 (1)求外力偶矩。按式(4-1)计算出各轮上的外力偶矩。

$$M_{eB}=M_{eC}=9\,549\frac{P_B}{n}=9\,549\frac{25}{3\,000}=796\text{N}\cdot\text{m}$$

$$M_{eA}=9\,549\frac{P_A}{n}=9\,549\frac{60}{300}=1\,910\text{N}\cdot\text{m}$$

$$M_{eD}=9\,549\frac{P_D}{n}=9\,549\frac{10}{300}=318\text{N}\cdot\text{m}$$

(2)求各段轴上的扭矩。用截面法,根据平衡方程计算各段内的扭矩。

AB 段:取脱离体如图 4-5b)所示,设截面 1-1 上的扭矩为 T_1,方向如图 4-5b)所示。则由平衡方程

$$T_1-M_{eB}=0$$
$$T_1=M_{eB}=796\text{N}\cdot\text{m}$$

BC 段:取脱离体如图 4-5c)所示,设截面 2-2 上的扭矩为 T_2,方向如图 4-5c)所示。由平衡方程得

$$T_2+M_{eA}-M_{eB}=0$$
$$T_2=M_{eB}-M_{eA}=-1\,114\text{N}\cdot\text{m}$$

负号说明实际方向与假设方向相反。

AD 段:取脱离体如图 4-5d)所示,设截面 3-3 上的扭矩为 T_3,方向如图 4-5d)所示。则由平衡方程

$$T_3+M_{eD}=0$$
$$T_3=-M_{eD}=-318\text{N}\cdot\text{m}$$

(3)作扭矩图。根据所得数据,画出各截面上扭矩沿轴线变化的情况,即扭矩图,如图 4-5e)所示。从图中看出,最大扭矩发生于 AC 段内,且 $|T|_{\max}=1\,114\text{N}\cdot\text{m}$。

(4)讨论。对同一根轴,若把主动轮 A 安置于轴的一端,例如图 4-6a)所示放在左端,则

此时轴的扭矩图如图4-6b)所示。这时,轴的最大扭矩为$|T|_{max}=1\,910\text{N}\cdot\text{m}$。由此可知,在传动轴上主动轮和从动轮安置的位置不同,轴所承受的最大扭矩也就不同。上述两种情况相比,显然图4-5所示布局比较合理。

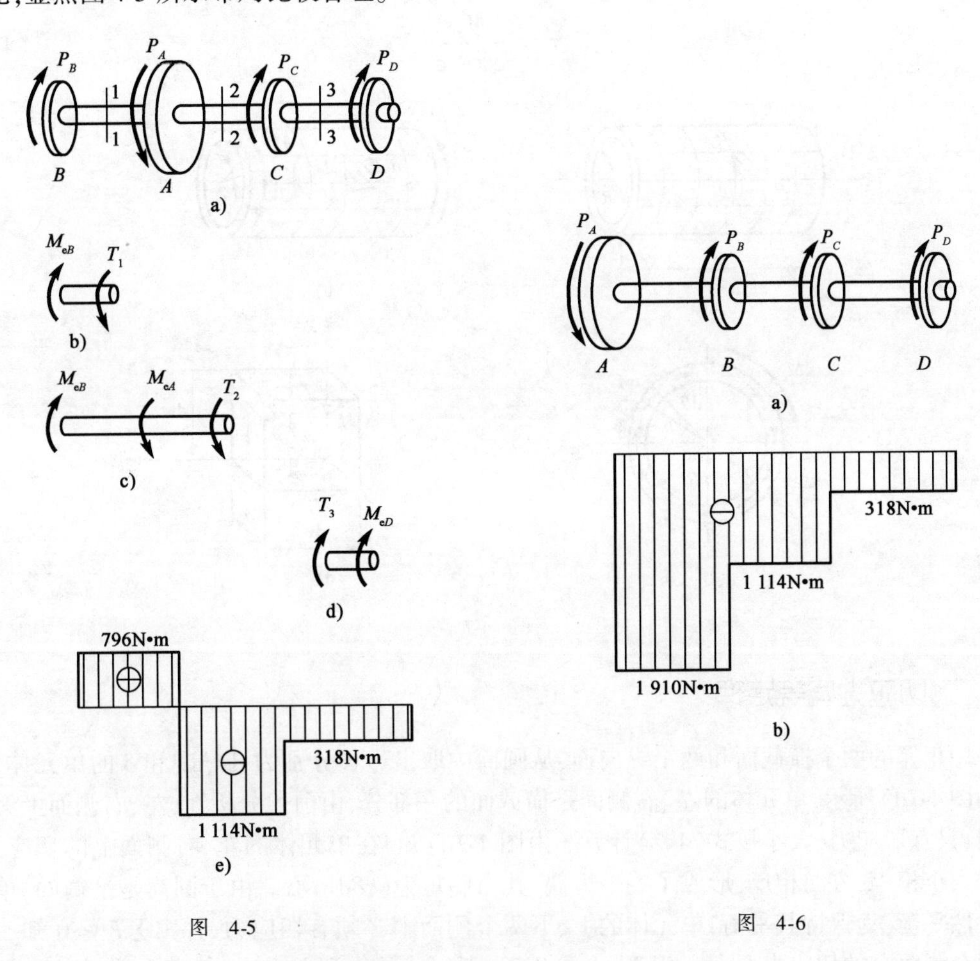

图　4-5

图　4-6

第三节　薄壁圆筒的扭转

一、薄壁圆筒扭转时的切应力

图4-7a)所示为一等厚薄壁圆筒,其厚度δ远小于其平均半径$R(\delta\leqslant R/10)$。为了得到横截面上的应力分布情况,作扭转试验,圆筒未受外荷载作用时,在圆筒的外表面上用一些纵向直线和横向圆周线画成方格[图4-7a)中的$abcd$],然后在两端垂直于轴线的平面内作用大小相等而转向相反的外力偶。试验结果表明,圆筒发生扭转后,方格由矩形变成平行四边形[图4-7b)中$a'b'c'd'$],但圆筒沿轴线及周线的长度都没有变化。这些现象表明,当薄壁圆筒扭转时,其横截面和包含轴线的纵向截面上都没有正应力,横截面上便只有切应力τ,因为筒壁的厚度δ很小,可以认为沿筒壁厚度切应力不变。又因在同一圆周上各点情况完全相同,所以各点的切应力也就相同[图4-7c)]。而T为横截面上所有切应力τ组成力系的

合力,用截面法可求得横截面上的扭矩 $T = M_e$,即

$$M_e = \int_A R\tau \mathrm{d}A = \int_0^{2\pi} R\tau R\delta \mathrm{d}\theta = 2\pi R^2 \delta\tau$$

$$\tau = \frac{M_e}{2\pi R^2 \delta} \tag{4-2}$$

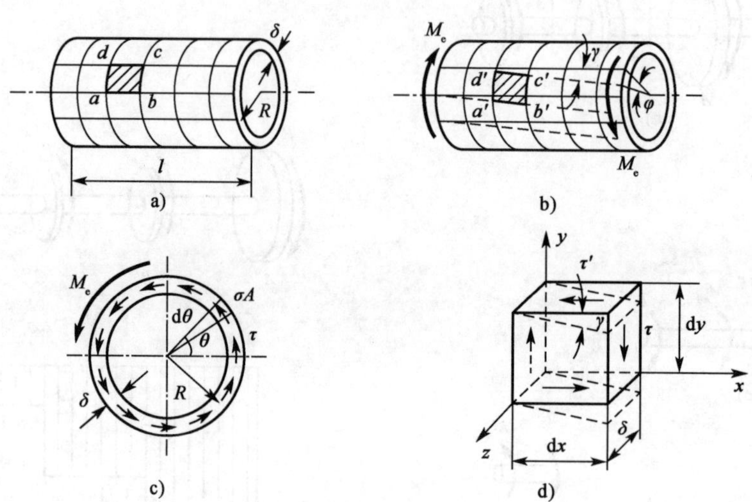

图 4-7

二、切应力互等定理

用相邻的两个横截面和两个纵向面,从圆筒中取出边长分别为 $\mathrm{d}x$、$\mathrm{d}y$ 和 δ 的单元体,放大如图 4-7d)所示,单元体的左、右侧面是横截面的一部分,由前述分析知,左、右侧面上无正应力,只有切应力,大小按式(4-2)计算。由图 4-7d)知,在单元体的左、右侧面上的切应力,由于大小相等,方向相反,形成了一个力偶,其力偶矩为$(\tau\delta\mathrm{d}y)\mathrm{d}x$。由于圆筒是平衡的,单元体必然平衡,为保持其平衡,单元体的上、下两个侧面上必须有切应力,并由 $\sum F_x = 0$ 知,上、下两个侧面上的切应力要大小相等、方向相反,所组成的力偶与左、右侧面上形成的力偶矩$(\tau\delta\mathrm{d}y)\mathrm{d}x$ 相平衡。设上、下两个侧面上的切应力为 τ',由 $\sum M_z = 0$ 得

$$(\tau\delta\mathrm{d}y)\mathrm{d}x = (\tau'\delta\mathrm{d}x)\mathrm{d}y$$

所以

$$\tau = \tau' \tag{4-3}$$

式(4-3)表明,在相互垂直的一对平面上,切应力同时存在,数值相等,且都垂直于两个平面的交线,方向共同指向或共同背离这一交线。这就是**切应力互等定理**,也称**切应力双生定理**。

三、剪切胡克定律

在图 4-7d)所示单元体,上、下、左、右四个侧面上只有切应力而无正应力,这种单元体称为**纯剪切**。单元体相对的两侧面在切应力作用下,发生微小的相对错动,使原来互相垂直的两个棱边的夹角改变了一个微量 γ,就是绪论中定义的**切应变**[图 4-7d)]。

设 φ 为圆筒两端截面的相对扭转角,l 为圆筒的长度,由图 4-7b)知,切应变 γ 为

$$\gamma = \frac{R\varphi}{l} \tag{4-4}$$

纯剪切试验结果表明,当切应力不超过材料的剪切比例极限时,切应变 γ 与切应力 τ 成正比,即

$$\tau = G\gamma \tag{4-5}$$

式(4-5)称为**剪切胡克定律**。G 为比例系数,称为材料的**切变模量**,为材料常数,单位为 Pa。

至此,已经介绍了材料的三个弹性常数 E、ν、G,三者的关系为

$$G = \frac{E}{2(1+\nu)} \tag{4-6}$$

第四节 圆轴扭转的强度计算

一、横截面上的切应力

用截面法可得到圆轴扭转时横截面上的内力,由于内力分布规律不知,要得到圆轴扭转时横截面上的应力的计算式,是一个超静定问题,必须综合考虑变形、物理关系和静力平衡三方面。

1. 变形方面

图 4-8a)所示为一受扭圆轴,未施加外力偶时,在圆轴表面上画出圆周线和纵向线,在轴两端施加一对力偶矩相等、转向相反的外力偶,轴变形的情况为:圆周线的大小和形状均未改变,只是相邻两圆周线绕轴线转动了一个角度,纵向线由直线变成了斜线。根据这些现象,可对圆轴的变形作出假设:等直圆轴发生扭转变形后,其横截面仍保持为平面,其大小、形状和相邻横截面间的距离均保持不变,横截面如同刚性平面般绕轴线转动。此假设称为**圆轴扭转平面假设**。该假设已得到理论与试验的证实。

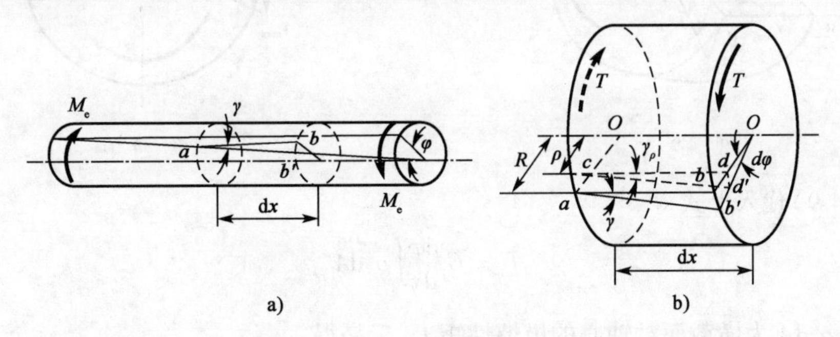

图 4-8

现从轴上取出长为 dx 的微段[图 4-8b)]进行分析。根据平面假设,右截面相对左截面绕轴线转动了一个角度 dφ,即右截面上的径向线 Ob 转动了一角度 dφ,到 Ob',纵向线 ab 倾斜了一个角度 γ,变成 ab'。由前述定义知,dφ 为 dx 长两截面的相对扭转角,γ 为 a 点处的切应变。设距轴线为 ρ 的纵向线 cd,变形后变为 cd',cd 的倾斜角为 γ_ρ,即 c 点的切应变为

γ_ρ。由图 4-8b)可知

$$\overline{dd'} = \gamma_\rho \mathrm{d}x = \rho \mathrm{d}\varphi \tag{4-7}$$

由此得

$$\gamma_\rho = \rho \frac{\mathrm{d}\varphi}{\mathrm{d}x} \tag{4-8}$$

式中,$\frac{\mathrm{d}\varphi}{\mathrm{d}x}$为相对扭转角 φ 沿轴长度的变化率,对给定的横截面,其数值是个常量。式(4-8)说明,等直圆轴受扭时,横截面上任一点处的切应变 γ_ρ 与到轴心的距离 ρ 成正比。

2. 物理关系方面

由剪切胡克定律知,在剪切比例极限内,切应力与切应变成正比,所以,横截面上 ρ 处切应力为

$$\tau_\rho = G\gamma_\rho = G\rho \frac{\mathrm{d}\varphi}{\mathrm{d}x} \tag{4-9}$$

式(4-9)表明,扭转切应力 τ_ρ 沿截面半径线性变化,与该点到轴心的距离 ρ 成正比。由于 γ_ρ 发生在垂直于半径的平面内,所以 τ_ρ 的方向垂直于该点处的半径。根据切应力互等定理,在纵向截面和横向截面上,切应力分布情况如图 4-9 所示。

3. 静力平衡方面

如图 4-10 所示,在距圆心 ρ 处的微面积 $\mathrm{d}A$ 上,作用有微剪力 $\mathrm{d}F = \tau_\rho \mathrm{d}A$,它对圆心 O 的微力矩为 $\rho\tau_\rho \mathrm{d}A$。在整个横截面上,所有微力矩之和等于该横截面的扭矩 T,即

$$T = \int_A \rho\tau_\rho \mathrm{d}A$$

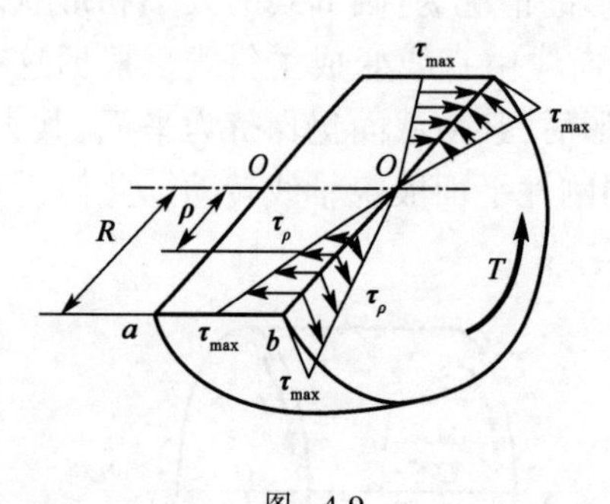

图 4-9

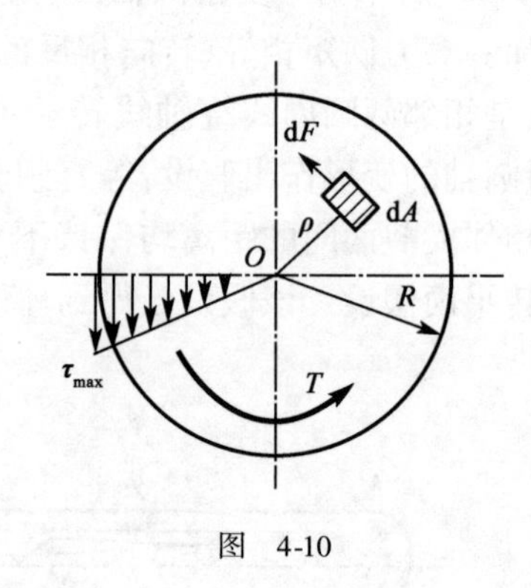

图 4-10

将式(4-9)代入上式得

$$T = G \frac{\mathrm{d}\varphi}{\mathrm{d}x} \int_A \rho^2 \mathrm{d}A$$

积分 $\int_A \rho^2 \mathrm{d}A$ 为横截面对轴心的极惯性矩 I_p,于是得

$$\frac{\mathrm{d}\varphi}{\mathrm{d}x} = \frac{T}{GI_\mathrm{p}} \tag{4-10}$$

将式(4-10)代入式(4-9)得

$$\tau_\rho = \frac{T\rho}{I_\mathrm{p}} \tag{4-11}$$

式(4-11)即圆轴扭转时横截面上的切应力计算式。

二、切应力强度条件

1. 最大扭转切应力

由式(4-11)知,当$\rho = R$,即在圆轴外表面上各点,切应力最大,其值为

$$\tau_{\max} = \frac{TR}{I_p} = \frac{T}{\frac{I_p}{R}} \tag{4-12}$$

式中,比值$\frac{I_p}{R}$是一个与截面尺寸有关的量,称为**抗扭截面模量**,用 W_p 表示,即

$$W_p = \frac{I_p}{R} \tag{4-13}$$

所以式(4-12)又可以写成

$$\tau_{\max} = \frac{T}{W_p} \tag{4-14}$$

式(4-14)表明,最大扭转切应力与扭矩成正比,与抗扭截面模量成反比。

2. 强度条件

通过轴的内力分析可作出扭矩图并求出最大扭矩 $T_{\max}$,最大扭矩所在截面称为**危险截面**。对等截面轴,由式(4-14)知,轴上最大切应力 $\tau_{\max}$ 在危险截面的外表面。由此得强度条件为

$$\tau_{\max} = \frac{T}{W_p} \leqslant [\tau] \tag{4-15}$$

式中,$[\tau]$为轴材料的许用切应力。不同材料的许用切应力$[\tau]$各不相同,通过扭转试验可测得各种材料的扭转极限切应力 τ_u,除以适当的安全系数 n 得到

$$[\tau] = \frac{\tau_u}{n} \tag{4-16}$$

塑性材料和脆性材料在进行扭转试验时,其破坏形式不完全相同。塑性材料试件在外力偶作用下,先出现屈服,最后沿横截面被剪断[图 4-11a)];脆性材料试件受扭时,变形很小,最后沿与轴线约 45°方向的螺旋面断裂[图 4-11b)]。通常把塑性材料屈服时横截面上最大切应力称为**扭转屈服极限**,用 τ_s 表示;脆性材料断裂时横截面上的最大切应力,称为材料的**扭转强度极限**,用 τ_b 表示。塑性材料的扭转屈服极限 τ_s 与脆性材料的扭转强度极限 τ_b,统称为材料的**扭转极限应力**,用 τ_u 表示。

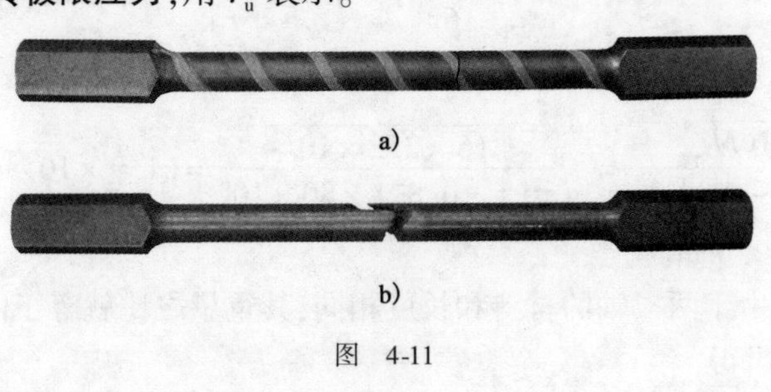

a)

b)

图 4-11

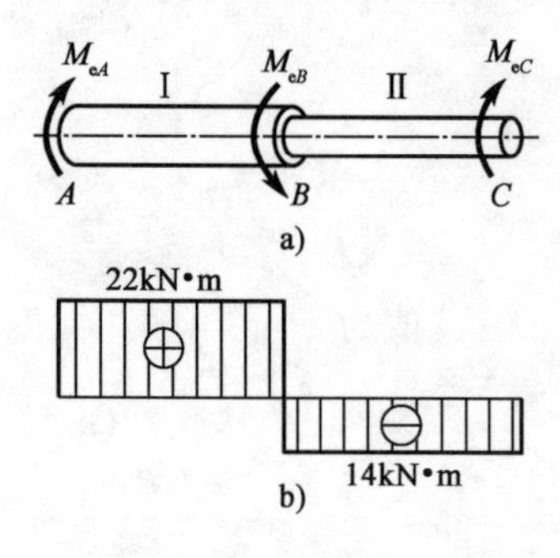

图 4-12

［例 4-2］ 图 4-12a)所示阶梯状圆轴,AB 段直径 $d_1 = 120\text{mm}$。BC 段直径 $d_2 = 100\text{mm}$。外力偶矩为 $M_{eA} = 22\text{kN}\cdot\text{m}$,$M_{eB} = 36\text{kN}\cdot\text{m}$,$M_{eC} = 14\text{kN}\cdot\text{m}$。已知轴材料的许用切应力 $[\tau] = 80\text{MPa}$。试校核该轴的强度。

解 用截面法求得 AB、BC 段的扭矩分别为

$$T_1 = 22\text{kN}\cdot\text{m}$$

$$T_2 = -14\text{kN}\cdot\text{m}$$

据此绘出扭矩图如图 4-12b)所示。

由扭矩图可见,AB 段的扭矩比 BC 段的扭矩大,但因两段轴的直径不同,因此,需要分别校核两段轴的强度。由式(4-14)和式(4-15)可得

AB 段

$$\tau_{1\max} = \frac{T_1}{W_{p1}} = \frac{22\times10^3}{\dfrac{\pi}{16}\times0.12^3} = 64.8\times10^6\text{Pa} = 64.8\text{MPa} < [\tau]$$

BC 段

$$\tau_{2\max} = \frac{T_2}{W_{p2}} = \frac{14\times10^3}{\dfrac{\pi}{16}\times0.1^3} = 71.3\times10^6\text{Pa} = 71.3\text{MPa} < [\tau]$$

因此,该轴强度满足要求。

［例 4-3］ 某传动轴,承受 $M_e = 2.2\text{kN}\cdot\text{m}$ 外力偶作用,轴材料的许用切应力为 $[\tau] = 80\text{MPa}$,试分别按①横截面为实心圆截面;②横截面为 $\alpha = 0.8$ 的空心圆截面确定轴的截面尺寸,并比较其重量。

解 (1)横截面为实心圆截面。设轴的直径为 d,由式(4-15)得

$$W_p = \frac{\pi d^3}{16} \geqslant \frac{T}{[\tau]} = \frac{M_e}{[\tau]}$$

所以有

$$d \geqslant \sqrt[3]{\frac{16M_e}{\pi[\tau]}} = \sqrt[3]{\frac{16\times2.2\times10^3}{\pi\times80\times10^6}} = 51.9\times10^{-3}\text{m} = 51.9\text{mm}$$

取 $d = 52\text{mm}$。

(2)横截面为空心圆截面。设横截面的外径为 D,由式(4-15)得

$$W_p = \frac{\pi D^3}{16}(1-\alpha^4) \geqslant \frac{M_e}{[\tau]}$$

所以有

$$D \geqslant 3\sqrt{\frac{16M_e}{\pi(1-\alpha^4)[\tau]}} = \sqrt[3]{\frac{16\times2.2\times10^3}{\pi(1-0.8^4)\times80\times10^6}} = 61.9\times10^{-3}\text{m} = 61.9\text{mm}$$

取 $D = 62\text{mm}$,则 $d_1 = 50\text{mm}$。

(3)重量比较。由于两根轴的材料和长度相同,其重量之比就等于两者的横截面面积之比,利用以上计算结果得

$$\text{重量比} = \frac{A_1}{A} = \frac{\frac{\pi}{4}(D^2 - d_1^2)}{\frac{\pi}{4}d^2} = \frac{62^2 - 50^2}{52^2} = 0.50$$

结果表明,在满足强度条件下,空心圆轴的重量是实心圆轴重量的一半。

【评注】　例 4-2 和例 4-3 两题是扭转切应力强度条件的应用题。求解这类题目时,要对题目进行仔细分析,找出求解物理量与已知条件之间的关系,利用强度条件可得到问题的解答。

[例 4-4]　图 4-13a)所示圆柱形密圈弹簧[密圈弹簧是指螺旋升角 α 很小(例如小于 5°)的弹簧],沿弹簧轴线承受拉力 F 作用。设弹簧的平均直径为 D,弹簧丝的直径为 d,试分析弹簧的应力并建立相应的强度条件。

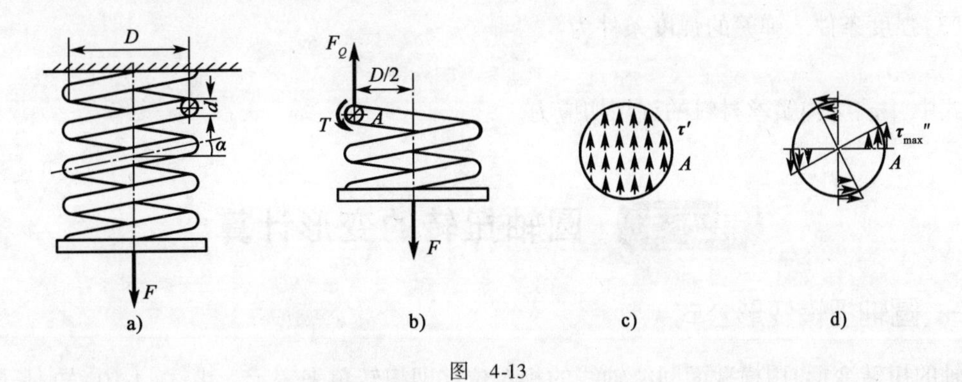

图　4-13

解　(1)内力分析。利用截面法,假想用垂直弹簧轴线的平面将弹簧丝切断,以下半部分作为研究对象[图 4-13b)]。由于螺旋升角很小,因此,所切截面可以近似看成是弹簧丝的横截面。于是,根据研究对象的平衡条件可知,在弹簧丝的横截面上必然同时存在剪力 F_Q 及扭矩 T,其值分别为

$$F_Q = F$$

$$T = \frac{FD}{2}$$

(2)切应力计算。在弹簧丝横截面上,与剪力 F_Q 相应的切应力 τ' 按实用计算法,认为在横截面上均匀分布[图 4-13c)],则

$$\tau' = \frac{F_Q}{A_Q} = \frac{F_Q}{\frac{\pi d^2}{4}} = \frac{4F}{\pi d^2}$$

与扭矩 T 相应的切应力 τ''的分布如图 4-13d)所示,最大扭转切应力为

$$\tau''_{\max} = \frac{T}{W_p} = \frac{\frac{FD}{2}}{\frac{\pi d^3}{16}} = \frac{8FD}{\pi d^3}$$

切应力 τ'与 τ''均为矢量,弹簧丝横截面上任一点处的总切应力应为切应力 τ'与 τ''的矢量和,最大切应力发生在截面内侧 A 处,其值为

$$\tau_{\max}=\tau''_{\max}+\tau'=\frac{8FD}{\pi d^3}(1+\frac{d}{2D}) \tag{4-17}$$

式中,$d/2D$ 代表剪力的影响,当 $D/d\geqslant10$ 时,比值 $d/2D$ 与 1 相比可以忽略,即可以忽略弹簧截面上剪力的影响,于是式(4-17)简化为

$$\tau_{\max}=\frac{8FD}{\pi d^3} \tag{4-18}$$

但当比值 $D/d<10$ 时,不仅剪力的影响不能忽略,还应考虑弹簧丝曲率的影响,这时,最大切应力的修正公式为

$$\tau_{\max}=\frac{8FD}{\pi d^3}\cdot\frac{4m+2}{4m-3} \tag{4-19}$$

式中,$m=D/d$。

(3)强度条件。弹簧的强度条件为

$$\tau_{\max}\leqslant[\tau]$$

式中,$[\tau]$为弹簧丝材料的许用切应力。

第五节　圆轴扭转的变形计算

一、圆轴扭转变形公式

轴的扭转变形,用横截面间绕轴线的相对位移即扭转角来表示。由式(4-10)知,长度为 $\mathrm{d}x$ 的相邻两个截面的相对扭转角为

$$\mathrm{d}\varphi=\frac{T\mathrm{d}x}{GI_{\mathrm{p}}}$$

所以,相距 l 的两截面间的扭转角为

$$\varphi=\int\mathrm{d}\varphi=\int\frac{T\mathrm{d}x}{GI_{\mathrm{p}}} \tag{4-20}$$

对于等截面圆轴,若在长 l 的两截面间的扭矩 T 为常量,则由式(4-20)得两端截面间的扭转角为

$$\varphi=\frac{Tl}{GI_{\mathrm{p}}} \tag{4-21}$$

由式(4-21)可以看出,两截面间的相对扭转角 φ 与扭矩 T、轴长 l 成正比,与 GI_{p} 成反比。GI_{p} 称为圆轴截面的**扭转刚度**。

二、圆轴扭转刚度条件

在工程实际中,多数情况下不仅对受扭圆轴的强度有所要求,而且对变形也有要求,即要满足扭转刚度条件。由于实际中的轴长度不同,因此,通常将轴的扭转角变化率$\frac{\mathrm{d}\varphi}{\mathrm{d}x}$或称**单位长度扭转角**作为扭转变形指标,要求它不超过规定的许用值$[\theta]$。由式(4-10)知,扭转角的变化率为

$$\theta = \frac{d\varphi}{dx} = \frac{T}{GI_p} \quad (\text{rad/m})$$

所以,圆轴扭转的刚度条件为

$$\theta_{max} = (\frac{T}{GI_p})_{max} \leqslant [\theta] \quad (\text{rad/m}) \tag{4-22}$$

对于等截面圆轴,有

$$\theta_{max} = \frac{T_{max}}{GI_p} \leqslant [\theta] \quad (\text{rad/m}) \tag{4-23}$$

需要指出的是,扭转角变化率$\frac{d\varphi}{dx}$的单位为 rad/m,而在工程中,单位长度许用扭转角$[\theta]$的单位一般为°/m,因此,在应用式(4-22)与式(4-23)时,应注意单位的换算与统一。

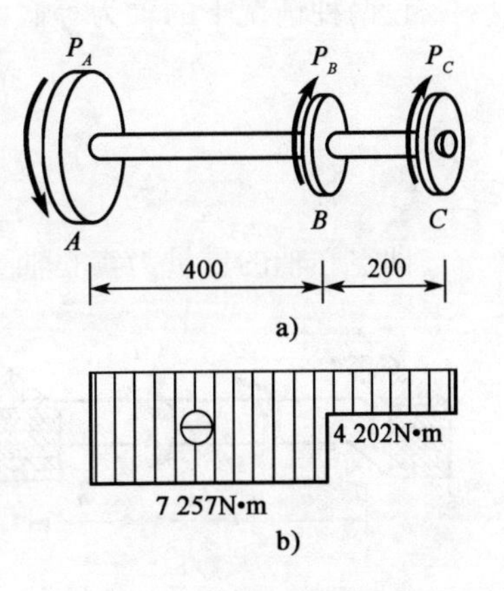

图　4-14

[例 4-5]　如图 4-14 所示,某传动轴 $n = 500\text{r/min}$,$P_A = 380\text{kW}$,$P_B = 160\text{kW}$,$P_C = 220\text{kW}$,已知$[\tau] = 70\text{MPa}$,$[\theta] = 1°/\text{m}$,$G = 80\text{GPa}$。试求:

(1)若轴为实心圆轴,确定 AB 段、BC 段轴的直径。

(2)若轴改为内外径之比 $\alpha = 0.8$ 的空心圆轴,比较两轴的重量。

解　(1)确定实心圆轴直径。

①计算外力偶矩。

$$M_{eA} = 9\ 549\ \frac{P_A}{n} = 7\ 257\text{N} \cdot \text{m}$$

$$M_{eB} = 9\ 549\ \frac{P_B}{n} = 3\ 055\text{N} \cdot \text{m}$$

$$M_{eC} = 9\ 549\ \frac{P_C}{n} = 4\ 202\text{N} \cdot \text{m}$$

作扭矩图如图 4-14b)所示。

②计算直径。

AB 段:扭转强度条件

$$\tau_{max} = \frac{T}{W_p} = \frac{16T}{\pi d_1^3} \leqslant [\tau]$$

所以

$$d_1 \geqslant \sqrt[3]{\frac{16T}{\pi[\tau]}} = \sqrt[3]{\frac{16 \times 7257}{\pi \times 70 \times 10^6}} = 80.8\text{mm}$$

由扭转刚度条件

$$\theta_{max} = \frac{T_{max}}{GI_p} = \frac{T}{G\frac{\pi d_1^4}{32}} \times \frac{180°}{\pi} \leqslant [\theta]$$

$$d_1 \geqslant 85.3\text{mm}$$

取 $d_1 = 85.3\text{mm}$。

BC 段:同理,由扭转强度条件得 $d_2 \geqslant 67.4\text{mm}$;由扭转刚度条件得 $d_2 \geqslant 74.4\text{mm}$。取 $d_2 = 74.4\text{mm}$。

(2)将轴改为空心圆轴后,根据强度条件和刚度条件确定轴的外径 D。

由强度条件得 $D \geqslant 96.3\text{mm}$(计算过程略)。

由刚度条件得 $D \geqslant 97.3\text{mm}$(计算过程略)。

取 $D = 97.3\text{mm}$,则内径为

$$d = \alpha D = 0.8 \times 97.3 = 77.8\text{mm}$$

设两种情况下的轴为等截面轴,则其重量比为

$$\frac{A_{空}}{A_{实}} = \frac{\frac{\pi}{4}(D^2 - d^2)}{\frac{\pi}{4}d_1^2} = 0.47$$

即空心轴的重量为实心轴重量的47%。

[**例4-6**] 图4-15a)所示等截面圆轴 AB,两端固定,在 C 和 D 截面处承受外力偶矩 M_e 作用,试绘该轴的扭矩图。

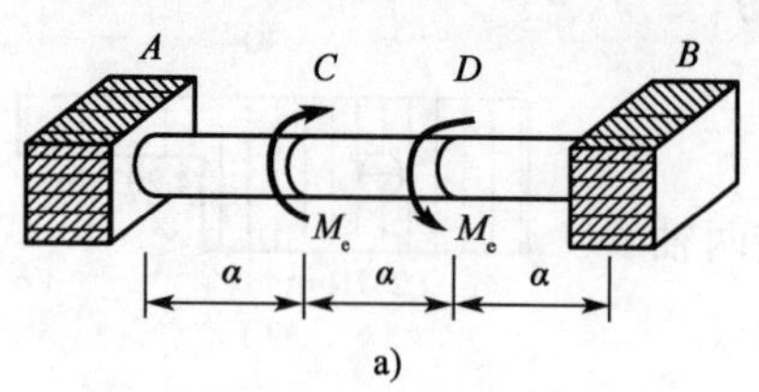

a)

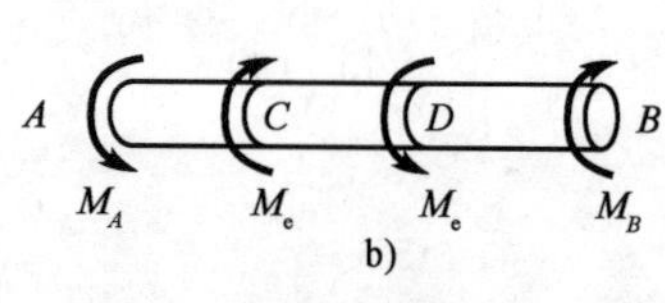

b)

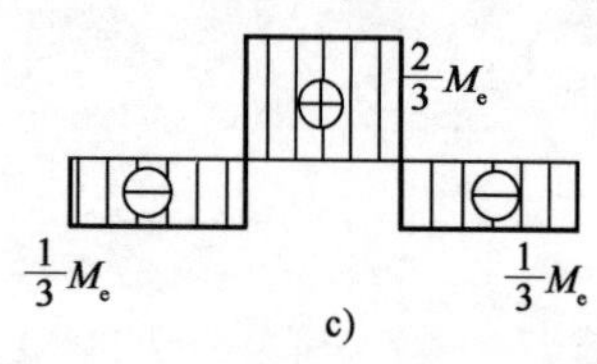

c)

图 4-15

解 设 A 端与 B 端的支反力偶矩分别为 M_A 和 M_B[图4-16b)]。由静力平衡方程 $\sum M_x = 0$,得

$$M_A - M_e + M_e - M_B = 0$$

$$M_A = M_B \tag{a}$$

在式(a)中,包括两个未知力偶矩,故为一次超静定问题,需要建立一个补充方程。

根据轴两端的约束条件可知,横截面 A 和 B 为固定端,A 和 B 间的相对扭转角 φ_{AB} 应为零,所以,轴的变形协调条件为

$$\varphi_{AB} = \varphi_{AC} + \varphi_{CD} + \varphi_{DB} = 0 \tag{b}$$

由图4-14b)可知,AC、CD 和 DB 段的扭矩分别为

$$\begin{cases} T_1 = -M_A \\ T_2 = M_e - M_A \\ T_3 = -M_B \end{cases} \tag{c}$$

所以,AC、CD 和 DB 段的扭转角分别为

$$\begin{cases} \varphi_{AC} = \dfrac{T_1 a}{GI_p} = -\dfrac{M_A a}{GI_p} \\ \varphi_{CD} = \dfrac{T_2 a}{GI_p} = \dfrac{(M_e - M_A)a}{GI_p} \\ \varphi_{DB} = \dfrac{T_3 a}{GI_p} = -\dfrac{M_B a}{GI_p} \end{cases} \tag{d}$$

将式(d)代入式(b),得补充方程为

$$-\frac{M_A a}{GI_p}+\frac{(M_e-M_A)a}{GI_p}-\frac{M_B a}{GI_p}=0$$

即

$$-2M_A+M_e-M_B=0 \tag{e}$$

联立式(a)与式(e),得

$$M_B=\frac{M_e}{3} \tag{f}$$

所以

$$M_A=M_B=\frac{M_e}{3}$$

按绘制扭矩图的方法绘制扭矩图如图4-15c)所示。

【评注】 扭转超静定问题的解法与拉(压)超静定问题的解法类似,关键是找出变形之间满足的几何关系。

第六节　等直圆轴扭转时的应变能

圆轴在外力偶作用下发生扭转变形,轴内将积蓄应变能。根据机械能守恒原理,当忽略加载过程中的光能、热能等损耗,这种应变能在数值上等于外力所做的功。对于等截面圆轴,在外力偶作用下发生扭转变形,当轴横截面上的切应力不超过比例极限时,由式(4-21)知,扭转角 φ 与所受的扭矩 T 成正比[图4-16b)]。设在缓慢加载过程中,当扭矩为 T_1 时,对应轴扭转变形为 φ_1。现给扭矩一个增量 dT_1,轴相应的扭转变形增量为 $d\varphi_1$,由于此时扭矩 T_1 已作用在轴上,则 T_1 在位移 $d\varphi_1$ 上所做的功为

$$dW=T_1 d\varphi_1$$

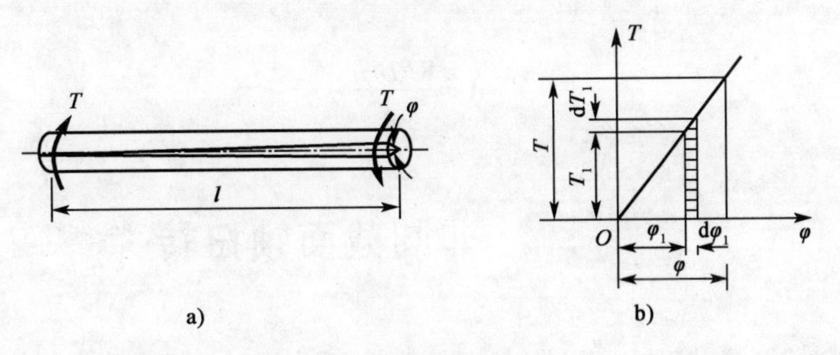

图　4-16

由图4-16b)可以看出,dW 为图中阴影部分的微面积。若将从0到 T 的整个过程看成是一系列的 dT_1 积累,则从0到 T 的整个加载过程中扭矩所做的总功 W 为图4-16b)所示微面积的总和,即为 T-φ 线下三角形面积,故有

$$W=\int_0^{\varphi}T_1 d\varphi_1=\frac{1}{2}T\varphi \tag{4-24}$$

即轴的应变能为

$$V_{\varepsilon} = W = \int_{0}^{\varphi} T_{1}\mathrm{d}\varphi_{1} = \frac{1}{2}T\varphi \tag{4-25}$$

又由公式(4-21)可知 $\varphi = \dfrac{Tl}{GI_{\mathrm{p}}}$,轴的应变能 V_{ε} 也可用相对扭转角 φ 表达为

$$V_{\varepsilon} = \frac{T^{2}l}{2GI_{\mathrm{p}}} = \frac{GI_{\mathrm{p}}}{2l}\varphi^{2} \tag{4-26}$$

[例 4-7] 密圈螺旋弹簧如图 4-13a)所示,沿弹簧轴线承受拉力 F 作用。设弹簧的平均直径为 D,弹簧丝的直径为 d,切变模量为 G。试计算弹簧的轴向变形。

解 密圈螺旋弹簧的内力如图 4-13b)所示,弹簧丝的横截面上存在剪力 F_{Q} 及扭矩 T,其值为

$$\begin{cases} F_{Q} = F \\ T = \dfrac{FD}{2} \end{cases} \tag{a}$$

在轴向荷载 F 作用下,弹簧沿荷载作用方向伸长。分析表明,影响弹簧变形的主要内力是扭矩。因此,如果弹簧丝的总长为 s,则由式(4-26)可知,弹簧的应变能为

$$V_{\varepsilon} = \frac{T^{2}s}{2GI_{\mathrm{p}}} \tag{b}$$

对于由 n 圈弹簧丝组成的密圈螺旋弹簧,其总长为

$$s = n\pi D$$

将上式与式(a)代入式(b),得

$$V_{\varepsilon} = \frac{4F^{2}D^{3}n}{Gd^{4}}$$

设弹簧的轴向变形为 λ,则由能量守恒定律知

$$\frac{F\lambda}{2} = \frac{4F^{2}D^{3}n}{Gd^{4}}$$

于是得

$$\lambda = \frac{8FD^{3}n}{Gd^{4}} \tag{4-27}$$

第七节 非圆截面轴扭转

受扭转的轴除圆形截面外,还有其他形状的截面,如矩形与椭圆形截面等。非圆截面轴扭转时其应力和变形比圆截面轴复杂得多。下面简要介绍矩形截面轴扭转。

一、约束扭转和自由扭转

如图 4-17a)所示矩形截面杆,在扭矩作用下,其横截面不再保持平面而发生翘曲现象[图 4-17b)]。在杆扭转过程中,如果横截面的翘曲不受限制,这时横截面上只有切应力,没

有正应力,这种扭转称为**自由扭转**。如果在扭转过程中,横截面上的翘曲受到限制,这时,横截面上不仅存在切应力,同时还存在正应力,这种扭转称为**约束扭转**。对于实体轴,约束扭转引起的正应力很小,在实际计算时可以忽略不计;对于薄壁轴,约束扭转引起的正应力往往比较大,计算时不能忽略。

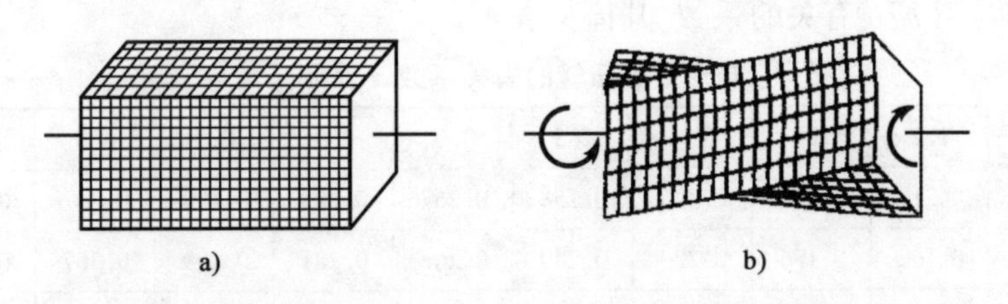

图　4-17

轴扭转时,横截面上边缘各点的切应力与截面边界相切,而角点处的切应力为零。简单说明如下:K_1 点为横截面边缘一点,假设 K_1 点的切应力 τ 不与边界相切,可将 τ 分解成与边界相切的切应力分量和垂直于边界的切应力分量 τ_n(图 4-18),根据切应力互等定理,在轴自由表面上存在切应力 τ'_n,且有 $\tau_n = \tau'_n$。但在自由表面上不可能有切应力 τ'_n,即 $\tau'_n = 0$,可见,$\tau_n = \tau'_n = 0$。这样,在边缘各点上,就只可能有沿边界切线方向的切应力 τ_1。K_2 点位于角点上,假设 K_2 点处有切应力 τ,可以把它分解成 τ_1 和 τ_2,类似上面的证明,τ'_1 和 τ'_2 皆应为零,即 τ_1 和 τ_2 应为零。因此,截面角点处的切应力 τ 必为零。

二、矩形截面杆的扭转

非圆实体轴的自由扭转,在弹性力学中讨论。工程中常见的矩形截面轴,发生扭转变形时,根据弹性力学结果,横截面上切应力分布如图 4-19 所示。边缘各点处的切应力与截面

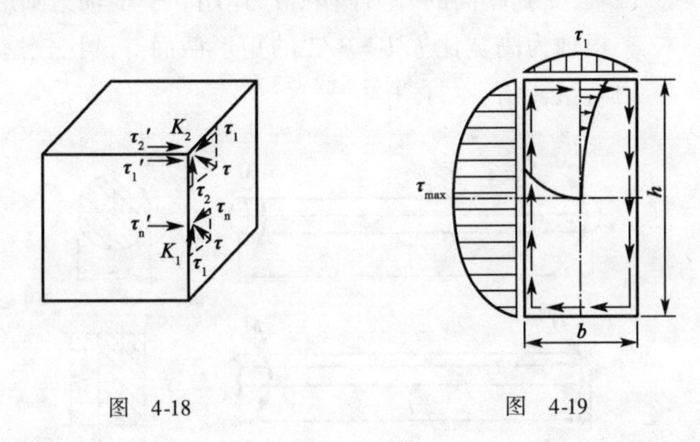

图　4-18　　　　图　4-19

周边平行,四个角点处的切应力为零;最大切应力 τ_{max} 发生在截面长边的中点处,而短边中点处的切应力 τ_1 是短边上的最大切应力。其计算公式为

$$\tau_{max} = \frac{T}{W_t} = \frac{T}{\alpha h b^2} \tag{4-28}$$

$$\tau_1 = \gamma \tau_{max} \tag{4-29}$$

杆两端相对扭转角 φ 为

$$\varphi=\frac{Tl}{G\beta hb^3}=\frac{Tl}{GI_t} \tag{4-30}$$

式中:I_t——截面的相当极惯性矩,$I_t=\beta hb^3$;

h、b——矩形截面长边和短边的长度;

α、β、γ——与比值 h/b 有关的系数,其值见表 4-1。

矩形截面扭转的有关系数 α、β 和 γ 表 4-1

h/b	1.0	1.2	1.5	2.0	2.5	3.0	4.0	6.0	8.0	10.0	∞
α	0.208	0.219	0.231	0.246	0.258	0.267	0.282	0.299	0.307	0.313	0.333
β	0.141	0.166	0.196	0.229	0.249	0.263	0.281	0.299	0.307	0.313	0.333
γ	1.000	0.930	0.858	0.796	0.767	0.753	0.745	0.743	0.743	0.743	0.743

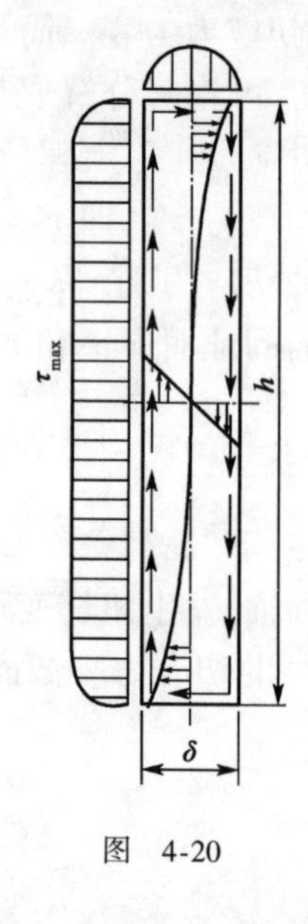

图 4-20

由表 4-1 可以看出,当 $h/b>10$ 时,截面为狭长矩形(图 4-20),此时,$\alpha=\beta\approx1/3$,为了区别,以 δ 表示狭长矩形的短边长度,则式(4-28)和式(4-30)变为

$$\tau_{max}=\frac{T}{W_t}=\frac{T}{\frac{1}{3}h\delta^2} \tag{4-31}$$

$$\varphi=\frac{Tl}{G\frac{1}{3}h\delta^3}=\frac{Tl}{GI_t} \tag{4-32}$$

狭长矩形截面轴的扭转切应力分布如图 4-20 所示。

[例 4-8] 如图 4-21 所示,材料、横截面面积和长度均相同的两根轴,受到相同的外力偶矩 M_e 作用。一根轴为圆形截面,直径为 d;另一根轴为高宽比 $h/b=3/2$ 的矩形截面。试比较这两根轴的最大切应力与扭转角。

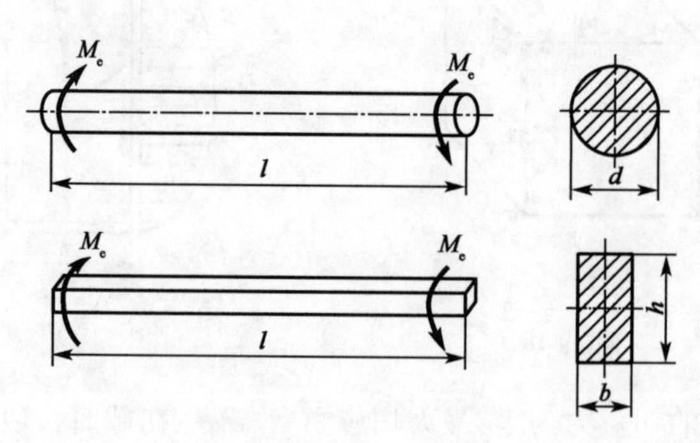

图 4-21

解 根据两轴的横截面面积相等得

$$\frac{\pi d^2}{4}=bh=\frac{3}{2}b^2$$

于是得

$$b=\sqrt{\frac{\pi}{6}}d$$

圆截面轴在扭矩 M_e 作用下,其最大切应力与扭转角分别为

$$\tau_{\mathrm{cmax}}=\frac{16M_e}{\pi d^3},\varphi_c=\frac{32M_e l}{G\pi d^3}$$

根据式(4-28)、式(4-30)及表4-1,得矩形截面轴的最大切应力与扭转角分别为

$$\tau_{\mathrm{tmax}}=\frac{M_e}{\alpha hb^2}=\frac{M_e}{0.231hb^2}=\frac{M_e}{0.347b^3}$$

$$\varphi_t=\frac{M_e l}{G\beta hb^3}=\frac{M_e l}{0.196Ghb^3}=\frac{M_e l}{0.294Gb^4}$$

根据上述计算可得

$$\frac{\tau_{\mathrm{cmax}}}{\tau_{\mathrm{tmax}}}=\frac{16\times0.347}{\pi}\left(\sqrt{\frac{\pi}{6}}\right)^3=0.669$$

$$\frac{\varphi_c}{\varphi_t}=\frac{32\times0.294}{\pi}\left(\frac{\pi}{6}\right)^2=0.821$$

由以上结果可知,从轴的扭转强度、扭转刚度考虑,圆形截面比矩形截面好。

本章复习要点

(1)外力偶矩计算:工程中通常给出的是轴的转速和功率,换算成外力偶矩为

$$M_e=9\ 549\frac{P}{n}$$

(2)薄壁圆筒扭转时横截面上的切应力为

$$\tau=\frac{M_e}{2\pi R^2\delta}$$

(3)切应力互等定理:在相互垂直的一对平面上,切应力同时存在,数值相等;且都垂直于两个平面的交线,方向共同指向或背离这一交线,即

$$\tau=\tau'$$

(4)剪切胡克定律:当切应力不超过材料的剪切比例极限时,切应变与切应力成正比,即

$$\tau=G\gamma$$

(5)圆轴扭转时横截面上的应力:

圆轴扭转时切应力的计算公式

$$\tau_\rho=\frac{T\rho}{I_p}$$

切应力强度条件

$$\tau_{\max}=\frac{T_{\max}}{W_p}\leqslant[\tau]$$

(6)圆轴扭转时的变形:

相对扭转角

$$\varphi = \frac{Tl}{GI_p}$$

扭转刚度条件

$$\theta_{max} = \frac{T_{max}}{GI_p} \leqslant [\theta]$$

(7)圆轴扭转时的应变能:

$$V_\varepsilon = \frac{T^2 l}{2GI_p} = \frac{GI_p}{2l}\varphi^2$$

(8)非圆截面扭转:

矩形截面扭转时的最大切应力

$$\tau_{max} = \frac{T}{W_t} = \frac{T}{\alpha h b^2}$$

矩形截面扭转时的变形

$$\varphi = \frac{Tl}{G\beta h b^3} = \frac{Tl}{GI_t}$$

习　题

4-1　试求如题 4-1 图所示各轴各段的扭矩,并指出其最大值。

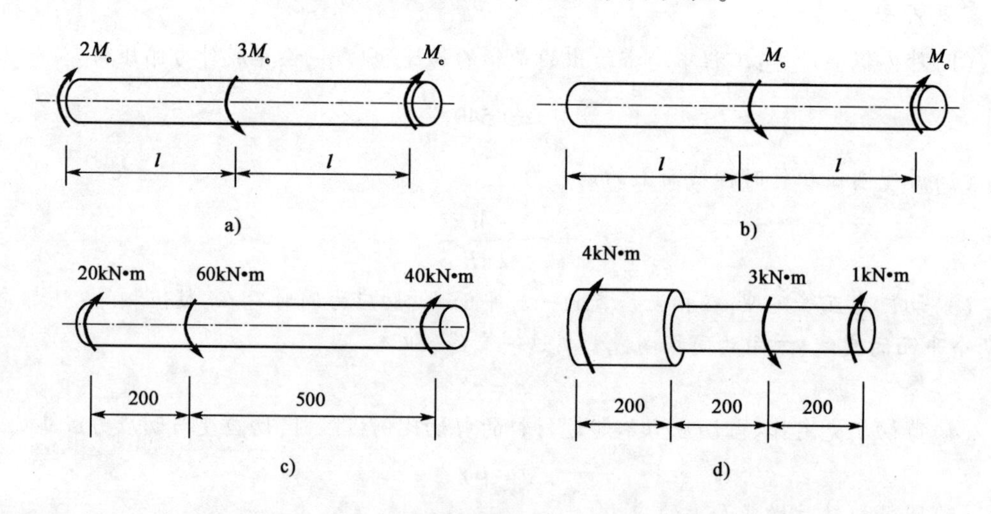

题 4-1 图

4-2　如题 4-2 图所示某传动轴,转速 $n = 500\text{r/min}$,轮 A 为主动轮,输入功率 $P_A =$ 70kW,轮 B、轮 C 与轮 D 为从动轮,输出功率分别为 $P_B = 10\text{kW}$,$P_C = P_D = 30\text{kW}$。

(1)试求轴内的最大扭矩。

(2)若将轮 A 与轮 C 的位置对调,试分析对轴的受力是否有利。

4-3　如题 4-3 图所示传动轴作 300r/min 的匀速转动,轴上装有五个轮子,主动轮 A 输入的功率为 70kW,从动轮 B、C、D、E 依次输出的功率为 20kW、10kW、25kW 和 15kW,试作出该轴的扭矩图。

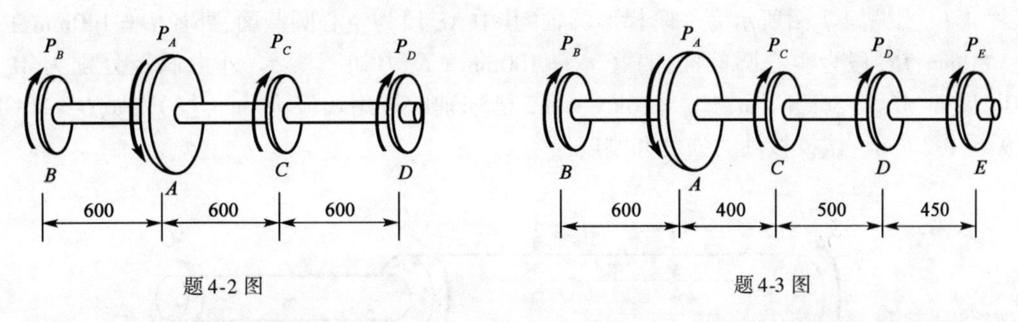

题 4-2 图　　　　题 4-3 图

4-4　试绘出如题 4-4 图所示横截面上切应力分布图,其中 T 为横截面上的扭矩。

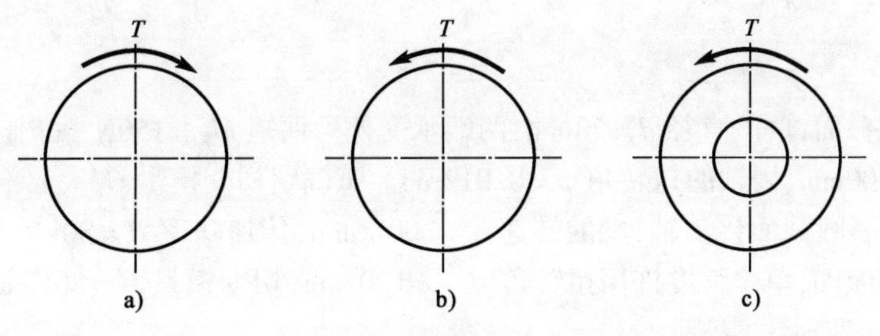

题 4-4 图

4-5　如题 4-5 图 a)所示为从受扭圆轴中沿直径纵截面切出的分离体,根据切应力互等定理可知,在分离体的纵截面上必有切应力。该纵截面上的切应力合力组成力偶[题 4-5 图 b)],试说明该力与什么力偶平衡。

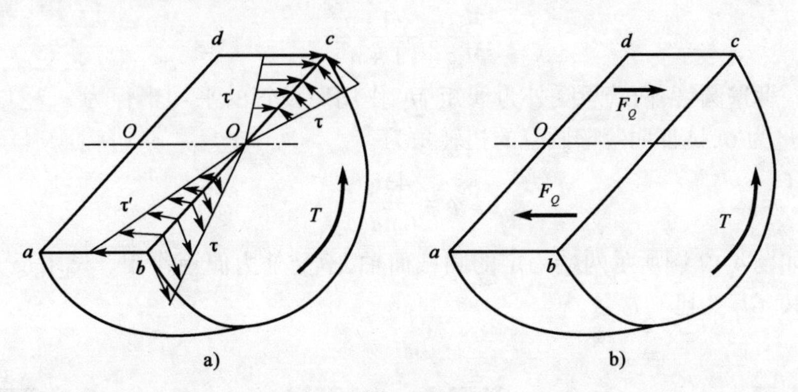

题 4-5 图

4-6　如题 4-6 图所示实心圆轴与空心圆轴通过牙嵌离合器相连接。已知轴的转速 $n=200\text{r/min}$,传递功率 $P=20\text{kW}$,轴材料的许用切应力 $[\tau]=80\text{MPa}$,$d_1/D_1=0.5$。试确定实心轴的直径 d,空心轴的内、外径 d_1 和 D_1。

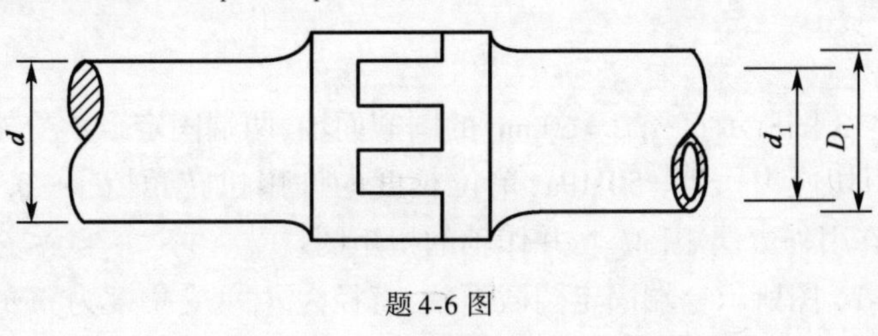

题 4-6 图

4-7　如题4-7图所示为一阶梯形圆轴,其中AE段为空心圆截面,外径$D=140\text{mm}$,内径$d=80\text{mm}$;BC段为实心圆截面,直径$d_1=100\text{mm}$。受力如图所示,外力偶矩分别为$M_{eA}=20\text{kN}\cdot\text{m}$,$M_{eB}=36\text{kN}\cdot\text{m}$,$M_{eC}=16\text{kN}\cdot\text{m}$。已知轴的许用切应力$[\tau]=80\text{MPa}$,$G=80\text{GPa}$,$[\theta]=1.2°/\text{m}$。试校核轴的强度和刚度。

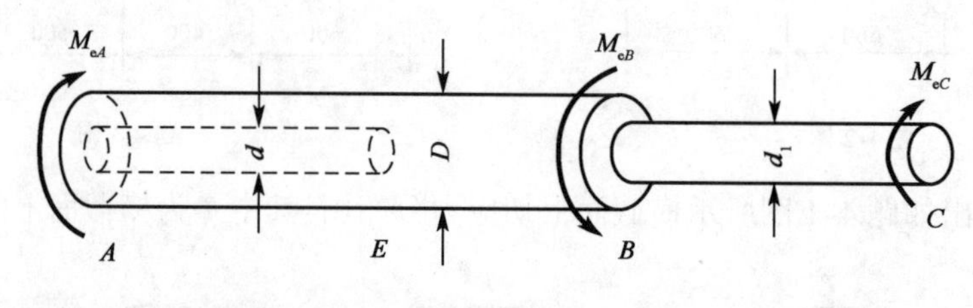

题4-7图

4-8　一圆截面试样,直径$d=20\text{mm}$,两端承受外力偶矩$M_e=150\text{N}\cdot\text{m}$作用。设由试验测得标距$l_0=100\text{mm}$,内轴的扭转角$\varphi=0.012\text{rad}$。试确定切变模量$G$。

4-9　设有一圆截面传动轴,轴的转速$n=300\text{r/min}$,传递功率$P=80\text{kW}$,轴材料的许用切应力$[\tau]=80\text{MPa}$,单位长度许用扭转角$[\theta]=1.0°/\text{m}$,切变模量$G=80\text{GPa}$。试设计轴的直径。

4-10　由同一材料制成的实心和空心圆轴,两者长度和质量均相等。设实心轴半径为R_0,空心圆轴的内、外半径分别为R_1和R_2,且$R_1/R_2=n$;两者所承受的外力偶矩分别为M_{ea}和M_{eb}。若两者横截面上的最大切应力相等,试证明

$$\frac{M_{ea}}{M_{eb}}=\frac{\sqrt{1-n^2}}{1+n^2}$$

4-11　一薄壁圆管,两端承受外力偶矩M_e作用。设管的平均半径为d,壁厚为δ,管长为l,切变模量为G,试证明薄壁圆管的扭转角为

$$\varphi=\frac{4M_e l}{G\pi d^3\delta}$$

4-12　如题4-12图所示两端固定的圆截面轴,承受外力偶矩作用。试求反力偶矩。设轴的扭转刚度GI_p为已知常量。

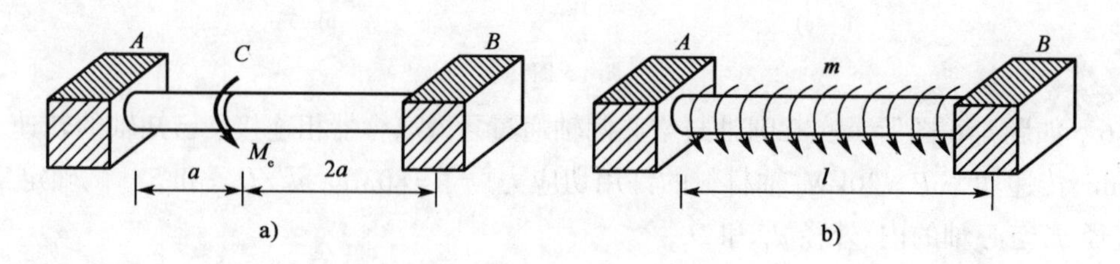

题4-12图

4-13　如题4-13图所示直径$d=60\text{mm}$的圆截面轴,两端固定。承受外力偶矩M_e作用,已知轴材料的许用切应力$[\tau]=50\text{MPa}$,单位长度的许用扭转角$[\theta]=0.35°/\text{m}$,切变模量$G=80\text{GPa}$。试求许用外力偶矩$[M_e]$,并作轴的扭矩图。

4-14　如题4-14图所示一端固定圆截面轴,直径为d,承受集度为m的均布外力偶矩作

用。试求轴内储存的应变能。

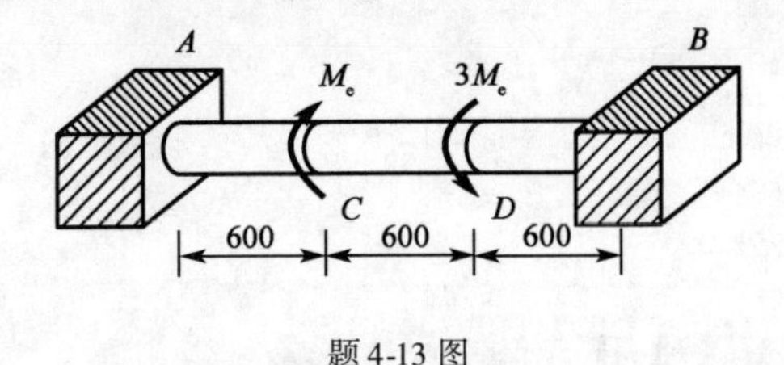

题 4-13 图

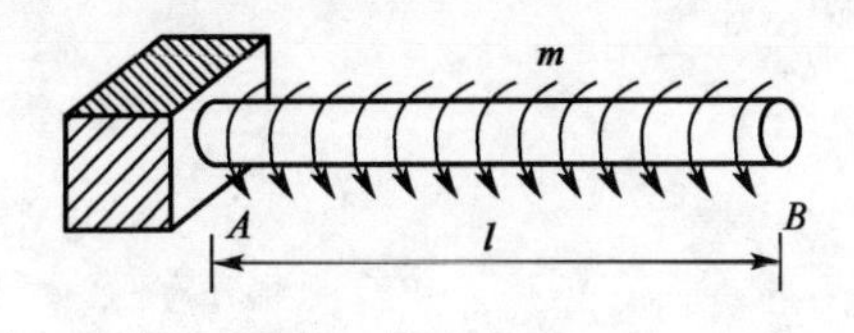

题 4-14 图

4-15　将截面尺寸分别为 $\phi120\text{mm} \times 100\text{mm}$ 与 $\phi100\text{mm} \times 80\text{mm}$ 的两钢管相套合，并在内管两端施加外力偶矩 $M_e = 4\text{kN} \cdot \text{m}$ 后，将其两端与外管相焊接。试求在去掉外力偶矩 M_e 后，内、外管横截面上的最大扭转切应力。

4-16　横截面面积、杆长与材料均相同的两根轴，截面分别为正方形、$h/b = 2$ 的矩形。试比较两轴的扭转刚度。

4-17　有直径为 d 的圆截面轴、边长为 d 的正方形截面轴和边长为 $2d \times d$ 的矩形截面轴，三轴的长度相同且受相同的外力偶 $M_e = 300\text{N} \cdot \text{m}$ 作用。若 $[\tau] = 60\text{MPa}$，试确定各轴的横截面尺寸，并比较三者的重量。

第五章 弯曲内力

从本章开始讨论杆件的另外一种基本变形形式——平面弯曲。相比杆件的轴向拉、压或圆轴扭转,梁平面弯曲时的内力、应力和变形的分析计算要复杂得多。因此,本书将平面弯曲问题分为三章进行讨论,本章专门讨论弯曲内力,在后续第六章、第七章中分别讨论弯曲应力和弯曲变形问题。

在本章,首先介绍梁平面弯曲的受力与变形特点及其力学模型的选取,然后进行内力分析,并着重介绍内力图的绘制方法,为进一步讨论梁的强度、刚度问题打下基础。

第一节 概 述

一、弯曲的概念与实例

在实际工程和日常生活中,常遇到这样一类直杆,它们所承受的外力是作用线垂直于杆轴线的外力(即横向力)或力偶,在这些外力作用下,杆件的变形是任意两横截面绕垂直于杆线轴作相对转动,形成相对角位移,同时杆的轴线也将变成曲线,这种变形称为**弯曲**。凡以弯曲为主要变形的构件,通常称为**梁**。

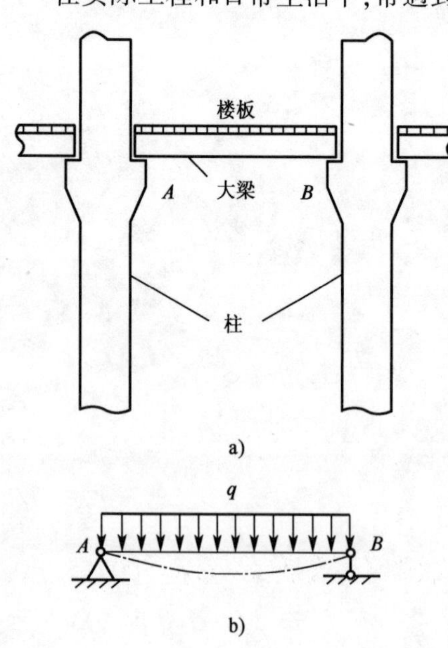

图 5-1

梁是工程上常见的构件,如房屋建筑中的大梁(图 5-1)、桥梁(图 5-2)、汽轮机叶片(图 5-3)、火车轮轴(图 5-4)等都是受弯构件。

工程实际中绝大部分梁的横截面都有一根对称轴,例如矩形、工字形、T 形、槽形及圆形截面梁(图 5-5)等,因而整个梁有一个包含轴线的纵向对称。若梁上所有外力(包括外力偶)都作用在梁的纵向对称面内,梁变形后的轴线必定是一条与外力位于同一平面内的平面曲线(图 5-6),称这种弯曲后轴线为一平面曲线,且该曲线所在平面与外力作用面重合的变形为**平面弯曲**。平面弯曲是梁弯曲问题中最常见和最基本的情况。本章讨论平面弯曲横截面上的内力,后面两章将分别讨论弯曲应力和弯曲变形。

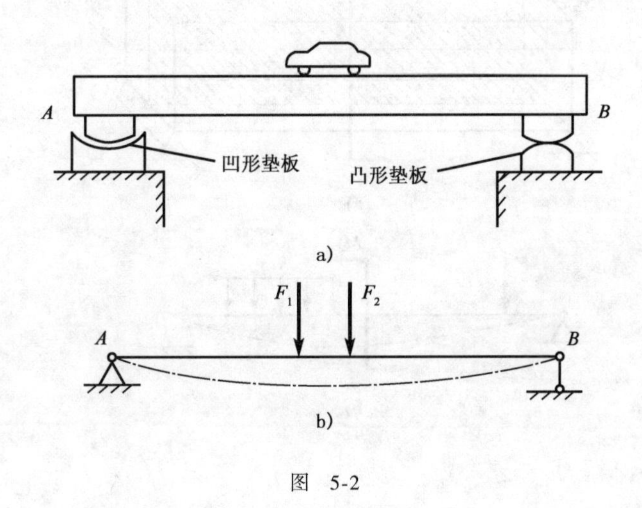

图　5-2

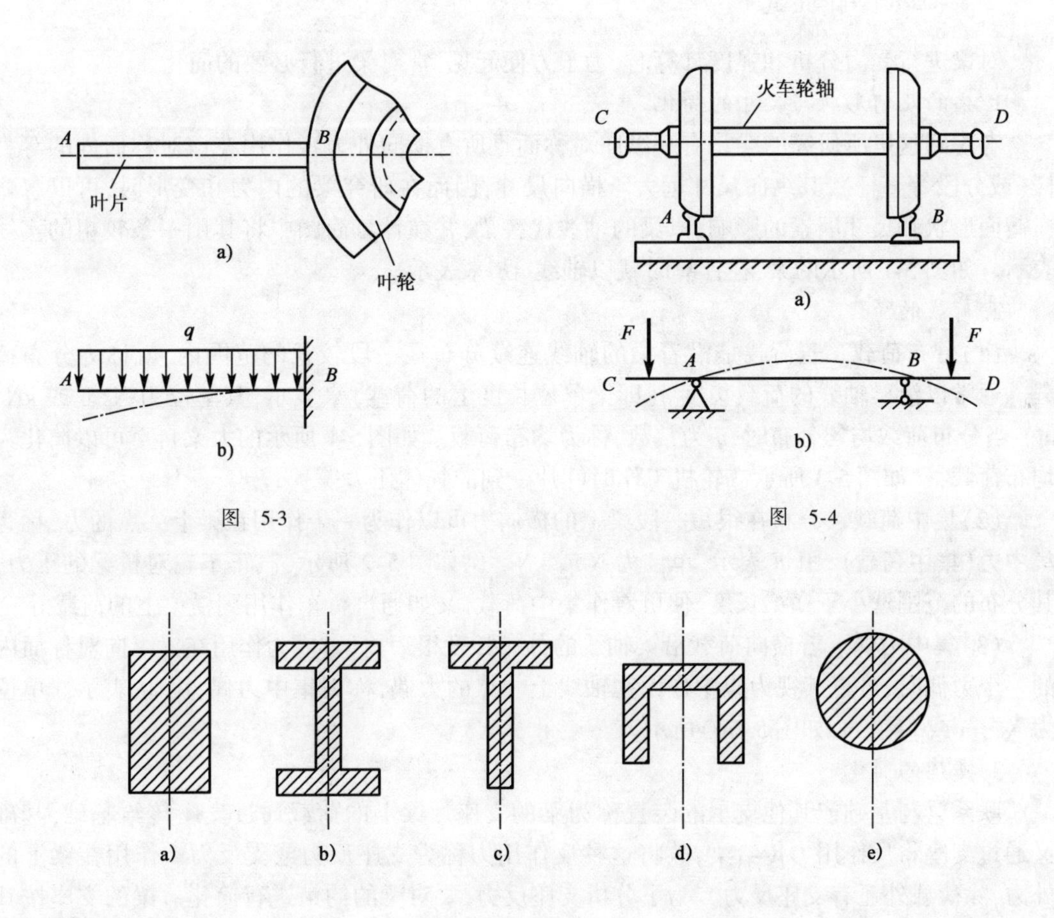

图　5-3

图　5-4

图　5-5

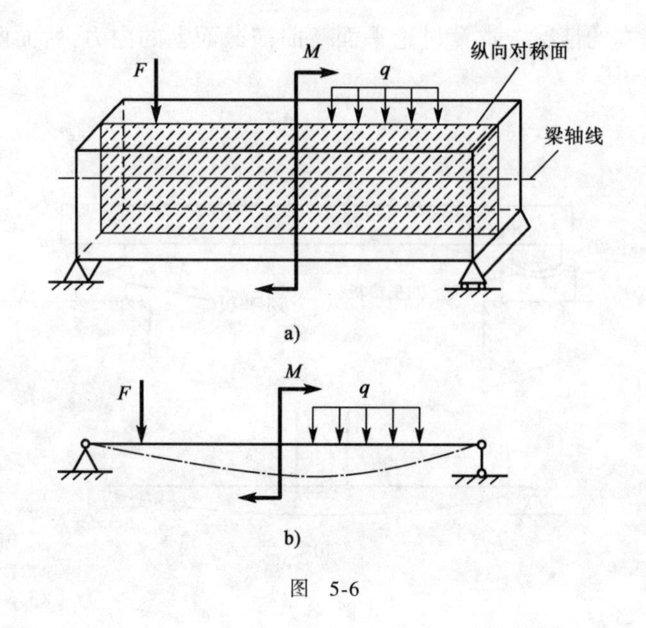

图 5-6

二、梁的计算简图

对梁进行受力分析和强度计算时,为了方便起见,常对梁进行必要的简化。

1. 梁的几何形状与尺寸的简化

考虑到这里所研究的梁是有一纵向对称面且所有横向外力皆作用在该对称面内的等直杆(或分段等直杆),其纵向尺寸远大于横向尺寸,因而在研究梁的内力和变形时,可以忽略横截面形状和尺寸因素的影响,以梁的轴线代替梁,并在计算简图中将其用一条较粗的实线表示。如图 5-1 所示的梁,在计算时就以轴线 AB 来表示。

2. 荷载的简化

(1)分布荷载。若荷载是沿着梁的轴线连续分布在一段较长的范围内,就称为分布荷载。通常以沿梁轴线的荷载集度 q(即梁单位长度上的荷载)来表示,其单位为 N/m 或 kN/m。当分布荷载均匀分布时,q 为常数,称为**均布荷载**。如图 5-1 所示的大梁自重可以简化为均布荷载,又如图 5-3 所示汽轮机工作时叶片受到的气体压力等。

(2)集中荷载。分布在很短一段梁上的横向力可以作为一个作用在梁上一点的力,称为**集中力(集中荷载)**,用 F 表示,单位为 N 或 kN。例如图 5-2 所示,汽车车轮对桥梁的压力,其分布的范围远小于横梁长度,便可看作集中荷载,又如通过行车作用到横梁上的荷载等。

(3)集中力偶。若横向荷载沿梁轴线的分布长度很短,且合成为作用在梁纵向对称面内的一个力偶时,可将其视为集中作用在轴线上一点的力偶,称为**集中力偶**,用 M 表示。单位为 N · m 或 kN · m,如图 5-6b)所示。

3. 支座的简化

联系梁与基础或其他支承的装置称为梁的支座。梁上的荷载通过支座传给基础,基础又通过支座将反作用力传给梁,故将这种反作用力称为支座反力或支反力。作用在梁上的外力,除荷载外还有支座反力。为了分析支座反力,要对梁的约束进行简化。梁的支座按其对梁在荷载平面内的约束情况,可以简化为以下三种基本形式:

(1)固定铰支座。图5-7a)就是固定铰支座的简化模型及其反力。这种支座限制梁在支座处沿水平方向和铅垂方向的移动,但并不限制梁绕铰链中心的转动。因此,固定铰支座对梁在支座处有两个约束,相应地就有两个支座反力。例如图5-2a)所示的凹形垫板支座、桥梁下的固定支座和止推滚珠轴承等,允许有微小的转动,但不允许移动,这些均可简化为固定铰支座。

(2)可动铰支座。图5-7b)就是可动铰支座的简化模型及其反力。这种支座只限制梁在支座处沿垂直于支承面方向的移动。因此,它对梁在支座处仅有一个约束,相应地也只有一个支座反力。例如图5-2a)所示的凸形垫板支座、桥梁下的辊轴支座和滚珠轴承等,均可简化为可动铰支座。

(3)固定端支座。图5-7c)就是固定端支座的简化模型及其反力。这种支座使梁的端截面既不能移动,也不能转动。因此,对梁的端截面有三个约束,相应地就有三个支座反力。例如图5-3a)所示的汽轮机叶片端部的支座、拦水大坝下端的支座和止推长轴承等,均可简化为固定端支座。

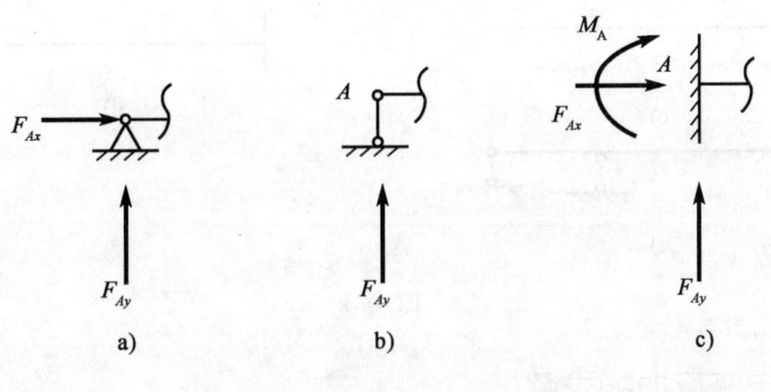

图　5-7

梁的支座通常可简化为上述三种基本形式。但是,支座的简化往往与计算的精度、支座对整个梁的约束有关。上述三种支座是理想的支承情况,在实际工程中,梁的支承情况大多并不与之完全相同,这时除应考虑梁的各个支承的构造情况更接近哪一种理想形式外,还应综合考虑梁上所有支承对梁位移的约束情况,进而对梁的支承进行合理简化。例如,搁置在柱体上的房梁[图5-1a)],显然,其两端支承的情况是相同的,但考虑到梁在柱体上的搁置长度较小,柱体对梁的嵌固作用比较弱,梁的端部可以发生微小转动;此外,若有水平荷载作用,梁的一端支承就会约束梁,使梁不致发生整体的水平移动。因此,在计算简图中可将其一柱体对梁的支承简化为固定铰支座,而将另一柱体对梁的支承简化为可动铰支座[图5-1b)]。又如,火车轮轴[图5-4a)]两钢轨对轮轴的支承情况也是相同的。但考虑到轮轴是通过车轮安置于钢轨之上的,钢轨不限制轮轴在车轮平面的轻微偏转。此外,车轮凸缘与钢轨间的缝隙让轮轴有可能发生轴向移动,但凸缘与钢轨接触后却可约束轮轴沿轴线方向的位移,所以,在计算简图中可把其一钢轨对轮轴的支承简化为固定铰支座,而把另一钢轨对轮轴的支承简化为可动铰支座[图5-4b)]。

对梁的实际几何形状、荷载和支承情况进行简化后,即可得到梁的计算简图,并将梁在两支座间的长度称为**跨度**(悬臂梁跨度是指梁在固定端到自由端之间的长度),用 l 表示。

三、静定梁的基本形式

从以上分析可知,如果梁具有一个固定端支座,或具有一个固定铰支座和一个可动铰支座则其三个支座约束力可由平面力系的三个独立的平衡方程求出。这种梁称为**静定梁**。根据支座情况及支座位置的不同,常见的静定梁分为下列三种形式:

(1)**悬臂梁**:一端为固定支座,另一端自由的梁。如图5-8a)所示。

(2)**简支梁**:一端为固定铰支座,另一端为可动铰支座的梁。如图5-8b)所示。

(3)**外伸梁**:一端或两端伸出支座外的简支梁。如图5-8c)所示。

若梁上支座反力的数目超过了梁的独立平衡方程数目,因而仅仅依靠静力平衡条件就不能确定梁的全部支反力。如图5-8d)、e)所示,将这种梁称为**超静定梁**。求解超静定梁需要考虑梁的变形,这个问题将在第七章中讨论,本章仅限于讨论静定梁的内力计算。

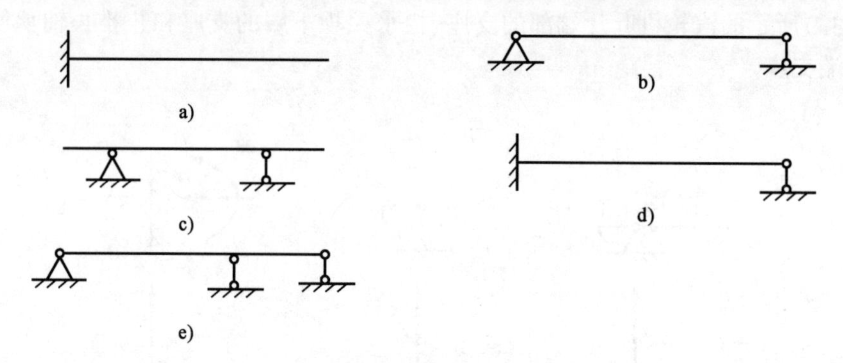

图 5-8

四、静定梁支座反力的求解

从前面的章节可以看出,求解杆件的内力时,其外力情况必须清楚,往往需要先求解出其支反力。所以保证支反力的大小和方向的正确无误是梁内力计算中关键的一步。下面把求解静定梁的支座反力需要注意的方面介绍一下。

1. 简支梁和外伸梁

如图5-9a)所示的简支梁和图5-9b)所示的外伸梁,其求解支座反力的方法是一样的。以简支梁为例,支反力的求解步骤如下:

设A端与B端的支反力分别为F_{Ay}和F_{By},方向向上。考虑梁的整体平衡,则

由$\sum M_B=0$,$F_{Ay}l-Fb=0$,得

$$F_{Ay}=bF/l$$

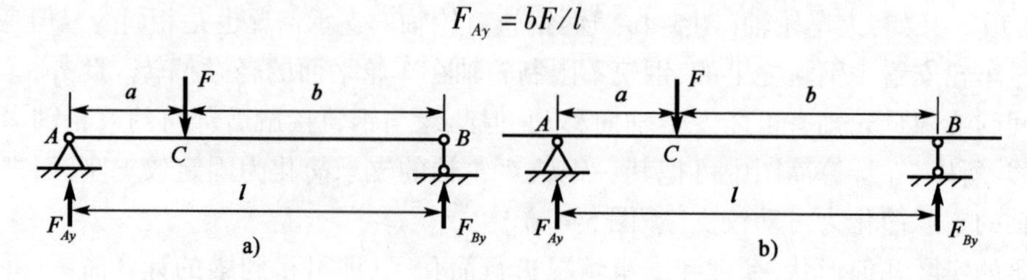

图 5-9

由$\sum M_A=0, F_{By}l-Fa=0$,得

$$F_{By}=aF/l$$

校核:$\sum F_y=0, F_{Ay}+F_{By}-F=\frac{bF}{l}+\frac{aF}{l}-F=0$,正确。

2. 多跨静定梁

如图 5-10a)所示的梁是由两根梁用铰连接而成的静定梁,称为**多跨静定梁**。如果将联系两个梁的中间铰解开,梁 AC 不需要依赖其他部分能够独立承受荷载,称为**基本部分**。而梁 CE 需要依赖其他部分才能够承受荷载,称为**附属部分**。基本部分的受力对附属部分无传递,附属部分的受力对基本部分有传递。在计算多跨静定梁的支座反力时遵循的原则是:先计算附属部分,后计算基本部分。将附属部分的支座反力反方向加于基本部分,这样,便把多跨静定梁拆成了单跨梁进行分析。

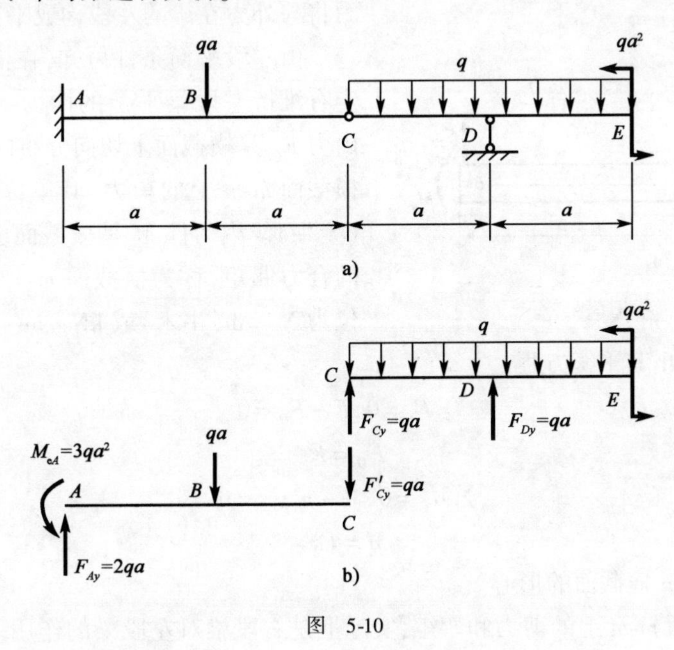

图　5-10

如图 5-10b)所示,由附属部分开始,由梁 CE 的平衡方程

$\sum M_C=0$,得 $F_{Dy}=qa$。

$\sum M_D=0$,得 $F_{Cy}=qa$。

把 F_{Cy} 的反方向作用力 F'_{Cy} 加在基本部分梁 AC 上,由其平衡条件

$\sum F_y=0$,得 $F_{Ay}=2qa$。

$\sum M_A=0$,得 $M_{eA}=3qa^2$。

第二节　梁的剪力和弯矩

一、剪力和弯矩

当梁上所有外力(荷载及支反力)确定后,就可以用截面法来确定梁任意横截面上的

内力。

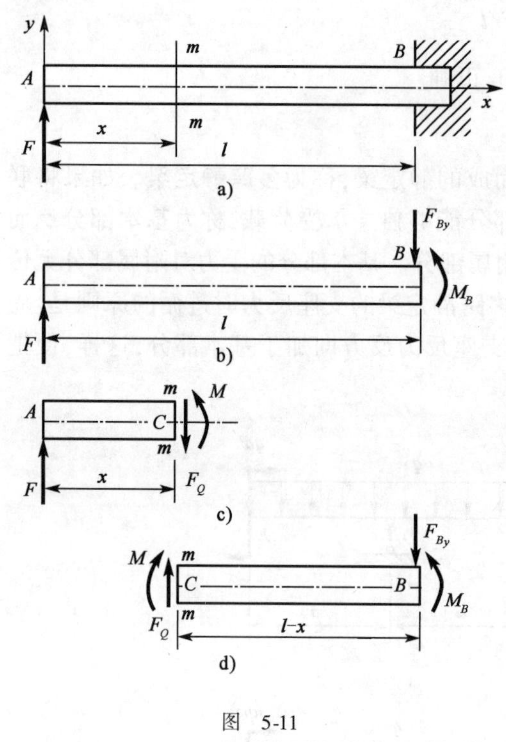

图 5-11

现以图 5-11a)所示的悬臂梁为例。在其自由端作用有集中力 F,在计算内力之前,由平衡条件可以求出固定端的支座反力 $F_{By}=F$ 和 $M_B=Fl$,其作用方向如图 5-11b)所示。利用截面法,为了得到距左端距离为 x 截面处的内力,用一假想的截面 m-m 把梁截开分成两部分,取左段为研究对象,如图 5-11c)所示。由于梁的整体处于平衡状态,因此其各个部分也应处于平衡状态。据此,截面 m-m 上有内力,这些内力将与外力在梁的左段构成平衡力系。

由左段平衡条件可知,在横截面 m-m 上必定有维持左段梁平衡的内力 F_Q 以及力偶 M。内力 F_Q 是横截面上切向分布内力的合力,称为横截面 m-m 上的**剪力**,其单位为 N(牛)或 kN(千牛)。内力偶 M 是横截面上法向分布内力的合力偶矩,称为横截面 m-m 上的**弯矩**,其单位为 N · m(牛米)或 kN · m(千牛米)。

取左段梁,列出其平衡方程

$$\sum F_y=0, F-F_Q=0$$

得

$$F_Q=F \tag{5-1}$$

$$\sum M_C=0, M-F\cdot x=0$$

得

$$M=Fx \tag{5-2}$$

其中矩心 C 是 m-m 横截面的形心。

左段梁横截面 m-m 上的剪力和弯矩,实际上是右段梁对左段梁的作用。根据作用力与反作用力定理,右段梁在同一横截面 m-m 上必有数值上分别与上式相等,而指向和转向相反的剪力和弯矩[图 5-11d)]。

二、剪力和弯矩的正负号规定

为使左、右两段梁计算得到的同一横截面处的剪力和弯矩不仅数值相等而且符号也一致,应该联系变形现象来规定它们的符号。规定如下:

如图 5-12a)所示的变形情况下,即横截面 m-m 的左段相对右段向上错动时,m-m 上的剪力 F_Q 为正;或 m-m 截面上的剪力绕截开部分顺时针转动时为正,反之为负[(图 5-12b)]。

图 5-12c)所示变形情况下,即在截面 m-m 处弯曲变形向下凸(或梁的下表面纤维受拉)时,此横截面 m-m 上的弯矩 M 为正,反之为负[图 5-12d)]。

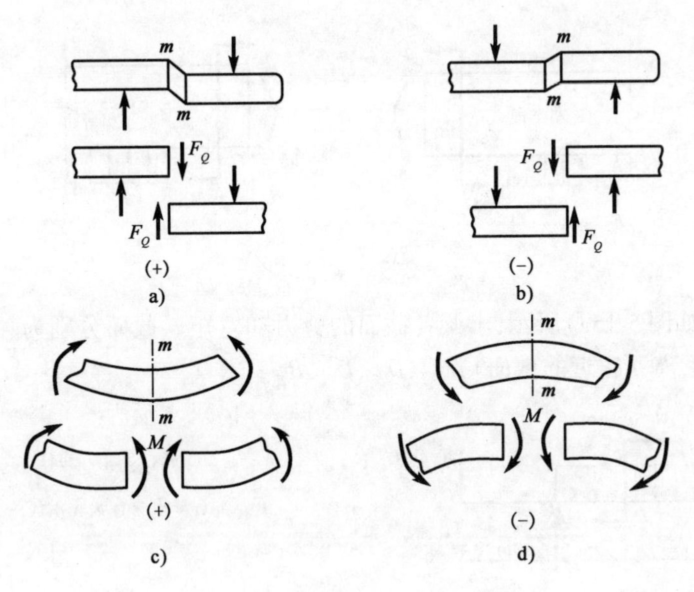

图　5-12

三、梁内力的计算法则

根据剪力、弯矩的符号规定以及截面法,可以直接由脱离体上的外荷载来计算截面上的弯曲内力,具体求法为:

(1)横截面上的剪力 F_Q,在数值上等于截面脱离体上所有横向外力的代数和,即

$$F_Q = \sum \pm F_{yi} \quad (\text{一侧}) \tag{5-3}$$

左半段脱离体向上的横向力或右半段脱离体向下的横向力在等式右边取正,反之为负。如图 5-13 所示。

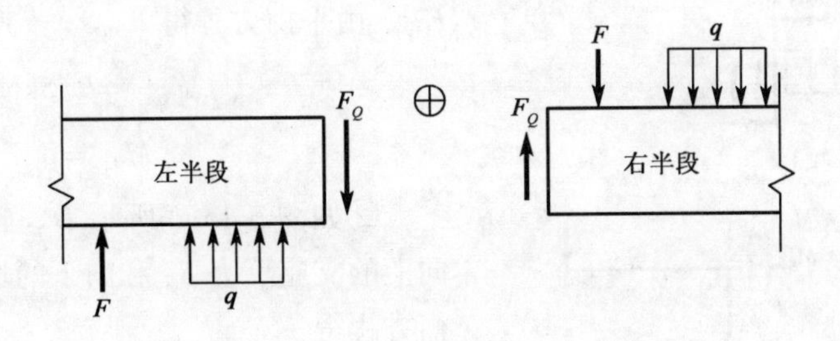

图　5-13

(2)横截面上的弯矩 M,在数值上等于截面左半段脱离体或右半段脱离体上所有外力对该截面形心的力矩的代数和。

$$M = \sum \pm M_{eCi} \quad (\text{一侧}) \tag{5-4}$$

对于向上的横向外力,不论在截面的左半段脱离体或右半段脱离体上,所产生的力矩均取正值;反之,取负值。作用在左半段脱离体上的外力偶矩,顺时针转向的产生正值弯矩,反之,产生负值弯矩;作用在右半段脱离体上的外力偶矩,逆时针转向的产生正值弯矩,反之,产生负值弯矩。如图 5-14 所示。

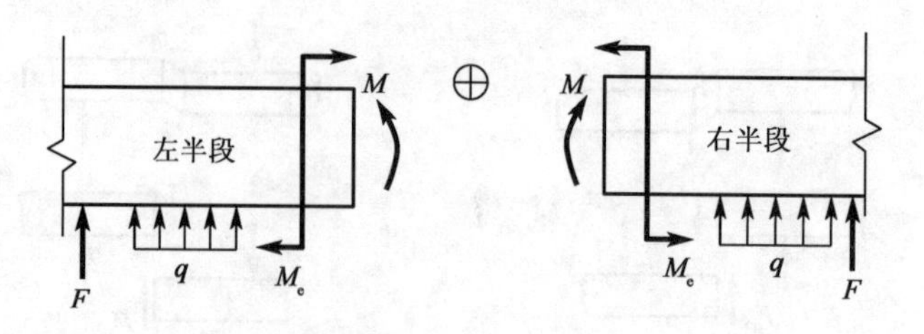

图 5-14

[**例 5-1**] 如图 5-15a)所示,求梁各截面的剪力和弯矩。截面分别为 $A_{右}$(A 右侧截面,即在 A 截面右侧,离 A 很近的截面),$D_{右}$,$D_{左}$,$B_{右}$,$B_{左}$,$C_{左}$。

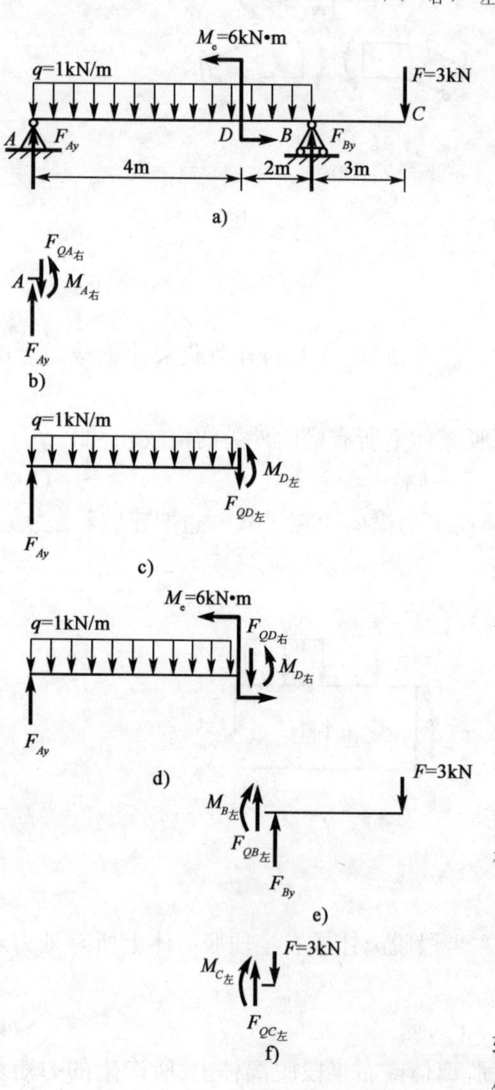

图 5-15

解 (1)求支反力。

$$\sum M_B = 0$$

$$F_{Ay} \cdot 6 = 1 \times 6 \times 3 + 6 - 3 \times 3 \text{ 得}$$

$$F_{Ay} = 2.5\text{kN}$$

$$\sum M_A = 0$$

$$F_{By} \cdot 6 = 1 \times 6 \times 3 - 6 + 3 \times 9 \text{ 得}$$

$$F_{By} = 6.5\text{kN}$$

利用$\sum F_y = 0$验证,确保F_{Ay}、F_{By}求解正确。

(2)求各截面剪力、弯矩。

取左半段脱离体:

①如图 5-15b)所示,由于 $A_{右}$ 截面无限靠近 A 截面,向下作用的分布荷载的合力近似为零,忽略不计,其外荷载只有一向上的支座反力 F_{Ay}。由平衡方程得

$$F_{QA_{右}} = 2.5\text{kN}$$

$$M_{A_{右}} = 0$$

②如图 5-15c)所示 $D_{左}$ 截面,其外荷载有向上的支座反力 F_{Ay}和向下的均布荷载 q。由平衡方程得

$$F_{QD_{左}} = 2.5 - 4 \times 1 = -1.5\text{kN}$$

$$M_{D_{左}} = 2.5 \times 4 - 1 \times 4 \times 2 = 2\text{kN} \cdot \text{m}$$

③如图 5-15d)所示 $D_{右}$ 截面与 $D_{左}$ 截面比较,其外荷载中增加了一个逆时针转的集中力偶矩。由平衡方程得

$$F_{QD_{右}} = 2.5 - 4 \times 1 = -1.5\text{kN}$$

$$M_{D_{右}} = 2.5 \times 4 - 1 \times 4 \times 2 - 6 = -4\text{kN} \cdot \text{m}$$

取右半段脱离体：

④如图 5-15e）所示 $B_{左}$ 截面，其外荷载有向下的集中力 F 和向上的支座反力 F_{By}。由平衡方程得

$$F_{QB_{左}}=3-6.5=-3.5\text{kN}$$
$$M_{B_{左}}=-3\times3=-9\text{kN}\cdot\text{m}$$

⑤$B_{右}$ 截面，其外荷载只有向下的集中力 F。由平衡方程得

$$F_{QB_{右}}=3\text{kN}$$
$$M_{B_{右}}=-3\times3=-9\text{kN}\cdot\text{m}$$

⑥如图 5-15f）所示 $C_{左}$ 截面，其外荷载有向下的集中力 F。由平衡方程得

$$F_{QC_{左}}=3\text{kN}$$
$$M_{C_{左}}=0$$

可见，集中外力偶将引起左右截面弯矩的突变，突变差量等于集中外力偶的大小。集中外力（包括荷载和支座反力）会引起左右截面剪力的突变，突变差量等于集中力的大小。

【评注】　在计算梁的内力之前，即在截开面之前，不允许将梁上的荷载用其静力等效力系来代换，否则将会改变梁的受力性质，但在截开面之后可以将所取截面一侧的荷载用与其静力等效的力系来代替（如用集中力代替与其静力等效的分布力系），然后再计算梁的内力。

第三节　剪力图和弯矩图

一、剪力方程、弯矩方程

一般情况下，在梁的不同横截面或不同梁段上，剪力与弯矩均不相同，即剪力与弯矩沿梁轴线变化。若沿梁轴线取 x 轴，坐标 x 表示横截面在梁轴线上的位置，则各横截面上的剪力和弯矩可以表示为 x 的函数，即

$$F_Q=F_Q(x)$$
$$M=M(x)$$

上述函数表达式称为梁的**剪力方程**和**弯矩方程**。在集中力、集中力偶和分布荷载的起止点处，剪力方程和弯矩方程可能发生变化，所以这些点均为剪力方程和弯矩方程的分段点。若梁内部（不包括两个端部）有 n 个分段点，则梁需分为 $n+1$ 段列剪力、弯矩方程。

二、剪力图和弯矩图

和轴向拉（压）及扭转问题相似，在进行梁的强度设计时，需要确定梁的危险截面及危险截面上的内力。为此必须了解内力沿梁轴线变化的情况，将剪力和弯矩沿梁轴线的变化情况用图形表示出来，这种图形分别称为剪力图和弯矩图。

三、利用剪力方程和弯矩方程绘制剪力图和弯矩图

为了形象地显示剪力和弯矩沿梁轴线的变化情况，通常以横截面上的剪力或弯矩为纵

坐标,以截面沿梁轴线的位置为横坐标按适当的比例绘出剪力图和弯矩图。剪力方程和弯矩方程、剪力图和弯矩图不仅是分析计算梁强度、刚度问题的重要依据,也是研究与杆件弯曲相关的其他问题的基础。

梁的剪力图与轴力图及扭矩图的作法相似,但较之复杂。若已经分别列出梁的剪力方程与弯矩方程,可根据方程所表示的曲线性质,判断画出这一曲线所需要的控制点,再按内力方程确定相应控制点的坐标后,描点连线,分别作出各自的函数图形,即得梁的剪力图和弯矩图。

需要说明,梁的剪力图与轴力图及扭矩图的作法相似,即作剪力图时,在 F_Q-x 坐标系中,纵坐标轴 F_Q 取向上为正向,即将正值剪力所对应的点画在 F_Q 轴的上方,负值剪力所对应的点画在 F_Q 轴的下方。但画梁的弯矩图时要特别注意,若按土建类专业的习惯,是将弯矩画在梁的受拉侧,纵坐标轴 M 取向下为正向。若按机械类专业的习惯则恰好相反。本书所采用的是土建类专业的习惯画法,作弯矩图时,在 M-x 坐标系中,正值弯矩所对应的点画在 x 轴的下方,将负值弯矩画在 x 轴的上方。

[例 5-2]　简支梁 AB 受集度为 q 的均布荷载作用,如图 5-16a)所示,列出剪力方程和弯矩方程,并作该梁的剪力图和弯矩图。

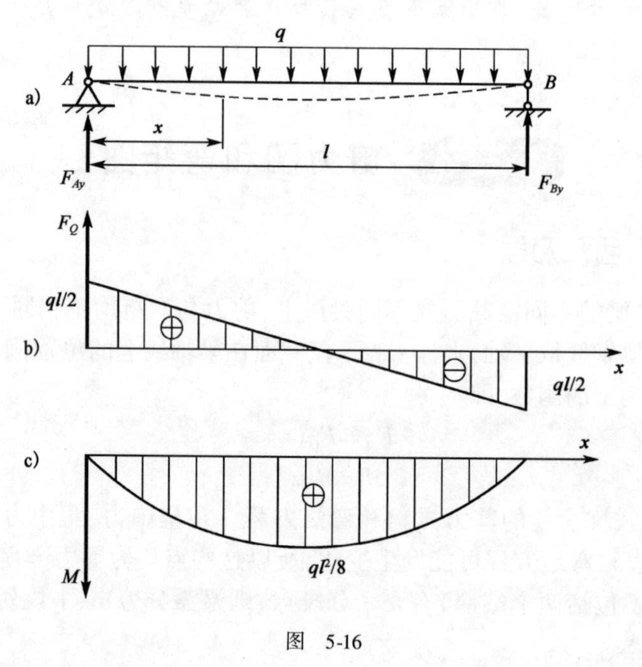

图　5-16

解　(1)求支座反力。

由于荷载及支座反力都是对称的,故

$$F_{Ay}=F_{By}=\frac{ql}{2}$$

(2)列剪力方程和弯矩方程。

以梁左端 A 点为坐标原点,根据截面左侧梁上的外力,分别得梁的剪力方程和弯矩方程为

$$F_Q(x)=R_A-qx=\frac{ql}{2}-qx \quad (0<x<l) \tag{a}$$

$$M(x)=R_A x-qx\frac{x}{2}=\frac{ql}{2}x-\frac{qx^2}{2} \quad (0\leqslant x\leqslant l) \tag{b}$$

(3)作剪力图和弯矩图。

由式(a)知,剪力方程是 x 的一次函数,故剪力图是一条倾斜的直线,需确定其上两个截面的剪力值,于是,应选择 $A_{右}$ 和 $B_{左}$ 为特定截面,计算其剪力值就可以绘出此梁的剪力图,如图 5-16b)所示。

由式(b)知,弯矩方程是 x 的二次函数,弯矩图为一条抛物线。为了画出此抛物线,至少须确定其上三四个点,如 $x=0$ 处,$M=0$;$x=l/4$ 处,$M=3ql^2/32$;$x=l/2$ 处,$M=ql^2/8$;$x=l$ 处,$M=0$。通过这几个点梁的弯矩图如图 5-16c)所示。

由剪力图和弯矩图可以看出,弯矩极值所在处为跨度中点横截面,$M_{max}=ql^2/8$,而在此截面上剪力 $F_Q=0$。在两个支座内侧横截面上剪力最大,其值为 $|F_Q|_{max}=ql/2$。

【评注】　由本例可以看出,在均布荷载连续作用梁上,梁的剪力和弯矩均是横截面位置坐标 x 的连续函数。

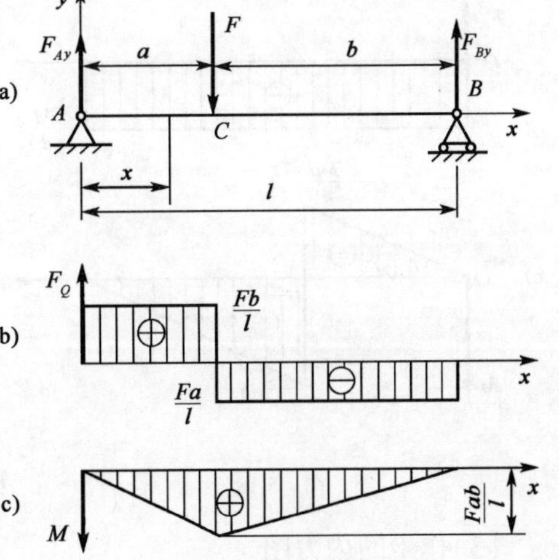

图　5-17

[例 5-3]　如图 5-17a)所示简支梁受集中力 F 作用,试作出梁的剪力图和弯矩图。

解　(1)求支座反力。

取梁整体为研究对象,由静力平衡方程

$$\sum M_B=0,\ -F_{Ay}l+Fb=0$$

$$\sum M_A=0,\ -F_{By}l-Fa=0$$

解得

$$F_{Ay}=\frac{Fb}{l},F_{By}=\frac{Fa}{l}$$

(2)列剪力方程和弯矩方程。

梁在 C 截面处有集中力作用,故 AC 段和 CB 段的内力方程不同,需要分段列出。

AC 段:
$$F_Q(x_1)=F_{Ay}=\frac{Fb}{l} \quad (0<x_1<a)$$

$$M(x_1)=F_{Ay}x_1=\frac{Fb}{l}x_1 \quad (0\leqslant x_1\leqslant a)$$

CB 段:
$$F_Q(x_2)=-F_{By}=-\frac{Fa}{l} \quad (a<x_2<l)$$

$$M(x_2)=F_{By}(l-x_2)=\frac{Fa}{l}(l-x_2) \quad (a\leqslant x_2\leqslant l)$$

(3)作梁的内力图。

由 AC 段和 CB 段的剪力方程可知,AC 段梁的剪力图是一条在 x 轴上方的水平直线,CB

段梁的剪力图是一条在 x 轴下方的水平直线,梁的剪力图如图 5-17b)所示。

由 AC 段和 CB 段的弯矩方程可知,两段梁的弯矩图均为斜直线。每段分别计算出两端截面的弯矩值后可画出弯矩图如图 5-17c)所示。

【评注】 由本例剪力图和弯矩图可知,在集中力作用处,剪力图发生突变,其突变值等于集中力的大小,弯矩图出现"尖角",即弯矩图在此处的斜率发生改变。

[例 5-4] 如图 5-18a)所示简支梁受集中力偶 M 作用,试作出梁的剪力图和弯矩图。

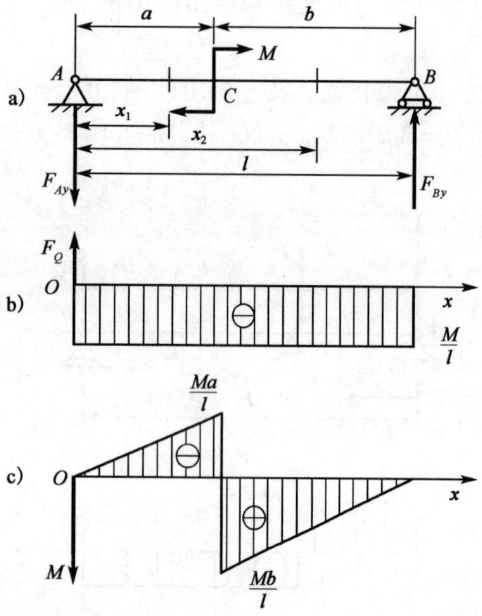

图 5-18

解 (1)求梁的支座约束力。

$$F_{Ay} = \frac{M}{l}, F_{By} = \frac{M}{l}$$

(2)列内力方程。

由于梁上有集中力偶作用,需分段列出剪力、弯矩方程。

AC 段:

$$F_Q(x_1) = -F_{Ay} = -\frac{M}{l} \quad (0 < x_1 \leqslant a)$$

$$M(x_1) = -F_{Ay}x_1 = -\frac{M}{l}x_1 \quad (0 \leqslant x_1 < a)$$

CB 段:

$$F_Q(x_2) = -F_{Ay} = -\frac{M}{l} \quad (a \leqslant x_2 < l)$$

$$M(x_2) = -F_{Ay}x_2 + M = \frac{M}{l}(l - x_2) \quad (a < x_2 \leqslant l)$$

(3)作梁的内力图。

由于 AC 段、CB 段的剪力等于常数,其值均为 M/l,因此剪力图在全梁上为一水平直线。如图 5-18b)所示。

由于 AC 段、CB 段的 M 均为 x 的一次函数,两段梁的 M 图均为斜直线,求出各段梁两端截面的弯矩值,连以直线,即为梁的弯矩图,如图 5-18c)所示。

【评注】 在集中力偶作用处,剪力图无变化,弯矩图出现突变,突变值等于集中力偶矩的大小。

[例 5-5] 一外伸梁如图 5-19 所示,列出剪力方程和弯矩方程,并作该梁的剪力图和弯矩图。

解 (1)求支座反力。

由平衡方程 $\sum M_B = 0$ 得 $F_{Ay} = 3.6\text{kN}$

$\sum M_A = 0$ 得 $F_{By} = 1.9\text{kN}$

用平衡方程 $\sum F_y = 0$ 校核。

(2)确定分段点,给梁分段。

根据梁上外力(包括支座反力和外荷载)的情况,A、D 应作为分段点,梁应分为 CA、AD 和 DB 三段。

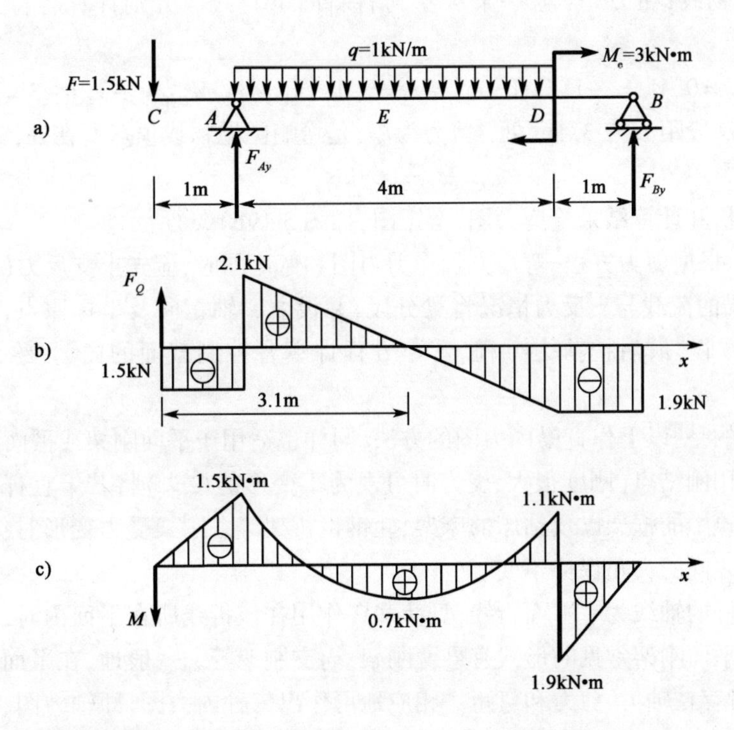

图 5-19

(3)列各段剪力、弯矩方程。

CA 段:取左半段梁作为脱离体。

$$F_Q(x_1) = -F = -1.5\text{kN} \quad (0 < x_1 < 1)$$

$$M(x_1) = -Fx_1 = -1.5x_1 \quad (0 \leqslant x_1 \leqslant 1)$$

AD 段:取左半段梁作为脱离体。

$$F_Q(x_2) = -F + F_{Ay} - q(x_2 - 1) = 3.1 - x_2 \quad (1 < x_2 \leqslant 5)$$

$$M(x_2) = -Fx_2 + F_{Ay}(x_2 - 1) - \frac{q(x_2-1)^2}{2}$$

$$= -4.1 + 3.1x_2 - \frac{x_2^2}{2} \quad (1 \leqslant x_2 < 5)$$

DB 段:取右半段梁作为脱离体。

$$F_Q(x_3) = -F_{By} = -1.9\text{kN} \quad (5 \leqslant x_3 < 6)$$

$$M(x_3) = F_{By}(6 - x_3) = 11.4 - 1.9x_3 \quad (5 < x_3 \leqslant 6)$$

(4)作各段剪力图、弯矩图。

根据剪力方程可以看出,剪力图在 CA 段为一条水平线;在 AD 段为一条从左到右斜向下直线;在 DB 段为一条水平线。分别计算各特定截面的剪力值为

$$F_{QA左} = -1.5\text{kN}, F_{QA右} = -1.5 + 3.6 = 2.1\text{kN}, F_{QD} = -1.9\text{kN}$$

根据弯矩方程可以看出,弯矩图在 CA 段为一条从左到右斜向上直线;在 AD 段为一

条向下凸的抛物线;在 DB 段为一条从左到右斜向上直线。分别计算各特定截面的弯矩值为

$$M_C=0,M_B=0,M_A=-1.5\text{kN}\cdot\text{m},M_{D左}=-1.1\text{kN}\cdot\text{m},M_{D右}=-1.1+3=1.9\text{kN}\cdot\text{m}。$$

经计算,AD 段距 C 点 3.1m 处,剪力为零,是弯矩图抛物线顶点所在处,其弯矩值为

$$M_E=0.7\text{kN}\cdot\text{m}$$

按以上分析和计算结果绘剪力图、弯矩图,如图 5-19b)、c)所示。

综上所述,根据剪力方程、弯矩方程作剪力图和弯矩图时,应先求支反力(悬臂梁可以例外)然后根据梁的荷载与支反力情况将梁分段,并设立 x 轴正向及坐标原点,再分段建立剪力方程、弯矩方程,最后按剪力方程、弯矩方程计算各控制截面的内力,绘出剪力图与弯矩图。

需要指出的是,以上作直梁内力图的方法,同样也适用于平面刚架或平面曲杆。

刚架是指用刚结点(刚度很大,受力时可视为不变形的接头)将若干直杆连接而成的结构。如房屋建筑中的框架以及钻床的床架、轧钢机机架等。刚架受力变形时,刚结点所连接的各杆的轴线之间的夹角保持不变。

若刚架各杆的轴线为一平面折线,且荷载皆作用在该折线所在平面内时,则称之为**平面刚架**。静定的平面刚架常见的形式有悬臂刚架、简支刚架等。一般地,在平面刚架各杆的横截面上,将同时存在轴力、剪力和弯矩。相应地可作出三种内力图,即轴力图、剪力图和弯矩图。作平面刚架内力图的方法和步骤与梁相同,但考虑到刚架是由不同取向的杆件组成,各杆的轴线位置情况与前述直梁的不尽相同,为了能表现内力沿各杆轴线的变化规律,习惯上服从下列约定:

(1)轴力图和剪力图:画在刚架轴线的任一侧,注明正负号。

(2)弯矩图:画在杆件受拉一侧,不注明正负号。

下面举例说明平面刚架内力图的作法。

[例 5-6] 如图 5-20 所示左端固定的刚架,在其轴线平面内受集中荷载作用。试作此刚架的内力图。

解 (1)求支反力。对所有求内力的问题,通常首先要求出支反力,刚架也不例外。但本例中刚架的 C 点为自由端,故与悬臂梁的情形相似,可以不必求支反力。

(2)分段。根据刚架各杆的组成情况及荷载情况,将该刚架分成竖直杆 BC 与水平杆 AB 两段。

(3)分段建立内力方程。对竖直杆 BC,可先将其"放平",即视其上端为梁的左端,视其下端为梁的右端,将坐标原点取在 C 点,并以截面 x_1 以"右"(下)部分作为研究对象[图 5-20b)],按式(5-3)与式(5-4),计算截面 x_1 上的内力,即得 BC 段杆的内力方程为

$$F_N(x_1)=0\quad(0\leqslant x_1\leqslant a)$$

$$F_Q(x_1)=F\quad(0<x_1\leqslant a)$$

$$M(x_1)=-Fx_1\quad(0\leqslant x_1\leqslant a)$$

对水平杆 AB,可将坐标原点取在 B 点,取截面 x_2 右侧杆段作为研究对象[图 5-20c)],按式(5-3)与式(5-4),计算截面 x_2 上的内力,即得 AB 段杆的内力方程为

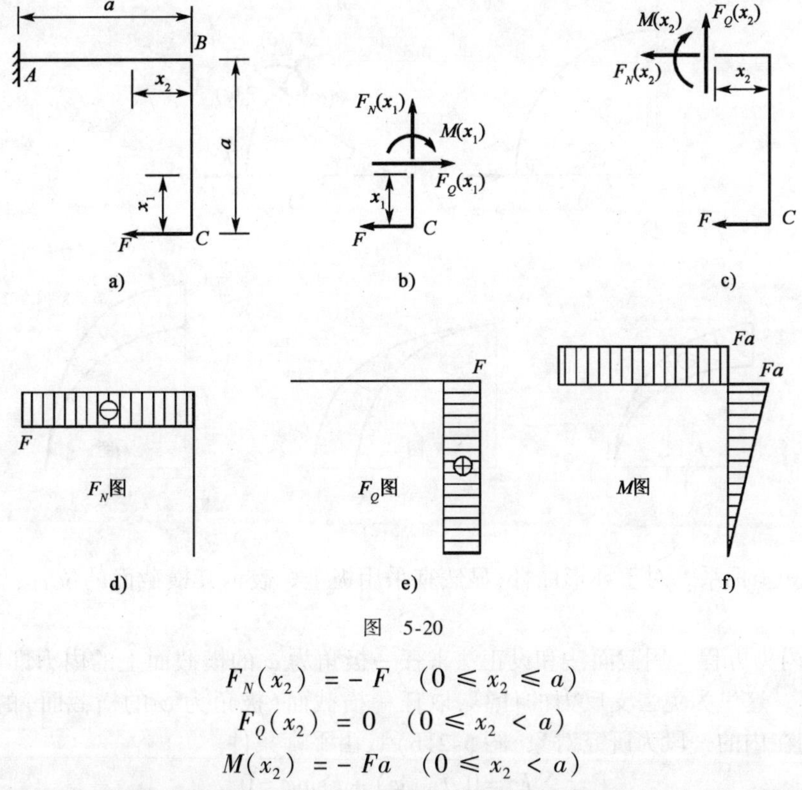

图　5-20

$$F_N(x_2) = -F \quad (0 \leqslant x_2 \leqslant a)$$
$$F_Q(x_2) = 0 \quad (0 \leqslant x_2 < a)$$
$$M(x_2) = -Fa \quad (0 \leqslant x_2 < a)$$

(4)作内力图。根据各段杆的内力方程,并计算各控制截面的内力后,即可绘制出轴力图、剪力图和弯矩图,分别如图5-20d)、e)和f)所示。

【评注】　(1)列刚架的内力方程时,除和梁一样在有集中力、集中力偶或分布荷载不连续处要分段以外,在刚结点处也要分段。

(2)从刚架的弯矩图[图5-20f)]上看出,在刚结点处各杆端控制点的弯矩不为零,它们大小相等,并位于刚架的同一侧,这表明刚结点与铰接点不同,刚结点不仅能承受和传递力,而且能承受和传递力矩。

(3)刚架的内力图是否正确可以用刚结点处平衡条件进行校核,并根据已作好的内力图作出其受力图后,再校核其是否处于平衡。若结点满足平衡条件,则表明该刚架的内力图是正确的,否则是错误的。

关于平面曲杆(即轴线为一平面曲线,且荷载作用在该轴线所在平面内的杆件,例如拱、吊钩等),其内力的情况与刚架的相类似,即横截面上一般有轴力、剪力和弯矩。采用截面法计算平面曲杆的内力时,应注意其轴力与剪力的正负号规定同直梁或刚架一致,弯矩则以使轴线的曲率增大者为正。平面曲杆的内力图包括轴力图、剪力图和弯矩图,其作图要求与刚架相似。此外,由于杆的轴线为曲线,故作内力图时应将内力值标在轴线的法线方向。下面举例说明。

[例5-7]　如图5-21a)所示一平面曲杆,其A端固定,B端承受集中荷载F。杆的轴线为四分之一圆弧,半径为R。试列此曲杆的内力方程,并作其轴力图、剪力图和弯矩图。

解　本例中的曲杆一端固定,另一端自由,故和悬臂梁一样,用截面法计算横截面上的内力时,取包括自由端在内的一段作为研究对象即可不求支反力。

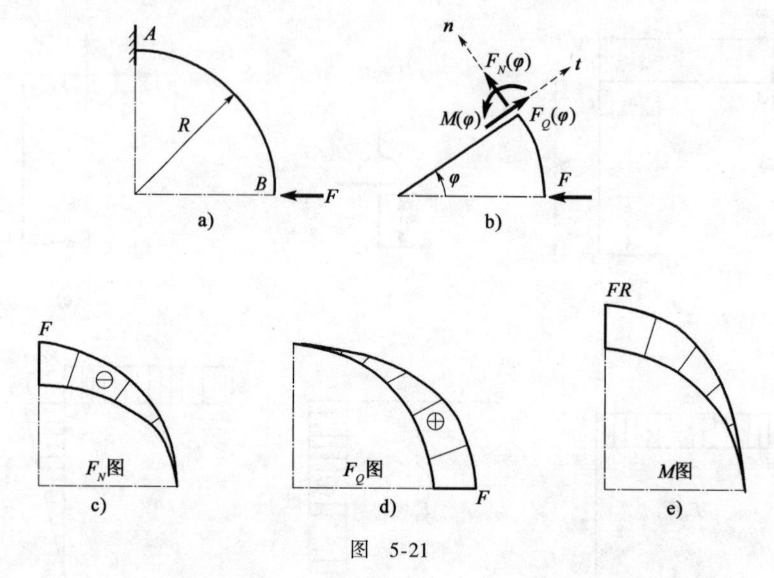

图 5-21

(1)建立坐标系。对于环形曲杆,显然宜采用极坐标表示其横截面的位置,如图 5-21b)所示。

(2)列内力方程。用截面法和设正法求任一极角为 φ 的横截面上的内力即可列出曲杆的内力方程。这里为免去支反力的计算,取任一横截面(极角为 φ 的横截面)的右段,即取包括自由端在内的一段为研究对象[图 5-21b)],由平衡条件

$$\sum F_{\mathrm{n}}=0,F_N(\varphi)+F\sin\varphi=0$$
$$\sum F_{\mathrm{t}}=0,F_Q(\varphi)-F\cos\varphi=0$$
$$\sum M=0,M(\varphi)-FR\sin\varphi=0$$

可得内力方程为

$$F_N(\varphi)=-F\sin\varphi \quad \left(0\leqslant\varphi<\frac{\pi}{2}\right)$$

$$F_Q(\varphi)=F\cos\varphi \quad \left(0<\varphi<\frac{\pi}{2}\right)$$

$$M(\varphi)=FR\sin\varphi \quad \left(0\leqslant\varphi<\frac{\pi}{2}\right)$$

(3)作内力图。根据内力方程,以曲杆的轴线为基线,作轴力图、剪力图和弯矩图如图 5-21c)、d)、e)所示。这里也按土建类专业的习惯将弯矩图画在曲杆弯曲受拉侧,而不标正负号。

由内力图可见,曲杆的最大轴力、最大弯矩均发生在固定端 A 处的端截面上,$|F_N|_{\max}=F$,$|M|_{\max}=FR$,曲杆的最大剪力发生在自由端 B 处的端截面上,$|F_Q|_{\max}=F$。

第四节 荷载、剪力和弯矩间的关系

一、弯矩、剪力和分布荷载集度的关系

考察图 5-22a)所示承受任意荷载的梁。从梁上受分布荷载的段内截取 $\mathrm{d}x$ 微段,其受力

如图5-22b)所示。作用在微段上的分布荷载可以认为是均布的,并设向上为正。微段两侧截面上的内力均设为正方向。若 x 截面上的内力为 $F_Q(x)$、$M(x)$,则 $x+\mathrm{d}x$ 截面上的内力为 $F_Q(x)+\mathrm{d}F_Q(x)$、$M(x)+\mathrm{d}M(x)$。因为梁整体是平衡的,$\mathrm{d}x$ 微段也应处于平衡。根据平衡条件 $\sum F_y=0$ 和 $\sum M_o=0$,得到

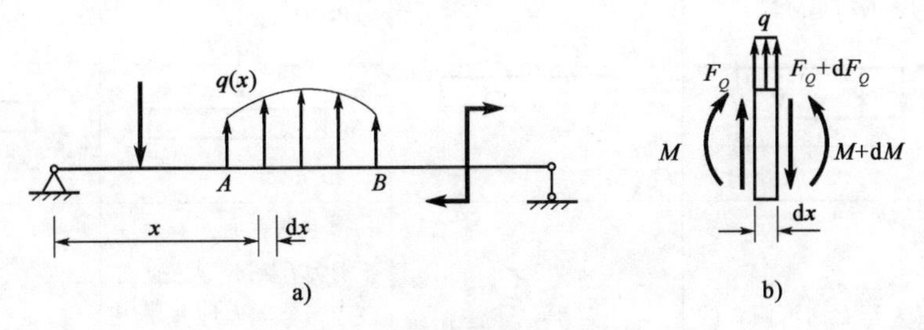

图 5-22

$$F_Q(x)+q(x)\mathrm{d}x-[F_Q(x)+\mathrm{d}F_Q(x)]=0$$

$$M(x)+\mathrm{d}M(x)-M(x)-F_Q(x)\mathrm{d}x-q(x)\left(\frac{\mathrm{d}x^2}{2}\right)=0$$

略去其中的高阶微量后得到

$$\frac{\mathrm{d}F_Q(x)}{\mathrm{d}x}=q(x) \tag{5-5}$$

$$\frac{\mathrm{d}M(x)}{\mathrm{d}x}=F_Q(x) \tag{5-6}$$

利用式(5-5)和式(5-6)可进一步得出

$$\frac{\mathrm{d}^2M(x)}{\mathrm{d}x^2}=q(x) \tag{5-7}$$

式(5-5)、式(5-6)和式(5-7)是剪力、弯矩和分布荷载集度 q 之间的微分关系。由导数的几何意义可知,剪力图上某点处的切线斜率等于梁上相应截面处的荷载集度;弯矩图上某点处的切线斜率等于梁上相应截面的剪力。

二、利用微分关系画剪力图、弯矩图

根据上述微分关系,由梁上荷载的变化即可推知剪力图和弯矩图的形状。

(1)若某段梁上无分布荷载,即 $q(x)=0$,则该段梁 $F_Q(x)=C$(C 为常量),剪力图为平行于 x 轴的直线;而弯矩 $M(x)$ 为 x 的一次函数,弯矩图为斜直线。当剪力为正值时,在本书规定的坐标中(剪力轴向上为正,弯矩轴向下为正),弯矩图从左到右斜向下,反之亦然。

(2)若某段梁上的分布荷载 $q(x)=q$(q 为常量),则该段梁的剪力 $F_Q(x)$ 为 x 的一次函数,剪力图为斜直线;而 $M(x)$ 为 x 的二次函数,弯矩图为抛物线。当 $q<0$(q 向下)时,剪力图从左到右斜向下,弯矩图为向下凸的抛物线,反之亦然。

(3)在集中力作用处,剪力图有跳跃(突变),且从左至右跳跃的方向与外力的指向一致,跳跃值等于集中力的大小。而弯矩值在该处连续,且弯矩图在此处有尖角。

(4)在集中力偶作用处,剪力图无突变,弯矩图在该处有跳跃(突变),当集中力偶为顺时针转动时,弯矩图从左到右向下跳跃,跳跃值等于集中力偶的大小,反之亦然。

(5)最大弯矩可能发生在集中力、集中力偶或剪力为零的截面上。

将上述弯矩、剪力和分布荷载集度的关系汇总为表5-1。

在几种荷载作用下剪力图、弯矩图的特征　　表5-1

一段梁上的外力情况	向下的均布荷载 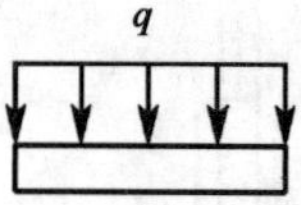 q	无荷载	集中力 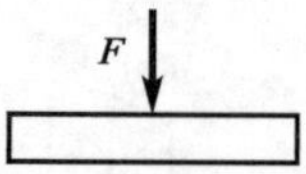 F	集中力偶 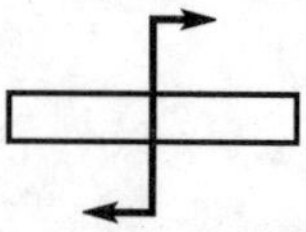 M_e
剪力图的特征	从左至右向下倾斜的直线 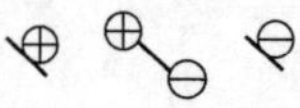	水平直线或与基线重合	在集中力处左右截面上剪力有突变,从左向右剪力突变的方向与集中力指向一致 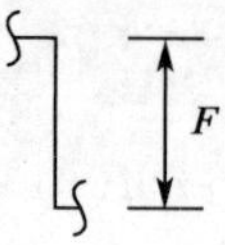	在集中力偶处左右截面上剪力无变化
弯矩图的特征	二次抛物线(凸向与分布荷载的指向相同)	斜直线或直线	在集中处有尖角(其指向与集中力的方向相同) 	在集中力偶处左右截面上弯矩有突变 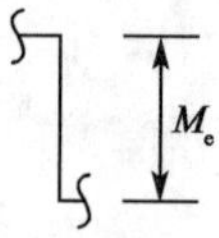
例题	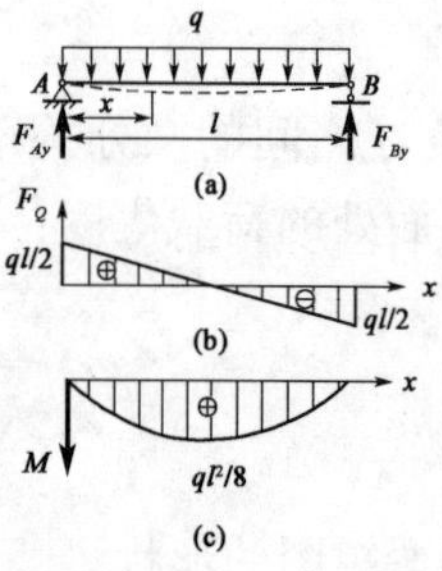	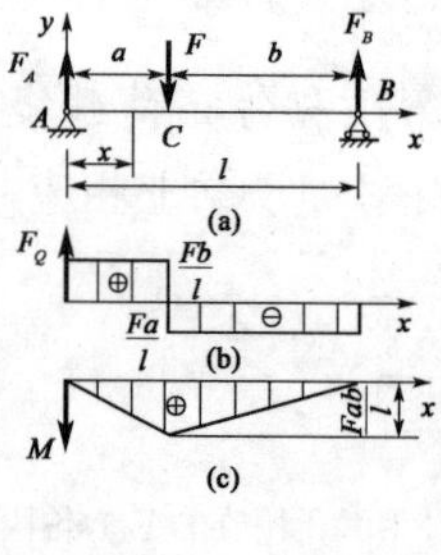	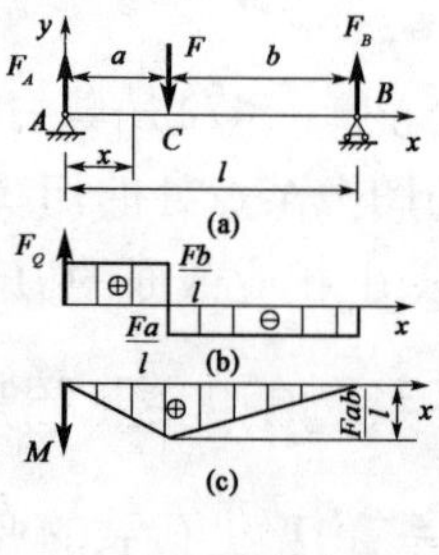	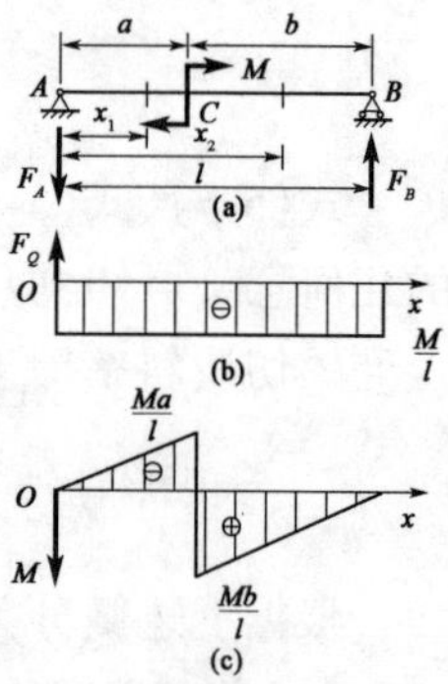

利用以上关系,除可以校核已作出的剪力图和弯矩图是否正确外,还可以利用微分关系绘制剪力图和弯矩图,而不必再建立剪力方程和弯矩方程,其步骤如下:

(1)求支座反力。

(2)考察分段点,给梁分段。

(3)根据微分关系确定各段剪力图和弯矩图的大致形状。

(4)求特定截面剪力、弯矩,绘剪力图和弯矩图。

(5)用微分关系对剪力图和弯矩图进行校核。

[**例5-8**]　如图5-23a)所示的外伸梁上,受均布荷载集度 $q = 3\text{kN/m}$,集中力偶矩 $M_e = 3\text{kN}\cdot\text{m}$,试作剪力图和弯矩图。

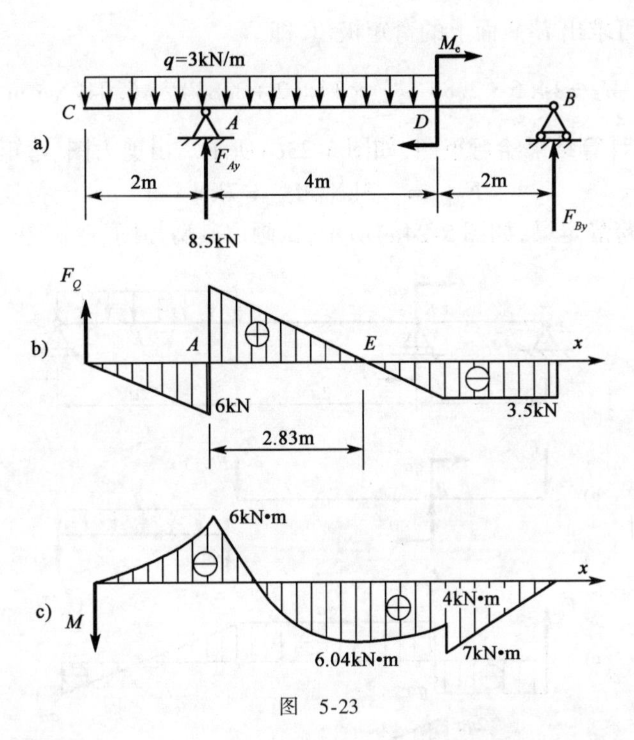

图　5-23

解　(1)求支座反力。

由平衡方程　得

$$F_{Ay}=14.5\text{kN},\ F_{By}=3.5\text{kN}$$

(2)考察分段点,给梁分段。

A、D 为分段点,将梁分为 CA、AD、DB 三段。

(3)画剪力图和弯矩图。

剪力图大致形状:CA、AD 段梁上有向下的均布荷载,故 CA、AD 的剪力图分别为两段斜直线,且从左至右斜向下,由于两段梁上作用的均布荷载的分布集度相同,故两条斜直线的斜率相同,但在 A 截面有向上作用的集中力,剪力在该截面发生突变,剪力图从左至右图线向上跳跃;DB 段梁上无荷载,剪力图为一水平直线。

计算特定截面剪力值分别为: $F_{QC}=0$; $F_{QA_{左}}=-3\times2=-6\text{kN}$;$F_{QA_{右}}=-6+14.5=8.5\text{kN}$;$F_{QD}=14.5-3\times6=-3.5\text{kN}$

按以上分析和计算结果绘剪力图,如图 5-23b)所示。

弯矩图的大致形状:CA、AD 段梁上有向下的均布荷载,故 CA、AD 的弯矩图分别为两段向下凸的抛物线;DB 段梁上无荷载,弯矩图为一条斜直线,其倾斜方向要根据该段梁剪力的正负号来判定。此外,D 截面有顺时针转的集中力偶,弯矩在该截面发生突变,且从左至右弯矩图向下跳跃。剪力在 A 截面突变,弯矩图在该截面连续,但有尖角。

计算特定截面弯矩值分别为:$M_C=0$;$M_A=-3\times2\times1=-6\text{kN}\cdot\text{m}$;$M_{D_{左}}=14.5\times4-\dfrac{1}{2}\times3\times6^2=4\text{kN}\cdot\text{m}$;$M_{D_{右}}=3.5\times2=7\text{kN}\cdot\text{m}$;$M_B=0$

根据剪力图可以看出,E 点剪力等于零, 弯矩出现极值。先计算 E 到 A 的距离为

8.5/3 =2.83m,再可求出 E 截面上的弯矩极值,即

$$M_E = 14.5 \times 2.83 - \frac{1}{2} \times 3 \times (2 + 2.83)^2 = 6.04\text{kN} \cdot \text{m}$$

按以上分析和计算结果绘弯矩图,如图 5-23c)所示。由剪力图、弯矩图可知:

$$F_{Q\max} = 8.5\text{kN}, M_{\max} = 7\text{kN} \cdot \text{m}$$

[**例 5-9**] 多跨静定梁,如图 5-24a)所示,试画出其剪力图、弯矩图。

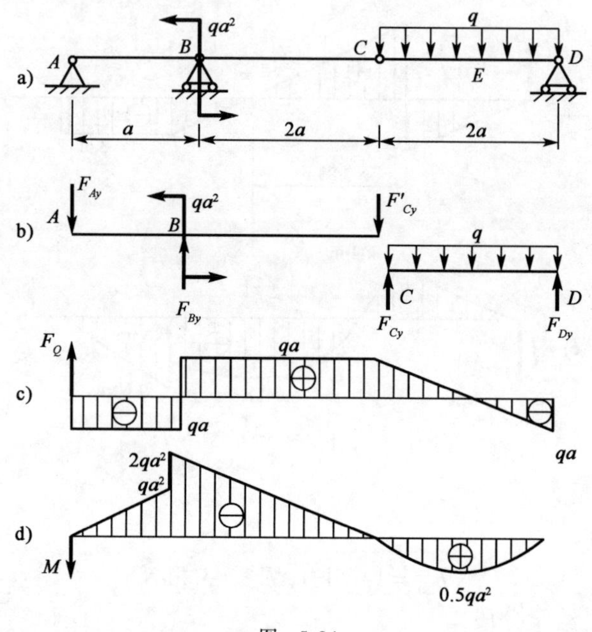

图 5-24

解 (1)求支反力。

求支反力时,可将中间铰 C 拆开,如图 5-24b)所示。可以看出,铰 C 拆开后,AC 段为静定梁,CD 段为几何可变体,所以,AC 段为基本部分或主梁,CD 段为附属部分或副梁。先列副梁 CD 的平衡方程,得

$$F_{Cy} = F_{Dy} = qa \quad (\text{向上})$$

然后,把 F_{Cy}的反力 F'_{Cy}加在主梁 AC 上,将 F'_{Cy}当作外力对待,列主梁 AC 的平衡方程

$$\sum M_C = 0, \text{则 } F_{Ay} = qa \quad (\text{向下})$$

$$\sum M_A = 0, \text{则 } F_{By} = 2qa \quad (\text{向上})$$

(2)给梁分段,并分析各段剪力图、弯矩图大致形状。

B、C 为梁分段点,故梁分为 AB、BC、CD 三段。

(3)画剪力图和弯矩图。

剪力图:AB 段、BC 段上无荷载,则两段剪力图分别为两条水平线。在 B 截面有向上集中力 F_{By},因此,剪力图在 B 截面有突变,而且从左至右向上跳跃。CD 段有向下作用的均布荷载,因此,CD 段剪力图为从左至右倾向下的斜直线。特定截面剪力值分别为:$F_{QA右} = -qa$;$F_{QB右} = qa$;$F_{QD左} = -qa$。按以上分析和计算结果绘剪力图,如图 5-24c)所示。

弯矩图:AB 段、BC 段上无荷载,则两段弯矩图分别为两条斜直线。由于在 B 截面处有

逆时针转的集中力偶，因此，B 截面弯矩有突变，且从左至右向上跳跃。CD 段有向下作用的均布荷载，CD 段弯矩图为向下凸抛物线。特定截面弯矩值分别为：$M_A=0$；$M_{B_{左}}=-qa^2$；$M_{B_{右}}=-qa^2-qa^2=-2qa^2$；$M_C=0$；$M_D=0$。

此外，从剪力图上可以看出，在 E 点剪力为零，弯矩出现极值，取 ED 段作为脱离体。

$$M_E=qa\cdot a-qa\cdot\frac{1}{2}a=\frac{1}{2}qa^2$$

按以上分析和计算结果绘弯矩图，如图 5-24d）所示。

可见，中间铰 C 处的弯矩值为零，这说明中间铰只传递力，不能传递力矩。

第五节　用叠加法作梁的弯矩图

一、叠加原理

叠加原理指出，若需要确定的某一量值是其作用因素的线性函数，则在若干因素共同作用下所产生的该量值，等于各个因素分别单独作用所产生的该量值的代数和。利用叠加原理所做的分析计算方法称为**叠加法**。

二、用叠加法作内力图

由式（5-3）、式（5-4）可见，直梁在小变形条件下，其上任意横截面的剪力、弯矩皆为其上作用荷载的线性函数，即任一荷载产生的剪力、弯矩皆不受其他荷载的影响。因而可以用叠加法计算梁的剪力、弯矩。即梁在几个荷载共同作用下产生的剪力、弯矩等于各荷载单独作用产生的剪力、弯矩的代数和。

同理，也可按叠加法作梁的剪力图、弯矩图，即分别作梁在各个荷载单独作用下的剪力图、弯矩图。然后将各图相应的纵坐标代数叠加，所得图形即为梁在所有荷载共同作用下的剪力图、弯矩图。但考虑到剪力图一般比较简单，用叠加法作图不如直接画方便，故通常只应用叠加法作梁的弯矩图，下面举例说明。

[例 5-10]　试作如图 5-25a）所示梁的弯矩图。

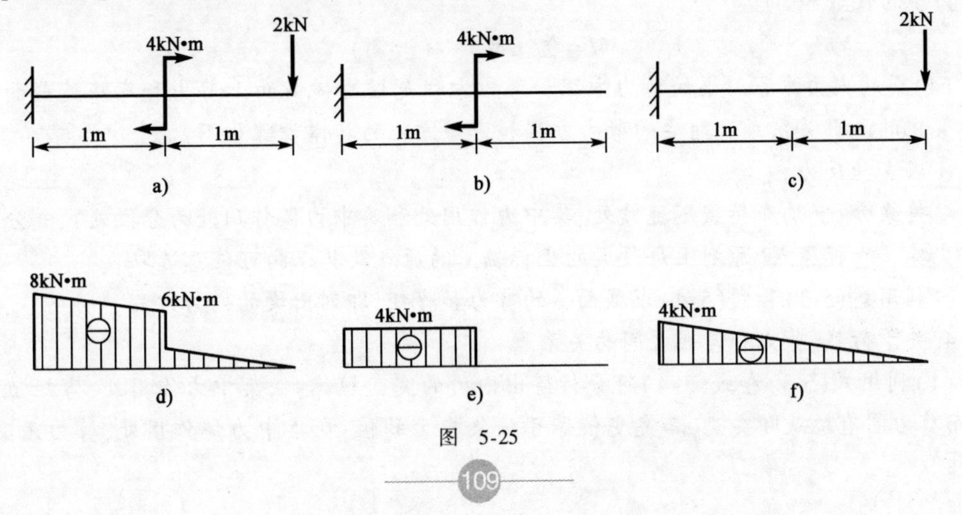

图　5-25

解 (1)将荷载分解。根据梁的荷载情况,将梁上的荷载分解成如图5-25b)、c)所示的两种情况。

(2)作图。先分别作图5-25b)、c)的弯矩图,如图5-25e)、f)所示。然后,将各图的相应纵坐标代数叠加,即得图5-25d),此即梁的弯矩图。

本章复习要点

1. 平面弯曲

在本书里所讨论的梁大都具有至少一个纵向对称平面。这类梁也是工程中最常见的。关于这类梁,平面弯曲的受力和变形特点是:所有横向荷载皆作用在梁的同一纵向对称面内,梁的轴线在荷载作用面内弯曲成为一条平面曲线。

2. 梁的计算简图

将实际中梁的几何形状、荷载及支承情况抽象和简化成可供计算分析的力学模型称为梁的计算简图。在材料力学里关于梁的问题的讨论都是由梁的计算简图展开的。所以应当了解如何建立梁的力学模型即计算简图,注意这方面能力的培养。

3. 梁的内力

(1)梁的内力。梁在横向荷载作用下发生平面弯曲时,横截面上的内力一般有剪力 F_Q 和弯矩 M,它们分别是横截面上切向与法向分布力系的合力与合力偶矩。

(2)梁内力的正负号规定。对 F_Q 正负号的规定是:使梁产生左上右下错动变形的剪力为正,反之为负。或者以使梁顺时针转动的剪力为正,反之为负。对 M 正负号的规定是:使梁产生下拉上压变形的弯矩为正,反之为负。

(3)求梁内力的方法。基本方法是截面法,再结合设正法即得梁剪力和弯矩的计算法则:

横截面上的剪力 F_Q,在数值上等于截面一侧(左侧或右侧)梁上所有横向外力的代数和,即

$$F_Q = \sum \pm F_{yi} \quad (一侧)$$

横截面上的弯矩 M,在数值上等于截面一侧(左侧或右侧)梁上所有外力对该截面形心 C 的力矩的代数和,即

$$M = \sum \pm M_{eCi} \quad (一侧)$$

(4)梁的内力方程。梁的剪力方程和弯矩方程是描述横截面上剪力和弯矩随截面位置坐标变化的函数关系式。列梁的剪力方程和弯矩方程的具体步骤如下:

①求支座反力。

②将梁分段(均布荷载不连续处、集中力作用处和集中力偶作用处为分段处),并分段设立 x 坐标及坐标原点(原则上每段梁的坐标轴 x 的原点及其正向可任意选取)。

③利用式(5-3)和式(5-4)求截面 x 的剪力和弯矩,即列出梁的内力方程。

4. 关于荷载、剪力和弯矩之间的关系

(1)利用式(5-3)和式(5-4)可分析得出内力的突变规律:在集中力作用处,弯矩值无变化,而剪力图有跳跃即突变,其突变值等于该集中力的值;在集中力偶作用处,剪力无变化,

但弯矩在该处有跳跃即突变,其跳跃值等于该集中力偶的值;在集中力和集中力偶共同作用之处,剪力、弯矩均有突变,且突变值等于该集中力、集中力偶的值。

(2)利用梁微段的平衡条件可分析得出在荷载连续变化的梁段上荷载、剪力和弯矩之间的微分关系式,即

$$\frac{dF_Q}{dx} = q$$

$$\frac{dM}{dx} = F_Q$$

$$\frac{d^2M}{dx^2} = q$$

(3)在荷载连续变化的梁段上利用梁的荷载、剪力和弯矩之间的微分关系可积分得出荷载、剪力和弯矩之间的积分关系式为

$$F_{QB} - F_{QA} = A(q)_{AB}$$

$$M_B - M_A = A(F_Q)_{AB}$$

5. 梁的剪力图与弯矩图

表示剪力、弯矩沿梁轴变化规律的图线称为梁的剪力图、弯矩图。作梁的内力图的目的是为了确定梁的危险截面及危险截面上的内力,从而为梁的强度、刚度计算提供依据。所以本章的重点内容是绘制梁的剪力图和弯矩图。

(1)作图规定。绘剪力图时,对土建类专业与机械类专业的规定是相同的,即将正值剪力画在基线的上方,将负值剪力图画在基线的下方。至于画梁的弯矩图,应注意对土建类专业与机械类专业的规定是不相同的。对土建类专业,规定将弯矩画在其受拉侧,即将正值弯矩画在基线的下方,将负值弯矩画在基线的上方。对机械类专业画弯矩图的规定则恰好与土建类专业的相反。

(2)绘制剪力图与弯矩图的方法。画剪力图与弯矩图的方法可以分为三种:一是根据剪力方程、弯矩方程作图;二是综合利用 q、F_Q 和 M 之间的关系作图;三是用叠加法作图。其中根据剪力方程、弯矩方程作图是最基本的方法,不仅是对直梁,对刚架及曲梁都适用。而利用 q、F_Q 和 M 之间的关系可以快速作出直梁或刚架的内力图,所以是最常用的方法,其作图步骤为:

①求支座反力。

②将梁分段(均布荷载不连续处、集中力作用处和集中力偶作用处为分段处),并利用微分关系确定曲线的大致形状。

③计算控制截面(通常每段梁两端的内侧截面即为控制截面,还要注意,当内力图为曲线时,内力取得极值的截面亦为控制截面)的内力后,逐段绘出 F_Q 图、M 图。

④确定最大内力 $|F_Q|_{max}$、$|M|_{max}$ 的数值及所在截面位置。

在熟练掌握了作简单荷载作用下梁的内力图后,可用叠加法作受多个荷载作用时梁的内力图。

(3)作图要求。无论采用哪种方法作内力图,都要求必须标明内力的名称、正负号、各控制截面(包括内力的极值截面)的内力值及单位。

习　题

5-1　试计算如题 5-1 图所示各梁横截面 A、B 及横截面 C、D 的剪力和弯矩。

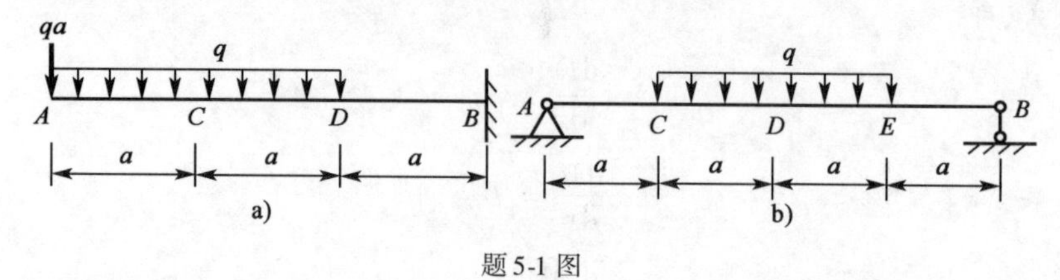

题 5-1 图

5-2　试计算如题 5-2 图所示各梁横截面 $C_{左}$、$C_{右}$、$D_{右}$ 及端截面 A、B 的剪力和弯矩。

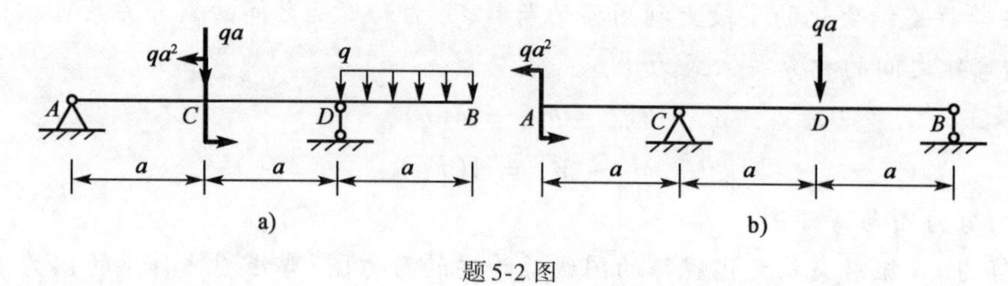

题 5-2 图

5-3　试列如题 5-3 图所示各梁的剪力方程与弯矩方程，并作剪力图和弯矩图。

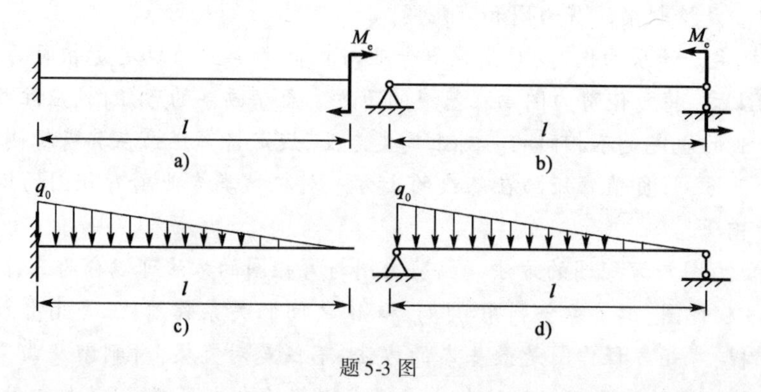

题 5-3 图

5-4　试列如题 5-4 图所示各梁的剪力方程与弯矩方程，并作剪力图和弯矩图。

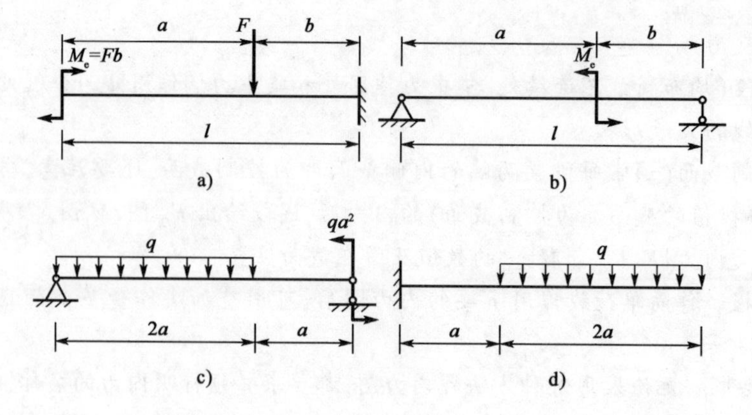

题 5-4 图

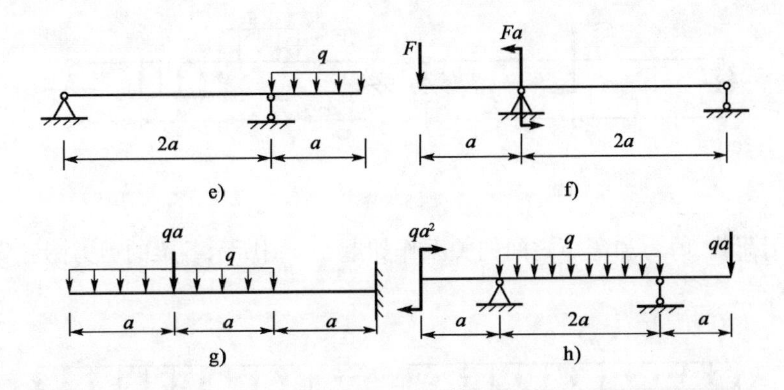

题 5-4 图

5-5　如题 5-5 图所示为火车轮轴的计算简图。试作此梁的剪力图和弯矩图。梁在 AB 段的变形称为纯弯曲，在 CA、BD 段的变形称为横力弯曲。试问纯弯曲有何特征？横力弯曲有何特征？

5-6　如题 5-6 图所示为一简易吊车梁的计算简图，荷载 F 可沿梁轴移动。试确定荷载的最不利位置，并计算梁中的最大剪力和最大弯矩。

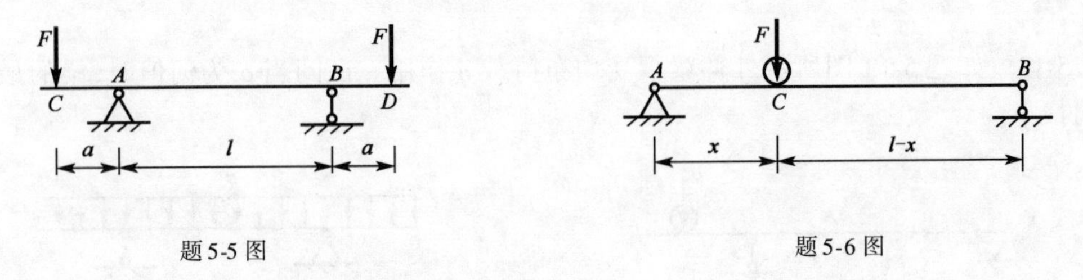

题 5-5 图　　　　题 5-6 图

5-7　试用荷载、剪力和弯矩之间的关系作如题 5-7 图所示各梁的剪力图和弯矩图，并比较它们的结果。

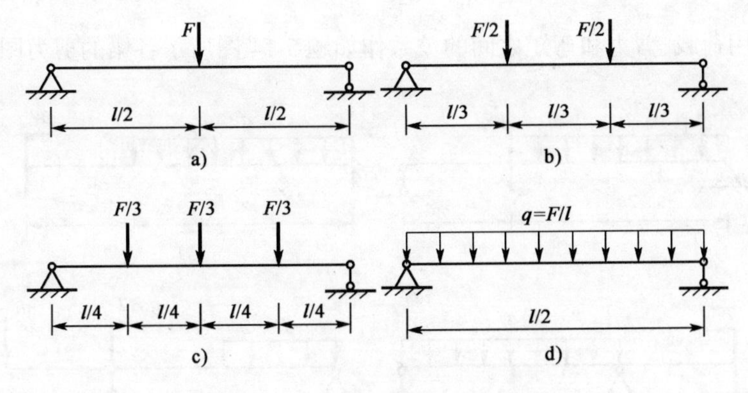

题 5-7 图

5-8　试用荷载、剪力和弯矩之间的关系作如题 5-8 图所示各梁的剪力图和弯矩图，并比较它们的结果。

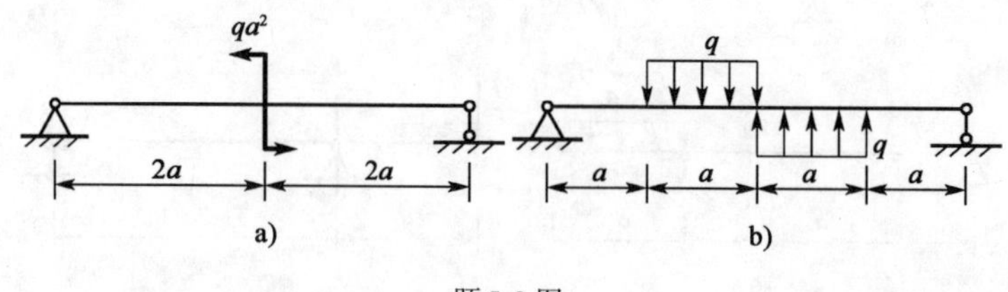

题 5-8 图

5-9 试用荷载、剪力和弯矩之间的关系作如题 5-9 图所示各梁的剪力图和弯矩图,并比较它们的结果。

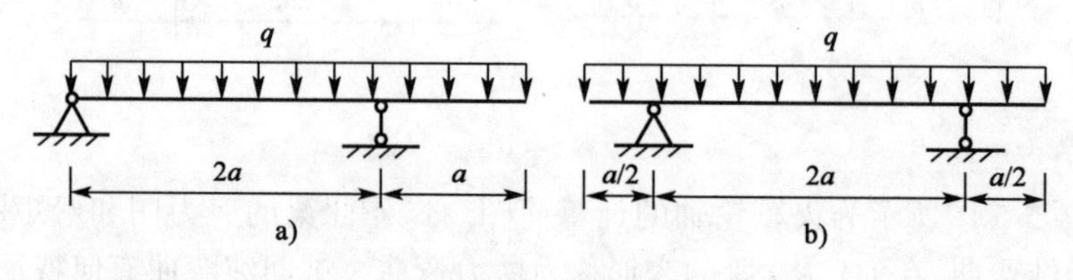

题 5-9 图

5-10 试用荷载、剪力和弯矩之间的关系作如题 5-1 图所示各梁的剪力图和弯矩图。

5-11 试根据荷载、剪力和弯矩之间的关系作如题 5-2 图所示各梁的剪力图和弯矩图。

5-12 如题 5-12 图所示外伸梁,承受一移动荷 F。试问当 a 为何值时,梁的最大弯矩值最小。

5-13 如题 5-13 图所示外伸梁承受均布荷载 q 作用。试问当 a 为何值时,梁的最大弯矩值最小。

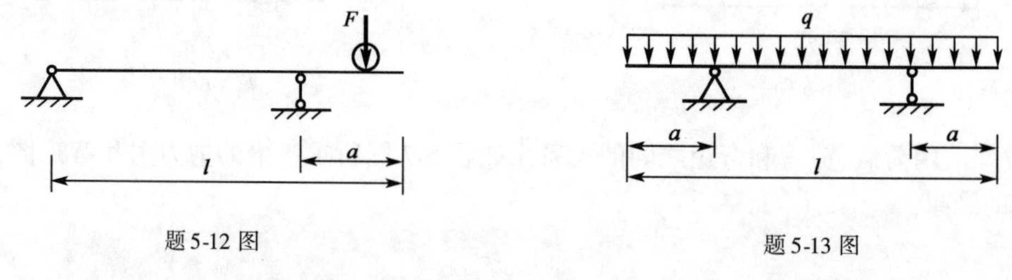

题 5-12 图　　题 5-13 图

5-14 试用荷载、剪力和弯矩之间的关系作如题 5-14 图所示各梁的剪力图和弯矩图。

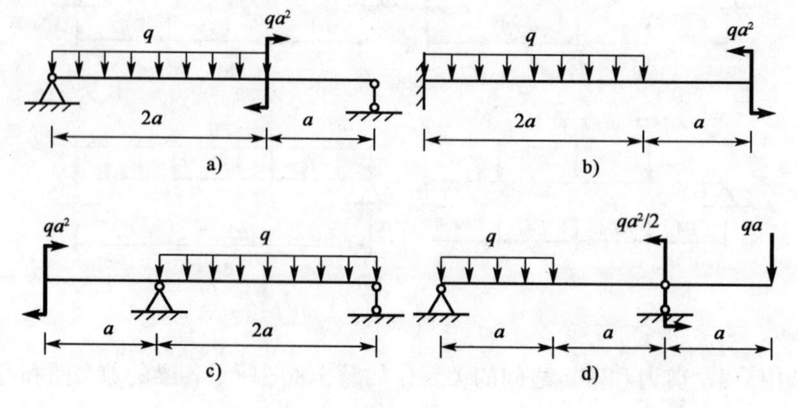

题 5-14 图

5-15　试综合利用荷载、剪力和弯矩之间的微分关系、积分关系及突变规律作如题5-15图所示梁的剪力图和弯矩图。

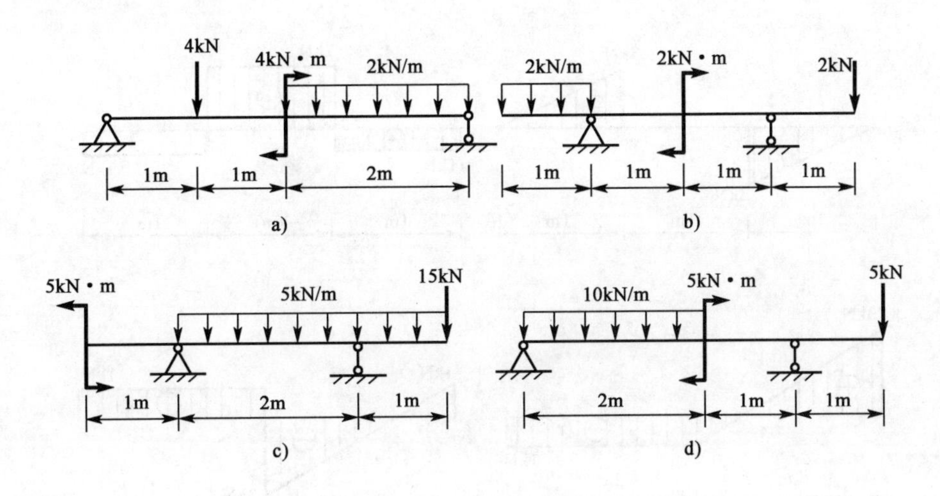

题5-15图

5-16　试作如题5-16图所示多跨静定梁的剪力图和弯矩图。

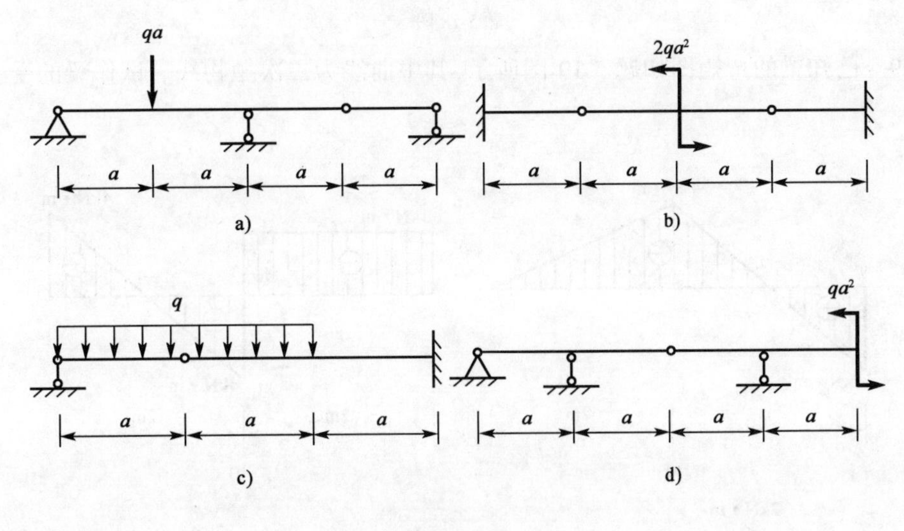

题5-16图

5-17　试作如题5-17图所示梁的剪力图和弯矩图。

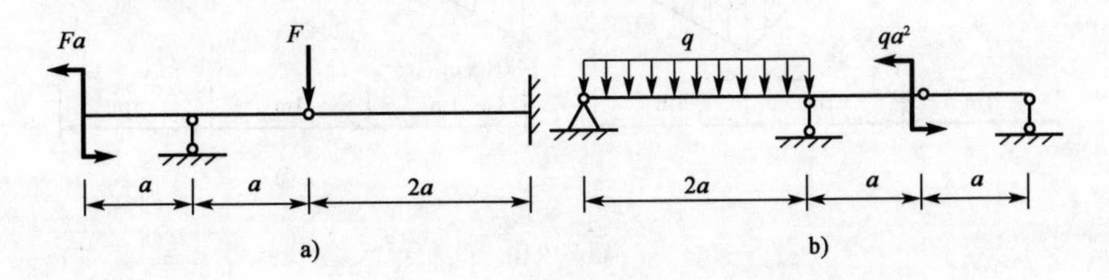

题5-17图

5-18 已知梁的剪力图如题5-18图所示,试作弯矩图及受力图。设梁上无集中力偶作用。

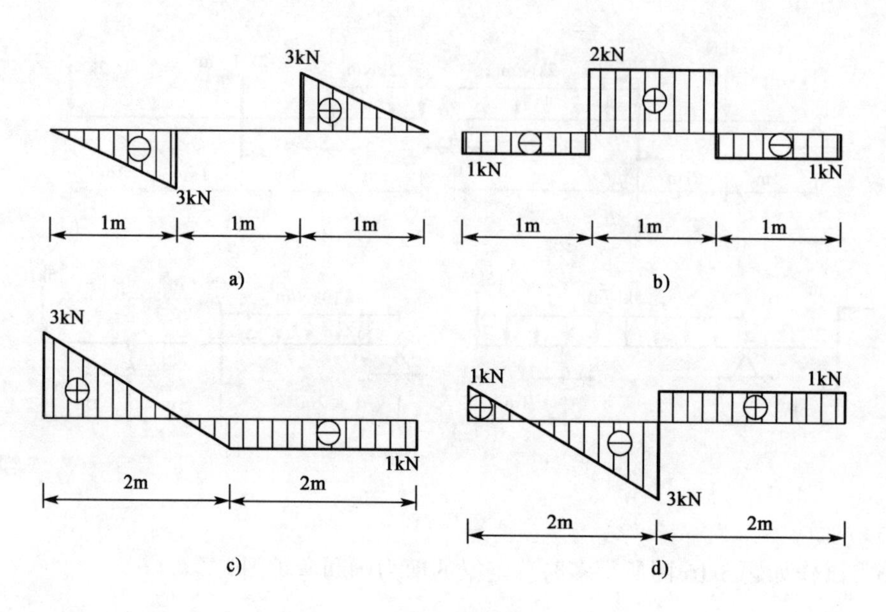

题5-18图

5-19 已知梁的弯矩图如题5-19图所示,其中曲线为二次抛物线。试作梁的受力图和剪力图。

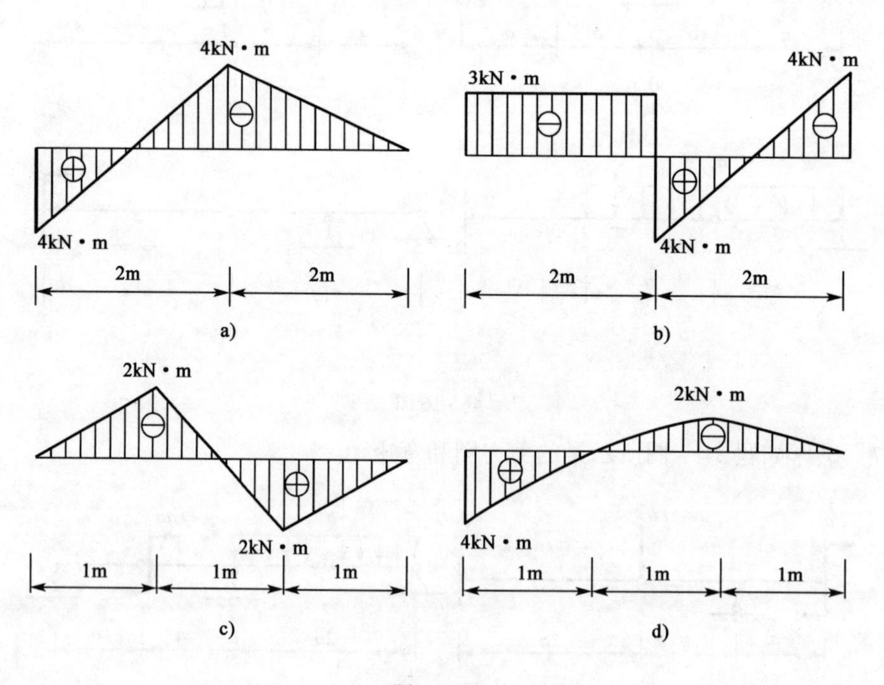

题5-19图

5-20 设作如题5-20图所示刚架的剪力图、弯矩图和轴力图。

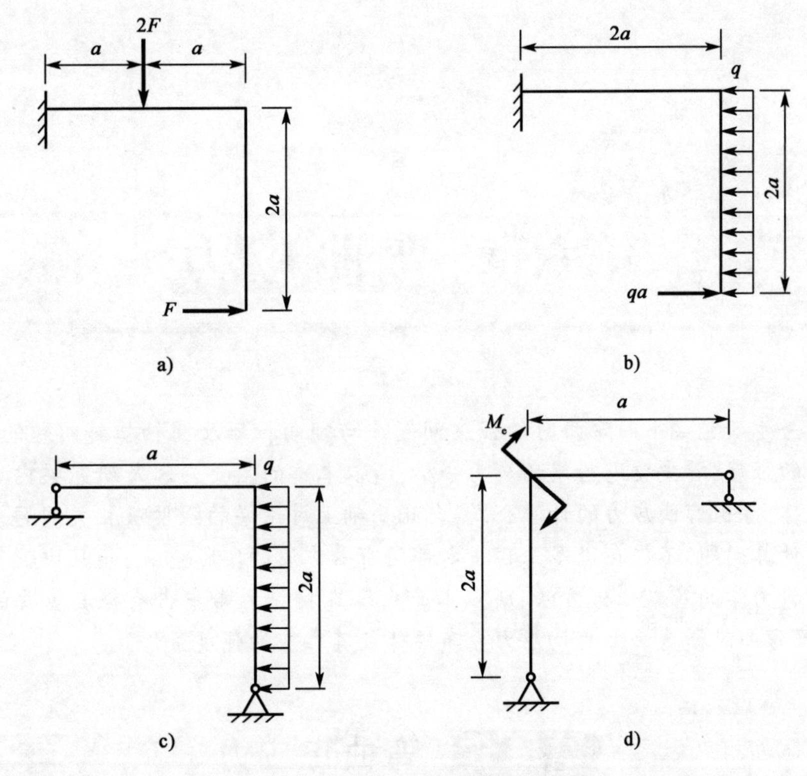

题 5-20 图

5-21　试作如题 5-21 图所示平面曲杆的剪力图、弯矩图和轴力图。

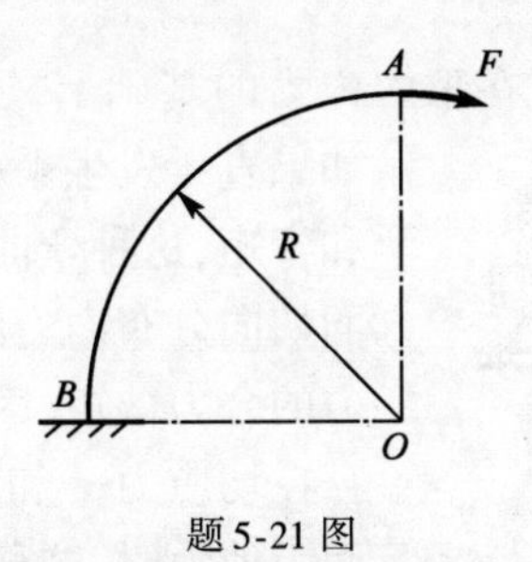

题 5-21 图

第六章 弯曲应力

本章进一步研究梁平面弯曲时的强度问题。与轴向拉压及圆轴扭转问题的讨论相似，为了计算梁的强度，首先要进行梁的应力分析，所以本章的主要内容是研究梁内力在横截面上的分布规律，导出弯曲应力的计算公式，在此基础上讨论梁的强度及相关问题。弯曲应力分析与强度计算问题，不仅在很多工程技术部门有着广泛的实际意义，而且比较集中和完整地反映了材料力学的基本分析方法，所以本章内容在材料力学中占有极其重要的地位。同时，还介绍梁弯曲时横截面上的切应力分布规律及其相应的强度条件。

第一节 弯曲正应力

一、纯弯曲与横力弯曲

为了解决梁的强度计算问题，在求解内力的基础上，还必须进一步研究横截面上应力。如果直梁发生平面弯曲时，横截面上同时存在剪力和弯矩，这种弯曲称为**横力弯曲**。由于剪力是横截面切向分布内力的合力，弯矩是横截面法向分布内力的合力偶矩，因此，横力弯曲时，梁横截面上同时存在切应力 τ 和正应力 σ。当横截面上只有弯矩而无剪力时，这种弯曲称为**纯弯曲**。实践和理论都证明，弯矩是影响梁的强度和变形的主要因素。因此，我们先讨论 F_Q 等于零，M 为常数的纯弯曲问题。图6-1所示梁的 CD 段为纯弯曲，其余部分则为横力弯曲。

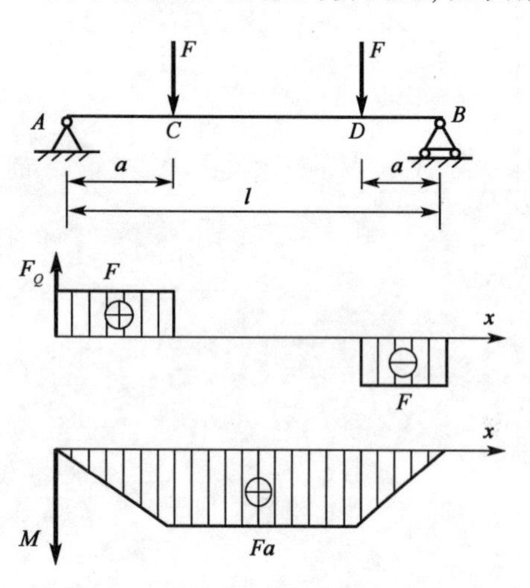

图 6-1

二、纯弯曲时横截面上的正应力

与圆轴扭转相似，分析纯弯梁横截面上的正应力，同样需要综合考虑变形几何、物理和静力学三方面的关系。

1. 变形几何关系

考察等截面直梁。加载前在梁表面画上与轴线垂直的横线和与轴线平行的纵线，如图

6-2a)所示。然后在梁的两端纵向对称面内施加一对力偶,使梁发生弯曲变形,如图6-2b)所示。可以发现梁表面变形具有如下特征:

(1)梁表面的横向线变形后仍为直线,只是转动了一个小角度。

(2)梁表面的纵向线变形后成为曲线,但仍与转动后的横向线保持垂直,且靠近凹边的纵向线缩短,而靠近凸边的纵向线伸长。

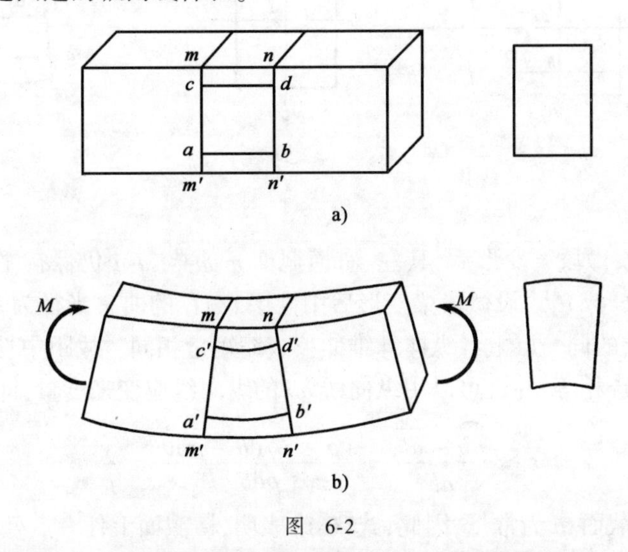

图　6-2

依据梁表面的上述变形现象,考虑到材料的连续性、均匀性,以及从梁的表面到其内部并无使其变形突变的作用因素,可以由表及里对梁的变形做如下假设:

(1)平面假设:即变形前为平面的横截面,变形后仍为平面,且仍与弯曲后的纵向线保持垂直,只是绕横截面内某根轴转过了一个角度。

(2)单向受力假设:即将梁设想成由众多平行于梁轴线的纵向纤维所组成,在梁内各纵向纤维之间无挤压,仅承受拉应力或压应力。

根据上述假设,梁弯曲时,一部分纤维伸长,另一部分纤维缩短,其间必存在一既不伸长也不缩短的过渡层,称为中性层。中性层与横截面的交线称为中性轴(图6-3)。联系到前述关于梁变形的平面假设可知,梁弯曲时,横截面即绕其中性轴转动。

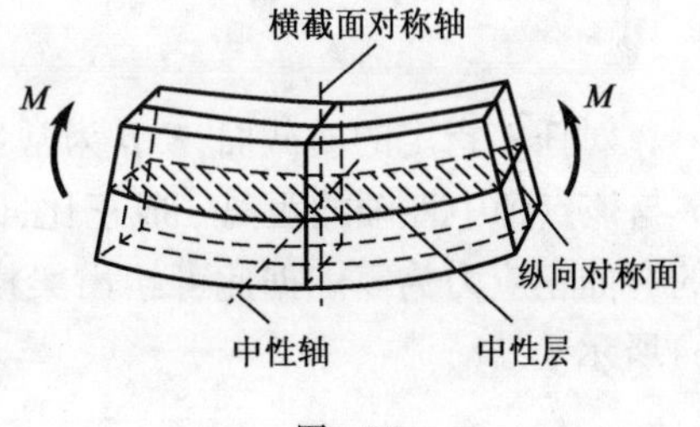

图　6-3

注意到,在平面弯曲问题中,梁上横向荷载皆作用在梁的纵向对称面内,由于对称性,梁的变形必对称于荷载所在的纵向对称面(称荷载所在平面为荷载作用面),所以,平面弯曲时,中性轴必垂直于荷载作用面。故上述假设是合理的。

上面对梁的变形做了定性分析,为了取得弯曲正应力的计算公式,还需对与弯曲正应力有关的纵向线应变做定量分析。为此,沿横截面的法线方向取 x 轴[图6-4a)],用相距 dx 的左、右两个横截面 m-m 与 n-n,从梁中取出一微段,并在微段梁的横截面上,取荷载作用面与横截面的交线为 y 轴(横截面的对称轴),取中性轴为 z 轴,由于中性轴垂直于荷载作用面,故 z 轴垂直于 y 轴[图6-4b)]。

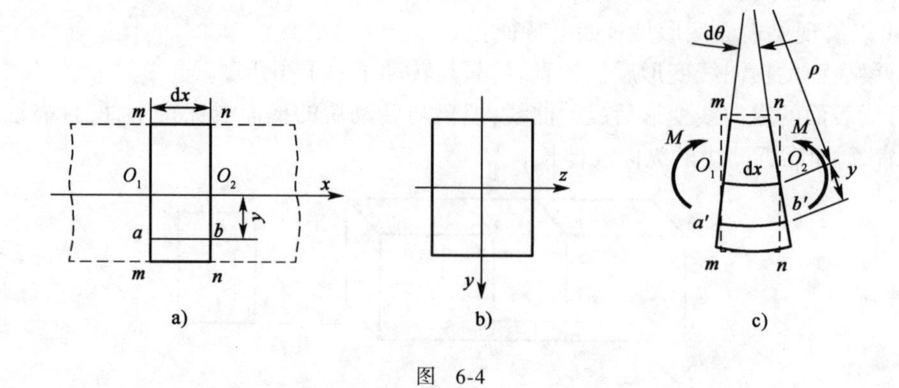

图 6-4

根据平面假设,微段梁变形后,其左、右横截面 m-m 与 n-n 仍保持平面,只是相对转动了一个角度 $\mathrm{d}\theta$[图 6-4c)]。设微段梁变形后中性层 O_1O_2 的曲率半径为 ρ,由单向受力假设可知,平行于中性层的同一层上各纵向纤维伸长或缩短量相同。故距中性层 O_1O_2 为 y 的各点处的纵向线应变皆相等,并且可以用纵向线 ab 的纵向线应变来度量,即

$$\varepsilon = \frac{\widehat{ab} - \overline{ab}}{\overline{ab}} = \frac{(\rho + y)\mathrm{d}\theta - \rho\mathrm{d}\theta}{\rho\mathrm{d}\theta} = \frac{y}{\rho} \tag{6-1}$$

对任一指定横截面,ρ 为常量,因此,式(6-1)表明,横截面上任一点处的纵向线应变 ε 与该点到中性轴的距离 y 成正比,中性轴上各点处的线应变为零。

应当指出,式(6-1)是根据平面假设,由梁的变形几何关系导出的,与梁材料的力学性质无关,故不论材料的应力、应变关系如何,式(6-1)都是适用的。

2. 物理关系

根据单向受力假设,梁上各点皆处于单向应力状态。在应力不超过材料的比例极限即材料为线弹性,以及材料在拉(压)时弹性模量相同的条件下,由胡克定律,得

$$\sigma = E\varepsilon = E\,\frac{y}{\rho} \tag{6-2}$$

对任一指定的横截面,E/ρ 为常量,因此式(6-2)表明,横截面上任一点处的弯曲正应力 σ 与该点到中性轴的距离 y 成正比,即弯曲正应力沿截面高度按线性分布,中性轴上各点处的弯曲正应力为零。据此可绘出梁横截面上正应力沿高度的分布规律图如图 6-5a)、b)和 c)所示。

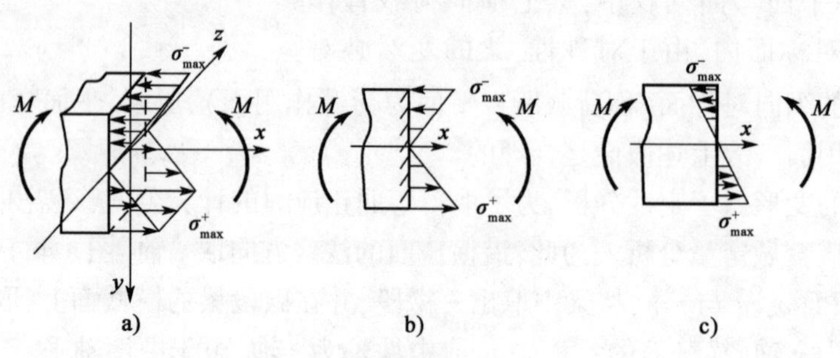

图 6-5

应当指出,式(6-2)还不能直接用于计算弯曲正应力,因为式中的中性轴 z 的位置以及中性层的曲率半径 ρ 均未确定。

3. 静力学关系

如图6-6所示,横截面上各点处的法向微内力 $\sigma \mathrm{d}A$ 组成一空间平行力系。纯弯曲时,横截面上没有轴力,仅有位于 xy 面内的弯矩 M,故按静力学关系,有

$$\int_A \sigma \mathrm{d}A = 0 \tag{6-3}$$

$$\int_A \sigma z \mathrm{d}A = 0 \tag{6-4}$$

$$\int_A \sigma y \mathrm{d}A = M \tag{6-5}$$

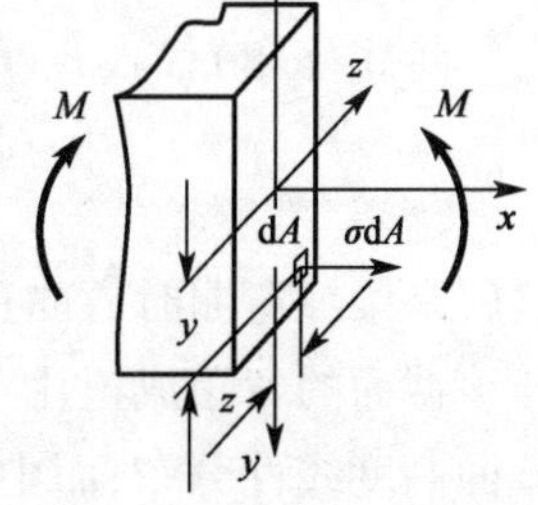

图　6-6

将式(6-2)代入式(6-3),得

$$\int_A E\frac{y}{\rho}\mathrm{d}A = \frac{E}{\rho}\int_A y\mathrm{d}A = \frac{E}{\rho}S_z = 0$$

式中:$S_z = \int_A y\mathrm{d}A$,为横截面 A 对中性轴 z 的静矩。由于 E/ρ 不等于零,故必须有

$$S_z = 0 \tag{6-6}$$

这表明,中性轴 z 为横截面的形心轴。

将式(6-2)代入式(6-4),得

$$\int_A \sigma z\mathrm{d}A = \frac{E}{\rho}\int_A yz\mathrm{d}A = \frac{E}{\rho}I_{yz} = 0$$

式中:$I_{yz} = \int_A yz\mathrm{d}A$,为横截面 A 对 y、z 的惯性积。由于 E/ρ 不等于零,故必须有

$$I_{yz} = 0 \tag{6-7}$$

这表明,y、z 轴为横截面上一对相互垂直的主轴。由于 y 轴为横截面的对称轴,对称轴必为主轴,而 z 轴又通过横截面形心,所以 y、z 轴为形心主轴。

综合式(6-6)和式(6-7),并结合第五章中关于平面弯曲的概念,可以得出关于平面弯曲与中性轴位置的重要结论:

(1)中性轴垂直于荷载作用面的弯曲即为平面弯曲。

(2)梁平面弯曲时,若材料处于线弹性阶段,且在拉伸和压缩时的弹性模量相同,则中性轴为横截面上垂直于荷载作用面的形心主轴。

至此,x 轴的位置亦确定了,即 x 轴沿梁轴线方向。

将式(6-2)代入式(6-5),得

$$\int_A \sigma y\mathrm{d}A = \frac{E}{\rho}\int_A y^2\mathrm{d}A = \frac{E}{\rho}I_z = M$$

式中:$I_z = \int_A y^2\mathrm{d}A$,为横截面 A 对中性轴 z 的惯性矩。由此得

$$\frac{1}{\rho} = \frac{M}{EI_z} \tag{6-8}$$

这是用曲率 $1/\rho$ 表示的梁弯曲变形的计算公式。它表示梁弯曲时,弯矩对其变形的影响。且梁的 EI_z 越大,曲率 $1/\rho$ 越小,故将乘积 EI_z 称为梁的弯曲刚度,它反映了梁抵抗弯曲变形的能力。

将式(6-8)代入式(6-2),得

$$\sigma = \frac{My}{I_z} \tag{6-9}$$

这就是梁纯弯曲时弯曲正应力的计算公式。式(6-9)表明,横截面上任一点处的弯曲正应力与该截面的弯矩成正比,与截面对中性轴的惯性矩成反比,与点到中性轴的距离成正比即沿截面高度线性分布,而中性轴上各点处的弯曲正应力为零[图6-5a)、b)]。

需要说明,式(6-8)、式(6-9)虽然是借矩形截面梁导出的,但在其推导过程中并没有使用矩形截面的几何性质,故对横截面对称于 y 轴(圆形、工字形、T形和槽形等)的梁,上述公式都是适用的。

应当指出,式(6-8)、式(6-9)是以平面假设和单向受力假设为基础导出的,试验和理论分析可以证明,在纯弯曲情况下这些假设是成立的,因而导出的公式也是正确的。

三、纯弯曲公式的推广以及横力弯曲时横截面上的正应力

纯弯曲的情况只有在不考虑梁自重的影响时才有可能发生。工程中的梁大都属于横力弯曲的情况。对于横力弯曲的梁,由于剪力及切应力的存在,梁的横截面将不再保持平面而产生翘曲。此外,由于横向力的作用,在梁的纵向截面上还将产生挤压应力。但精确的理论分析表明,对于一般的细长梁(梁的跨度 l 与横截面高度 h 之比 l/h 大于5),横截面上的正应力分布规律与纯弯曲时几乎相同[例如,对均布荷载作用下的矩形截面简支梁,当其跨度与截面高度之比 l/h 大于5时,按式(6-9)所得的最大弯曲正应力的误差不超过1%],即切应力和挤压应力对正应力的影响很小,可以忽略不计。所以,纯弯曲的公式(6-8)、式(6-9)可以推广应用于横力弯曲时的细长梁。

但计算中应注意,横力弯曲时梁上各横截面的弯矩是不相同的,故式中的弯矩应以所求横截面上的弯矩代之。

此外注意到,在式(6-9)中,横截面上任一点的弯曲正应力 σ 的正负号与该截面上的弯矩 M 及该点坐标 y 的正负号有关。为了避免计算过程中出现符号差错,建议在应用式(6-9)时,以 M、y 的绝对值代入计算,并根据截面上弯矩的实际方向和其所对应的变形,来判定 σ 是正是负,即是拉应力或是压应力。下面举例说明。

[例6-1] 箱形截面简支梁荷载情况及横截面尺寸如图6-7a)、b)所示。试求:(1)梁最大弯矩所在截面上 a、b、c、d 四点处的正应力;(2)绘出最大弯矩所在截面上正应力沿高度的分布规律图。

解 (1)求 C 截面上 a、b、c、d 四点处的正应力。

①求梁的最大弯矩。作梁的弯矩图,如图6-7c)所示,可见,跨中截面 C 即为最大弯矩所在截面,其弯矩为

$$M_C = 20\text{kN} \cdot \text{m}$$

②确定中性轴的位置并计算截面对中性轴的惯性矩。该截面有两个对称轴，故由平面弯曲的理论可知该截面的水平对称轴即为该截面的中性轴 z，如图 6-7b）所示。

将该箱形截面视为外面的大矩形减去里面的小矩形所得的图形，于是利用组合图形惯性矩的计算方法可计算得该箱形截面对中性轴 z 的惯性矩为

$$I_z = \frac{80 \times 140^3}{12} - \frac{40 \times 100^3}{12} = 14.96 \times 10^6 \text{mm}^4 = 14.96 \times 10^{-6} \text{m}^4$$

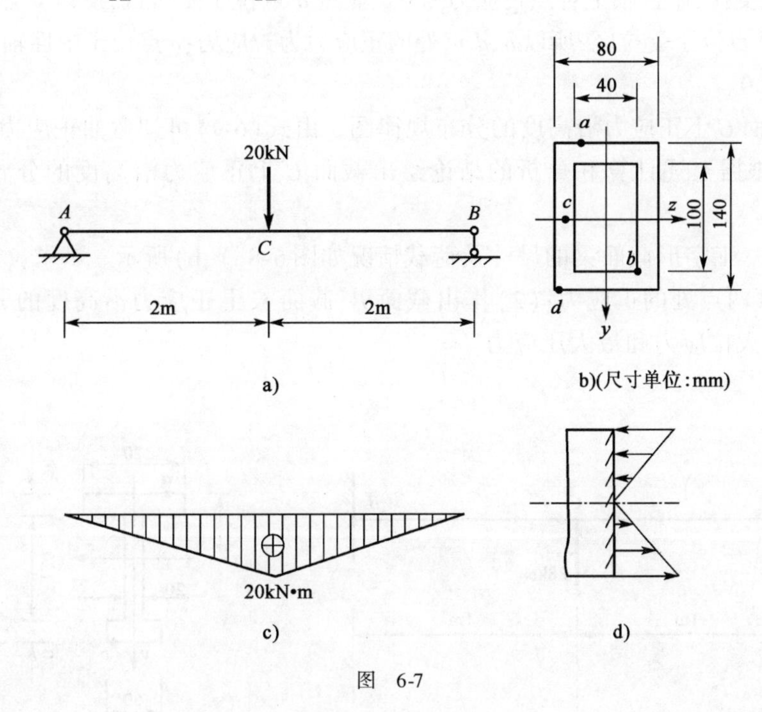

图　6-7

③计算截面 C 上 a、b、c、d 四点处的正应力。由图 6-7b）可见，a、b、c、d 四点到中性轴的距离分别为

$$y_a = 70\text{mm}, y_b = 50\text{mm}, y_c = 0, y_d = 70\text{mm}$$

将 $M_C = 20\text{kN}\cdot\text{m}, y_a = 70\text{mm}, I_z = 14.96 \times 10^{-6}\text{m}^4$ 代入弯曲正应力公式(6-9)，得 a 点处的正应力为

$$\sigma_a = \frac{M_C y_a}{I_z} = \frac{20 \times 10^3 \times 70 \times 10^{-3}}{14.96 \times 10^{-6}} = 93.6 \times 10^6 \text{Pa} = 93.6\text{MPa}$$

将 $M_C = 20\text{kN}\cdot\text{m}, y_b = 50\text{mm}, I_z = 14.96 \times 10^{-6}\text{m}^4$ 代入弯曲正应力公式(6-9)，得 b 点处的正应力为

$$\sigma_b = \frac{M_C y_b}{I_z} = \frac{20 \times 10^3 \times 50 \times 10^{-3}}{14.96 \times 10^{-6}} = 66.8 \times 10^6 \text{Pa} = 66.8\text{MPa}$$

将 $M_C = 20\text{kN}\cdot\text{m}, y_c = 0, I_z = 14.96 \times 10^{-6}\text{m}^4$ 代入弯曲正应力公式(6-9)，得 c 点处的正应力为

$$\sigma_c = \frac{M_C y_c}{I_z} = \frac{20 \times 10^3 \times 0}{14.96 \times 10^{-6}} = 0$$

将 $M_C=20\text{kN}\cdot\text{m}, y_d=70\text{mm}, I_z=14.96\times10^{-6}\text{m}^4$ 代入弯曲正应力公式(6-9),得 d 点处的正应力为

$$\sigma_d=\frac{M_C y_d}{I_z}=\frac{20\times10^3\times70\times10^{-3}}{14.96\times10^{-6}}=93.6\times10^6\text{Pa}=93.6\text{MPa}$$

由弯矩图可见 M_C 为正,联系弯矩的正负号规定可知,截面 C 中性轴以上各点受压,中性轴以下各点受拉,中性轴上各点正应力为0。显然 a 点位于受压区,所以 a 点处的正应力为压应力;b、d 点位于受拉区,所以 b、d 点处的正应力为拉应力;c 点位于中性轴上,所以 c 点处的正应力为0。

(2)作截面 C 上正应力沿高度的分布规律图。由式(6-9)可知弯曲正应力沿截面高度线性分布,故根据上述计算和分析的结论绘出截面 C 上正应力沿高度的分布规律图,如图6-7d)所示。

[例6-2] 工字形截面梁的尺寸及荷载情况如图6-8a)、b)所示。试求:(1)截面 B 及截面 C 上 a、b 两点处的正应力;(2)作出截面 B、截面 C 上正应力沿高度的分布规律图;(3)求梁的最大拉应力和最大压应力。

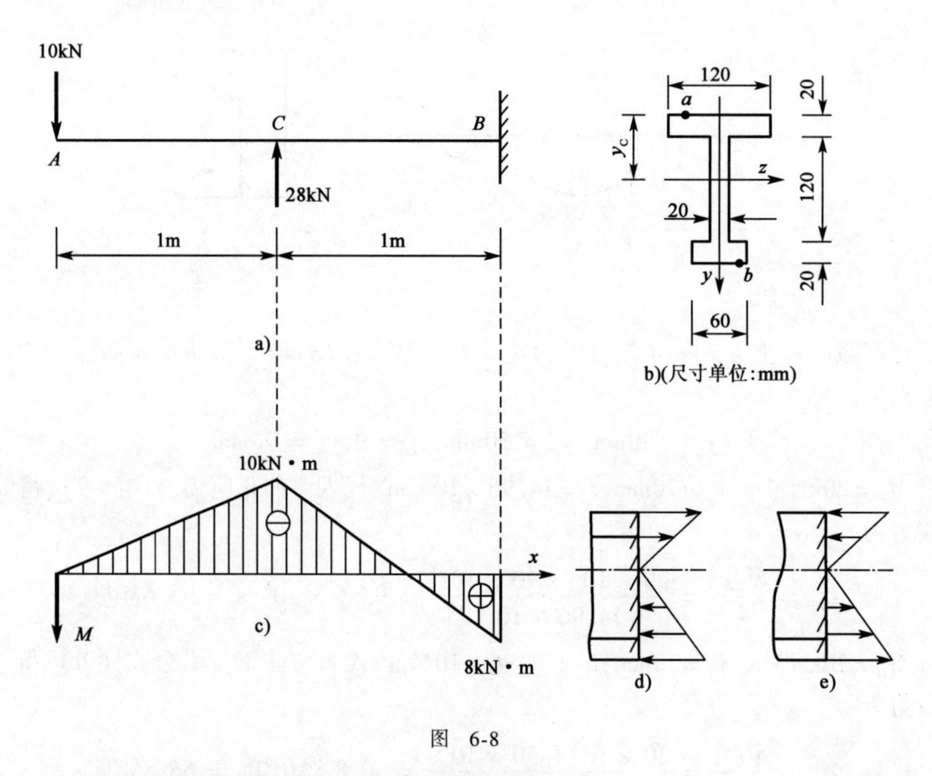

图 6-8

解 (1)求截面 B、截面 C 上 a、b 两点处的正应力。

①求梁截面 B、截面 C 上的弯矩。作梁的弯矩图,如图6-8c)所示,可见,截面 C 为最大负弯矩所在截面,其弯矩(绝对值)为

$$M_C=10\text{kN}\cdot\text{m}$$

B 截面即为最大正弯矩所在截面,其弯矩为

$$M_B = 8\text{kN} \cdot \text{m}$$

②确定中性轴的位置并计算截面对中性轴的惯性矩。按梁平面弯曲理论,中性轴为横截面上垂直于荷载作用面(即梁纵向对称面)的形心主轴。故要确定中性轴的位置,必须确定横截面形心的位置。由于该工字形截面关于 y 轴对称[图 6-8b)],故截面形心必位于 y 轴上。将该截面划分为上、中、下三个矩形,利用组合图形的形心位置计算方法可得,该截面的形心到截面上边缘的距离为

$$y_C = \frac{\sum A_i y_i}{\sum A_i} = \frac{120 \times 20 \times 10 + 120 \times 20 \times 80 + 60 \times 20 \times 150}{120 \times 20 + 120 \times 20 + 60 \times 20} = 66\text{mm}$$

由此确定中性轴的 z 位置如图 6-8b)所示。

为了求该截面对中性轴的惯性矩,仍将工字形截面划分为上、中、下三个矩形,根据组合图形惯性矩的计算方法,利用惯性矩的平行移轴公式,可计算得该截面对中性轴 z 的惯性矩为

$$I_z = \frac{120 \times 20^3}{12} + 120 \times 20 \times 56^2 + \frac{20 \times 120^3}{12} + 20 \times 120 \times 14^2 +$$

$$\frac{60 \times 20^3}{12} + 60 \times 20 \times 84^2 = 19.46 \times 10^6\text{mm}^4 = 19.46 \times 10^{-6}\text{m}^4$$

③计算截面 C、截面 B 上 a、b 两点处的正应力。由弯矩图[图 6-8c)]可见 M_C 为负,联系弯矩的正负号规定可知,截面 C 中性轴以上各点受拉,中性轴以下各点受压。显然 a 点位于受拉区,所以 a 点处的正应力为拉应力;b 点位于受压区,所以 b 点处的正应力为压应力。

由图 6-8b)可见,a、b 两点到中性轴的距离分别为

$$y_a = 66\text{mm}, y_b = 94\text{mm}$$

将 $M_C = 10\text{kN} \cdot \text{m}, y_a = 66\text{mm}, I_z = 19.46 \times 10^{-6}\text{m}^4$ 代入弯曲正应力公式(6-9),得截面 C 上 a 点处的正应力为

$$\sigma_{Ca} = \frac{M_C y_a}{I_z} = \frac{10 \times 10^3 \times 66 \times 10^{-3}}{19.46 \times 10^{-6}} = 33.9 \times 10^6\text{Pa} = 33.9\text{MPa} \quad (\text{拉应力})$$

将 $M_C = 10\text{kN} \cdot \text{m}, y_b = 94\text{mm}, I_z = 19.46 \times 10^{-6}\text{m}^4$ 代入弯曲正应力公式(6-9),得截面 C 上 b 点处的正应力为

$$\sigma_{Cb} = \frac{M_C y_b}{I_z} = \frac{10 \times 10^3 \times 94 \times 10^{-3}}{19.46 \times 10^{-6}} = 48.3 \times 10^6\text{Pa} = 48.3\text{MPa} \quad (\text{压应力})$$

由弯矩图[图 6-8c)]可见 M_B 为正,联系弯矩的正负号规定可知,B 截面中性轴以上各点受压,中性轴以下各点受拉。显然 a 点位于受压区,所以 a 点处的正应力为压应力;b 点位于受拉区,所以 b 点处的正应力为拉应力。

将 $M_B = 8\text{kN} \cdot \text{m}, y_a = 66\text{mm}, I_z = 19.46 \times 10^{-6}\text{m}^4$ 代入弯曲正应力公式(6-9),得截面 B 上 a 点处的正应力为

$$\sigma_{Ba} = \frac{M_B y_a}{I_z} = \frac{8 \times 10^3 \times 66 \times 10^{-3}}{19.46 \times 10^{-6}} = 27.13 \times 10^6\text{Pa} = 27.13\text{MPa} \quad (\text{压应力})$$

将 $M_B = 8\text{kN} \cdot \text{m}, y_b = 94\text{mm}, I_z = 19.46 \times 10^{-6}\text{m}^4$ 代入弯曲正应力公式(6-9),得截面 B 上 b 点处的正应力为

$$\sigma_{Bb}=\frac{M_B y_b}{I_z}=\frac{8\times10^3\times94\times10^{-3}}{19.46\times10^{-6}}=38.6\times10^6\text{Pa}=38.6\text{MPa}\quad(拉应力)$$

(2)绘制截面 B、截面 C 上正应力沿高度的分布规律图。由式(6-9)可知弯曲正应力沿截面高度线性分布,故根据上述计算和分析的结论绘出截面 C、截面 B 上正应力沿高度的分布规律如图 6-8d)、e)所示。

(3)求梁的最大拉应力和最大压应力。此梁横截面关于中性轴不是对称的,所以同一截面上最大拉应力和最大压应力的数值并不相等。再结合梁的弯矩图有正负峰值弯矩的情况可知,梁的最大拉应力和最大压应力只可能发生在正负峰值弯矩所在截面的上、下边缘处。

将上述正负峰值弯矩所在截面(即截面 B、截面 C)的上、下边缘处的正应力计算结果加以比较,可知梁的最大拉应力发生在截面 B 的下边缘处,梁的最大压应力发生在截面 C 的下边缘处,其值分别为

$$\sigma_{\max}^{+}=\sigma_{Bb}=38.6\text{MPa}$$
$$\sigma_{\max}^{-}=\sigma_{Cb}=48.3\text{MPa}$$

【评注】 (1)若梁横截面关于中性轴对称,则同一截面上最大的拉应力与最大压应力的数值相等。所以,对于中性轴是截面对称轴的梁,其绝对值最大的正应力必定发生在绝对值最大的弯矩所在截面的上、下边缘处。对于中性轴不是对称轴的截面,在计算弯曲正应力前必须确定中性轴的位置即 y_C,并以此计算截面对中性轴的惯性矩 I_z。

(2)对于截面关于中性轴不对称且有正负峰值弯矩的梁,不能简单地断定梁的最大拉、压应力必然发生在梁弯矩绝对值最大的截面上。例如,在例 6-2 中,截面 B 的弯矩值虽然小于截面 C 的,但截面 B 的弯矩是正的,该截面最大拉应力发生在截面的下边缘各点,而这些点到中性轴的距离比较远,其值有可能大于截面 C 的最大拉应力。因而需要将正负峰值弯矩所在截面(即截面 B、截面 C)的上、下边缘处的正应力分别进行计算并加以比较,才能得出正确的结论。

应当强调,式(6-8)和式(6-9)的应用是有限制的,既要求梁的弯曲为平面弯曲,又要求材料是线弹性的,并且在拉、压时弹性模量相同。

顺便指出,式(6-8)、式(6-9)是根据等截面直梁导出的,但对于符合上述要求的变截面直梁,以及曲率很小的曲梁($h/\rho\leqslant0.2$,h 为横截面高度,ρ 为曲梁轴线的曲率半径)也近似可用。

第二节 弯曲正应力强度计算

一、最大正应力

由式(6-9)可知,等直梁的最大弯曲正应力,发生在最大弯矩所在截面(因该截面易于发生强度失效故称为危险截面)上距中性轴最远的各点处(称为危险点),即

$$\sigma_{\max}=\frac{M_{\max}y_{\max}}{I_z}\tag{6-10}$$

令 $W_z = I_z / y_{max}$，则式(6-10)可写为

$$\sigma_{max} = \frac{M_{max}}{W_z} \tag{6-11}$$

式中，W_z 仅与截面形状、尺寸有关，称为**抗弯截面系数**，其量纲为[长度]^3。

对于高度为 h、宽为 b 的矩形截面[图6-9a)]，有

$$I_z = \frac{bh^3}{12}, y_{max} = \frac{h}{2}, W_z = \frac{bh^2}{6}$$

对于直径为 d 的圆形截面[图6-9b)]，有

$$I_z = \frac{\pi d^4}{64}, y_{max} = \frac{d}{2}, W_z = \frac{\pi d^3}{32}$$

对于外径为 D、内径为 d 的空心圆截面[图6-9c)]，有

$$I_z = \frac{\pi}{64}(D^4 - d^4), y_{max} = \frac{D}{2}, W_z = \frac{\pi D^3}{32}\left[1 - \left(\frac{d}{D}\right)^4\right]$$

对于各种型钢截面，其抗弯截面系数可从型钢规格表中查到。

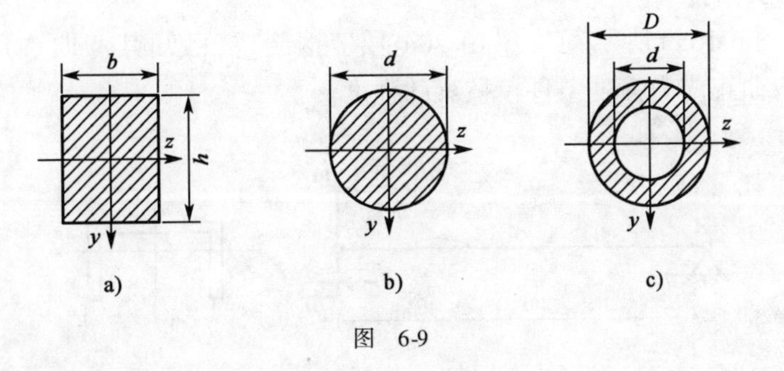

图　6-9

二、正应力强度条件

对于工程中常见的细长梁，强度的主要控制因素是弯曲正应力。为了保证梁的安全，必须控制梁内最大弯曲正应力 σ_{max} 不超过材料的弯曲许用应力[σ]，即等直梁的弯曲正应力强度条件为

$$\sigma_{max} = \frac{M_{max}}{W_z} \leqslant [\sigma] \tag{6-12}$$

对于由脆性材料制成的梁，因其抗拉强度与抗压强度差别很大，因此，按弯曲正应力强度条件要求，梁上最大拉应力 σ^+_{max} 和最大压应力 σ^-_{max} 不得超过材料各自的弯曲许用应力[σ^+]和[σ^-]，即

$$\sigma^+_{max} = \frac{M_{max} y^+_{max}}{I_z} \leqslant [\sigma^+] \tag{6-13}$$

$$\sigma^-_{max} = \frac{M_{max} y^-_{max}}{I_z} \leqslant [\sigma^-] \tag{6-14}$$

式中，y^+_{max} 与 y^-_{max} 分别代表最大拉应力 σ^+_{max} 和最大压应力 σ^-_{max} 所在点距中性轴的距离。

关于各种材料的弯曲许用应力，在某些情况下可以近似用其拉伸及压缩的许用应力代

替。但事实上,材料在弯曲时的强度与在轴向拉伸及压缩时的强度并不相同,而且前者略高于后者。故在一些设计规范中规定的弯曲许用应力高于拉伸许用应力,详细资料可查阅有关规范。

三、正应力强度计算

根据上述弯曲正应力强度条件,可以对梁进行强度计算,即

(1)校核梁的强度,即已知梁的截面形状、尺寸与梁的材料以及梁上所加的荷载时,可利用强度条件式(6-12)或式(6-13)、式(6-14)校核梁是否满足强度要求。

(2)设计梁的截面,即已知梁的材料以及梁上所加的荷载时,可利用强度条件式(6-12)或式(6-13)、式(6-14)确定梁所需截面的尺寸。

(3)确定梁的许用荷载,即已知梁的截面形状、尺寸与梁的材料时,可利用强度条件式(6-12)或式(6-13)、式(6-14)计算梁所能承受的最大弯矩,然后再用由荷载与内力的关系算出梁所能承受的最大荷载。

下面举例说明。

[**例 6-3**] 图 6-10a)所示简支梁由 20a 号槽钢制成,已知其弯曲许用正应力$[\sigma]$ = 170MPa。试按弯曲正应力强度条件校核梁的强度。

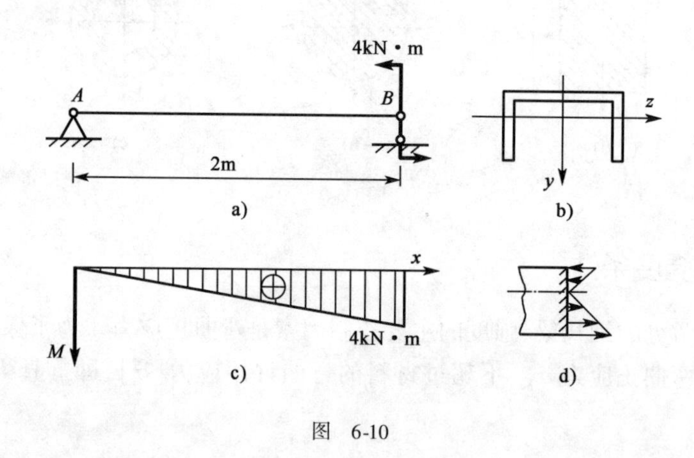

图 6-10

解 (1)求梁的最大弯矩。作梁的弯矩图,如图 6-10c)所示,可见 B 截面上弯矩最大,所以 B 截面为危险截面,其弯矩为

$$M_{\max} = 4\text{kN} \cdot \text{m}$$

(2)校核梁的强度。由图 6-10b)可见,梁的横截面上下不对称,即截面上边缘到中性轴的距离与下边缘到中性轴的距离不相等。但考虑到材料的抗拉、抗压性能相同,故危险点必位于危险截面上距中性轴最远的点处,即此梁绝对值最大的正应力发生在 B 截面的下边缘处[图 6-10d)];由型钢表可查得,20a 号槽钢截面的抗弯截面系数为

$$W_z = \frac{I_z}{y_{\max}} = 24.2\text{cm}^3 = 24.2 \times 10^{-6}\text{m}^3$$

根据弯曲正应力强度条件即式(6-12),可得

$$\sigma_{\max} = \frac{M_{\max}}{W_z} = \frac{4 \times 10^3}{24.2 \times 10^{-6}} = 165.3 \times 10^6 \text{Pa} = 165.34\text{MPa} < [\sigma]$$

可见,梁满足强度条件。

【评注】 (1)梁平面弯曲时,其弯曲正应力沿横截面是非均匀分布的。所以,梁的弯曲正应力强度计算是从危险截面(即弯矩绝对值最大的横截面)、危险点(即弯曲正应力最大的点)处入手的,为此首先要作梁的弯矩图。

(2)对塑性材料制成的梁,由于材料的抗拉、抗压性能相同,故危险截面为绝对值最大的弯矩所在截面,危险点为危险截面上距中性轴最远的点。

[例 6-4] 图 6-11a)所示悬臂梁用型钢制成,已知$[\sigma]=170\text{MPa}$。试按弯曲正应力强度条件选择工字钢[图 6-11b)]的型号。

解 (1)求梁的最大弯矩。作梁的弯矩图,如图 6-11c)所示,可见,固定端处截面 B 上弯矩(绝对值)最大,所以截面 B 为危险截面,其弯矩(绝对值)为

$$M_{\max} = 8\text{kN} \cdot \text{m}$$

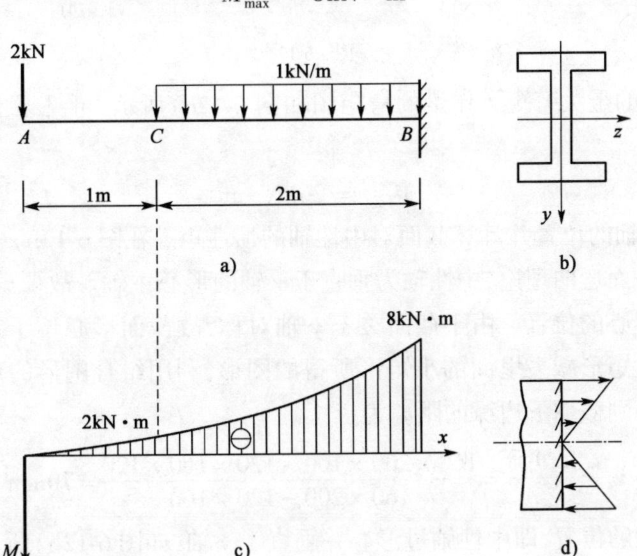

图 6-11

(2)设计梁的截面。如图 6-11b)所示,工字形截面关于中性轴对称,故截面 B 的上边缘及下边缘各点均为此梁的危险点[图 6-11d)]。根据弯曲正应力强度条件即式(6-12),可得梁所必需的抗弯截面系数为

$$W_z \geqslant \frac{M_{\max}}{[\sigma]} = \frac{8 \times 10^3}{170 \times 10^6} = 0.047 \times 10^{-3}\text{m}^3 = 47 \times 10^3\text{mm}^3$$

查型钢规格表,有 10 号工字钢,其抗弯截面系数 $W_z = 49\text{cm}^3 = 49 \times 10^3\text{mm}^3$,它略大于强度计算所得的 W_z 值,所以选用 10 号工字钢能满足强度要求。

[例 6-5] 槽形截面梁的尺寸及荷载情况如图 6-12a)所示。已知梁的材料为铸铁,其许用拉应力$[\sigma^+]=40\text{MPa}$,许用压应力$[\sigma^-]=80\text{MPa}$。试按弯曲正应力强度条件校核梁的强度。

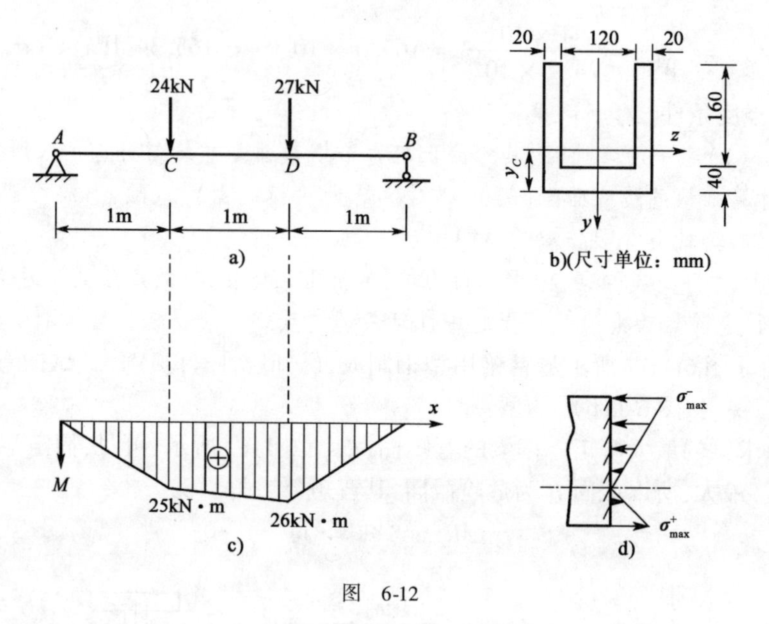

图 6-12

解 (1)求梁的最大弯矩。作梁的弯矩图如图 6-12c)所示,可见梁上截面 D 为危险截面,其弯矩值为

$$M_{\max} = 26\text{kN} \cdot \text{m}$$

(2)确定中性轴的位置并计算截面对中性轴的惯性矩。在图 6-12b)中,y 轴为槽形截面的对称轴。按梁平面弯曲理论,中性轴为垂直于 y 轴的形心主轴。故要确定中性轴的位置,必须确定横截面形心的位置。由于截面关于 y 轴对称,故截面形心位于 y 轴上。将槽形截面视为由外面的大矩形减去里面的小矩形所得的图形,利用组合图形的形心位置计算方法可得该截面的形心到截面下边缘的距离为

$$y_C = \frac{\sum A_i y_i}{\sum A_i} = \frac{160 \times 200 \times 100 - 120 \times 160 \times 120}{160 \times 200 - 120 \times 160} = 70\text{mm}$$

由此确定了中性轴的位置,即中性轴过形心并垂直于 y 轴,如图 6-12b)所示。

于是利用组合图形惯性矩的计算方法可计算得该截面对中性轴 z 的惯性矩为

$$I_z = \frac{160 \times 200^3}{12} + 160 \times 200 \times 30^2 - \left(\frac{120 \times 160^3}{12} + 120 \times 160 \times 50^2\right)$$

$$= 46.5 \times 10^6\text{mm}^4 = 46.5 \times 10^{-6}\text{m}^4$$

(3)校核梁的强度。由于梁的横截面关于中性轴不对称,其材料的许用拉应力$[\sigma^+]$与许用压应力$[\sigma^-]$数值不等,故应分别考虑危险截面上最大拉应力及最大压应力的点为梁可能的危险点,并分别按式(6-13)、式(6-14)进行强度校核。

由图 6-12c)可知,危险截面上的弯矩是正号,故该截面中性轴以下部分受拉,中性轴以上部分受压,所以最大拉应力、最大压应力分别发生在该截面的下边缘与上边缘各点处[图 6-12d)]。由图 6-12b)并根据所确定的中性轴位置可计算出相应的最大拉应力、最大压应力的点到中性轴的距离分别为

$$y^+_{\max} = 70\text{mm}$$

$$y^-_{max} = 130mm$$

代入式(6-13)、式(6-14)得

$$\sigma^+_{max} = \frac{M_{max}y^+_{max}}{I_z} = \frac{26 \times 10^3 \times 70 \times 10^{-3}}{46.5 \times 10^{-6}} = 39.14 \times 10^6 Pa = 39.14MPa < [\sigma^+]$$

$$\sigma^-_{max} = \frac{M_{max}y^-_{max}}{I_z} = \frac{26 \times 10^3 \times 130 \times 10^{-3}}{46.5 \times 10^{-6}} = 72.69 \times 10^6 Pa = 72.69MPa < [\sigma^-]$$

可见,此梁的抗拉、抗压强度都是足够的。

[例 6-6]　如图 6-13a)所示⊥形截面铸铁梁,已知 $a = 2m$;梁横截面形心至上边缘、下边缘的距离分别为 $y_1 = 120mm$,$y_2 = 80mm$;截面对中性轴的惯性矩为 $I_z = 52 \times 10^6 mm^4$;铸铁材料的许用拉应力 $[\sigma^+] = 30MPa$,许用压应力 $[\sigma^-] = 70MPa$。试求:

(1)此梁的许用荷载[F]。

(2)将⊥形截面倒置[图 6-13h)]时梁的许用荷载[F]。

解　(1)求梁的最大弯矩。作梁的弯矩图如图 6-13b)所示,可见,最大负弯矩位于截面 A 上,最大正弯矩位于截面 D 上,其弯矩绝对值分别为

$$M_A = \frac{Fa}{2}, M_D = \frac{Fa}{4}$$

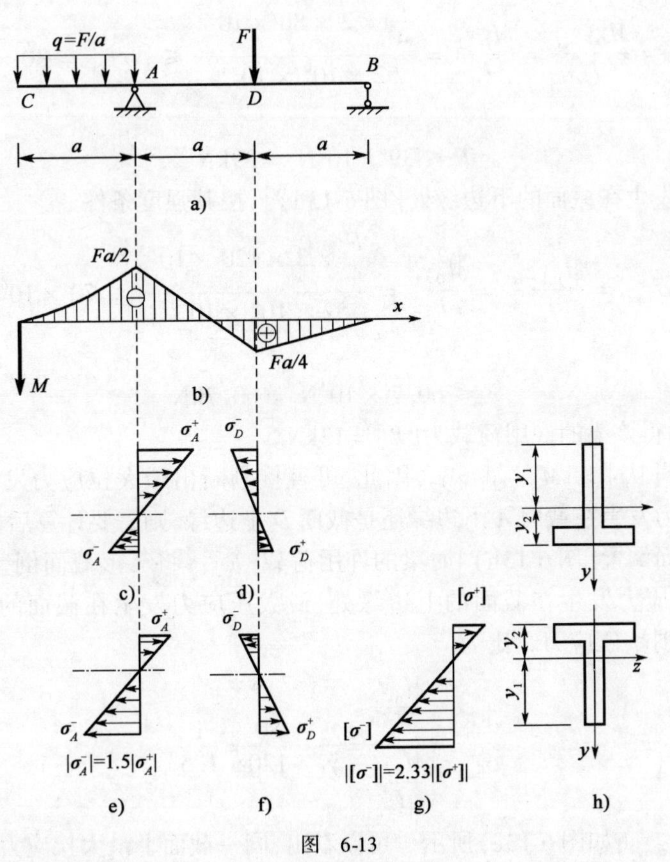

图　6-13

(2)求梁的许用荷载。

①求⊥形截面梁的许用荷载[F]。因为梁的抗拉、抗压强度不同,截面对中性轴又不对

称,所以最大负弯矩和最大正弯矩所在截面都是可能的危险截面,故分别对截面 A 和截面 D,按最大拉应力强度条件式(6-13)及最大压应力强度条件式(6-14)计算梁的许用荷载值,并取其中较小者为梁的许用荷载,即

对 A 截面,最大拉应力发生在截面的上边缘处[图 6-13c)],按其强度条件

$$\sigma_{\max}^{+}=\frac{M_A y_{\max}^{+}}{I_z}=\frac{M_A y_1}{I_z}=\frac{\frac{F}{2}\times 2\times 120\times 10^{-3}}{52\times 10^{6}\times 10^{-12}}\leqslant[\sigma^{+}]=30\times 10^{6}$$

计算得

$$F\leqslant 13\times 10^{3}\text{N}=13\text{kN}$$

最大压应力发生在截面的下边缘处[图 6-13c)],按其强度条件

$$\sigma_{\max}^{-}=\frac{M_A y_{\max}^{-}}{I_z}=\frac{M_A y_2}{I_z}=\frac{\frac{F}{2}\times 2\times 80\times 10^{-3}}{52\times 10^{6}\times 10^{-12}}\leqslant[\sigma^{-}]=70\times 10^{6}$$

计算得

$$F\leqslant 45.5\times 10^{3}\text{N}=45.5\text{kN}$$

对截面 D,最大拉应力发生在截面的下边缘处[图 6-13d)],按其强度条件

$$\sigma_{\max}^{+}=\frac{M_D y_{\max}^{+}}{I_z}=\frac{M_D y_2}{I_z}=\frac{\frac{F}{4}\times 2\times 80\times 10^{-3}}{52\times 10^{6}\times 10^{-12}}\leqslant[\sigma^{+}]=30\times 10^{6}$$

计算得

$$F\leqslant 39\times 10^{3}\text{N}=39\text{kN}$$

最大压应力发生在截面的下边缘处[图 6-13d)],按其强度条件

$$\sigma_{\max}^{-}=\frac{M_D y_{\max}^{-}}{I_z}=\frac{M_D y_1}{I_z}=\frac{\frac{F}{4}\times 2\times 120\times 10^{-3}}{52\times 10^{6}\times 10^{-12}}\leqslant 70\times 10^{6}$$

计算得

$$F\leqslant 60.7\times 10^{3}\text{N}=60.7\text{kN}$$

取其中较小者,即得该梁的许用荷载为$[F]=13\text{kN}$。

实际上,由于$|M_A|>|M_B|$、$y_1>y_2$,因此,可直接判断出最大拉应力发生在截面 A 上边缘处。最大压应力发生在截面 A 下边缘还是截面 D 上边缘,则需要计算后才能够确定。

②求⊥形截面倒置[图 6-13h)]时梁的许用荷载$[F]$。将⊥形截面倒置成 T 形截面时,对截面 A,最大拉应力发生在截面的上边缘处,最大压应力发生在截面的下边缘处[图 6-13e)]。截面 A 的拉、压应力之比为

$$\frac{\sigma_{\max}^{+}}{\sigma_{\max}^{-}}=\frac{\dfrac{M_A y_2}{I_z}}{\dfrac{M_A y_1}{I_z}}=\frac{y_2}{y_1}=\frac{80}{120}=\frac{1}{1.5}$$

即$|\sigma_{\max}^{-}|=1.5|\sigma_{\max}^{+}|$,如图 6-13e)所示。可以看出,同一截面上最大拉应力与最大压应力之比等于受拉区最远点与受压区最远点到中性轴距离之比。

材料的许用应力之比为

$$\frac{[\sigma_{\max}^{+}]}{[\sigma_{\max}^{-}]}=\frac{30}{70}=\frac{1}{2.33}$$

即$|[\sigma_{\max}^{-}]|=2.33|[\sigma_{\max}^{+}]|$，如图6-12g)所示。

当$\sigma_{\max}^{+}=[\sigma_{\max}^{+}]$时，$\sigma_{\max}^{-}<[\sigma_{\max}^{-}]$，可见，截面$A$只需要校核最大拉应力，即截面$A$强度由拉应力控制，按拉应力强度条件有

$$\sigma_{\max}^{+}=\frac{M_A y_{\max}^{+}}{I_z}=\frac{M_A y_2}{I_z}=\frac{\frac{F}{2}\times 2\times 80\times 10^{-3}}{52\times 10^{6}\times 10^{-12}}\leqslant 30\times 10^{6}$$

计算得

$$F\leqslant 19.5\times 10^{3}\text{N}=19.5\text{kN}$$

截面D下侧受拉，上侧受压，如图6-13f)所示，受拉区最远点到中性轴距离比受压区最远点到中性轴距离大，因此，该截面上最大拉应力的数值比最大压应力大，然而，铸铁的抗拉性能比抗压性能差，显然，该截面拉应力破坏先于压应力破坏，截面D强度也按拉应力控制。

$$\sigma_{\max}^{+}=\frac{M_D y_{\max}^{+}}{I_z}=\frac{M_D y_1}{I_z}=\frac{\frac{F}{4}\times 2\times 120\times 10^{-3}}{52\times 10^{6}\times 10^{-12}}\leqslant 30\times 10^{6}$$

计算得

$$F\leqslant 26\times 10^{3}\text{N}=26\text{kN}$$

取其中较小者，即得该梁的许用荷载为$[F]=19.5\text{kN}$。

【评注】 比较两种截面放置方式，可见后者梁的许用荷载值明显大于前者，即后者的承载能力较大。这是因为后者是根据梁绝对值最大的弯矩所在截面的变形情况，将梁的横截面按中性轴偏于受拉侧放置的缘故。所以，对用铸铁一类抗拉强度弱于抗压强度的材料制成的梁，而梁有正负最大弯矩，横截面又关于中性轴不对称，则应将截面按梁绝对值最大的弯矩所在之处中性轴偏于受拉侧放置才是合理的。

综上所述，危险截面、危险点的确定是梁强度计算的关键。从上面的例题可以总结出如下规律：

(1)如果材料的抗拉和抗压的性能相等，弯矩绝对值最大的截面为危险截面，危险点为该截面离中性轴最远的点。

(2)如果材料的抗拉和抗压的性能不相等，梁上的弯矩同号时，峰值弯矩截面处为危险截面。

(3)如果材料的抗拉和抗压的性能不相等，梁上的弯矩异号时，截面中性轴到受拉区、受压区最远的点距离相等，弯矩绝对值最大的截面为危险截面；如果截面中性轴到受拉区、受压区最远的点距离不相等，正、负弯矩最大截面都为危险截面，危险点为危险截面受拉区或受压区离中性轴最远的点，这时进行强度校核，可以采用三种方法来进行。第一种方法是将两个危险截面的最大拉应力和最大压应力分别计算与许用的拉、压应力比较。第二种方法是根据弯矩值和截面中性轴到受拉区、受压区最远的点距离，先判断最大拉应力或最大压应力发生在哪个截面，然后计算最大拉应力和最大压应力与许用的拉、压应力比较。第三种方法是先判断危险截面强度是由拉应力还是压应力控制，再计算最大应力与许用应力比较。

第三节 弯曲切应力及其强度计算

梁横力弯曲时,横截面上既有正应力 σ,又有切应力 τ。本节将讨论几种常见的截面形状梁的切应力计算公式。工程实际表明,对一般的实体截面或非薄壁截面的细长梁,弯曲正应力对其强度的影响是主要的,而弯曲切应力的影响很小,可以不予考虑。但对非细长梁或支座附近作用有较大的横向荷载(在这种情况下,梁中的弯矩较小,而剪力却可能很大),或对抗剪能力差的梁(如木梁、焊接或铆接的薄壁截面梁等),其弯曲切应力对梁的强度的影响一般不能忽视。因此,本节将首先讨论梁弯曲切应力的计算,然后建立梁的弯曲切应力强度条件。

一、弯曲切应力

需要说明,一般而言,横截面上弯曲切应力的分布情况比弯曲正应力的分布情况要复杂得多,因此对由剪力引起的弯曲切应力,不再用几何、物理和静力学关系进行推导,而是在确定弯曲正应力公式(6-9)仍然适用的基础上,假设切应力在横截面上的分布规律,然后根据平衡条件得出弯曲切应力的近似计算公式。下面按梁截面的形状分几种情况介绍梁的弯曲切应力的计算方法。

1. 矩形截面梁

如图 6-14 所示矩形截面梁,设其高度为 h,宽度为 b,在其纵向对称面 xy 内作用有横向荷载。由梁的内力分析可知,在任一横截面上,剪力 F_Q 皆与对称轴 y 重合[图 6-14b)]。在 h 大于 b 时,对弯曲切应力沿横截面的分布规律,作如下假设:

(1)横截面上各点处的切应力皆平行于剪力 F_Q 或截面侧边[图 6-14c)]。

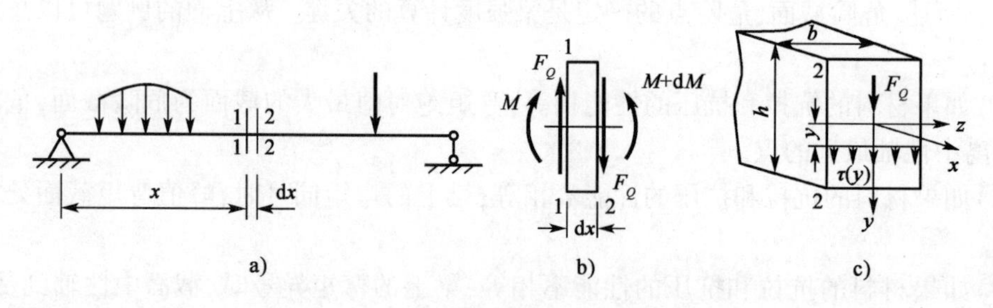

图 6-14

(2)切应力沿截面宽度均匀分布,即离中性轴等远的各点处的切应力相等[图 6-14c)]。

进一步的精确分析证明,上述两个假设对于高度 h 大于宽度 b 的矩形截面梁是成立的。

现用相距 dx 的两个横截面 1-1 与 2-2 从梁[图 6-14a)]中截取一微段并放大,如图 6-14b)所示。由于微段梁上无荷载,故在横截面 1-1 与 2-2 上,剪力大小相等,均为 F_Q,而弯矩不等,分别为 M 和 $M+\mathrm{d}M$[图 6-14b)]。因此,在微段梁左、右横截面 1-1 与 2-2 上距中性轴等远的对应点处,切应力大小相等,以 $\tau(y)$ 表示,而正应力不等,可分别用 σ_1 与 σ_2 表示[图 6-15a)]。为了得到横截面上距中性轴为 y 的各点处的切应力 $\tau(y)$,再用一距中性层

为 y 的纵向截面 m-n 将此微段梁截开，取其下部的微块[图 6-15b)]作为研究对象。设微块横截面 $m1$ 与横截面 $n2$ 的面积为 A^*，则在横截面 $m1$ 上作用着由法向微内力 $\sigma_1 \mathrm{d}A$[图 6-15c)]所组成的合力 F_1^*（其方向平行于 x 轴），其值为

$$F_1^* = \int_{A^*} \sigma_1 \mathrm{d}A = \int_{A^*} \frac{My^*}{I_z} \mathrm{d}A = \frac{M}{I_z} \int_{A^*} y^* \mathrm{d}A = \frac{M}{I_z} S_z^* \tag{6-15}$$

式中，y^* 为微块横截面的微面积 $\mathrm{d}A$ 到中性轴的距离[图 6-15c)]，而积分

$$S_z^* = \int_{A^*} y^* \mathrm{d}A$$

为微块横截面 A^* 对中性轴的静矩。

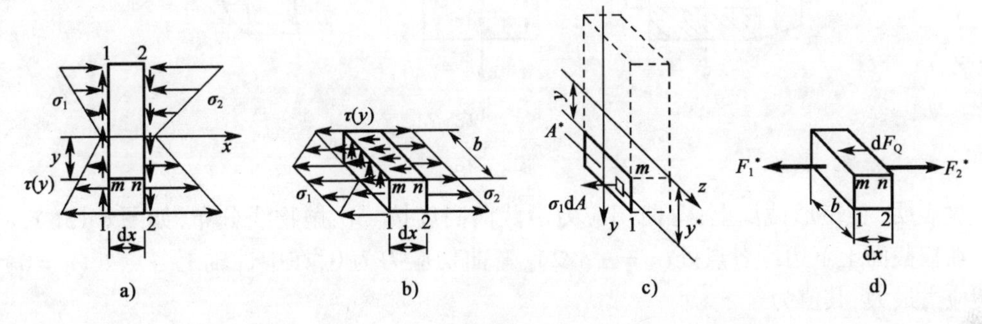

图　6-15

同理，在微块的横截面 $n2$ 上亦作用着由微内力 $\sigma_2 \mathrm{d}A$ 所组成的合力 F_2^*（其方向平行于 x 轴），其值为

$$F_2^* = \frac{M + \mathrm{d}M}{I_z} S_z^* \tag{6-16}$$

此外，根据切应力互等定理，并结合上述两个假设，以及微段梁上无荷载因而任一横截面上剪力相同的情况可知，在微块的纵向截面 m-n 上作用着均匀分布且与 $\tau(y)$ 大小相等的切应力 τ'[图 6-15b)]，故该截面上切向内力系的合力为

$$\mathrm{d}F_Q = \tau(y) b \mathrm{d}x \tag{6-17}$$

F_1^*、F_2^* 及 $\mathrm{d}F_Q$ 的方向都平行于 x 轴[图 6-15d)]，应满足平衡条件 $\sum F_x = 0$，即

$$F_2^* - F_1^* - \mathrm{d}F_Q = 0 \tag{6-18}$$

将式(6-15)、式(6-16)、式(6-17)代入式(6-18)，并利用式(5-6)，得

$$\tau(y) = \frac{F_Q S_z^*}{I_z b} \tag{6-19}$$

式中：F_Q——横截面上的剪力；

b——所求点处截面宽度；

I_z——整个横截面对中性轴的惯性矩；

S_z^*——所求点坐标 y 处截面宽度一侧的部分截面对中性轴的静矩。

式(6-19)即矩形截面上任一点的弯曲切应力的计算公式。

对于矩形截面，由图 6-16a)，有

$$S_z^* = A^* y_C^* = b\left(\frac{h}{2} - y\right) \times \frac{1}{2}\left(\frac{h}{2} + y\right) = \frac{b}{2}\left(\frac{h^2}{4} - y^2\right) \tag{6-20}$$

其值随所求点距中性轴的距离 y 的不同而改变。

将式(6-20)及 $I_z=\frac{bh^3}{12}$ 代入式(6-19),得

$$\tau(y)=\frac{3F_Q}{2bh}\left(1-\frac{4y^2}{h^2}\right) \tag{6-21}$$

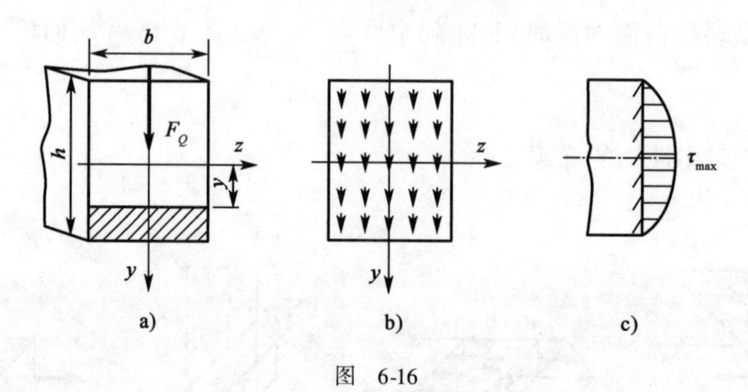

图 6-16

这表明,在矩形截面上,弯曲切应力沿截面高度按二次抛物线分布,如图6-15b)、c)所示。在横截面上下边缘各点处($y=\pm h/2$),弯曲切应力为0,在中性轴上各点处($y=0$),弯曲切应力最大,其值为

$$\tau_{max}=\frac{3F_Q}{2bh}=\frac{3F_Q}{2A} \tag{6-22}$$

式中,$A=bh$ 为矩形截面面积。由式(6-22)可知,矩形截面上最大弯曲切应力为其在横截面上平均值的1.5倍。

对比精确分析的计算结果可知,对于 h 比 b 大得多的矩形截面,式(6-22)的计算结果是足够精确的。例如,当 $h=2b$ 时,所得的 τ_{max} 值略偏小,误差约为3%;当 $h=b$ 时,误差将达13%;而当 $h\leqslant b/2$ 时,τ_{max} 值过小,误差超过为40%,但在这种情形下切应力的实际数值本身将是很小的(正应力值一般很大),对梁的强度影响不大。

2. 圆形等截面梁

对于圆形、梯形等截面,由切应力互等定理可知,横截面周边上各点处弯曲切应力必与周边相切,故在横截面上除竖直对称轴及中性轴上各点外,其余各点处切应力方向不再平行于剪力 F_Q。对这类截面,不能照搬矩形截面梁对弯曲切应力所作的假设。但研究表明,这类截面的最大弯曲切应力仍发生在中性轴上,因此可以认为在中性轴上,各点切应力大小相等,方向平行于剪力 F_Q,其值仍可用公式(6-8)计算,即

$$\tau_{max}=\frac{F_QS_{zmax}^*}{I_zb} \tag{6-23}$$

式中:b——横截面在中性轴处的宽度;

I_z——整个横截面对中性轴的惯性矩;

S_{zmax}^*——中性轴一侧的部分截面对中性轴的静矩。

对如图6-17a)所示直径为 d 的圆形截面,按式(6-23)计算其最大弯曲切应力时,$b=d$,$I_z=\pi d^4/64$,S_{zmax}^* 为图6-17b)中画阴影线的部分截面对中性轴的静矩,其值为

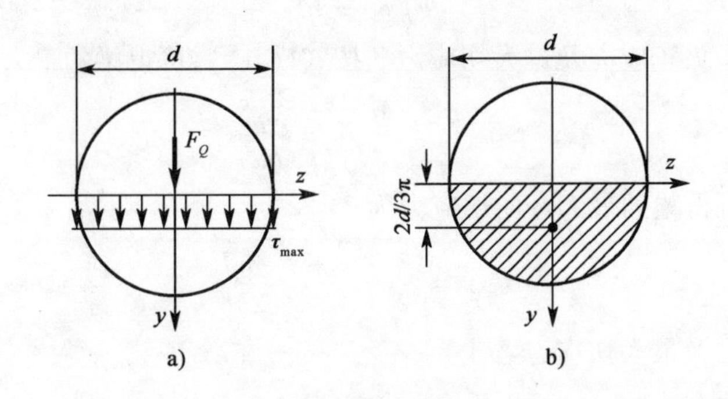

图　6-17

$$S_{z\max}^{*}=\frac{\pi(d/2)^{2}}{2}\times\frac{2d}{3\pi}=\frac{d^{3}}{12}\tag{6-24}$$

于是有

$$\tau_{\max}=\frac{4}{3}\cdot\frac{F_{Q}}{A}\tag{6-25}$$

式中,$A=\pi d^2/4$ 为圆截面面积。由此可见,圆形截面上的最大弯曲切应力为其平均值的1.33倍。与精确分析的结果相比较,这里得出的 τ_{max} 值略偏小,但误差不到4%。

[例6-7]　图6-18a)所示矩形截面悬臂梁,设 q、l、b、h 为已知,试求梁中的最大正应力及最大切应力,并比较两者的大小。

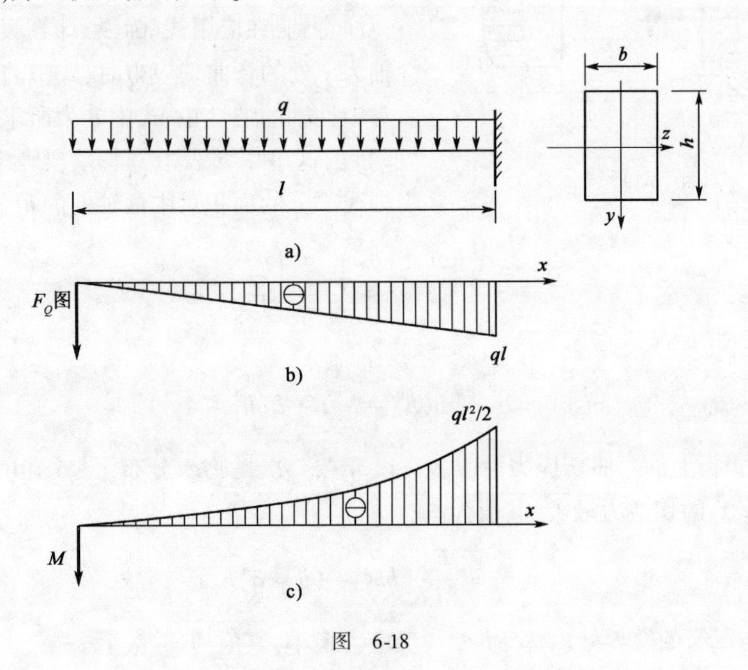

图　6-18

解　(1)求梁的最大剪力和最大弯矩。作梁的剪力图和弯矩图,由图可见,该梁的危险截面在固定端处,其端截面上的内力值(绝对值)为

$$M_{\max}=\frac{ql^{2}}{2}$$

$$F_{Q\max} = ql$$

(2)求梁中的最大正应力及最大切应力。按式(6-11),可得梁的最大弯曲正应力为

$$\sigma_{\max} = \frac{M_{\max}}{W_z} = \frac{3ql^2}{bh^2}$$

按式(6-22),可得梁的最大弯曲切应力为

$$\tau_{\max} = \frac{3}{2}\frac{F_{Q\max}}{A} = \frac{3ql}{2bh}$$

(3)最大正应力及最大切应力之比为

$$\frac{\sigma_{\max}}{\tau_{\max}} = \frac{2l}{h}$$

【评注】 由此例可见,当 $l \geqslant 5h$ 时,$\sigma_{\max} \geqslant 10\tau_{\max}$,即切应力值相对较小。进一步计算表明,对于非薄壁截面细长梁,弯曲切应力与弯曲正应力的比值的数量级约等于梁的高跨比。

3. 工字形等截面梁

对工字形、T形、箱形等截面,由于腹板(即截面的竖直部分)为狭长矩形,关于矩形截面上的切应力分布规律的假设依然成立,因此可用式(6-19)计算腹板上各点处的弯曲切应力,并且截面上最大弯曲切应力均发生在中性上各点处。下面结合图6-19a)所示工字形截面说明腹板上弯曲切应力的分布规律。

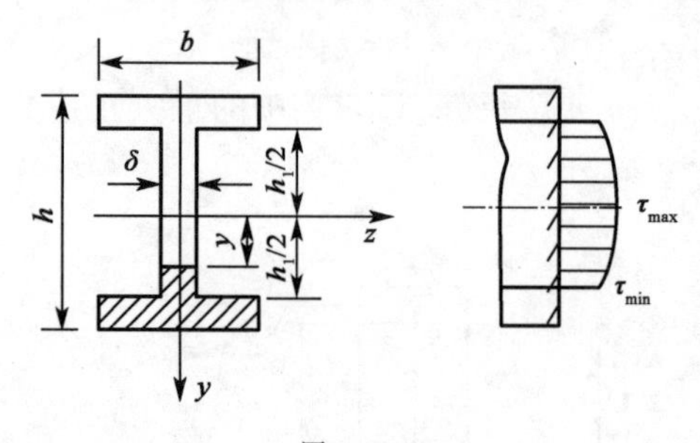

图 6-19

注意到,在应用式(6-19)计算腹板截面上距中性轴为 y 处的弯曲切应力时,式中的 I_z 应为整个截面对中性轴的惯性矩,式中 b 为所求点处腹板的宽(厚)度,这里用 δ 表示,而 S_z^* 则为图6-19a)中画阴影线部分的面积对中性轴的静距,其值为

$$S_z^* = \frac{b}{2}\left(\frac{h^2}{4} - \frac{h_1^2}{4}\right) + \frac{\delta}{2}\left(\frac{h_1^2}{4} - y^2\right)$$

于是有

$$\tau(y) = \frac{F_Q}{8I_z\delta}[b(h^2 - h_1^2) + \delta(h_1^2 - 4y^2)] \tag{6-26}$$

这表明,腹板上的弯曲切应力沿腹板高度亦按二次抛物线分布[图6-19b)]。在中性轴上各点处($y=0$)的切应力最大,其值为

$$\tau_{\max} = \frac{F_Q}{8I_z\delta}[bh^2 - (b - \delta)h_1^2] \tag{6-27}$$

在腹板与翼缘的交界处($y = \pm h/2$),切应力最小,其值为

$$\tau_{\min} = \frac{F_Q}{8I_z\delta}(bh^2 - bh_1^2) \tag{6-28}$$

比较式(6-27)与式(6-28)可见,当腹板厚度远小于翼缘宽度时,最大切应力与最小切应力的差值很小,因此,也可以将腹板上切应力视为均匀分布。若以图6-19b)中应力分布图的

面积乘以腹板厚度,即得腹板上的总剪力。计算结果表明,横截面上的剪力 F_Q 几乎全部由腹板所承担,所以也可用腹板面积除剪力来近似计算腹板的切应力,即

$$\tau = \frac{F_Q}{h_1\delta} \tag{6-29}$$

在翼缘上,切应力的分布情况略为复杂,除了有平行于 y 轴的切应力分量外,还有与翼缘长边平行的切应力分量。但注意到,几乎全部剪力由腹板所承担,只有很小一部分剪力由翼缘所承担,所以翼缘上最大切应力必然小于腹板上的切应力,故强度设计时一般不予考虑。由于工字形梁等翼缘的全部面积都集中在离中性轴较远处,其上每一点的弯曲正应力数值都比较大,所以,翼缘负担了截面上的大部分弯矩。

综上所述,横力弯曲时,横截面上与剪力相应的弯曲切应力沿高度非均匀分布。并且,除了宽度在中性轴处显著增大的截面或某些特殊情况如正方形截面沿对角线加载,以及菱形、三角形截面外,横截面上的最大切应力总是发生在中性轴上各点处。

需要说明,计算横截面上的弯曲切应力时,可以不考虑式(6-19)及式(6-23)中各项的正负号,以绝对值计算,而弯曲切应力的方向由该截面上的剪力方向确定,两者方向相同。

此外,上述弯曲切应力公式均是在确定弯曲正应力式(6-9)适用的基础上导出的,故它们的应用条件与式(6-9)的相同。

[例 6-8]　槽形截面简支梁的尺寸及荷载情况如图 6-20a)所示。已知截面对中性轴的惯性矩 $I_z = 46.5\times10^{-6}\text{m}^4$。试求:

(1)计算最大剪力所在截面上 a、b、c、d 各点的切应力。

(2)绘制出最大剪力所在截面的腹板上切应力沿腹板高度的分布规律图。

解　(1)求梁的最大剪力。作梁的剪力图如图 6-20b)所示,可见,最大剪力(绝对值)位于 A 端截面及 DB 段梁的任一横截面上,其值为

$$F_{Q\max} = 20\text{kN}$$

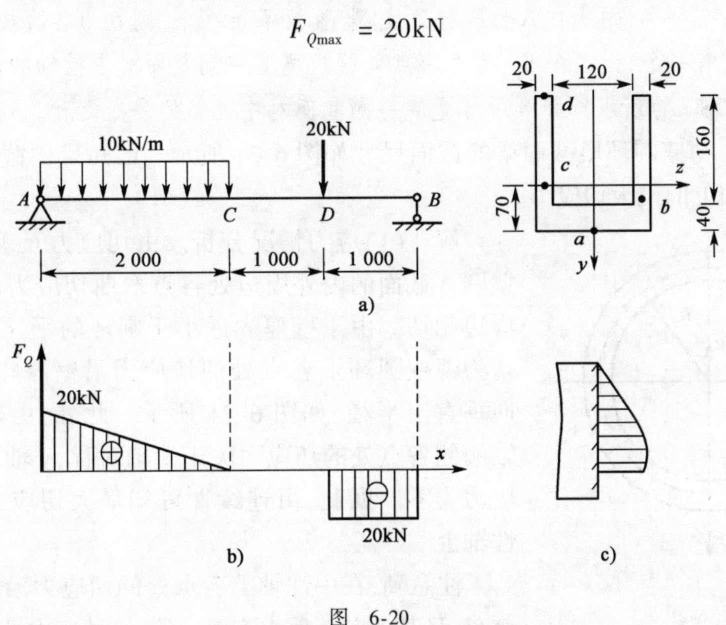

图　6-20

(2)计算最大剪力所在截面上 a、b、c、d 各点处的切应力。

a、d 点:由图 6-20a)可见,a、d 点分别位于横截面上、下边缘处,因其所在宽度的一侧截面对中性轴的静矩为零,故由式(6-23)可得

$$\tau_a = \tau_d = 0$$

b 点:由图 6-20a)可见,该点位于腹板与翼缘交界处,其所在宽度为 $\delta = 40\text{mm}$;其所在宽度的一侧截面对中性轴的静矩(绝对值)为

$$S_z^* = 160 \times 40 \times 50 = 320 \times 10^3\text{mm}^3 = 320 \times 10^{-6}\text{m}^3$$

故由式(6-23)可得 b 处的弯曲切应力为

$$\tau_b = \frac{F_Q S_z^*}{I_z \delta} = \frac{20 \times 10^3 \times 320 \times 10^{-6}}{46.5 \times 10^{-6} \times 40 \times 10^{-3}} = 3.44 \times 10^6\text{Pa} = 3.44\text{MPa}$$

其方向与该截面上剪力的方向相同。

c 点:由图 6-20a)可见,该点位于中性轴上,宽度为 $\delta = 40\text{mm}$;其宽度的一侧截面对中性轴的静矩(绝对值)为

$$S_{z\max}^* = 2 \times 20 \times 130 \times 65 = 338 \times 10^3\text{mm}^3 = 338 \times 10^{-6}\text{m}^3$$

故由式(6-23)可得

$$\tau_c = \frac{F_Q S_{z\max}^*}{I_z \delta} = \frac{20 \times 10^3 \times 338 \times 10^{-6}}{46.5 \times 10^{-6} \times 40 \times 10^{-3}} = 3.63 \times 10^6\text{Pa} = 3.63\text{MPa}$$

其方向与该截面上剪力的方向相同。

(3)绘制最大剪力所在截面的腹板上切应力沿腹板高度的分布规律图。由式(6-23)可知,弯曲切应力沿腹板高度按二次抛物线规律分布,在中性轴上弯曲切应力最大,由以上计算的结果,绘出 A 截面上切应力沿高度的分布规律如图 6-20c)所示。

【评注】 在应用式(6-23)计算由几个矩形组成的截面中腹板上各点处的切应力时要注意,若腹板只有一个,则式中 δ 为腹板宽度;若腹板不止一个,则 δ 为各腹板宽度之和。相应地,若腹板只有一个,则式中 S_z^* 为所求点处腹板宽度一侧截面对中性轴的静矩;若腹板不止一个,则式中 S_z^* 为所求点处各腹板宽度一侧截面对中性轴的静矩之和。

[例 6-9] 薄壁圆环形截面梁的截面尺寸如图 6-21 所示。已知梁横截面上的剪力为 F_Q,试求该截面上的最大切应力。

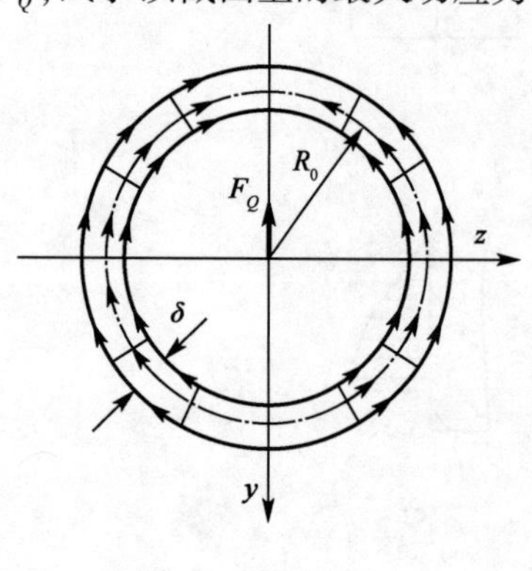

图 6-21

解 (1)应力情况分析。由切应力互等定理可知,等壁圆环截面的内外周边处各点弯曲切应力的方向必然与周边相切。由于壁厚 δ 远小于圆环的平均半径 R_0,故可认为薄壁圆环上各点处的切应力沿壁厚均匀分布,其方向垂直于半径,如图 6-21 所示。此外,由对称性可知,y 轴两侧各点处的切应力关于 y 轴对称,y 轴上各点处的切应力为零。据此,由连续性可知最大切应力必发生在中性轴上。

注意到,在中性轴上各点处的切应力沿截面宽度均匀分布,且其方向与剪力方向一致,这种应力情况符合矩形截

面梁关于切应力分布的两个假设,故可用式(6-23)计算,即

$$\tau_{max} = \frac{F_Q S_{zmax}^*}{I_z b}$$

式中:S_z^*——半个圆环形面积对中性轴 z 的静矩;

I_z——半个圆环形面积对中性轴的惯性矩;

b——中性轴上圆环截面的宽度,即 $b = 2\delta$。

(2)计算 S_z^*、I_z。将半个圆环视为大圆减去小圆所得的图形,于是利用组合图形静矩与惯性矩的计算方法,可得

$$S_z^* = \frac{2}{3}\left(R_0 + \frac{\delta}{2}\right)^3 - \frac{2}{3}\left(R_0 - \frac{\delta}{2}\right)^3 \approx 2R_0^2\delta$$

$$I_z = \frac{\pi}{4}\left(R_0 + \frac{\delta}{2}\right)^4 - \frac{\pi}{4}\left(R_0 - \frac{\delta}{2}\right)^4 \approx \pi R_0^3\delta$$

(3)计算截面上的最大切应力。将 S_z^*、I_z 和 b 代入公式,得

$$\tau_{max} = \frac{F_Q S_{zmax}^*}{I_z b} \approx 2 \times \frac{F_Q}{2\pi R_0 \delta} = 2\frac{F_Q}{A}$$

式中,$A = 2\pi R_0 \delta$,为薄壁圆环形截面的面积。

由此可见,薄壁圆环形截面上的最大弯曲切应力为其平均值的两倍。

【评注】 对于其他具有纵向对称轴的薄壁截面梁,均可仿照例6-9的方法来分析和计算其横截面上的最大弯曲切应力。

二、弯曲切应力强度条件

由上述分析可见,一般情况下,等直梁在横力弯曲时,最大弯曲切应力 τ_{max} 发生在最大剪力 F_{Qmax} 所在截面(称为危险截面)的中性轴上各点(称危险点)处,其计算公式为

$$\tau_{max} = \frac{F_{Qmax} S_{zmax}^*}{I_z b} \tag{6-30}$$

式中:F_{Qmax}——全梁的最大剪力;

I_z——整个截面对中性轴 z 的惯性矩;

b——横截面在中性轴处的宽度;

S_{zmax}^*——中性轴一侧的横截面面积对中性轴的静矩(为了方便计算,本书在附录热轧型钢(GB/T 706—2008)中增添了 I_z/S_{zmax}^* 的值)。

由于中性轴上各点处弯曲正应力为零,故最大弯曲切应力 τ_{max} 所在中性轴上各点均处于纯剪切应力状态,相应的强度条件为

$$\tau_{max} = \frac{F_{Qmax} S_{zmax}^*}{I_z b} \leqslant [\tau] \tag{6-31}$$

即要求等直梁内最大弯曲切应力 τ_{max} 不超过材料的许用切应力$[\tau]$。

细长梁的强度,控制因素是弯曲正应力,满足弯曲正应力强度条件的梁,一般说都能满足切应力强度条件。只有在下述几种特殊情况下,必须进行梁的切应力强度校核:

(1)梁的跨度较短,或在支座附近作用较大的荷载,以致梁的弯矩较小,而剪力很大。

(2)对于焊接或铆接的组合截面(如工字形)钢梁,如腹板较薄而高度较大,以致厚度与高度的比值小于型钢的相应比值,则须对腹板进行切应力校核。

(3)经焊接、铆接或胶合而成的梁,对焊缝、铆钉或胶合面等,一般要进行剪切计算。

(4)木材在顺纹方向的抗剪强度较差,同一品种木材在顺纹方向的许用切应力[τ]比其抗拉、抗压许用正应力[σ]要低得多,故木梁在横力弯曲时,可能因中性层上的剪力过大而使梁沿中性层发生剪切破坏。因此,对木梁一般要进行切应力校核。

[例 6-10] 简支梁 AB 如图 6-22a)所示,$l=2\text{m}$,$a=0.2\text{m}$。梁上的荷载 $q=10\text{kN/m}$,$F=200\text{kN}$。材料的许用应力为$[\sigma]=160\text{MPa}$,$[\tau]=100\text{MPa}$。试选择适用的工字钢型号。

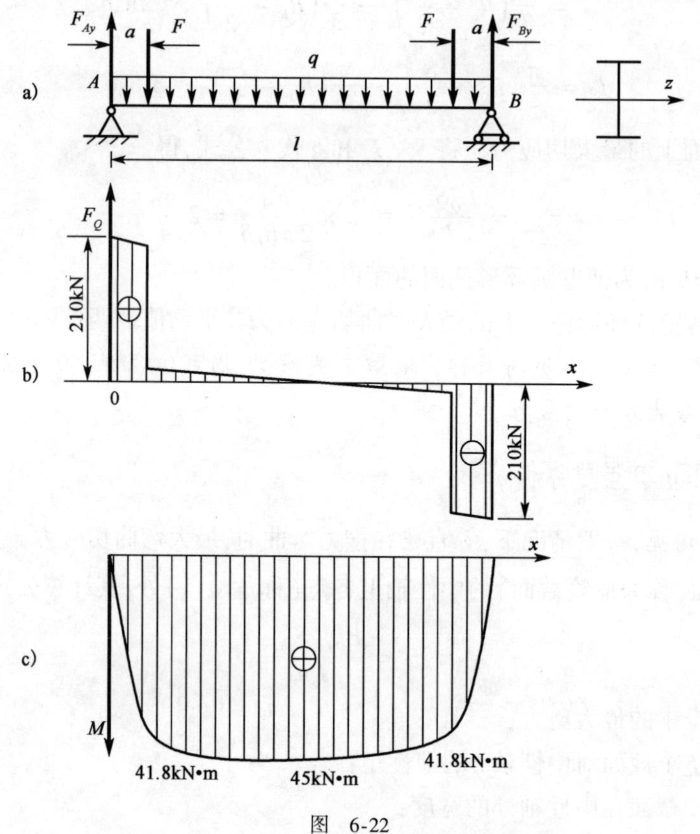

图 6-22

解 (1)计算支反力,得

$$F_{Ay}=F_{By}=210\text{kN}$$

(2)画剪力图和弯矩图,如图 6-22b)和 6-22c)所示。

(3)根据最大弯矩选择工字钢型号。$M_{\max}=45\text{kN}\cdot\text{m}$,由正应力强度条件,得

$$W_z=\frac{M_{\max}}{[\sigma]}=\frac{45\times10^3}{160\times10^6}=281\times10^{-6}\text{m}^3=281\text{cm}^3$$

查型钢表,选用 22a 工字钢,其 $W_z=309\text{cm}^3$

(4)校核梁的切应力。由附录中查出,$\dfrac{I_z}{S_z^*}=18.9\text{cm}$,腹板厚度 $d=0.75\text{cm}$。由剪力图知

$F_{Q\max}=210\text{kN}$。代入切应力强度条件，得

$$\tau_{\max}=\frac{F_{Q_{\max}}S_{z\max}^{*}}{I_{z}b}$$

$$=\frac{210\times10^{3}}{18.9\times10^{-2}\times0.75\times10^{-2}}$$

$$=148\text{MPa}>[\tau]$$

$\tau_{\max}$超过$[\tau]$很多，应重新选择更大的截面。现以 25b 工字钢进行试算。由表查出，$\frac{I_z}{S_z^*}=21.3\text{cm}$，$d=1\text{cm}$。再次进行切应力校核，得

$$\tau_{\max}=\frac{210\times10^{3}}{21.3\times10^{-2}\times10^{-2}}=98.6\text{MPa}<[\tau]$$

因此，要同时满足正应力和切应力强度条件，应选用型号为 25b 工字钢。

[例 6-11] 一简易起重设备如图 6-23 所示。起重量(含电葫芦自重)$F=30\text{kN}$，跨长 $l=5\text{m}$。吊车大梁 AB 由 20a 工字钢制成，其许用应力$[\sigma]=170\text{MPa}$，$[\tau]=100\text{MPa}$，试校核此梁强度。

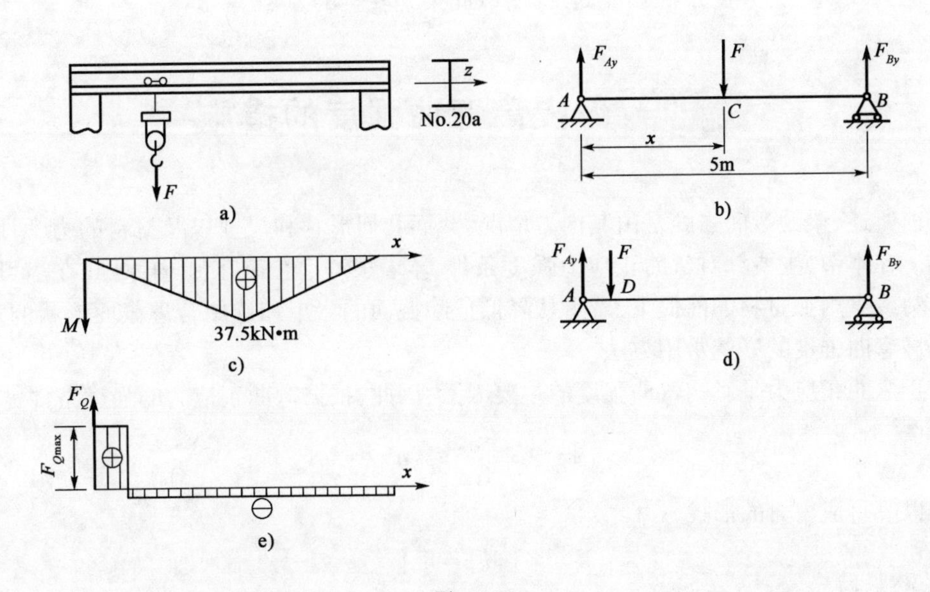

图 6-23

解 此吊车梁可简化为简支梁，如图 6-23 所示。

(1)求荷载的最不利位置。

设荷载移动到离 A 支座距离为 x 处截面时梁的弯矩最大，则支座反力为

$$F_{Ay}=\frac{F(l-x)}{l},F_{By}=\frac{Fx}{l}$$

弯矩为

$$M=\frac{F(l-x)}{l}\cdot x$$

则当$\frac{dM}{dx}=0, x=\frac{l}{2}$时，弯矩达到最大。此时梁的弯矩图，如图5-23b)所示，$M_{max}=37.5kN \cdot m$。

(2)校核正应力强度。

由型钢表查得20a工字钢的$W_z=237cm^3$，将M_{max}、W_z之值代入正应力强度条件，得

$$\sigma_{max}=\frac{M_{max}}{W_z}=\frac{37.5\times10^3}{137\times10^{-6}}=158MPa<[\sigma]$$

(3)切应力强度校核。

当荷载移动紧靠任一支座，例如A支座处时[图6-23d)]，此时支座反力最大，而梁的剪力也最大，剪力如图6-23e)所示。

$$F_{Q max}=F_{Ay}\approx F=30kN$$

由型钢表查出20a工字钢的$I_z/S_z^*=17.2cm$，腹板厚$d=0.7cm$。将以上三个数值代入切应力强度条件，得

$$\tau_{max}=\frac{F_{Q max}}{\frac{I_z}{S_z^*}d}=\frac{30\times10^3}{17.2\times10^{-2}\times0.7\times10^{-2}}=24.9MPa<[\tau]$$

正应力及切应力强度条件均能满足，所以此梁是安全的。

第四节 提高弯曲强度的措施

如前所述，梁的弯曲强度是由其内力情况、截面几何形状和尺寸以及材料的力学性质所决定的。在本节，主要针对弯曲正应力强度条件，本着安全、经济、实用的原则，在尽可能不增加材料或少增加材料的前提下，着重从降低危险截面的弯矩和选用合理截面形状的角度，介绍提高弯曲强度的一些常用方法。

由于弯曲正应力是影响弯曲强度的主要因素，因此，根据弯曲正应力的强度条件

$$\sigma_{max}=\frac{M_{max}}{W_z}\leqslant[\sigma] \tag{6-32}$$

上式可以改写成内力的形式

$$M_{max}\leqslant[M]=W_z[\sigma] \tag{6-33}$$

由式(6-32)和式(6-33)可以看出，提高弯曲强度的措施主要是从三方面考虑：减小最大弯矩、合理设计梁的截面和采用等强度梁。

一、减小最大弯矩

1.改变加载的位置或加载方式

可以通过改变加载位置或加载方式达到减小最大弯矩的目的。如当集中力作用在简支梁跨度中间时[图6-24a)]，其最大弯矩为$Fl/4$；当荷载的作用点移到梁的一侧，如距左侧$l/6$处[图6-24b)]，则最大弯矩变为$5Fl/36$，是原最大弯矩的0.56倍。当荷载的位置不能改变时，可以把集中力分散成较小的力，或者改变成分布荷载，从而减小最大弯矩。例如利用副

梁把作用于跨中的集中力分散为两个集中力[图 6-24c)]，而使最大弯矩降低为 $Fl/8$。利用副梁来达到分散荷载、减小最大弯矩，是工程中经常采用的方法。

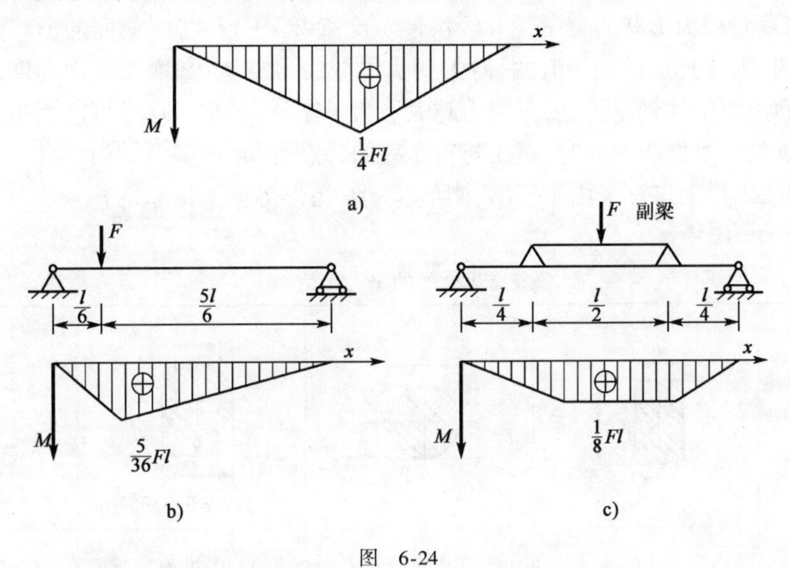

图　6-24

2. 改变支座的位置

可以通过改变支座的位置来减小最大弯矩。例如图 6-25a)所示受均布荷载的简支梁，$M_{max}=ql^2/8=0.125ql^2$。若将两端支座各向里移动 $0.2l$[图 6-25b)]，则最大弯矩减小为 $M_{max}=ql^2/40=0.025ql^2$，只及前者的1/5。

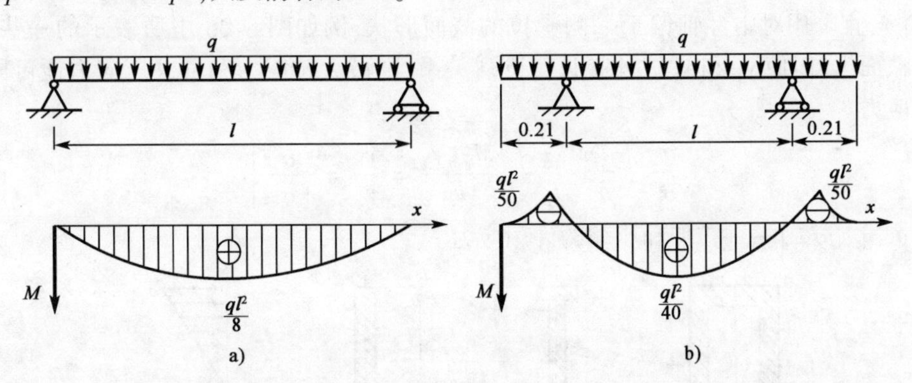

图　6-25

二、合理设计梁的截面

梁承受的 M_{max} 与抗弯截面系数 W_z 成正比，W_z 越大越有利。例如高度 h 大于宽度 b 的矩形截面梁，当其截面竖放时，$W_{z1}=bh^2/6$；当其截面平放时，$W_{z2}=hb^2/6$。两者之比为

$$\frac{W_{z1}}{W_{z2}}=\frac{h}{b}>1 \tag{6-34}$$

所以，竖放比横放有较高的抗弯强度，更为合理。因此，房屋和桥梁等建筑物中的矩形截面梁，一般都是竖放的。

另一方面,使用材料的多少和自重的大小与截面面积 A 成正比,面积越小,用的材料就越少,越轻巧。因而合理截面形状该是截面面积 A 较小,而抗弯截面系数 W_z 较大。所以用比值 W_z/A 来衡量截面形状的合量性和经济性。比值 W_z/A 较大,则截面的形状就较为经济合量。而增加 W_z/A 比值的途径有两种:①变实体截面为空体;②增加截面高度。这是因为弯曲时梁截面上离中性轴越远处,正应力越大。为了充分利用材料,尽可能地把材料放置到离中性轴较远处。当面积相同时,对比材料布置的特点可知,工字形最为合理,矩形次之,圆形最差。因此,工程上广泛采用工字形、槽形、环形、箱形等截面形状的抗弯构件。常见截面的 W_z/A 列于表 6-1 中。

常见截面的 W_z/A 值 表 6-1

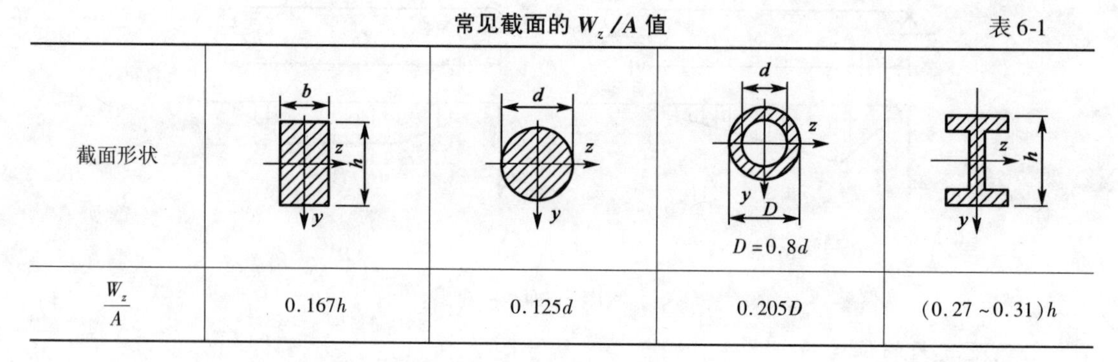

截面形状			$D=0.8d$	
$\dfrac{W_z}{A}$	$0.167h$	$0.125d$	$0.205D$	$(0.27\sim0.31)h$

在讨论截面的合理形状时,还应考虑到材料的特性。对抗拉和抗压强度相等的材料(如碳钢),宜采用对中性轴对称的截面,如圆形、矩形、工字形等。这样可使截面上、下边缘处的最大拉应力和最大压应力数值相等,同时接近许用应力。对抗拉和抗压强度不相等的材料(如铸铁),宜采用对中性轴偏于一侧受拉的截面形状,例如图 6-26 中所表示的一些截面。对这类截面,如能使 y_1 和 y_2 之比接近于下列关系,则最大拉应力和最大压应力便可同时接近许用应力。

$$\frac{\sigma^+_{\max}}{\sigma^-_{\max}}=\frac{M_{\max}y_1}{I_z}\Big/\frac{M_{\max}y_2}{I_z}=\frac{y_1}{y_2}=\frac{[\sigma^+]}{[\sigma^-]} \tag{6-35}$$

式中:$[\sigma^+]$、$[\sigma^-]$——拉伸和压缩的许用应力。

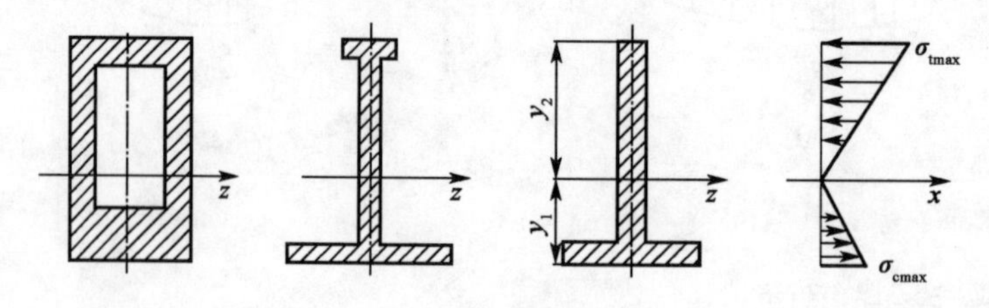

图 6-26

三、采用等强度梁

对于等截面梁,除 $M_{\max}$ 所在截面的最大正应力达到材料的许用应力外,其余截面的应力均小于甚至远小于许用应力。因此,为了节省材料,减轻结构的重量,可采用截面尺寸沿梁轴线变化的变截面梁。若使变截面梁每个截面上的最大正应力都等于材料的许用应力,则这种梁称为**等强度梁**。按等强度梁的要求,应有

$$W(x)=\frac{M(x)}{[\sigma]} \tag{6-36}$$

因此,可根据弯矩变化规律来确定等强度梁的截面变化规律。

如图6-27a)所示在集中力 F 作用下的简支梁为等强度梁,截面为矩形,且设截面高度 h 为常数,而宽度 b 为 x 的函数,即 $b=b(x)\left(0\leqslant x\leqslant\frac{l}{2}\right)$,则由上式,得

$$W(x)=\frac{b(x)h^2}{6}=\frac{M(x)}{[\sigma]}=\frac{\frac{F}{2}x}{[\sigma]} \tag{6-37}$$

得

$$b(x)=\frac{3Fx}{[\sigma]h^2} \tag{6-38}$$

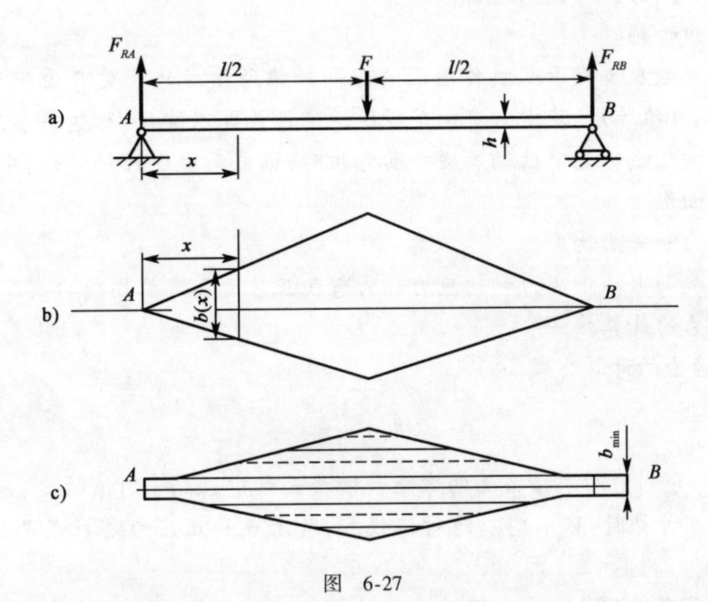

图　6-27

考虑到加工的经济性及其他工艺要求,工程实际中只能作成近似的等强度梁,例如机械设备中的阶梯轴[图6-28a)],工业厂房中的鱼腹梁[图6-28b)]及摇臂钻床的摇臂[图6-28c)]等。

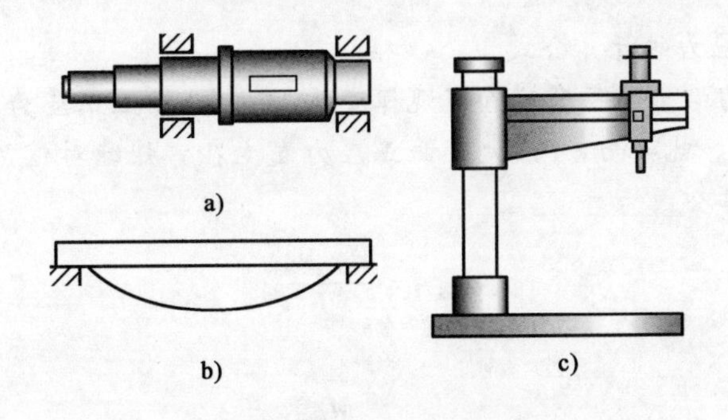

图　6-28

本章复习要点

1. 纯弯曲与横力弯曲

横截面上只有弯矩没有剪力时,梁的弯曲称为纯弯曲。横截面上既有弯矩又有剪力时,梁的弯曲称为横力弯曲。梁纯弯曲时横截面上只有正应力,梁横力弯曲时横截面上既有正应力又有切应力。

2. 平面假设与单向受力假设

应力公式的推导属于超静定问题,必须结合变形几何关系、物理关系和静力学关系才能解决,为此假设变形前为平面的横截面变形后仍为平面,这就是梁弯曲的平面假设。此外,设梁是由无数纵向纤维所组成的,变形后纵向纤维之间互不挤压,只受拉伸或只受压缩作用,称此假设为梁弯曲的单向受力假设。

3. 中性层与中性轴

设想梁是由无数层垂直于荷载作用面的纵向纤维所组成的。梁弯曲变形后,梁的一侧纤维伸长,另一侧纤维缩短,其中必有一层纤维既不伸长也不缩短,称这一层纤维为中性层。中性层与横截面的交线称为中性轴。梁平面弯曲时,横截面绕中性轴转动,中性轴垂直于荷载作用面且过截面形心。

4. 弯曲正应力和弯曲切应力

梁弯曲时横截面上的正应力和切应力称为弯曲正应力和弯曲切应力。

5. 弯曲正应力的计算

(1)弯曲正应力的计算公式

$$\sigma = \frac{My}{I_z}$$

式中,M 和 I_z 分别为所求横截面的弯矩和横截面对中性轴 z 的惯性矩;y 为所求应力点到中性轴的距离。计算时,M,y 均以绝对值代入,所求点的正应力是拉或是压,可根据梁的变形情况来确定。

公式是在平面假设和单向受力假设成立的情况下即在梁纯弯曲时导出的,并被推广到梁横力弯曲的情况。

公式适用于材料处于线弹性范围内的平面弯曲的梁,且材料拉伸和压缩时的弹性模量相等。

(2)最大弯曲正应力的计算公式

在横截面,正应力沿截面高度按直线规律变化,在中性轴上正应力为零,在离中性轴最远的点处正应力最大。就梁而言,最大弯曲正应力发生在弯矩绝对值最大的横截面上离中性轴最远点处,其计算公式为

$$\sigma_{\max} = \frac{M_{\max} y_{\max}}{I_z}$$

或

$$\sigma_{\max} = \frac{M_{\max}}{W_z}$$

式中，W_z 为抗弯截面系数。

对于高度为 h、宽为 b 的矩形截面[图 6-8a)]，有

$$I_z = \frac{bh^3}{12}, y_{\max} = \frac{h}{2}, W_z = \frac{bh^2}{6}$$

对于直径为 d 的圆形截面[图 6-9b)]，有

$$I_z = \frac{\pi d^4}{64}, y_{\max} = \frac{d}{2}, W_z = \frac{\pi d^3}{32}$$

对于外径为 D、内径为 d 的空心圆截面[图 6-9c)]，有

$$I_z = \frac{\pi}{64}(D^4 - d^4), y_{\max} = \frac{D}{2}, W_z = \frac{\pi D^3}{32}\left[1 - \left(\frac{d}{D}\right)^4\right]$$

6. 弯曲切应力的计算

(1) 弯曲切应力的计算公式

梁平面弯曲时，弯曲切应力的计算公式为

$$\tau(y) = \frac{F_Q S_z^*}{I_z b}$$

式中：F_Q——横截面上的剪力；

I_z——横截面对中性轴 z 的惯性矩；

b——所求切应力处横截面的宽度；

S_z^*——距中性轴为 y 的横线一侧部分横截面面积对中性轴的静矩。

计算时，F_Q、S_z^* 均以绝对值代入，所求点的切应力的方向与该截面上剪力的方向相同。

该公式是从矩形截面梁导出的，它适用于工字形、T 形和槽形等腹板是矩形的截面。

(2) 最大弯曲切应力的计算公式

在横截面上切应力沿截面高度按抛物线规律变化，一般情况下，在上、下边缘处切应力为零，在中性轴上切应力最大。就梁而言，最大弯曲切应力发生在剪力绝对值最大截面的中性轴上各点处，其计算公式为

$$\tau_{\max} = \frac{F_Q S_{z\max}^*}{I_z b}$$

式中，$S_{z\max}^*$ 为中性轴一侧的部分横截面面积对中性轴的静矩。

对矩形截面，最大弯曲切应力的计算公式为

$$\tau_{\max} = \frac{3F_Q}{2A}$$

对圆形截面，最大弯曲切应力的计算公式为

$$\tau_{\max} = \frac{4}{3} \cdot \frac{F_Q}{A}$$

对圆形截面，最大弯曲切应力的计算公式为

$$\tau_{\max} = \frac{2F_Q}{A}$$

7. 梁的强度计算

对细长梁，弯曲正应力是影响梁强度的主要因素，因此进行强度计算时，主要是满足正

应力的强度条件,即

$$\sigma_{\max} = \frac{M_{\max}}{W_z} \leqslant [\sigma]$$

在某些特殊情况下,还要校核是否满足切应力的强度条件,即

$$\tau_{\max} = \frac{F_{Q\max} S_{z\max}^*}{I_z b} \leqslant [\tau]$$

习　题

6-1　设梁在铅垂纵向对称面内受外力作用而弯曲。试画如题 6-1 图所示各横截面上正应力沿截面高度的分布图。

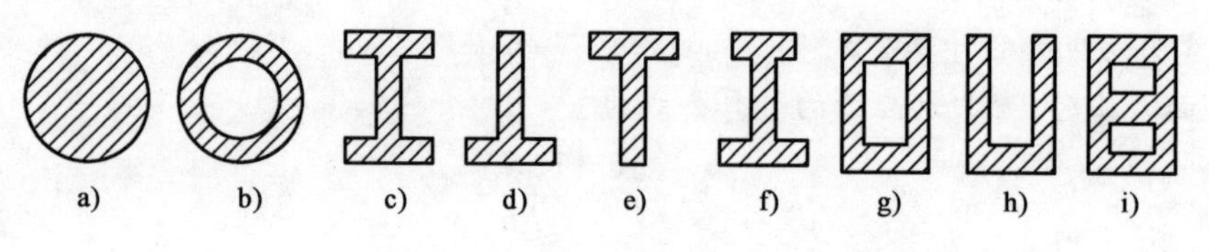

题 6-1 图

6-2　如题 6-2 图所示为一矩形截面简支梁,试求:(1)截面竖放时梁的最大弯矩所在截面上 a、b、c、d 各点的正应力;(2)截面平放时梁的最大弯矩所在截面上 a、b、c、d 各点的正应力。

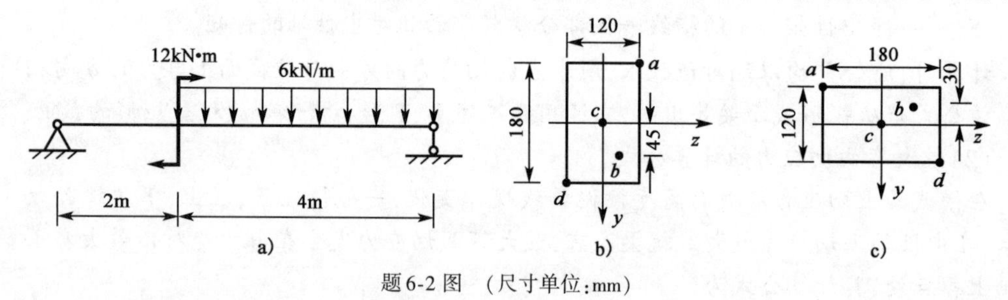

题 6-2 图　(尺寸单位:mm)

6-3　T 形截面外伸梁的荷载情况及截面尺寸如题 6-3 图 a)、b)所示,试求:(1)梁的最大拉应力和最大压应力;(2)若将截面倒置[图 6-3c)],梁的最大拉应力和最大压应力。

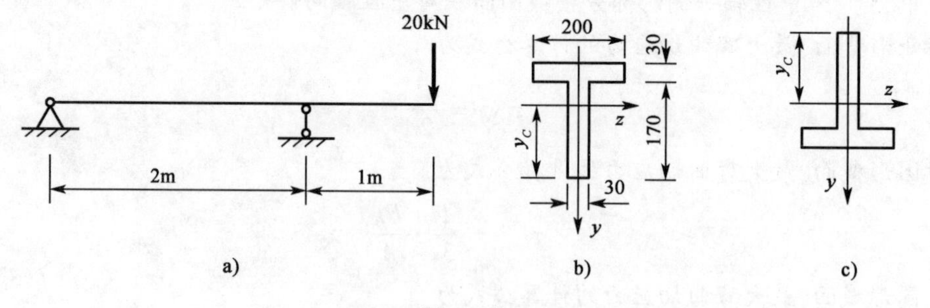

题 6-3 图

6-4　如题 6-4 图所示矩形截面钢梁,在荷载 F 作用下,测得横截面 C 底部的纵向正应变 $\varepsilon = 4.0 \times 10^{-4}$。已知钢的弹性模量 $E = 200\text{GPa}$,试求:(1)梁内的最大弯曲正应力;(2)梁上的荷载 F。

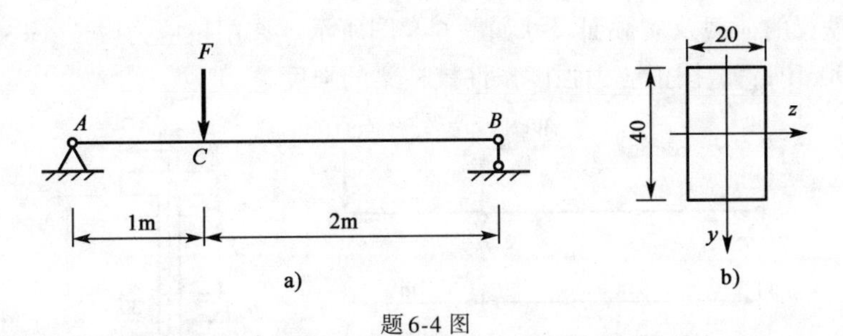

题 6-4 图

6-5 如题 6-5 图所示钢梁，材料的许用应力$[\sigma]=160\text{MPa}$。求：(1)试按弯曲正应力强度条件选择圆形和矩形(高宽比为2)两种截面尺寸；(2)比较两种截面的W_z/A，并说明哪种截面形式最为经济。

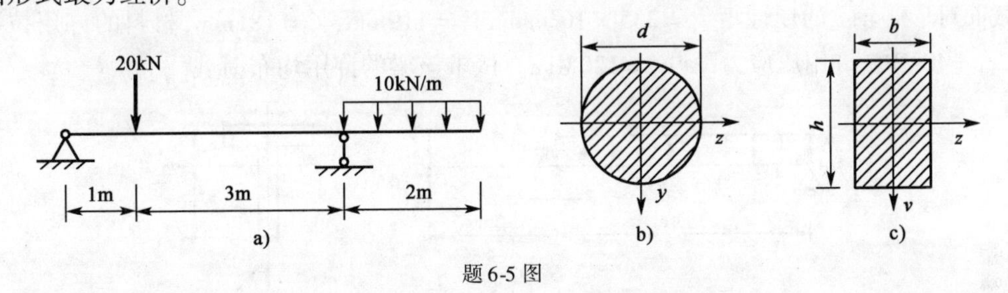

题 6-5 图

6-6 如题 6-6 图所示为一纯弯曲的梁，采用图示两种横截面面积大小相等的实心和空心圆截面，$D_1=40\text{mm}$，$d/D_2=3/5$。试计算其最大正应力，并求空心截面比实心截面最大弯曲正应力减小的百分比。

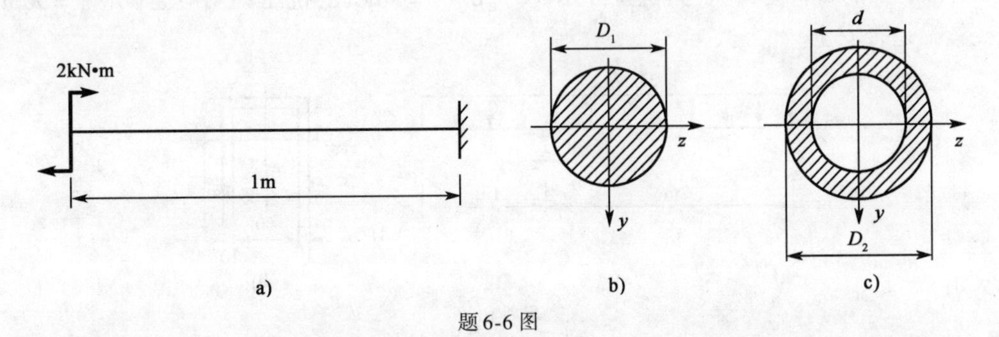

题 6-6 图

6-7 如题 6-7 图所示矩形截面木梁，$b=100\text{mm}$，$h=200\text{mm}$，许用应力$[\sigma]=10\text{MPa}$。若欲在梁跨中截面上垂直钻一直径为$d=40\text{mm}$的圆孔(不考虑应力集中)，试问是否安全。

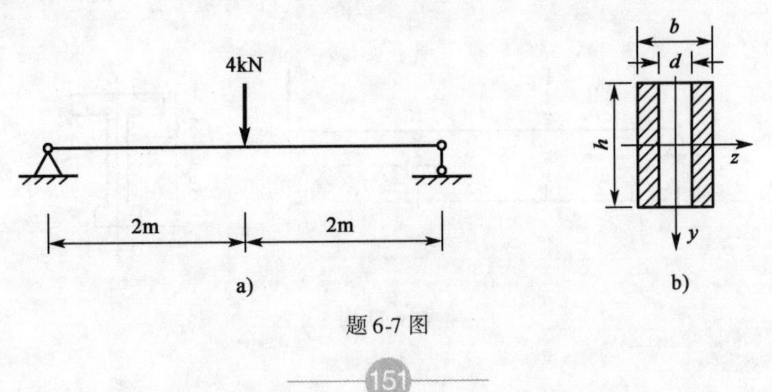

题 6-7 图

6-8　铸铁梁的荷载及横截面尺寸如题 6-8 图所示。许用拉应力$[\sigma^+]=30\text{MPa}$,许用压应力$[\sigma^-]=90\text{MPa}$。试按正应力强度条件校核梁的强度。

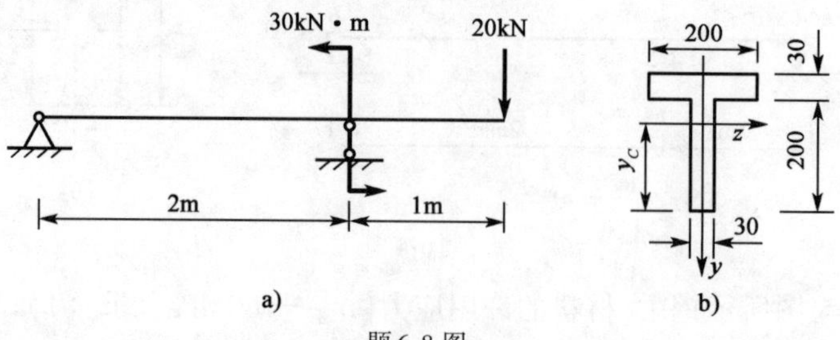

题 6-8 图

6-9　上下翼缘宽度不等的工字形截面铸铁悬臂梁的尺寸及荷载如题 6-9 图所示。已知横截面对形心轴 z 的惯性矩 $I_z=235\times10^6\text{mm}^4$,$y_1=119\text{mm}$,$y_2=181\text{mm}$,材料的许用拉应力$[\sigma^+]=40\text{MPa}$,许用压应力$[\sigma^-]=120\text{MPa}$。试求该梁的许用均布荷载$[q]$。

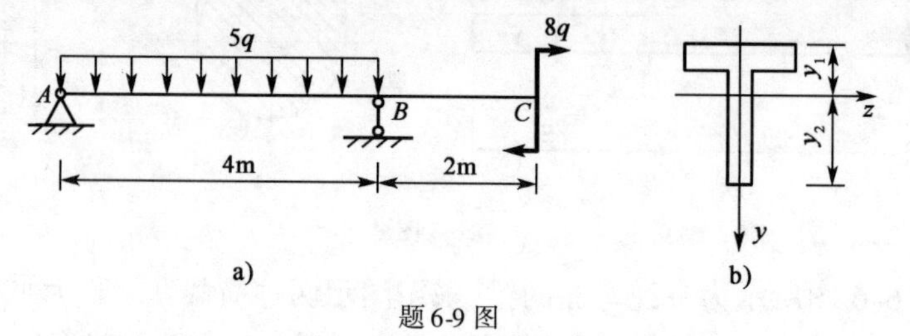

题 6-9 图

6-10　U 形截面外伸梁受力和截面尺寸如题 6-10 图所示。已知 $I_z=29.1\times10^6\text{mm}^4$,$y_C=35\text{mm}$,梁的材料为铸铁,其抗拉许用应力$[\sigma^+]=30\text{MPa}$,抗压许用应力$[\sigma^-]=90\text{MPa}$。试校核梁是否安全。

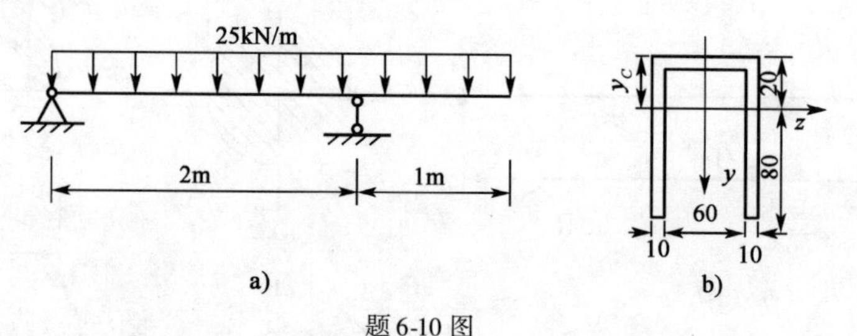

题 6-10 图

6-11　工字形截面外伸梁的荷梁及截面尺寸如题 6-11 图所示,$\dfrac{[\sigma^+]}{[\sigma^-]}=\dfrac{1}{4}$。试求该梁的合理外伸长度 a。

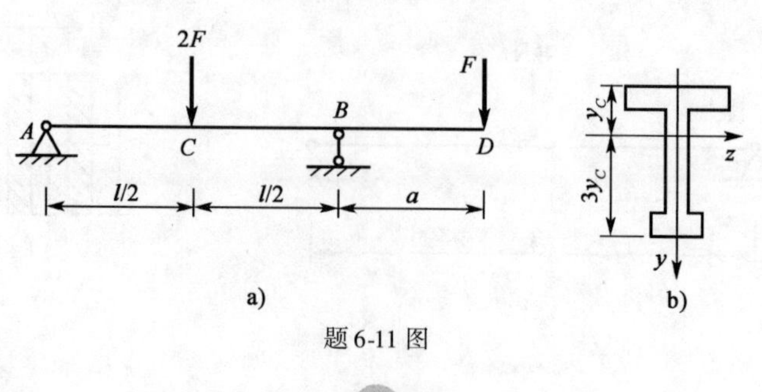

题 6-11 图

6-12　如题 6-12 图所示为梁和杆的组合结构，CD 为 10 号工字钢梁，B 处用 $d=10\text{mm}$ 的圆钢杆 BE 支承。已知梁及杆的许用正应力 $[\sigma]=160\text{MPa}$，试求该结构的许用均布荷载 $[q]$。

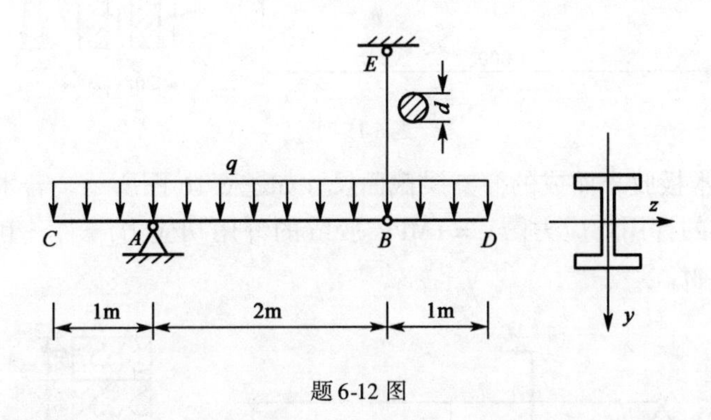

题 6-12 图

6-13　矩形截面梁的荷载情况及截面尺寸如题 6-13 图所示，试求最大剪力所在截面上 a、b、c、d 各点的切应力。

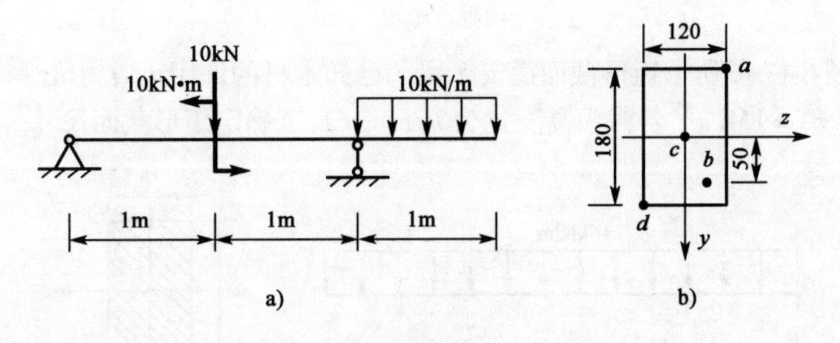

题 6-13 图

6-14　T 形截面的荷载情况及截面尺寸如题 6-14 图所示，试求最大剪力所在截面上 a、b、c、d 各点的切应力，并绘出切应力沿腹板高度的分布规律图。

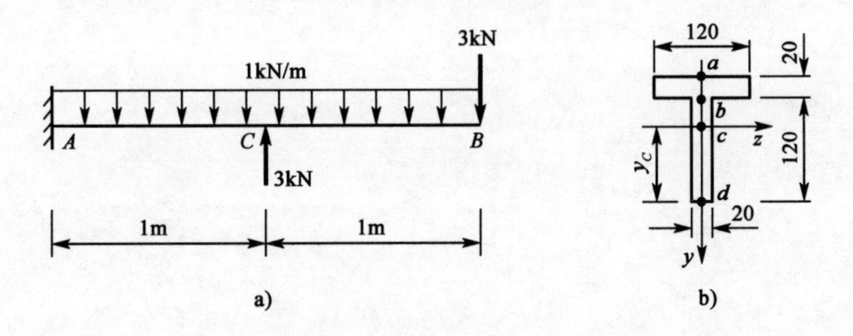

题 6-14 图

6-15　由三块木板胶合而成的悬臂梁，自由端处承受荷载作用，其截面尺寸如题 6-15 图所示。已知 $I_z=46.5\times10^6\text{mm}^4$，$y_C=130\text{mm}$。试求：

(1) 梁横截面上的最大切应力。

(2) 纵向胶合面上的切应力。

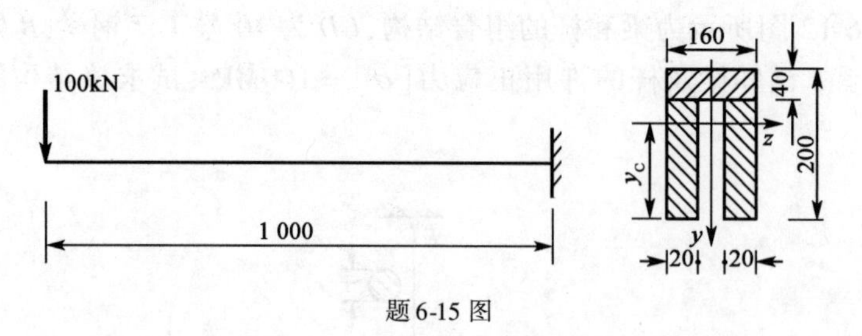

题 6-15 图

6-16　由三块木板胶合而成的简支梁截面尺寸如题 6-16 图所示。若木材的许用正应力 $[\sigma]=10\text{MPa}$，木材的许用切应力 $[\tau]=1\text{MPa}$，胶缝的许用切应力 $[\tau]_{胶}=0.34\text{MPa}$。试求梁的许用弯曲力偶矩 M_e。

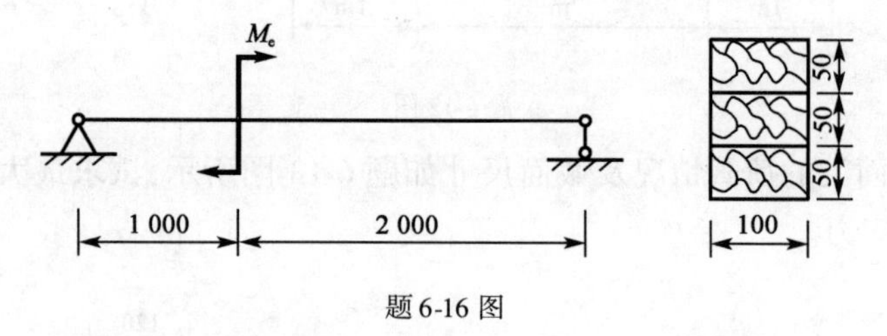

题 6-16 图

6-17　如题 6-17 图所示矩形截面简支木梁。已知木材的许用正应力 $[\sigma]=10\text{MPa}$，木材的许用切应力 $[\tau]=1\text{MPa}$。若截面高宽比为 $h/b=3/2$，试确定矩形截面尺寸。

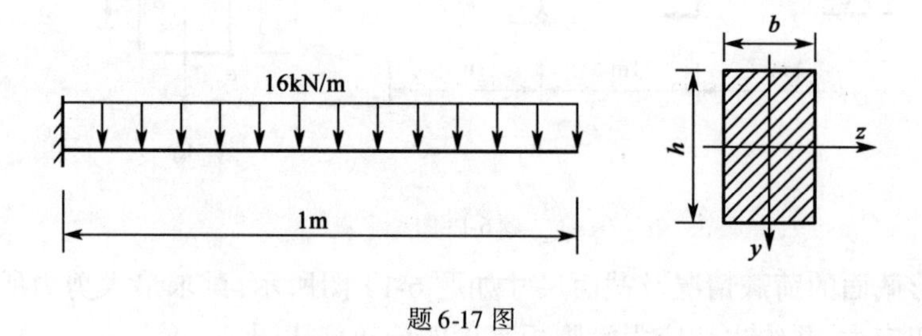

题 6-17 图

第七章　弯曲变形

梁变形前后轴线形状的变化称为变形。梁变形前后横截面位置的变化称为位移。梁在横向荷载作用下产生弯曲变形的同时,使得横截面产生位移。本章主要介绍直梁在平面弯曲时由弯矩引起的横截面的位移即挠度和转角的计算,目的不仅是为了解决梁的刚度问题与超静定问题,同时也为研究其他相关问题提供基础。

第一节　梁的弯曲变形与位移

一、梁的弯曲变形

在外力作用下,梁产生了变形,如图 7-1 所示,以变形前梁的轴线为 x 轴,垂直向下的轴为 w 轴。在 xw 平面内,梁变形后的轴线为一条曲线,称为**挠曲线**。因研究的是小变形,且在线弹性范围内,所以梁的挠曲线是一条平坦而光滑连续的曲线,故又称挠曲线为**弹性曲线**。

在小变形条件下,略去剪力对变形的影响,梁的弯曲变形程度可以用其挠曲线的曲率,即式(6-8)来描述。

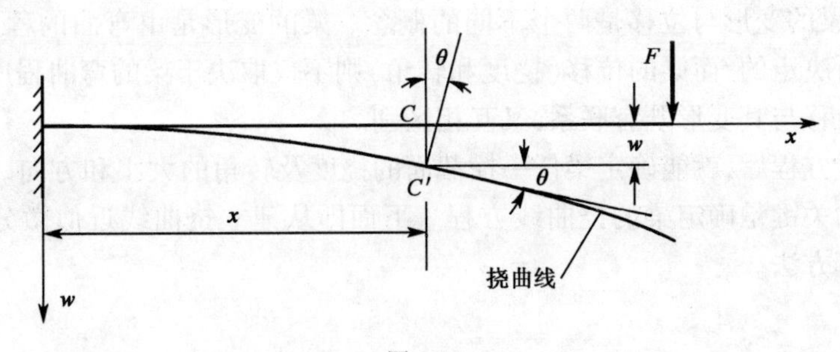

图　7-1

二、梁的位移

根据对梁所作的平面假设,梁横截面仍垂直于变形后轴线,即垂直于挠曲线。这样,每个横截面将同时发生线位移和角位移。用横截面形心的位移来度量其线位移,如图 7-1 所示,梁轴线上任一点 C(即横截面形心),变形后移到了 C'。由于梁的变形很小,则可略去 C 点沿 x 方向的线位移,从而认为线位移 CC'垂直于变形前梁的轴线。把梁横截面的形心在垂直于变形前轴线方向的线位移,称为该截面的**挠度**,用 w 表示。挠度 w 是截面位置 x 的函数,故挠曲线的方程式可以表示为

$$w=f(x)$$

在图 7-1 所示的坐标系下,向下的挠度为正,反之为负。

横截面在产生线位移的同时,还绕中性轴转动一个角度,梁的横截面相对于原来位置转过的角度,称为该截面的**转角**,用 θ 表示。

由于在工程实际中,梁的变形很小,θ 是极小的角度,因 $\tan\theta\approx\theta$,转角与挠角之间的关系为

$$\theta\approx\tan\theta=\frac{\mathrm{d}w}{\mathrm{d}x}=w'(x) \tag{7-1}$$

式(7-2)称为**转角方程**。

在图 7-1 所示的坐标系下,规定自 x 轴顺时针转至切线方向(即横截面绕中性轴顺时针转动)时的转角为正,反之为负。

三、弯曲变形和位移的关系

如上所述,梁的位移是伴随梁的弯曲变形所引起的横截面形心的竖直位移(挠度)与横截面绕中性轴转过的角度(转角)。观察图 7-2a)、b)所示两根刚度、跨度及内力相同的梁,由式(6-8)可知,其挠曲线上相应位置的点的弯曲变形程度——曲率是相同的,但两根梁相应横截面的位移——挠度和转角却不同。

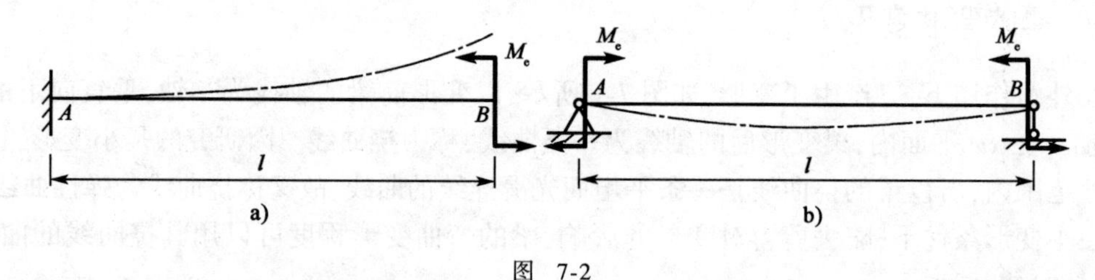

图 7-2

应当强调,梁的变形与位移是两个不同的概念。梁的变形是由弯曲的程度即由梁的弯矩和抗弯刚度所决定的,而梁的位移(挠度和转角)则不仅取决于梁的弯曲程度,还受其支座的限制。梁的位移与其变形既有联系,又互相区别。

求得挠曲线方程后,就能确定梁任一横截面的挠度及转角的大小和方向。因此,研究梁的挠度和转角的关键是确定梁的挠曲线方程。下面即从建立挠曲线近似微分方程入手,研究梁位移的计算方法。

第二节 梁的挠曲线近似微分方程

在上一章,已经建立了梁在纯弯曲时的曲率表达式(6-8),即

$$\frac{1}{\rho}=\frac{M}{EI_z}$$

横力弯曲时,对于细长梁由剪力引起的挠度很小,可以忽略不计。则上式也可推广应用

于横力弯曲，只是弯矩和曲率都随梁截面位置而变化，都是坐标 x 的函数，于是，不失一般性省去 I_z 的下标 z。因此，应将上式改写为

$$\frac{1}{\rho(x)}=\frac{M(x)}{EI} \tag{7-2}$$

而由高等数学微分几何学可知，平面曲线的曲率为

$$\frac{1}{\rho(x)}=\pm\frac{w''}{(1+w'^2)^{3/2}} \tag{7-3}$$

式中，正负号与坐标系的选择及弯矩的正负号规定有关。若采用图 7-1 所示的坐标系，并沿用第五章中关于弯矩的正负号规定，则当弯矩 $M(x)$ 为正时，挠曲线向下，此时 w'' 为负；反之，当弯矩 $M(x)$ 为负时，挠曲线向上凸，此时 w'' 为正（图 7-3）。可见弯矩 $M(x)$ 与 w'' 恒为异号，因而式(7-3)右边应取负号。于是将式(7-2)代入式(7-3)，得

$$\frac{w''}{(1+w'^2)^{3/2}}=-\frac{M(x)}{EI} \tag{7-4}$$

式(7-4)称为挠曲线微分方程。注意，在小变形条件下，w'^2 不超过 0.017 5rad，w'^2 与 1 相比甚小，可以略去不计。所以式(7-4)可近似为

$$w''=-\frac{M(x)}{EI} \tag{7-5}$$

式(7-4)称为**挠曲线近似微分方程**，它是研究梁变形和位移的基本方程。式中的 $M(x)$ 即梁的弯矩方程。

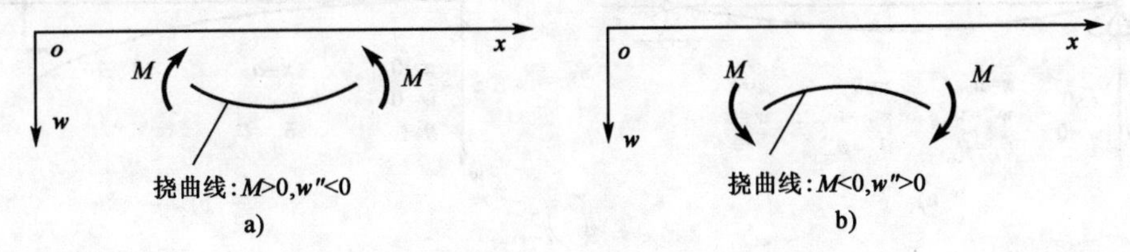

图　7-3

需要说明，式(7-5)所反映的是弯矩引起的变形。实际上，剪力也将使梁发生变形。但进一步的分析表明，对非薄壁截面的细长梁，剪力对弯曲变形与位移的影响很小，可以忽略不计。例如对于承受均布荷载跨度为 l、截面高度为 h 的矩形截面悬臂梁，当 $l/h>5$ 时，剪力引起的挠度不足弯矩引起的挠度的 5%。所以，对于工程中常见的梁，用上述近似微分方程所得的位移，是足够精确的。

还应当指出，在推导梁的挠曲线近似微分方程时，应用了曲率表达式即式(6-8)及小变形的限制条件，因此，挠曲线近似微分方程仅适用于线弹性范围内的小变形的平面弯曲问题。

第三节　用积分法求梁的位移

一、逐步积分法

对于等截面直梁，EI 为常量，将式(7-5)两边积分一次得转角方程为

$$\theta = w' = -\int \frac{M(x)}{EI}\mathrm{d}x + C \tag{7-6}$$

将 (7-6)两边积分一次得挠曲线方程为

$$w = -\iint \frac{M(x)}{EI}\mathrm{d}x\mathrm{d}x + Cx + D \tag{7-7}$$

求解时,按弯矩方程分段列挠曲线近似微分方程。对于阶梯梁,也应在截面突变处分段计算。

在式(7-6)和式(7-7)中,C、D为积分常数。

二、积分常数的确定

积分常数可通过梁的位移边界条件来确定。

1. 约束条件

在图 7-4a)中,简支梁左、右两铰支座处的挠度为零,即

$$x = 0,\quad w_A = 0;\quad x = l,\quad w_B = 0$$

在图 7-4b)中,悬臂梁固定端处的挠度和转角为零,即

$$x = 0,\quad w_A = 0;\quad x = 0\ ,\quad \theta_A = 0$$

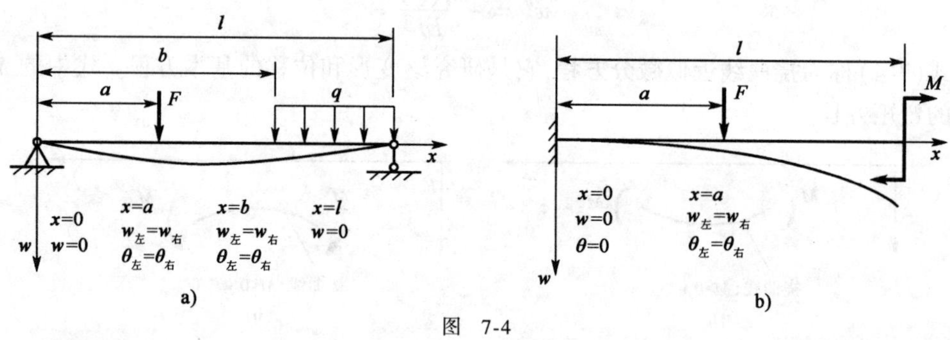

图 7-4

2. 光滑连续条件

挠曲线是一条光滑而连续的曲线,因此,在挠曲线的任一点上,有唯一确定的挠度和转角。对于梁内距坐标原点为 a 的某一截面,由该截面以左梁段和右梁段求得的挠度和转角值是相等的,即

$$x = a, w_{左} = w_{右}, \theta_{左} = \theta_{右}$$

对于荷载无突变的情形,梁上的弯矩可以用一个函数来描述,则式(7-6)和式(7-7)中将仅有两个积分常数,由梁的边界条件确定。

对于荷载有突变(集中力、集中力偶、分布荷载始末端)的情况,弯矩方程需要分段描述,对式(7-6)和式(7-7)必须分段积分,每增加一段就多出两个积分常数。确定积分常数时,除了要利用位移边界条件外,还需要应用光滑连续条件。

此外,如果截面突变,抗弯刚度不同,也应分段求解。

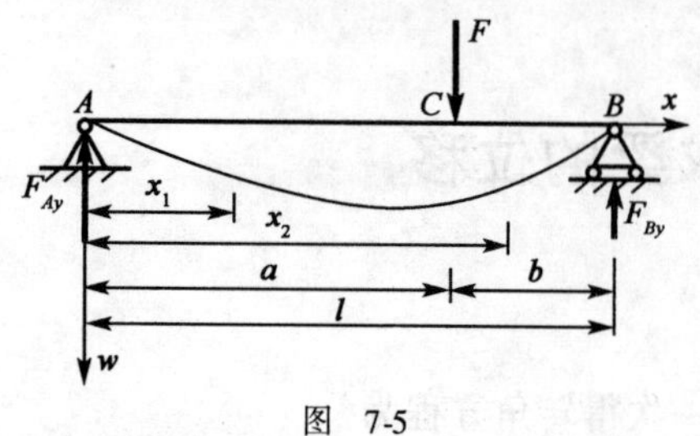

图 7-5

[例 7-1] 如图 7-5 所示,简支梁在 C 点作用一

集中力 F,试讨论其弯曲变形。

解　(1)求支反力。

$$F_{Ay}=\frac{Fb}{l},F_{By}=\frac{Fa}{l}$$

(2)列出弯矩方程。

AC 段:

$$M(x_1)=\frac{Fb}{l}x_1\quad(0\leqslant x_1\leqslant a)$$

BC 段:

$$M(x_2)=\frac{Fb}{l}x_2-F(x_2-a)\quad(a\leqslant x_2\leqslant l)$$

(3)分段列出并积分挠曲线近似微分方程。

AC 段($0\leqslant x_1\leqslant a$)		CB 段($a\leqslant x_2\leqslant l$)	
$EIw''_1=-M(x_1)=-\frac{Fb}{l}x_1$		$EIw''_2=-M(x_2)=-\frac{Fb}{l}x_2+F(x_2-a)$	
$EIw'_1=-\frac{Fb}{l}\times\frac{x_1^2}{2}+C_1$	(a)	$EIw'_2=-\frac{Fb}{l}\times\frac{x_2^2}{2}+\frac{F(x_2-a)^2}{2}+C_2$	(c)
$EIw_1=-\frac{Fb}{l}\times\frac{x_1^3}{6}+C_1x_1+D_1$	(b)	$EIw_2=-\frac{Fb}{l}\times\frac{x_2^3}{6}+\frac{F(x_2-a)^2}{6}+C_2x_2+D_2$	(d)

(4)确定积分常数。

两段梁积分后共有四个积分常数,须利用位移边界条件和光滑连续条件来确定。

首先,截面 C 处光滑连续条件为

当 $x_1=x_2=a$ 时,　$w'_1=w'_2$,　$w_1=w_2$

代入式(a)、式(b)、式(c)和式(d),得

$$C_1=C_2,\ D_1=D_2$$

另外,支座 A、B 截面的位移边界条件为

当 $x_1=0$ 时,$w_1=0$

当 $x_2=l$ 时,$w_2=0$

代入式(b)、式(d)得

$$C_1=C_2=\frac{Fb}{6l}(l^2-b^2)$$

$$D_1=D_2=0$$

(5)梁的转角方程和挠曲线方程。

AC 段($0\leqslant x_1\leqslant a$)		CB 段($a\leqslant x_2\leqslant l$)	
$EI\theta_1=EIw'_1=\frac{Fb}{6l}(l^2-b^2-3x_1^2)$	(e)	$EI\theta_2=EIw'_2=\frac{Fb}{6l}(l^2-b^2-3x_2^2)+\frac{F(x_2-a)^3}{2}$	(g)
$EIw_1=\frac{Fbx_1}{6l}(l^2-b^2-x_1^2)$	(f)	$EIw_2=\frac{Fbx_2}{6l}(l^2-b^2-x_2^2)+\frac{F(x_2-a)^3}{6}$	(h)

(6)讨论。

①最大挠度 w_{max} 和最大转角 θ_{max}。

最大挠度:当 $\theta=\frac{dw}{dx}=0$ 时,w 取极值,即

$$\frac{Fb}{6l}(l^2-b^2-3x_0^2)=0$$

$$x_0=\sqrt{\frac{l^2-b^2}{3}}=\sqrt{\frac{a(a+2b)}{3}}$$

将 x_0 值代入式(f),求得最大挠度为

$$w_{\max}=w_1\bigg|_{x_1=x_0}=\frac{Fb}{9\sqrt{3}EIl}(l^2-b^2)^{3/2}$$

在式(e)中令 $x_1=0$,在式(g)中令 $x_2=l$,得到 A、B 两端的截面转角分别为

$$\theta_A=\frac{Fb(l^2-b^2)}{6EIl}=\frac{Fab(l+b)}{6EIl}$$

$$\theta_B=-\frac{Fab(l+a)}{6EIl}$$

当 $a>b$ 时,可以断定 $\theta_{\max}=\theta_B$。

②简支梁最大挠度的近似计算。

为了讨论简支梁 $w_{\max}$ 的近似计算问题,先求出上述梁跨度中点截面挠度,以 $x=\frac{1}{2}$ 代入式(f),得

$$w_{\frac{l}{2}}=\frac{Fb}{48EI}(3l^2-4b^2)$$

当集中力 F 无限靠近右端支座,以致 b^2 与 l^2 相比可以省略,此时,跨中挠度、最大挠度及其所在位置分别为

$$w_{\frac{l}{2}}\approx-\frac{Fbl^2}{16EI}=0.0625\frac{Fbl^2}{EI}$$

$$x_0\approx\frac{1}{\sqrt{3}}=0.577l$$

$$w_{\max}\approx-\frac{Fbl^2}{9\sqrt{3}EI}=0.0642\frac{Fbl^2}{EI}$$

这时用 $w_{\frac{l}{2}}$ 代替 $w_{\max}$ 所引起的误差为2.65%。

可见在简支梁中,只要挠曲线上无拐点,总可用跨度中点的挠度代替最大挠度,其精度能满足工程上的要求。

③当集中力 F 作用于简支梁的跨中时的最大转角和挠度:

$$w_{\max}=w_{\frac{l}{2}}=\frac{Fl^3}{48EI}$$

$$\theta_{\max}=\theta_A=-\theta_B=\frac{Fl^2}{16EI}$$

(7)在上面的例题中,遵循了两个规则:

①对各段梁,都是根据从坐标原点到所研究的截面之间的一段梁中的外力来写弯矩方程,所以一段梁的弯矩方程总包括了前一段梁的弯矩方程,只增加了包含 $(x-a)$ 的项。

②对包含$(x-a)$的项积分时,就用$(x-a)$作为自变量,于是,由挠曲线在$x=a$处的光滑连续性条件,就能得到两段梁上相应积分常数分别相等的结果,从而简化了确定积分常数的计算。

[例7-2]　如图7-6所示的阶梯梁,若m、l、E和I已知。试求θ_C、w_C。

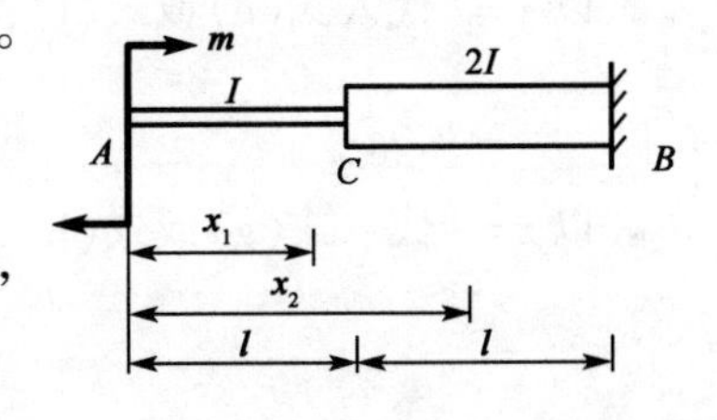

图　7-6

解　(1)分段列挠曲线近似微分方程。

虽然弯矩方程不必分段,但因在C处抗弯刚度有突变,故分段列挠曲线近似微分方程。

AC段$(0\leqslant x_1\leqslant l)$
$$w''_1=\frac{-m}{EI}$$

积分得
$$w'_1=\frac{-m}{EI}x_1+C_1 \tag{a}$$

$$w_1=\frac{-m}{2EI}x_1^2+C_1x_1+D_1 \tag{b}$$

BC段$(l\leqslant x_2\leqslant 2l)$
$$w''_2=\frac{-m}{E\cdot(2I)}$$

积分得
$$w'_2=\frac{-m}{2EI}x_2+C_2 \tag{c}$$

$$w_2=\frac{-m}{4EI}x_2^2+C_2x_2+D_2 \tag{d}$$

(2)确定积分常数。

在固定端B处,约束条件为
$$x_2=2l,\ \theta_2=0,w_2=0$$

分别代入式(c)、式(d),得
$$C_2=\frac{ml}{EI},D_2=\frac{-ml^2}{EI}$$

在分段处C,光滑连续条件为
$$x_1=x_2=l,\ \theta_1=\theta_2,w_1=w_2$$

由式(a)、式(c)得
$$C_1=\frac{3ml}{2EI}$$

由式(b)、式(d)得
$$D_1=-\frac{5ml^2}{4EI}$$

(3)建立梁的转角方程和挠度方程。

把积分常数分别代入式(a)、式(c)得
$$\theta_1=\frac{-m}{2EI}(2x_1-3l)\quad(0\leqslant x_1\leqslant l) \tag{e}$$

$$\theta_2=\frac{-m}{2EI}(x_2-2l)\quad(l\leqslant x_2\leqslant 2l) \tag{f}$$

把积分常数分别代入式(b)、式(d),得
$$w_1=\frac{-m}{4EI}(2x_1^2-6lx_1+5l^2)\quad(0\leqslant x_1\leqslant l) \tag{g}$$

$$w_2 = \frac{-m}{4EI}(x_2^2 - 4lx_2 + 4l^2) \quad (l \leqslant x_2 \leqslant 2l) \tag{h}$$

(4)计算 θ_C、w_C。

以 $x=l$ 代入式(e)或式(f),得

$$\theta_C = \frac{ml}{2EI} \quad (\text{顺时针})$$

以 $x=l$ 代入式(g)或式(h),得

$$w_C = \frac{-ml^2}{4EI} \quad (\text{向上})$$

第四节 用叠加法求梁的位移

积分法是计算梁变形和位移的基本方法。但当荷载不连续时,需要分段写出弯矩方程。分段越多,待求的积分常数越多。有时为了求出积分常数,还需要解联立方程,计算烦琐,还容易出错,所以工程上较少采用此法。

注意到在材料服从胡克定律的线弹性范围内和小变形的条件下,由挠曲线微分方程得到的挠度和转角均与荷载呈线性关系。因此,当梁承受复杂荷载时,可将其分解成几种简单荷载,利用梁在简单荷载作用下的位移计算结果,叠加后得到梁在复杂荷载作用下的挠度和转角。为此,将梁在某些简单荷载作用下,用积分法求得的转角和挠度公式及最大值列入表7-1中,以便直接查用。使用叠加法并利用表7-1,可以比较方便地求解梁上指定截面的转角和挠度。

简单荷载作用下梁的挠度和转角 表7-1

序号	支座和荷载情况	梁端截面转角	挠曲线方程	最大挠度
1	(悬臂梁,自由端 B 受集中力 F,跨长 l)	$\theta_B = \frac{Fl^2}{2EI}$	$w = \frac{Fx^2}{6EI}(3l - x)$	$w_{\max} = w_B = \frac{Fl^3}{3EI}$
2	(悬臂梁,距 A 为 c 处受集中力 F,跨长 l)	$\theta_B = \frac{Fc^2}{2EI}$	$w = \frac{Fx^2}{6EI}(3c - x)$ $(0 \leqslant x \leqslant c)$ $w = \frac{Fc^2}{6EI}(3x - c)$ $(c \leqslant x \leqslant l)$	$w_{\max} = w_B = \frac{Fc^2}{6EI}(3l - c)$
3	(悬臂梁,全跨受均布荷载 q,跨长 l)	$\theta_B = \frac{ql^3}{6EI}$	$w = \frac{qx^2}{24EI}(x^2 + 6l^2 - 4lx)$	$w_{\max} = w_B = \frac{ql^4}{8EI}$
4	(悬臂梁,受三角形分布荷载,A 端集度 q_0,跨长 l)	$\theta_B = \frac{q_0 l^3}{24EI}$	$w = \frac{q_0 x^2}{120EIl}(10l^3 - 10l^2 x + 5lx^2 - x^2)$	$w_{\max} = w_B = \frac{q_0 l^4}{30EI}$

续上表

序号	支座和荷载情况	梁端截面转角	挠曲线方程	最大挠度
5	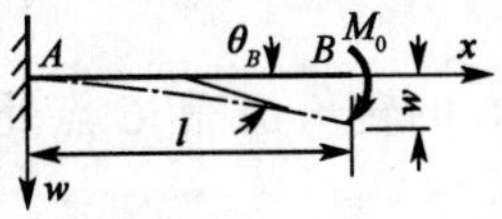	$\theta_B=\dfrac{M_0 l}{EI}$	$w=\dfrac{M_0x^2}{2EI}$	$w_{\max}=w_B=\dfrac{M_0l^2}{2EI}$
6	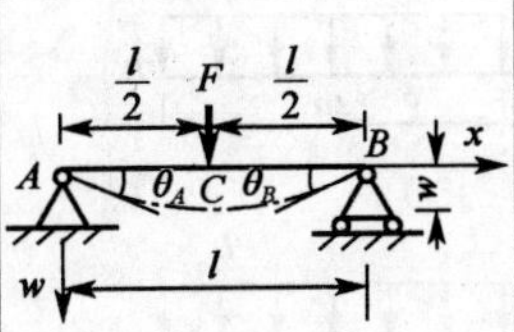	$\theta_A=-\theta_B=\dfrac{Fl^2}{16EI}$	$w=\dfrac{Fx}{48EI}(3l^2-4x^2)$ $(0\leqslant x\leqslant l/2)$	$w_{\max}=w_C=\dfrac{Fl^3}{48EI}$
7	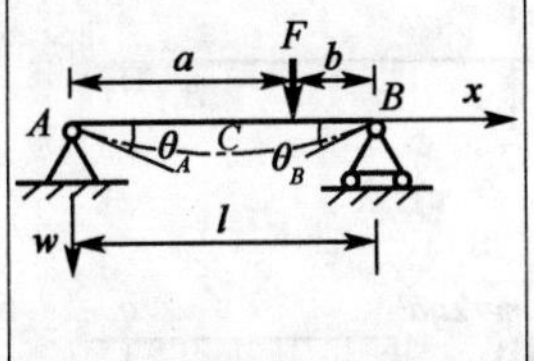	$\theta_A=\dfrac{Fab(l+b)}{6lEI}$ $\theta_B=-\dfrac{Fab(l+a)}{6lEI}$	$w=\dfrac{Fbx}{16EI}(l^2-x^2-b^2)$ $(\theta\leqslant x\leqslant a)$ $w=\dfrac{Fa(l-x)}{6lEI}(2lx-x^2-a^2)$ $(a\leqslant x\leqslant l)$	当 $a>b$，在 $x=\sqrt{\dfrac{l^2-b^2}{3}}$ 处， $w_{\max}=\dfrac{\sqrt{3}Fb}{27EIl}(l^2-b^2)^{3/2}$； 在 $x=l/2$ 处， $w_{\max}=\dfrac{Fb}{48EI}(3l^2-4b^2)$
8	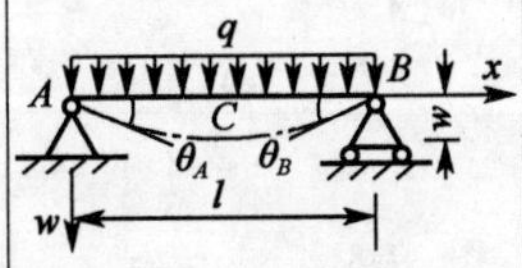	$\theta_A=-\theta_B=\dfrac{ql^2}{24EI}$	$w=\dfrac{qx}{24EI}(l^2-2lx^2+x^3)$	$w_{\max}=w_C=\dfrac{5ql^4}{384EI}$
9	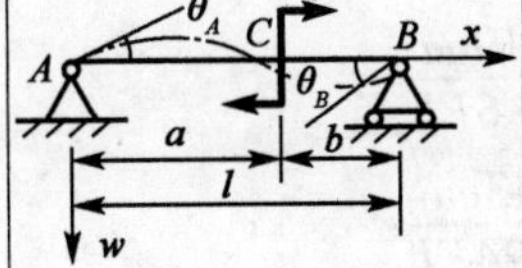	$\theta_A=\dfrac{M_0l}{6EI}$ $\theta_B=-\dfrac{M_0l}{3EI}$	$w=\dfrac{M_0x}{6EIl}(l^2-x^2)$	在 $x=l/\sqrt{3}$ 处， $w_{\max}=\dfrac{M_0l^2}{9\sqrt{3}EI}$
10	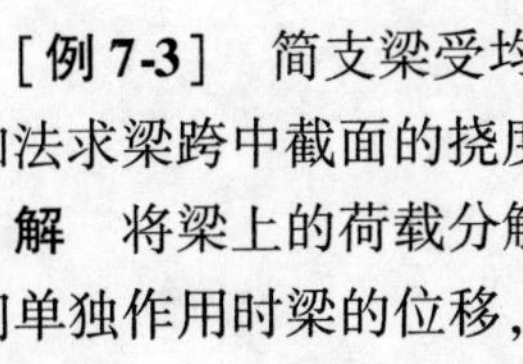	$\theta_A=-\dfrac{M_0}{6EIl}(l^2-3b^2)$ $\theta_B=-\dfrac{M_0}{6EIl}(l^2-3a^2)$	$w=\dfrac{M_0x}{6EIl}(l^2-3b^2-x^2)$ $(0\leqslant x\leqslant a)$ $w=\dfrac{M_0(l-x)}{6EIl}[l^2-3a^2-(l-x)^2]$ $(a\leqslant x\leqslant l)$	在 $x=\sqrt{\dfrac{l^2-3b^2}{3}}$ 处， $w=-\dfrac{M_0(l^2-3b^2)^{3/2}}{9\sqrt{3}EIl}$ 在 $x=\sqrt{\dfrac{l^2-3a^2}{3}}$ 处， $w=-\dfrac{M_0(l^2-3a^2)^{3/2}}{9\sqrt{3}EIl}$

[例 7-3]　简支梁受均布荷载和集中力偶作用，如图 7-7a）所示。梁的 EI 为已知，试用叠加法求梁跨中截面的挠度 w_C 和支座截面的转角 θ_A 及 θ_B。

解　将梁上的荷载分解为 q 和 m 两种简单荷载，如图 7-7b）、c）所示。从表 7-1 中查出它们单独作用时梁的位移，然后求出相应位移的代数和，即得所要求的位移

$$w_C=w_{Cq}+w_{Cm}=\frac{5ql^4}{384EI}+\frac{ml^2}{16EI}$$

$$\theta_A = \theta_{Aq} + w_{Am} = \frac{ql^3}{24EI} + \frac{ml}{6EI}$$

$$\theta_B = \theta_{Bq} + w_{Bm} = -\frac{ql^3}{24EI} - \frac{ml}{3EI}$$

［例 7-4］ 梁 AB 如图 7-8 所示，已知 q 、a 和 EI。试求截面 C 的转角 θ_C 和 C 点处的挠度 w_C。

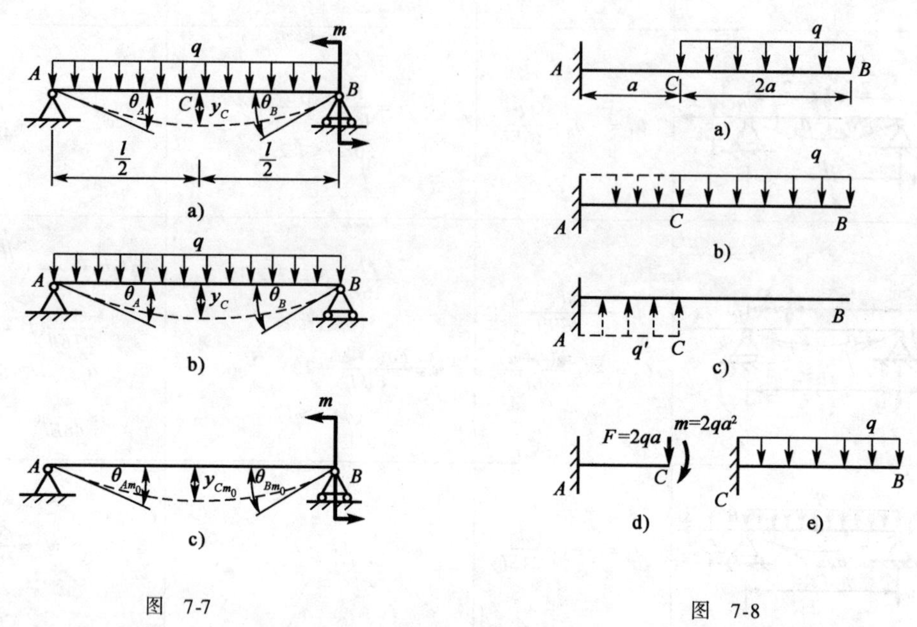

图 7-7　　　　图 7-8

解 此例可采用两种方法计算。

方法一：荷载叠加。

把分布在 CB 上的均布荷载视为图 7-8b)、c) 所示的两分布荷载的叠加，图中的 q' 与 q 数值相等。

由表 7-1 第 3 项可查得在 q 作用下截面 C 的转角 θ_{Cq}、挠度 w_{Cq} 和 q' 作用下截面 C 的转角 $\theta_{Cq'}$、$w_{Cq'}$ 分别为

$$\theta_{Cq} = \frac{-qa}{6EI}[3\times(3a)\times a - 3\times(3a)^2 - a^2] = \frac{19qa^3}{6EI}$$

$$w_{Cq} = \frac{-qa^2}{24EI}[4\times(3a)a - 6\times(3a)^2 - a^2] = \frac{43qa^4}{24EI}$$

$$\theta_{Cq'} = \frac{-qa^3}{6EI}$$

$$w_{Cq'} = \frac{-qa^4}{8EI}$$

所以梁 C 点的转角 θ_C、挠度 w_C 为

$$w_C = w_{Cq} + w_{Cq'} = \frac{43qa^4}{24EI} - \frac{qa^4}{8EI} = \frac{5qa^4}{3EI}\ (\downarrow)$$

$$\theta_C = \theta_{Cq} + \theta_{Cq'} = \frac{19qa^3}{6EI} - \frac{qa^3}{6EI} = \frac{3qa^3}{EI}(\downarrow)$$

方法二:变形叠加。

将原来的悬臂梁分解成图 7-8d)、e)两个悬臂梁。在 C 截面加了一个固定端支座,产生了相应支座反力,为了与原结构受力相同,在 AC 梁 C 截面加上一个集中力 $F=2qa$ 和力偶 $M=2qa^2$。

由表 7-1 第 1 项和第 5 项可查得 θ_{CF}、θ_{Cm}、w_{CF}、w_{Cm},所以得

$$\theta_C=\theta_{CF}+\theta_{Cm}=\frac{2qa\times a^2}{2EI}+\frac{2qa^2\times a}{2EI}=\frac{3qa^3}{EI}\quad(\downarrow)$$

$$w_C=w_{CF}+w_{Cm}=\frac{2qa\times a^3}{3EI}+\frac{2qa^2\times a^2}{2EI}=\frac{5qa^4}{3EI}\quad(\downarrow)$$

[例 7-5] 在如图 7-9a)所示简支梁上作用有间断均匀分布荷载 q,试求跨中挠度。已知梁的弯曲刚度 EI 为常数。

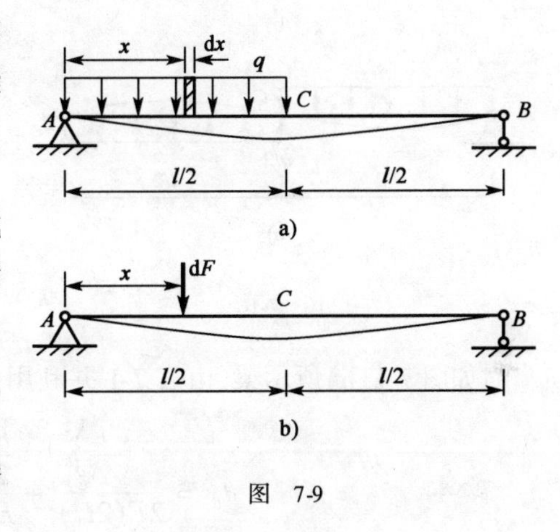

图 7-9

方法一:

解 将分布荷载看成是由无数微分荷载 $\mathrm{d}F=q\mathrm{d}x$ 所组成,如图 7-9b)所示。由表 7-1 查得,在集中力 $\mathrm{d}F$ 作用下跨中挠度为

$$\mathrm{d}w_C=\frac{\mathrm{d}Fx}{48EI}(3l^2-4x^2)=\frac{qx}{48EI}(3l^2-4x^2)\mathrm{d}x\quad(\downarrow)$$

按叠加法,对上式积分即得分布荷载 q 引起的跨中挠度为

$$w_C=\int_0^{l/2}\mathrm{d}w_C=\int_0^{l/2}\frac{qx}{48EI}(3l^2-4x^2)\mathrm{d}x=\frac{5ql^4}{768EI}\quad(\downarrow)$$

注意,在表 7-1 中所列的梁为等直梁,而且只有悬臂梁或简支梁这两种形式,所以对有多个荷载作用的等刚度悬臂梁或简支梁求指定截面的位移时,只需将梁的荷载分解成简单荷载,即可直接查表 7-1,采用叠加法进行计算。

方法二:

解 为了利用表 7-1,可将梁的荷载进行等量代换,即将梁视为正对称荷载[图 7-10b)]与反对称荷载[图 7-10c)]的叠加。在图 7-10c)中的反对称荷载作用下,梁的挠曲线对于跨中截面是反对称的,即跨中截面的挠度为零。所以,按叠加法,梁跨中挠度即为图 7-10b)所示的对称荷载作用下梁的跨中挠度。于是,由表 7-1 查得

$$w_C=\frac{5ql^4}{768EI}\quad(\downarrow)$$

[例 7-6] 试求如图 7-11a)所示材料相同的阶梯形悬臂梁截面 C 的挠度。

解 此梁的荷载虽为简单荷载,但因不是等直梁而无表可查。考虑到该梁也可以看成是由基本部分(即悬臂梁 AB)与附属部分(即固结在基本部分的 B 截面的悬臂梁 BC)所组成。因此,可以依据它们之间的支承关系和层次关系,对梁进行分解,如图 7-11b)和图 7-11c)所示。同时,必须将附属部分梁 BC 在 B 处支反力反其方向加于基本部分梁 AB 的 B 处,此即由附属部分传至基本部分的荷载[图 7-11b)]。

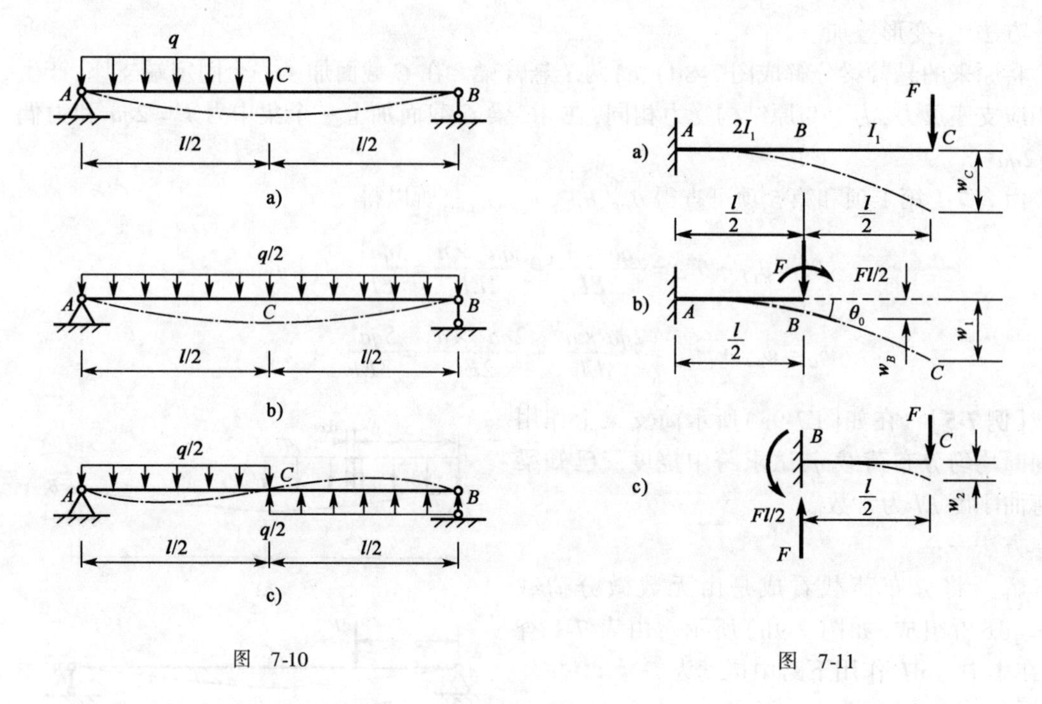

图 7-10　　　　图 7-11

对如图 7-11b)所示梁，由表 7-1 并利用叠加法可计算得截面 B 的转角和挠度分别为

$$\theta_B = \frac{F\left(\frac{l}{2}\right)^2}{2E(2I_1)} + \frac{\frac{Fl}{2}\cdot\frac{l}{2}}{E(2I_1)} = \frac{3Fl^2}{16EI_1} \quad (\downarrow)$$

$$w_B = \frac{F\left(\frac{l}{2}\right)^3}{3E(2I_1)} + \frac{\frac{Fl}{2}\left(\frac{l}{2}\right)^2}{2E(2I_1)} = \frac{5Fl^3}{96EI_1} \quad (\downarrow)$$

由图 7-11b)还可知，基本部分梁 AB 截面 B 的上述位移，必带动依附于它的附属部分梁 BC，作刚性转动和移动，故在图 7-11b)中，截面 C 的挠度为

$$w_1 = \theta_B \frac{l}{2} + w_B$$

$$= \frac{3Fl^2}{16EI_1} \times \frac{l}{2} + \frac{5Fl^3}{96EI_1} = \frac{7Fl^3}{48EI_1} \quad (\downarrow)$$

对图 7-11c)所示梁，由表 7-1 查得截面 C 的挠度为

$$w_2 = \frac{F\left(\frac{l}{2}\right)^3}{3EI_1} = \frac{Fl^3}{24EI_1} \quad (\downarrow)$$

于是，求图 7-11b)和图 7-11c)中截面 C 的挠度之和，得

$$w_{\mathrm{C}} = w_1 + w_2 = \frac{7Fl^3}{48EI_1} + \frac{Fl^3}{24EI_1} = \frac{3Fl^3}{16EI_1} \quad (\downarrow)$$

此即阶梯形梁截面 C 的挠度。

由以上两例可以看出，对于具有基本部分和附属部分的结构，当计算支反力、内力(或内

力图）以及位移时，可按层次关系进行分解，然后再合成。而且，基本部分的荷载作用并不影响附属部分，而附属部分的荷载必通过支承传至基本部分；附属部分的位移不影响基本部分，而基本部分的位移必通过支承牵连附属部分。根据层次之间这种关系，并利用表格及叠加法计算此类具有基本部分和附属部分的结构，如多跨静定梁、刚架等的位移无疑是方便的。

第五节　梁的刚度条件及提高弯曲刚度的措施

一、梁的刚度条件

在实际的工程结构中，对于某些受弯杆件设计时除了要满足强度需要，往往还有刚度方面的要求，使其变形不至于过大，否则将带来一些不良后果。例如，桥梁如果挠度过大，则在车辆通过时将发生很大的振动；车床主轴，若变形过大，将影响步轮的啮合和轴承的配合，造成磨损不均匀，产生噪声，降低寿命，还会影响加工精度等。因此，在土建结构中，通常对梁的挠度加以限制；在机械制造中，对挠度和转角都有一定的限制，即在按强度选择了截面尺寸以后，还须进行刚度校核。梁的刚度条件表达式为

$$|w|_{\max}\leqslant[w]\text{或}\left|\frac{w_{\max}}{l}\right|\leqslant\frac{[w]}{l}\tag{7-8}$$

$$|\theta|_{\max}\leqslant[\theta]\tag{7-9}$$

式中，$\frac{[w]}{l}$为许用挠度与梁跨长的比值。

在土建工程中，$\frac{[w]}{l}$的值常限制在1/900～1/200范围内；在机械制造方面，对主要的轴，$\frac{[w]}{l}$的值限制在1/10 000～1/5 000范围内；对传动轴在支座处的许可转角$[\theta]$一般限制在0.005～0.001rad范围内。详细数值可查有关规范与设计手册。

与强度设计一样，利用刚度条件可以对梁进行刚度计算，即：校核刚度；设计截面；确定许可荷载。

[例7-7]　如图7-12a）所示，桥式起重机的最大荷载$F=20\text{kN}$，跨长$l=9\text{m}$，试按强度条件及刚度条件为起重机大梁选择一工字钢的型号，已知钢材的$E=210\text{GPa}$，许用应力$[\sigma]=170\text{MPa}$，许用挠度$[w]=\frac{l}{500}$。

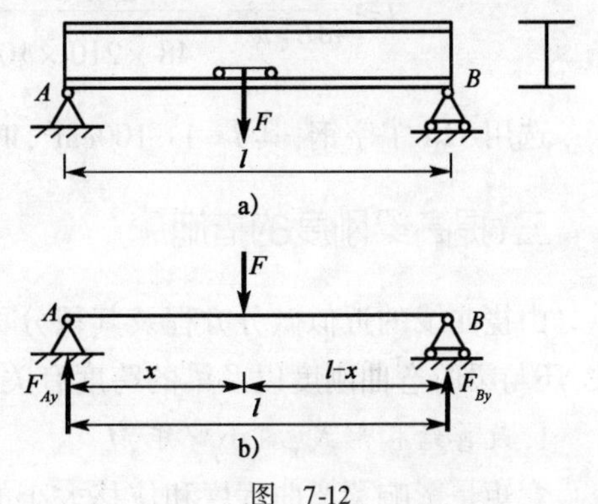

图　7-12

解　(1)按强度条件选择截面。

①计算最大弯矩。

设荷载F距A支座的距离为x时梁的弯矩值

最大,则 A、B 支座的约束反力为

$$F_{Ay}=\frac{F(l-x)}{l},F_{By}=\frac{Fx}{l}$$

最大弯矩表达式为

$$M_{\max}=\frac{F(l-x)}{l}\cdot x$$

弯矩要取极值,则

$$\frac{\mathrm{d}M_{\max}}{\mathrm{d}x}=0$$

得

$$x=\frac{l}{2}\text{时},M_{\max}=\frac{Fl}{4}=\frac{20\times 9}{4}=45\mathrm{kN}\cdot\mathrm{m}$$

②选择截面。

所需的抗弯截面系数为

$$W\geqslant\frac{M_{\max}}{[\sigma]}=\frac{45\times 10^{3}}{170\times 10^{6}}=0.265\times 10^{-3}\mathrm{m}^{3}=265\mathrm{cm}^{3}$$

选用22a 工字钢,其 $W=309\mathrm{cm}^{3}$,$I=3\ 400\mathrm{cm}^{4}$。

(2)进行刚度校核。

当荷载移至跨中时挠度出现最大值

$$|w|_{\max}=\frac{Fl^{3}}{48EI}=\frac{20\times 10^{3}\times 9^{3}}{48\times 210\times 10^{9}\times 3\ 400\times 10^{-8}}=0.042\ 5\mathrm{m}=42.5\mathrm{m}$$

但许用挠度

$$[w]=\frac{l}{500}=\frac{9}{500}=0.018\mathrm{m}=18\mathrm{mm}$$

故 $[w]_{\max}>[w]$,不能满足刚度条件。

(3)按刚度条件重新选择截面。

由刚度条件 $|w|_{\max}=\frac{Fl^{3}}{48EI}\leqslant[w]$ 可知,要求

$$I\geqslant\frac{Fl^{3}}{48E[w]}=\frac{20\times 10^{3}\times 9^{3}}{48\times 210\times 10^{9}\times\frac{9}{500}}=80.36\times 10^{-6}\mathrm{m}^{4}=8\ 036\mathrm{cm}^{4}$$

选用32a 工字钢,其 $I=11\ 100\mathrm{cm}^{4}$,$W=692\mathrm{cm}^{3}$。

二、提高梁刚度的措施

由挠曲线的近似微分方程及其积分可以看出,梁的位移不仅与梁的支承和荷载情况有关,还与梁的弯曲刚度以及梁的跨度有关。因此,可以采用下列措施提高梁的刚度。

1. 改善结构形式,减小弯矩 M

弯矩是影响梁弯曲程度和位移大小的主要因素。与梁的强度问题一样,可采用改变加

载方式或加载位置，以及改变支座位置的方法减小梁中的弯矩，以减小梁的位移，提高梁的刚度。

例如简支梁在跨中受集中力[图 7-13a)]作用时，梁的最大弯矩为 $M_{\mathrm{amax}}=Fl/4$，梁的最大挠度为 $w_{\mathrm{amax}}=Fl^3/48EI$；若将集中力 F 用集度为 $q_{\mathrm{b}}=F/l$ 的均布荷载代替[图 7-13b)]，其余条件不变，则梁的最大弯矩 $M_{\mathrm{bmax}}=Fl/8$，梁的最大挠度 $w_{\mathrm{bmax}}=5ql^4/384EI=0.625w_{\mathrm{amax}}$，即后者最大弯矩减小为前者的 50%，最大挠度减小为原梁最大挠度的 62.5%。

又如图 7-14a) 所示承受均布荷载作用、跨度为 l 的简支梁，若将梁两端支座向内移动 $0.25l$[图 7-14b)]，则其梁内的最大弯矩减小为前者的 50%，而最大挠度减小为前者的 8.75%。

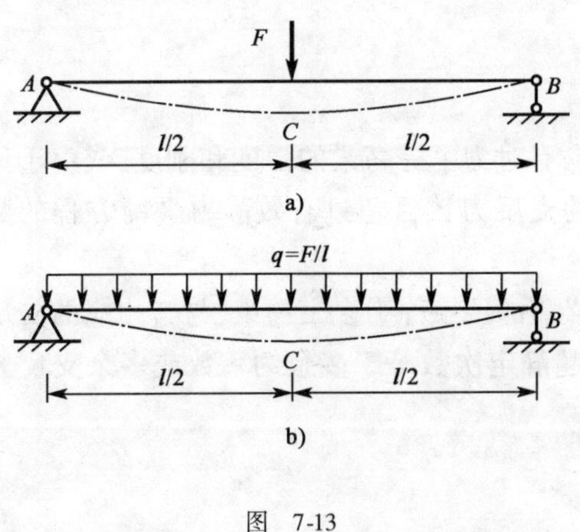

图　7-13

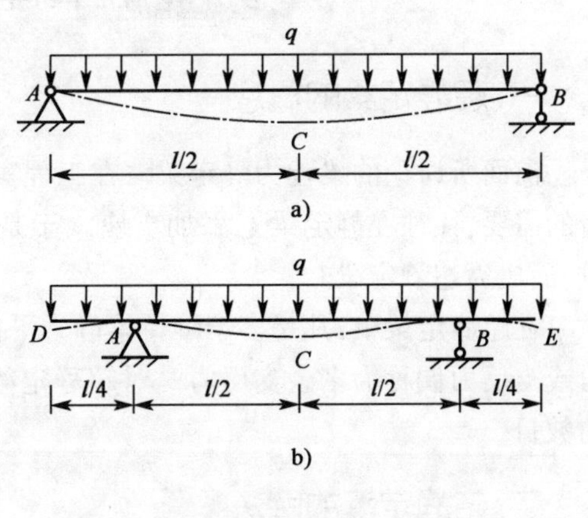

图　7-14

2. 增大梁的弯曲刚度 EI

因各类钢材的弹性模量 E 的数值非常接近，故为提高钢梁的刚度，采用高强度优质钢材是不合适的。而增大截面的惯性矩 I 则是提高弯曲刚度的主要途径。所以，应尽可能采用工字形、槽形、T 形、箱形或空心圆等合理的截面形状。

3. 增加支座，减小梁的跨度

由前述分析可见，梁的挠度和转角与梁的跨度的 n 次幂成正比，所以设法减小梁的跨度，或者增加支座等，是提高梁刚度的有效措施。例如图 7-15a) 所示均布荷载作用下的简支梁，若将原梁的跨度减小一半[图 7-15b)]，则其跨中点处的最大挠度仅为原梁的 1/16；若在梁的跨中增加一个支座[图 7-15c)]，则其跨中点处的最大挠度仅为原梁的 1/38。

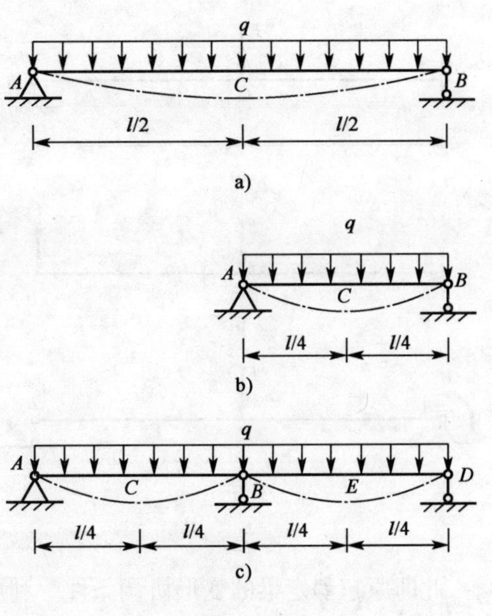

图　7-15

最后应指出,以上所述提高梁弯曲刚度的一些措施(如合理安排梁的约束、改善梁的受力等)与提高梁强度的措施是相同的,但提高强度问题与提高刚度问题属于两种不同性质的问题,因此解决问题的效果及方法也不尽相同。比如,在提高梁强度与提高梁刚度的措施中皆可采用减小梁跨度的方法,但减小梁的跨度对提高梁刚度的作用比对提高梁强度的作用显著得多,这是由于梁跨度的大小对梁刚度的影响相比对梁强度的影响大得多的缘故。又比如,在设计提高梁的强度时,可采用对梁的危险区域局部加强(如增加材料等)的措施,但梁的刚度与梁的整体变形相关,因此局部加强不能提高梁的刚度。

第六节 简单超静定梁的解法

一、超静定梁的概念

前面所讨论的梁皆为静定梁。在工程实际中,有时为了提高梁的强度和刚度,或由于构造的需要,往往在静定梁上添加支座。于是,梁的支反力数目超过有效静力平衡方程的数目,而成为超静定梁。

在超静定梁中,凡是多于维持梁静力平衡所必需的约束称为多余约束,与其相应的支反力或支反力偶称为多余支反力。对超静定梁,其超静定次数等于多余约束数或多余支反力的数目。

二、超静定梁的解法

与求解一般超静定问题的方法相似,求解超静定梁,需要综合考虑变形几何条件、物理关系及静力平衡条件。下面以图 7-16a)所示的梁为例,说明超静定梁的一般解法。

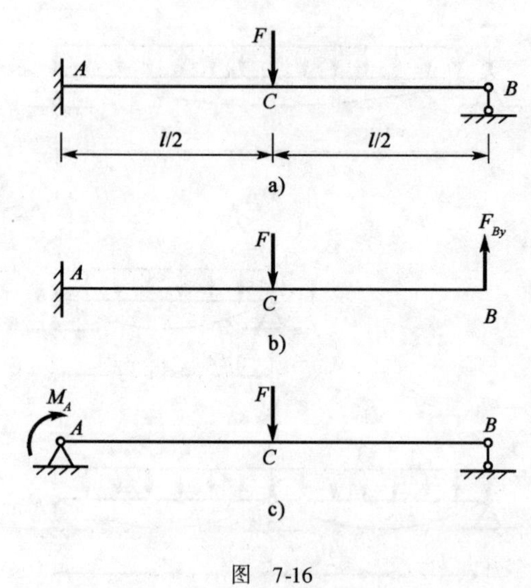

图 7-16

显然,该梁为一次超静定梁,若以铰支座 B 为多余约束,假想将其解除,所得悬臂梁称为该超静定结构的静定基。然后,在静定基上加上原有荷载,在去掉多余约束处加上相应的多余支反力 F_{By},于是原超静定梁即成为在荷载 F 和多余支反力 F_{By} 共同作用下的静定梁,如图 7-16b)所示,称其为**原超静定梁的相当系统**。

相当系统在荷载 F 与多余支反力 F_{By} 共同作用下发生变形。要使其受力、变形及位移情况与原超静定梁完全相同。在多余约束 B 处的位移,必须符合原超静定梁在该处的约束条件,即

$$w_B = 0 \tag{7-10}$$

此即原超静定梁的变形协调条件。利用叠加法和表 7-1,计算得相当系统在 B 截面的挠度为

$$w_B = -\frac{F_{By}l^3}{3EI} + \frac{5Fl^4}{48EI} \tag{7-11}$$

此即外力与位移间的物理关系。将式(7-11)代入式(7-10),得补充方程为

$$-\frac{F_{By}l^3}{3EI} + \frac{5Fl^4}{48EI} = 0$$

由此得

$$F_{By} = \frac{5F}{16}$$

所得结果为正,表明所设支反力 F_{By} 的方向为实际方向,即假设方向是正确的。

求出多余支反力 F_{By} 后,即可通过相当系统,按静力平衡条件计算原超静定梁的其余支反力,进而求得梁的内力、应力以及位移等。这与前述静定梁的计算相同。

应当指出,对某些超静定梁,多余约束的选择并不是唯一的。例如图7-16a)所示的超静定梁,也可将其固定端 A 处的转动约束作为多余约束,予以解除,并代之以相应的多余支反力偶 M_A。于是,原超静定梁的相应系统如图7-16c)所示,即为简支梁,相应地变形协调条件为 $\theta_A = 0$。由此解出多余支反力偶,进而求得其余支座反力。必须强调,多余约束的选择并不是唯一的,但解答是唯一的。读者可以自行演算。但要注意,所解除的约束必须是多余约束,即必须保证所取得的相当系统是静定的。

以上分析表明,求解超静定梁的关键是确定多余支反力,解算它的主要步骤如下:

(1)判定梁的超静定次数。

(2)选取多余约束及相当系统。

(3)根据梁的变形协调条件、物理关系列补充方程,并由此解得多余支反力。

多余支反力确定后,作用在相当系统上的所有荷载均为已知,由此即可按照分析静定梁的方法,计算其内力、应力和位移等。

综上所述,对超静定梁,可以通过比较相当系统与原超静定梁在多余约束处的位移得出几何关系,并利用物理关系建立补充方程解出多余支反力,进而利用平衡关系求出其余支座反力,称这种方法为**变形比较法**。又因它是以力为未知量,故也称为**力法**。下面举例说明它的应用。

[例7-8] 图7-17a)所示悬臂梁受集中荷载 F 作用。已知梁的弯曲刚度为 EI,弹簧刚度为 k(产生单位伸长或缩短变形时所需加力的大小)。试求梁的支座反力。

解 (1)求多余支反力。

①判定梁的超静定次数。

该梁可以看成是在悬臂梁的基础上在 B 处增加一弹性支座得到的超静定梁。所以,该梁具有一个多余约束,故为一次超静定梁。

②选取多余约束及相当系统。

选取弹簧支座 B 为多余约束,将其解除,并代之以多余支反力 F_{By},得到原超静定梁的相当系统

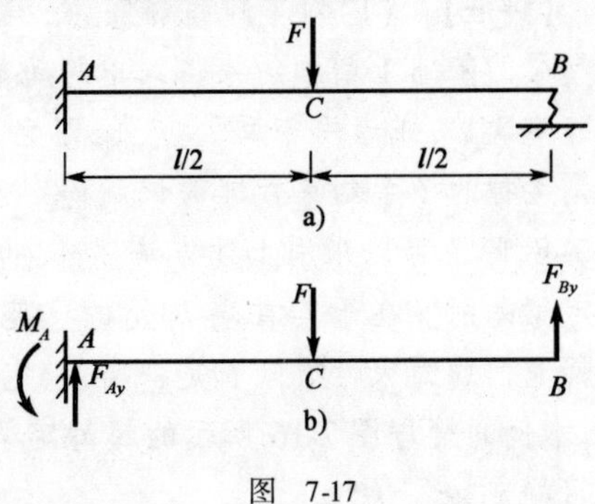

图 7-17

[图 7-17b)]。

③列梁的变形协调条件。

因多余约束处 B 为弹簧支座,故相当系统 B 处的挠度应等于弹簧的压缩量,即梁的变形协调条件为

$$w_B = \Delta \tag{a}$$

④按物理关系写出位移表达式。

相当系统[图 7-17b)]B 处的挠度 w_B 可用叠加法计算,即

$$w_B = \frac{5Fl^3}{48EI} - \frac{F_{By}l^3}{3EI} \tag{b}$$

按胡克定律,弹簧的压缩量为

$$\Delta = \frac{F_{By}}{k} \tag{c}$$

⑤列补充方程并由此解出多余支反力。

将式(b)、式(c)代入式(a)得补充方程为

$$\frac{5Fl^3}{48EI} - \frac{F_{By}l^3}{3EI} = \frac{F_{By}}{k} \tag{d}$$

由此解得多余支反力为

$$F_{By} = \frac{5F}{16\left(1 + \dfrac{3EI}{kl^3}\right)}$$

其值为正,表明所设方向与实际方向相同。

(2)求其余支座反力。

根据静力平衡条件:$\sum F_y = 0$,$\sum M_A = 0$,可求得其余支座反力为

$$F_{Ay} = F\left[1 - \frac{5}{16\left(1 + \dfrac{3EI}{kl^3}\right)}\right]$$

$$M_{eA} = \frac{Fl}{2}\left[1 - \frac{5}{8\left(1 + \dfrac{3EI}{kl^3}\right)}\right]$$

其方向与转向如图 7-17b)所示。

【评注】 (1)对单跨超静定梁,其超静定次数的判定比较容易。通常的做法是在单跨静定梁的基础上增加约束得到单跨超静定梁。于是所增加的多余约束数即为该超静定梁的超静定次数,或者用相反的方法,即去掉多余约束,得到静定梁(悬臂梁、简支梁、外伸梁)。于是去掉的多余约束数即为该超静定梁的超静定次数。当然,还可以使用其他方法,例如对例 7-8,除了可以采用上述方法以外,也可采用对比的方法。显然本例的梁与图 7-16 所示超静定梁差别仅在于其右端 B 处的支座,一个为弹性支座,而另一个为铰支座(刚性支座)。但就它们的约束性质来看是一类的,它们都限制梁右端 B 处横截面沿竖直方向的位移。因此,本例的梁与图 7-16 所示的超静定梁具有相同的多余约束数,即有一个多余约束,故为一次超静定梁。

(2)由例7-8的计算结果可见,随着弹簧刚度的增加(即B支座的弹性减小),则支反力F_{By}的数值增大,而F_{Ay}、M_{eA}的数值减小。当弹簧刚度$k=\infty$时,$F_{By}=\frac{5F}{16}$,$F_{Ay}=\frac{11F}{16}$,$M_{eA}=\frac{3Fl}{16}$。显然,这与B支座为铰支座时所得的结果相同。

[例7-9]　如图7-18a)所示为一组合梁。已知AB梁的弯曲刚度为EI,CD杆的抗拉刚度为EA。试求AB梁C点的挠度。

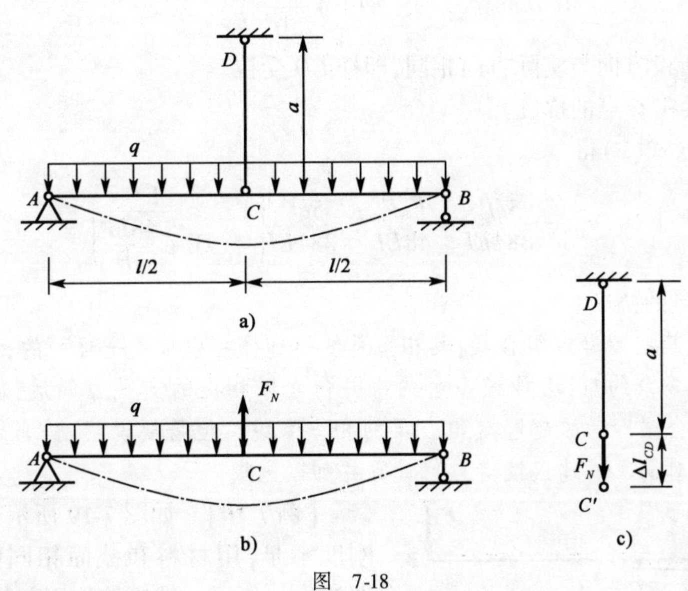

图　7-18

解　(1)求多余支反力。

①判定该组合梁的超静定次数。

该组合梁可以看成是在简支梁AB的基础上在C处增加一拉杆CD而得到的超静定组合梁。所以,该梁具有一个多余约束,即为一次超静定梁。

②选取多余约束及相当系统。

先以杆CD为多余约束,将其解除,并代之以多余支反力F_N(即杆CD的轴力),得到原超静定梁的相当系统[图7-18b)和c)]。

③列梁的变形协调条件。

在多余约束处C,梁的变形协调变形为杆CD的伸长量Δl_{CD},等于梁AB在C点的挠度w_C,即

$$w_C=\Delta l_{CD} \tag{a}$$

④按物理关系写出位移表达式。

相当系统[图7-18b)]C处的挠度w_C,可以查表7-1,并采用叠加法计算,即

$$w_C=\frac{5ql^4}{384EI}-\frac{F_Nl^3}{48EI} \tag{b}$$

按胡克定律,杆CD的伸长量[图7-18c)]为

$$\Delta l_{CD}=\frac{F_Nl_{CD}}{EA}=\frac{F_Na}{EA} \tag{c}$$

⑤列补充方程并由此解出多余支反力。

将式(b)、式(c)代入式(a)得补充方程为

$$\frac{5ql^4}{384EI}-\frac{F_Nl^3}{48EI}=\frac{F_Na}{EA} \tag{d}$$

由此解得多余支反力为

$$F_N=\frac{5ql^4}{8\left(1+\dfrac{48Ia}{Al^3}\right)} \tag{e}$$

其值为正,表明所设方向与实际方向相同,即杆 CD 受拉。

(2)求 AB 梁在 C 点的挠度。

将式(e)代入式(b)得

$$w_C=\frac{5ql^4}{384EI}-\frac{F_Nl^3}{48EI}=\frac{5ql^4}{384EI}\left(1-\frac{1}{1+\dfrac{48Ia}{Al^3}}\right)$$

此即 AB 梁在 C 点的挠度。

【评注】 对某些超静定组合梁,其相当系统的选择一般也不是唯一的,例如对例7-9,还可以取 B 支座为多余约束,去掉该多余约束并代之以相应的支反力偶后,得到静定的组合梁。此静定的组合梁即为原超静定组合梁的相当系统。但需要说明,恰当地选择相当系统可使计算过程相对简单。建议读者自行计算并加以比较。

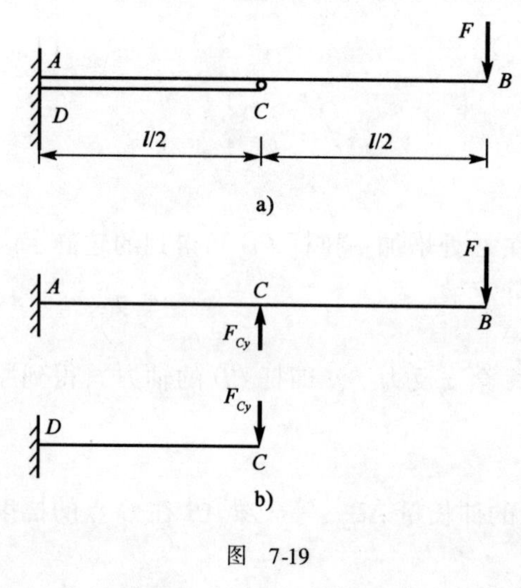

图 7-19

[例7-10] 如图7-19所示悬臂梁 AB,现因刚度不足,用材料和截面相同的短梁加固,如图7-19a)所示。试比较加固前后,梁 AB 的最大挠度。

解 (1)求多余支反力。

该梁可以看成是在静定梁 AB 与梁 AD 的基础上,在 C 处增加一铰链 C,即增加一个约束而得到的超静定梁。所以,该梁具有一个多余约束,为一次超静定梁。

现选择铰链 C 为多余约束,解除该多余约束,并以相应的多余支反力 F_{Cy} 代替其作用,取得原超静定结构的相当系统如图7-19b)所示。

以 w_1 记梁 AB 在荷载 F 及多余支反力 F_{Cy} 共同作用下截面 C 的挠度;以 w_2 记梁 DC 在多余反力 F_{Cy} 作用下截面 C 的挠度,则梁的变形协调条件为

$$w_1=w_2 \tag{a}$$

由表7-1查得

$$w_2=\frac{F_{Cy}\left(\dfrac{l}{2}\right)^3}{3EI}=\frac{F_{Cy}l^3}{24EI} \tag{b}$$

根据表 7-1,采用叠加法,得

$$w_1 = \frac{(5F - 2F_{Cy})l^3}{48EI} \tag{c}$$

将式(b)和式(c)代入式(a),得补充方程为

$$\frac{(5F - 2F_{Cy})l^3}{48EI} = \frac{F_{Cy}l^3}{24EI}$$

由此得

$$F_{Cy} = \frac{5F}{4}$$

(2)比较加固前后梁的最大挠度。

以$w_{\max}$、$w'_{\max}$分别表示加固前后梁 AB 的最大挠度,则加固前梁 AB 仅受荷载 F 作用,故可查表 7-1,得

$$w_{\max} = \frac{Fl^3}{3EI} \tag{d}$$

加固后梁 AB 受荷载 F 和多余支反力 F_{Cy} 共同作用,其自由端截面 B 的挠度即为最大挠度,根据表 7-1 并利用叠加法,得

$$w'_{\max} = \frac{Fl^3}{3EI} - \frac{5F_{Cy}l^3}{48EI} = \frac{13Fl^3}{64EI} \tag{e}$$

比较式(e)与式(d),得

$$\frac{w'_{\max}}{w_{\max}} = \frac{13 \times 3}{64} = 0.609$$

即加固后梁 AB 的最大挠度仅为加固前的 60.9%。由此可见,加固后,梁 AB 的刚度明显提高了。

第七节　弯曲应变能

直梁在横向荷载作用下发生平面弯曲时,梁的横截面将随之产生位移。所以,在梁变形的过程中,外力在其作用点沿外力方向的位移上做功,从而在梁内积蓄了应变能。

在横力弯曲情况下,梁的应变能包含两部分:一部分是与弯曲变形相应的弯曲应变能,另一部分是与剪切变形相应的剪切应变能。考虑到工程实际中的梁大多是细长的,在此情况下,梁的剪切应变能比弯曲应变能小得多,可以略去不计。因此,本节只讨论梁弯曲应变能的计算。

与圆轴扭转相似,梁的弯曲正应力沿横截面亦为非均匀分布,故可仿圆轴扭转时应变能密度的计算,先求出各点的应变能密度,再积分计算其应变能。

略去剪切应变能,梁上任一横截面上距中性轴为 y 的各点处的应变能密度 v_ε 可按式(7-12)计算,即

$$v_\varepsilon = \frac{\sigma^2}{2E} = \frac{M^2 y^2}{2EI^2} \tag{7-12}$$

于是,微元应变能为

$$dV_\varepsilon = v_\varepsilon dV = \frac{M^2 y^2}{2EI^2} dA dx$$

式中:dV——微元体积;

dA——微元横截面面积;

dx——微元沿梁轴线方向的长度。

由此积分即得梁的弯曲应变能为

$$V_\varepsilon = \int_l \int_A \frac{M^2 y^2}{2EI^2} dA dx = \int_l \frac{M^2}{2EI^2} \left(\int_A y^2 dA \right) dx \tag{7-13}$$

式中:A——横截面面积;

l——梁轴线的长度;

$\int_A y^2 dA$——横截面对中性轴的惯性矩,用 I 表示。

故式(7-13)可写成

$$V_\varepsilon = \int_l \frac{M^2}{2EI} dx \tag{7-14}$$

此即梁平面弯曲时弯曲应变能的计算公式。

纯弯曲是平面弯曲的一个特例。在此情况下,横截面上的弯矩为常量,故由式(7-14)得梁纯弯曲时应变能的计算公式为

$$V_\varepsilon = \frac{M^2 l}{2EI} \tag{7-15}$$

由式(7-14)和式(7-15)可见,杆件弯曲时的应变能与弯矩不成正比。因此,计算应变能时不能采用叠加法。

应当指出,式(7-14)、式(7-15)只有在应力与应变间的关系满足胡克定律即梁在线弹性范围内工作时才适用。

本章复习要点

1. 梁的变形

在平面弯曲情况下,梁弯曲后的曲线称为挠曲线。梁的变形指梁受荷载作用后形状和尺寸的变化情况,它可以用挠曲线上任一点的曲率来描述。

2. 梁的位移

梁的位移指梁弯曲变形后横截面空间位置的改变,通常用挠度(即横截面形心的竖直位移)和转角(即横截面绕中性轴相对于变形前位置所转过的角度)来度量。

梁的变形与梁的位移是两个不同的概念,要注意两者间的联系与区别。

3. 挠曲线近似微分方程

在小变形条件下,当应力不超过比例极限,忽略掉剪力对梁变形的影响,可以由曲率和弯矩之间的关系,即

$$\frac{1}{\rho(x)} = \frac{M(x)}{EI}$$

求得挠曲线近似微分方程为

$$\frac{\mathrm{d}^2 w}{\mathrm{d}x^2} = -\frac{M(x)}{EI}$$

上述方程是建立在以梁左端为坐标原点的右手坐标系上的,运用时要特别注意。

4. 梁位移的计算

(1)用积分法求梁的位移

根据挠曲线近似微分方程,直接积分两次,得到包含积分常数的转角方程和挠曲线方程为

$$\theta = \frac{\mathrm{d}w}{\mathrm{d}x} = -\int \frac{M(x)}{EI}\mathrm{d}x + C$$

$$w = -\iint \frac{M(x)}{EI}\mathrm{d}x\mathrm{d}x + Cx + D$$

积分法是求梁位移的最基本的方法。应用积分法求梁的位移时,应注意:①将坐标原点取在梁的左端,x 轴正向向右,w 轴正向向下;②当梁上荷载不连续时,应分段列出弯矩方程和相应的挠曲线近似微分方程,如若分为 n 段,则将出现 $2n$ 个积分常数,这些积分常数需要正确应用边界条件(包括支座处的位移条件和分段处的位移连续性条件)来确定。

(2)用叠加法求梁的位移

在小变形条件下,当应力不超过比例极限时,梁的位移(挠度、转角)与荷载呈线性关系。因此可以运用叠加原理计算梁的位移(挠度、转角)。即当梁上作用有若干荷载时,可先将梁上的荷载分解为表 7-1 已有的形式,然后求它们的代数和。当然可能会遇到梁的支座形式无表可量,这时还需要进行适当的交换,或借助层次分析来灵活运用已有的表格。

应当注意,用叠加法求梁的位移时往往需要绘制梁在简单荷载作用下挠曲线的大致形状,以判断挠度和转角的实际方向。绘制挠曲线大致形状的步骤如下:

①作梁的弯矩图。

②依照弯矩的正负符号判断挠曲线的凸向。

③根据支座对位移的限制情况,考虑挠曲线的凸向,绘出挠曲线的大致形状。

5. 超静定梁的解法

(1)超静定梁的概念

梁的未知力数目超过有效静力平衡方程的数目时,称为超静定梁。在超静定梁中,凡是多于维持梁静力平衡所必需的约束称为多余约束,与其相应的支反力或支反力偶统称为多余支反力。梁未知力数目超过有效静力平衡方程的数目,称为超静定梁的超静定次数。梁的超静定次数等于多余约束数或多余支反力的数目。

(2)求解超静定梁的方法

求解超静定梁的关键是求出多余支反力,通常采用的是变形比较法,具体步骤如下:

①判定梁的超静定次数。

②选取多余约束及相当系统。

③根据梁的变形协调条件、物理关系列补充方程,并由此解出多余支反力。

多余支反力确定后,作用在静定基上的所有荷载均为已知,由此即可继续对静定基按照静定梁的分析方法,计算其内力、应力和位移等。

习　题

7-1　写出题7-1图所示各梁的边界条件。在题7-1图b)中BC杆的横截面面积为A,在题7-1图c)中支座B的弹簧刚度为C(N/m)。

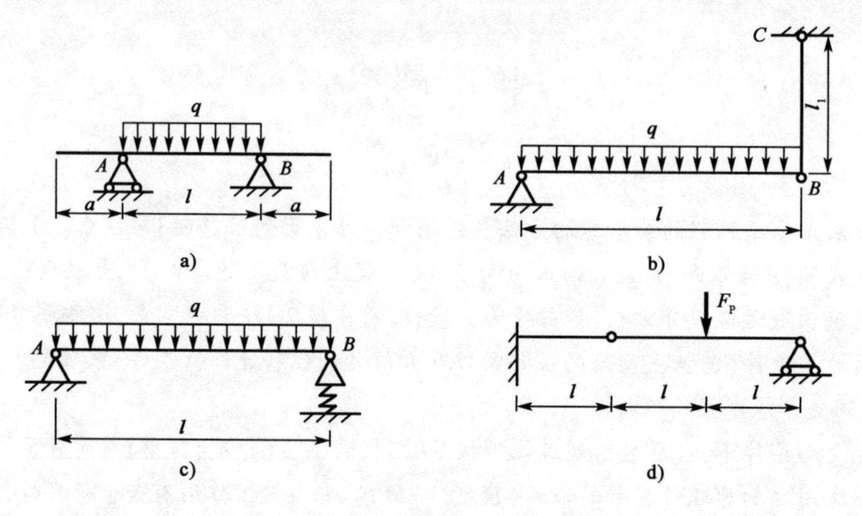

题7-1图

7-2　如题7-2图所示,各梁的弯曲刚度EI为常数,试用积分法计算截面C的挠度与转角,并根据梁的弯矩图与约束条件画出挠曲线的大致形状。

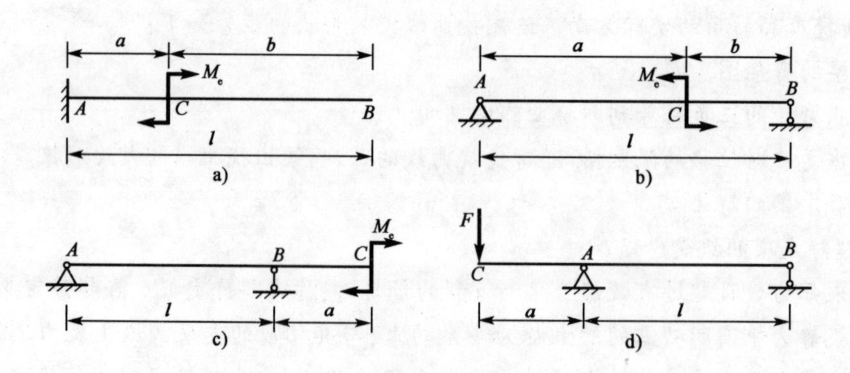

题7-2图

7-3　用积分法求题 7-3 图所示各梁的挠曲线方程及自由端的挠度和转角。设 $EI=$ 常数。

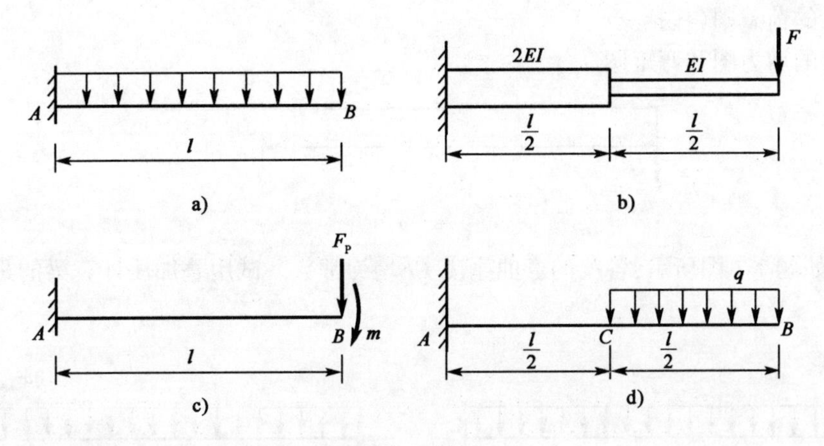

题 7-3 图

7-4　用积分法求题 7-4 图所示各梁的挠曲线方程、端截面转角 θ_A 和 θ_B、跨度中点的挠度和最大挠度。设 $EI=$ 常量。

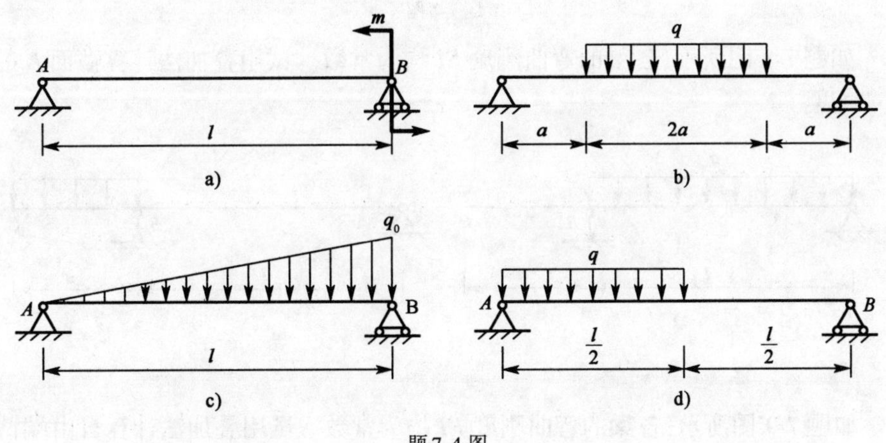

题 7-4 图

7-5　用积分法求题 7-5 图所示各梁的 θ_A、θ_C、w_C 和 w_D。设 $EI=$ 常量。

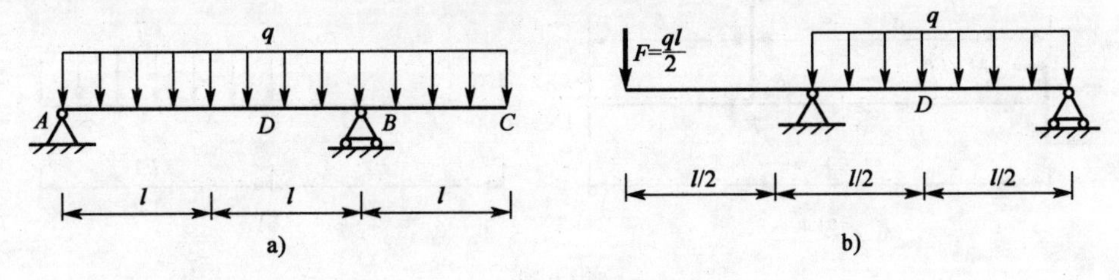

题 7-5 图

7-6　已知等截面直梁的弯曲刚度 EI 为常数，跨度为 l，挠曲线方程为

$$w(x)=\frac{qx}{48EI}(2x^3-3lx^2+l^3)$$

梁的坐标系如题7-6图所示,试求:

(1)梁端截面的约束条件。

(2)梁的荷载图(包括支座)。

(3)梁的剪力图和弯矩图。

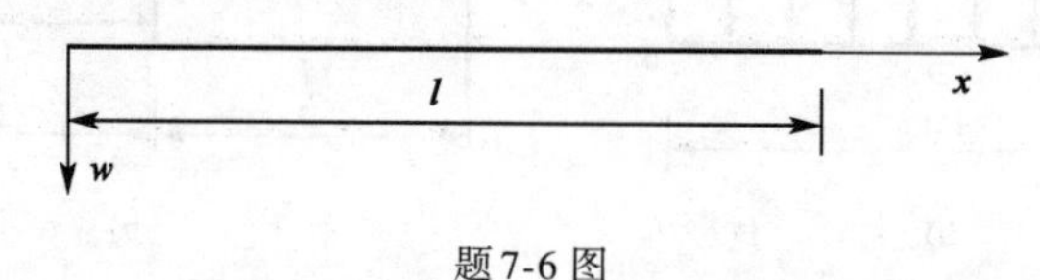

题7-6图

7-7 如题7-7图所示,各梁的弯曲刚度 EI 均为常数。试用叠加法计算梁的最大转角和最大挠度。

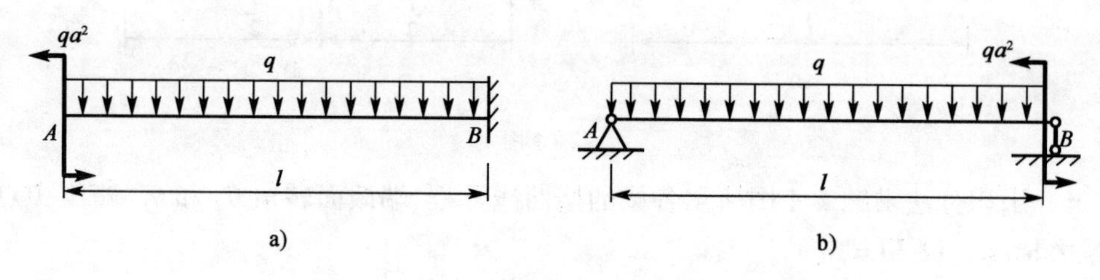

题7-7图

7-8 如题7-8图所示,各梁的弯曲刚度 EI 均为常数。试用叠加法计算截面 B 的转角和截面 C 的挠度。

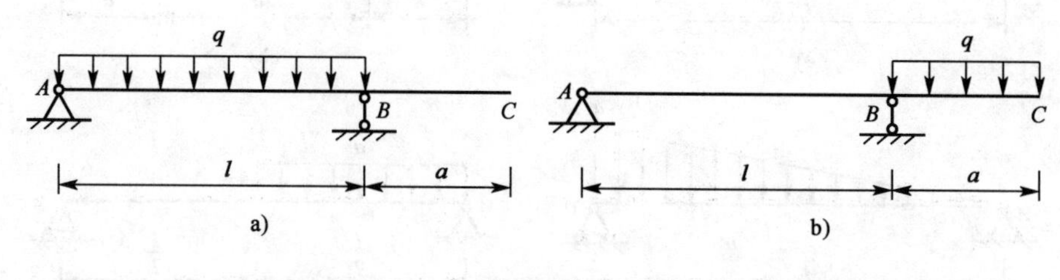

题7-8图

7-9 如题7-9图所示,各梁的弯曲刚度 EI 均为常数。试用叠加法计算自由端截面的转角和挠度。

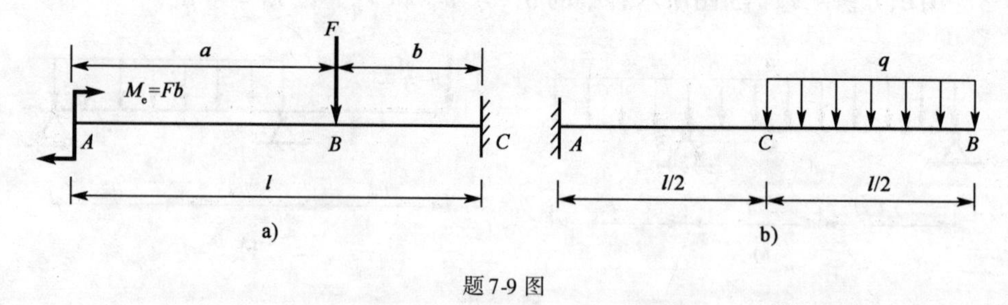

题7-9图

7-10 试求如题7-10图所示等截面刚架截面 A 的铅垂位移。设弯曲刚度 EI 为常数。

7-11 如题7-11图所示,放置在水平面内的等截面刚架。设弯曲刚度 EI、抗扭刚度 GI_t 为常数。试求图示刚架截面 A 的铅垂位移。

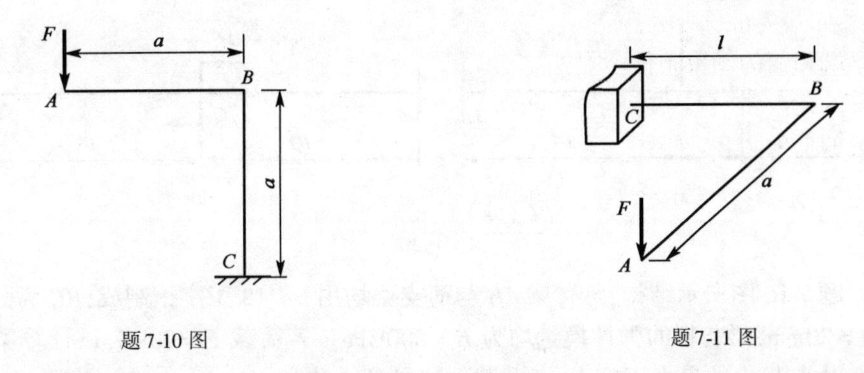

题 7-10 图　　　　　　　　　　　　题 7-11 图

7-12　如题 7-12 图所示矩形截面梁，若均布荷载集度 $q=10\text{kN/m}$，梁长 $l=3\text{m}$，弹性模量 $E=200\text{GPa}$，许用应力 $[\sigma]=120\text{MPa}$，试用单位长度上的最大挠度值 $[w_{max}/l]=1/250$，且已知截面高度 h 与宽度 b 之比为 2，求截面尺寸。

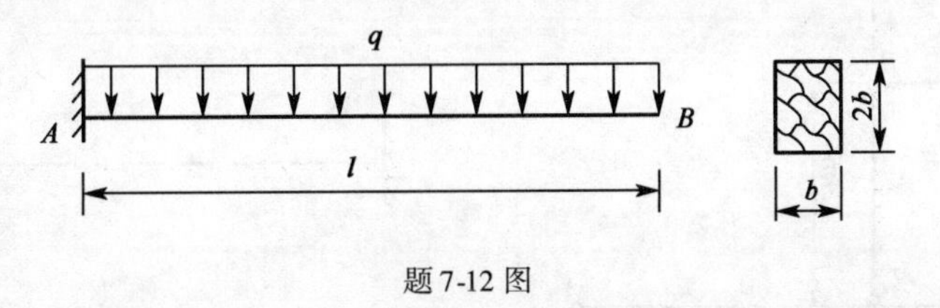

题 7-12 图

7-13　如题 7-13 图所示为某车床主轴的计算简图。已知主轴的外径 $D=80\text{mm}$，内径 $d=40\text{mm}$，$l=400\text{mm}$，$a=200\text{mm}$；弹性模量 $E=200\text{GPa}$，通过工件车刀切削传递给主轴的力为 $F_1=2\text{kN}$，齿轮啮合传递给主轴的力为 $F_2=1\text{kN}$。为保证车床主轴的正常工作，要求主轴的卡盘 C 处的许用挠度 $[w]=0.000\ 1l$，轴承 B 处的许用转角 $[\theta]=0.001\text{rad}$。试校核主轴的刚度。

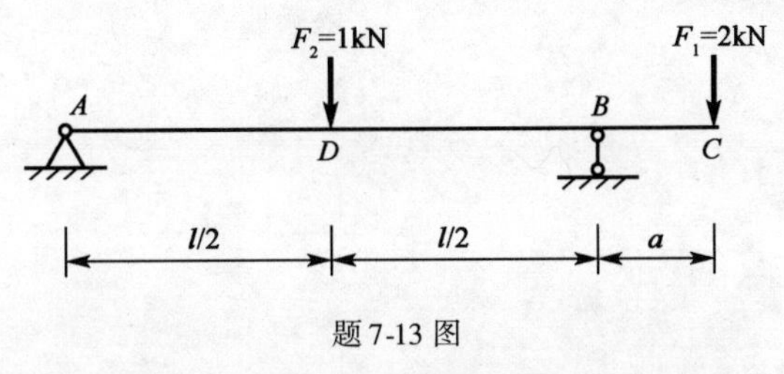

题 7-13 图

7-14　试求题 7-14 图所示梁的支反力。设弯曲刚度 EI 为常数。

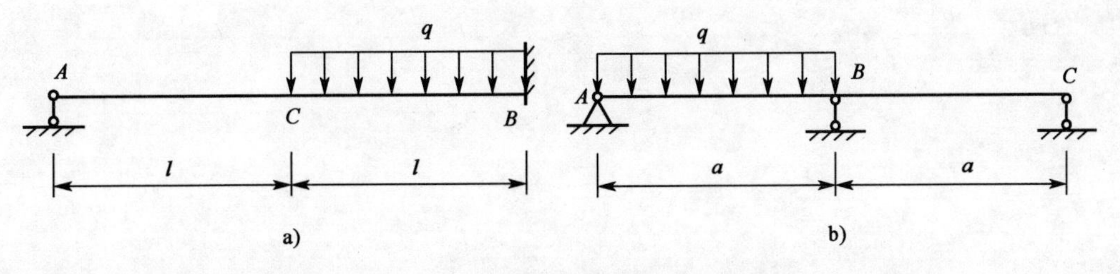

题 7-14 图

7-15　试求题 7-15 图所示各梁的支反力。设梁的弯曲刚度 EI 为常数。

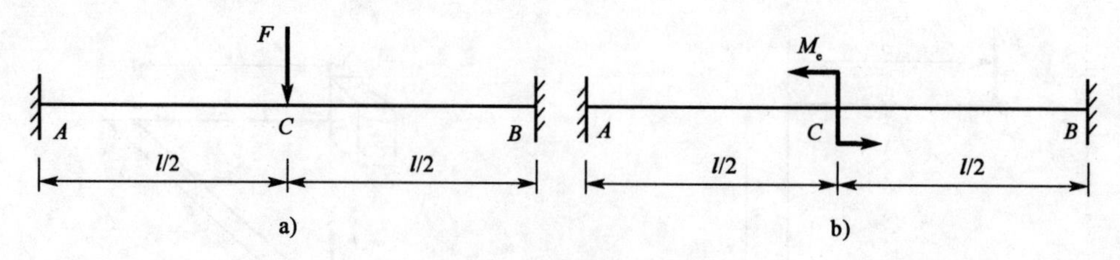

题 7-15 图

7-16　题 7-16 图所示结构,悬臂梁 AB 与简支梁均用 No. 18 工字钢制成,BC 为圆截面钢杆,直径 $d=20\text{mm}$,梁与杆的弹性模量均为 $E=200\text{GPa}$。若荷载 $F=30\text{kN}$,试计算梁内的最大弯曲正应力与杆内的最大正应力,以及截面 C 的铅垂位移。

7-17　如题 7-17 图所示,悬臂梁的自由端与弹簧间有一间隙 δ。已知 $F>3EI\delta/l^3$,弹簧的刚度为 k,求梁的最大弯矩。

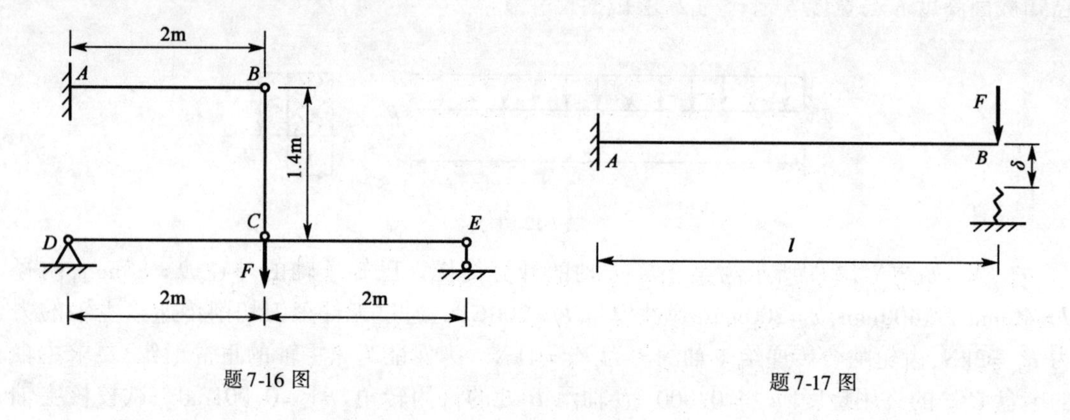

题 7-16 图　　　　题 7-17 图

第八章 应力分析与强度理论

本章主要介绍一点处应力状态的概念，二向应力状态分析，三向应力状态简介，广义胡克定律，应变能密度、体积应变、畸变能密度的概念和四个常用的强度理论。通过本章的学习，可建立起一点处应力状态的概念；计算二向应力状态下通过一点处的斜截面上的应力，画出三向应力圆，给出主应力的数值及主平面的方位、极值切应力的数值及所在平面位置；通过学习复杂应力状态下的应力和应变之间的关系，可求解简单的工程中电测法测量结构所受荷载的问题；学习四个常用的强度理论后，可利用强度理论求解一些简单的工程实际问题。

第一节 一点处应力状态概念

一、一点处的应力状态

试验表明：铸铁试件拉伸破坏是沿试件的横截面断裂的，而低碳钢试件拉伸破坏却是杯状断口，如图 8-1a)、b) 所示；低碳钢圆轴扭转破坏时沿横截面断裂，铸铁圆轴扭转破坏时却是沿与轴线成 45°的螺旋面断裂，如图 8-2a)、b) 所示；混凝土试块压缩破坏时沿着竖向往四周张裂，如图 8-3 所示；钢筋混凝土试验梁在一定的钢筋配置和荷载条件下会出现斜裂缝，如图 8-4 所示。要解释这些破坏现象，不仅需要知道构件上通过破坏点处横截面上的应力，还要知道构件在破坏点处各个方位截面上的应力情况。

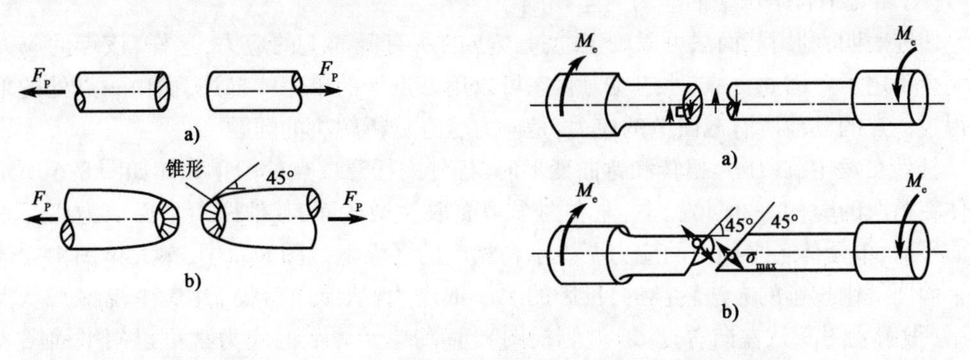

图 8-1　　图 8-2

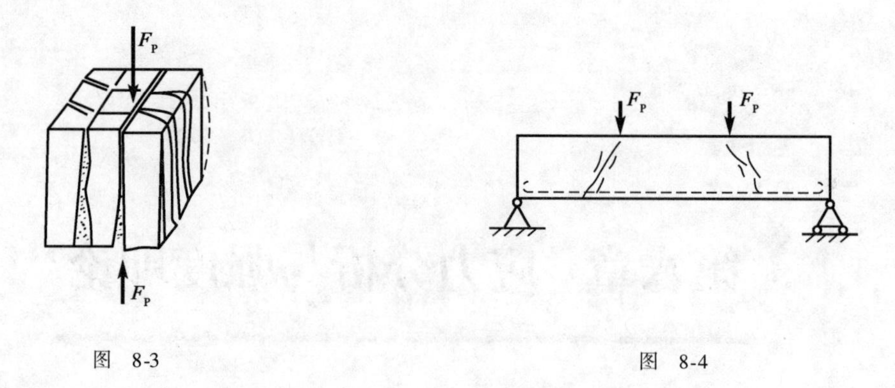

图 8-3　　　　图 8-4

一点处的应力状态，是指通过受力构件内一点的所有截面上的应力的集合。例如，轴向拉(压)杆斜截面上的应力如图 8-5 所示，α 截面上的应力 σ_α、τ_α 组成的集合$\{(\sigma_\alpha,\tau_\alpha)\}$称为这一点处的应力状态。

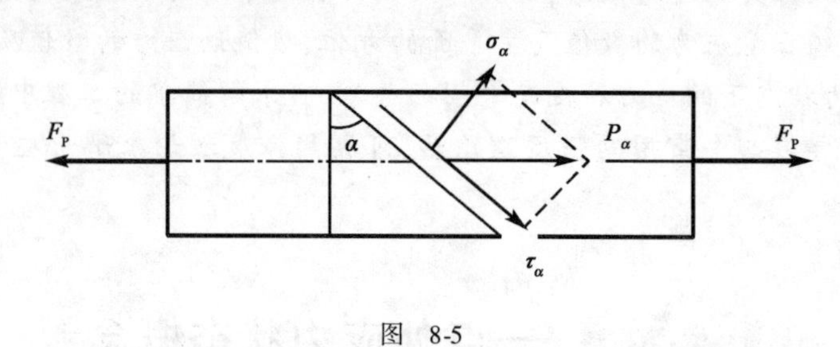

图 8-5

二、研究一点处应力状态的方法——单元体

为了研究受力构件内一点处的应力状态，围绕这一点，用三组相互垂直的平行平面切出一个正六面体，并让其边长趋于零，六面体趋于一点，即该点处的单元体。

由于单元体的边长趋于零，单元体具有以下三个特性：

(1)单元体上每对相互平行的平面为过该点与其平行的一个平面，单元体三组相互垂直的平行平面实际为过该点的三个相互垂直的平面。

(2)每个面上的应力均匀分布。

(3)相互平行平面上的应力完全相同。

研究表明，利用截面法可以确定通过该点的所有截面上的应力，这样，该点的应力状态就完全确定了。因此，一点处的应力状态可以用该点处的单元体描述，而由一点处的单元体求得过该点的其他所有截面上的应力，是应力状态分析解决的问题。

杆件在发生拉(压)、扭转和弯曲变形时，杆件内任意一点处的单元体如图 8-6 所示。单元体在截取的时候，一般情况下，左右两个平面取为横截面，其他两组平面取为相互垂直的纵向平面，单元体各平面上的应力要表示在相应的平面上。图 8-6 中，单元体图由立体图变为平面图是用投影的方法转换的，投影的顺序依次为：从前向后投影(做主视图)，从上向下投影(做俯视图)，从左向右投影(做侧视图)，直到单元体上的应力都可以用平面图表示为止，否则，仍用单元体的立体图表示。

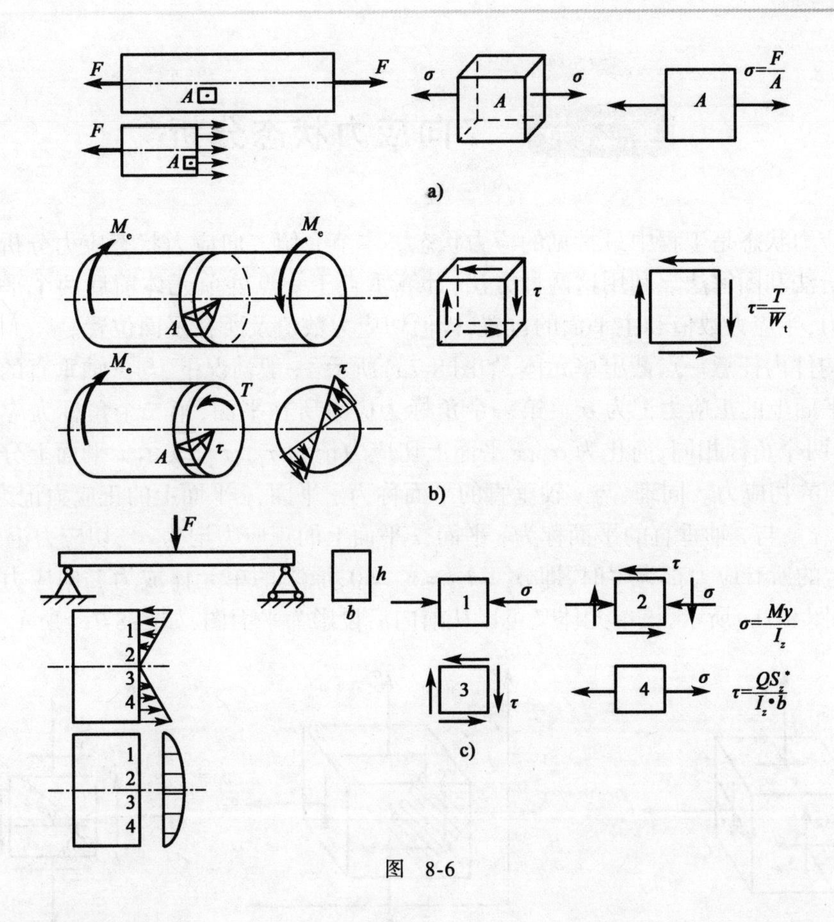

图　8-6

三、主平面和主应力

通过受力构件内的任意一点,可以做无数多个截面,如果其中某个截面上的切应力为零,那么这个截面称为该点的主平面,在主平面上的正应力称为这一点的主应力。

研究表明:一般情况下,对于构件内任意一点,存在有三个主平面,相应的有三个主应力。三个主平面相互垂直;由主平面围成的单元体称为主单元体;三个主平面上的正应力是该点的三个主应力,按照代数值的大小顺序分别记为σ_1、σ_2、σ_3,即$\sigma_1 \geqslant \sigma_2 \geqslant \sigma_3$。例如,某点处的三个主应力分别为60MPa,-20MPa,-90MPa,则应表示为$\sigma_1 = 60\text{MPa}$,$\sigma_2 = -20\text{MPa}$,$\sigma_3 = -90\text{MPa}$。

四、应力状态的分类

工程中通常按照不为零的主应力的数目,将一点处的应力状态分为三类:

(1)单向应力状态:只有一个主应力不为零。

(2)二向应力状态:有两个主应力不为零。

(3)三向应力状态:三个主应力都不为零。

单向应力状态和二向应力状态又合称为平面应力状态,三向应力状态又称为空间应力状态;有时,单向应力状态称为简单应力状态,二向应力状态和三向应力状态又合称为复杂应力状态。

第二节 二向应力状态分析

二向应力状态是工程中最常见的应力状态。本节介绍二向应力状态应力分析的两种方法——解析法和图解法。利用这两种方法,计算垂直于一点处单元体前后两个平面的斜截面上的应力,主应力数值和主平面的位置,极值切应力数值及所在平面位置。

围绕构件内任意一点截出单元体,如图8-7a)所示,一般情况下,与x轴垂直的平面称为x平面;x平面上的正应力记为σ_{xx},第一个角标为应力所在平面,第二个角标为应力所在的方向,由于两个角标相同,简化为σ_x;x平面上切应力记为τ_{xy}、τ_{xz},表示x平面上分别沿y方向和z方向的切应力。同理,与y轴垂直的平面称为y平面,y平面上的正应力记为σ_y,切应力记为τ_{yx}、τ_{yz};与z轴垂直的平面称为z平面,z平面上的正应力记为σ_z,切应力记为τ_{zx}、τ_{zy}。当z平面上的所有应力都为零时,即$\sigma_z=\tau_{zx}=\tau_{zy}=0$,原来的单元体成为二向应力状态的一般情况,如图8-7b)所示,该单元体又可以从前向后投影为平面图,如图8-7c)所示。

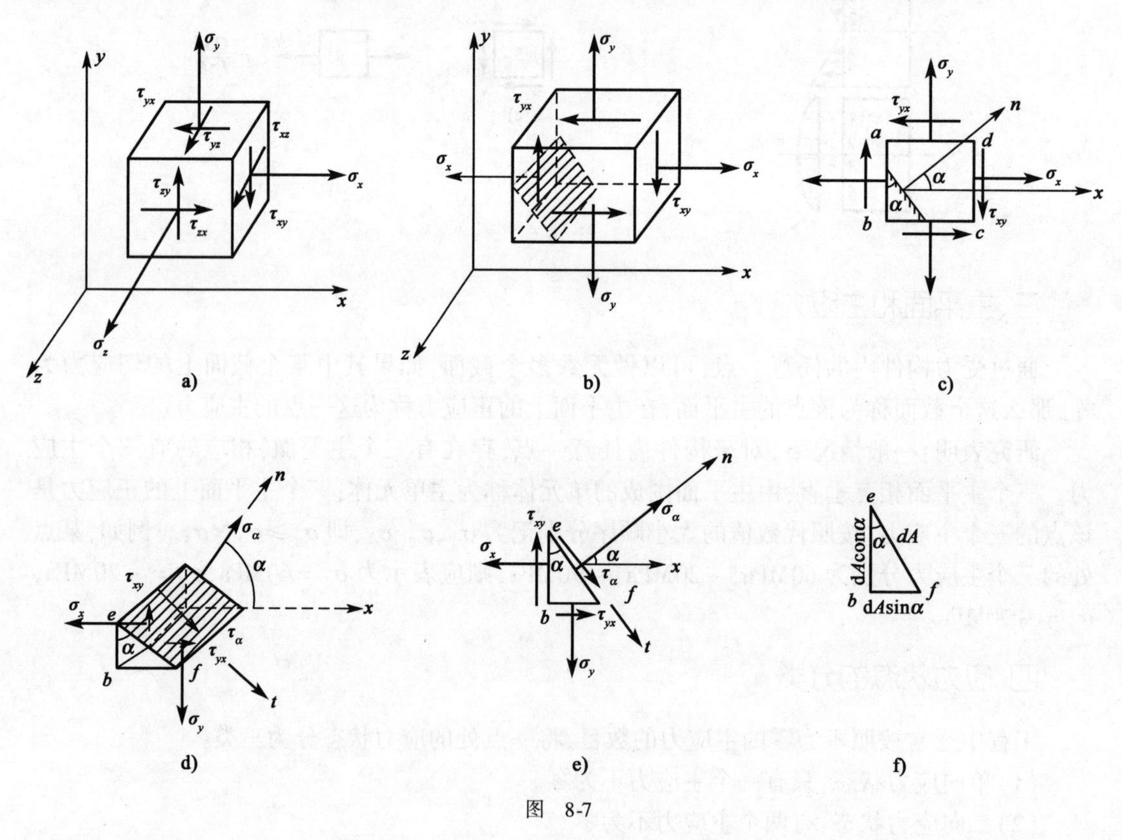

图 8-7

一、解析法

1. 斜截面上的应力

由于z平面上切应力为零,因此z面为主平面,其上正应力为主应力,该主应力为零。一般情况下,该点的另外两个主平面与 z 面垂直,因此,要寻找该点的另外两个主平面和主应力,只需讨论单元体上与 z 面垂直的斜截面 ef 上的应力,如图 8-7b)、e)所示。

利用截面法,沿截面 ef 假想地将单元体切开,取楔形体 ebf 为研究对象,如图 8-7d)、e)所示。斜截面 ef 的外法线 n 与 x 轴的夹角用 α 表示,ef 截面称为 α 截面。α 的符号规定为:水平向右为 x 轴正向,从 x 轴正向转到斜截面外法线 n,如果是逆时针转动,α 符号为正,反之 α 符号为负。应力的符号规定为:正应力以拉应力为正,压应力为负;切应力对单元体内任意一点取矩,若所形成的矩为顺时针,切应力符号为正,反之则为负。在上述符号规定下,如图 8-7 所示,σ_x、σ_y、τ_{xy}、σ_α、τ_α、α 符号均为正号,τ_{yx} 为负号。

设 α 截面面积为 dA,be、bf 的面积分别为 $dA\cos\alpha$ 和 $dA\sin\alpha$,如图 8-7f)所示。对于楔形体 ebf,如图 8-7d)、e)所示,以截面 ef 的外法线 n 和切应力所在方向 t 为坐标轴建立直角坐标系,沿 n、t 方向列平衡方程,有

$$\sum F_n = 0$$

$$\sigma_\alpha dA + (\tau_{xy} dA\cos\alpha)\sin\alpha - (\sigma_x dA\cos\alpha)\cos\alpha + (|\tau_{yx}| dA\sin\alpha)\cos\alpha - (\sigma_y dA\sin\alpha)\sin\alpha = 0$$

$$\sum F_t = 0$$

$$\tau_\alpha dA - (\tau_{xy} dA\cos\alpha)\cos\alpha - (\sigma_x dA\cos\alpha)\sin\alpha + (|\tau_{yx}| dA\sin\alpha)\sin\alpha + (\sigma_y dA\sin\alpha)\cos\alpha = 0$$

根据切应力互等定理,$|\tau_{yx}| = -\tau_{xy}$,并利用三角公式,上面两式化简后得

$$\begin{cases} \sigma_\alpha = \dfrac{\sigma_x + \sigma_y}{2} + \dfrac{\sigma_x - \sigma_y}{2}\cos 2\alpha - \tau_{xy}\sin 2\alpha & (8\text{-}1a) \\ \tau_\alpha = \dfrac{\sigma_x - \sigma_y}{2}\sin 2\alpha + \tau_{xy}\cos 2\alpha & (8\text{-}1b) \end{cases}$$

式(8-1)是二向应力状态下斜截面应力计算的一般公式。式中,α、σ_x、σ_y、τ_{xy} 均为代数值,计算结果 σ_α、τ_α 也是代数值。

另外,由于公式(8-1)是由平衡方程得出的,因此,其既可用于线性弹性问题,也可用于非线性弹性问题或非弹性问题;既可用于各向同性材料,也可用于各向异性材料,即与材料的力学性能无关。

2. 主平面和主应力

式(8-1b)表明,τ_α 随 α 方位角的变化连续变化。由主平面和主应力的定义,设 $\alpha = \alpha_0$ 时,$\tau_{\alpha_0} = 0$,此时 α_0 平面为主平面,该平面上的正应力为主应力。因此,令 $\alpha = \alpha_0$,得

$$\tau_{\alpha_0} = \frac{\sigma_x - \sigma_y}{2}\sin 2\alpha_0 + \tau_{xy}\cos 2\alpha_0 \tag{8-2}$$

由式(8-2),得

$$\tan 2\alpha_0 = -\frac{2\tau_{xy}}{\sigma_x - \sigma_y}$$

$$\begin{cases} \alpha_0 = \dfrac{1}{2}\arctan\left(-\dfrac{2\tau_{xy}}{\sigma_x - \sigma_y}\right) \\ \alpha_0 = \dfrac{1}{2}\arctan\left(-\dfrac{2\tau_{xy}}{\sigma_x - \sigma_y}\right) + \dfrac{\pi}{2} \end{cases} \tag{8-3}$$

式(8-3)给出 α_0 的两个角度,它们对应的是两个相互垂直的主平面,和 z 平面一起构成

构件内该点处的三个相互垂直的主平面。将 α_0 的两个角度代入 σ_α 的表达式,得到这两个主平面上的正应力,即两个主应力

$$\left.\begin{matrix}\sigma_{\alpha_0}\\ \sigma_{\alpha_0+90^\circ}\end{matrix}\right\}=\frac{\sigma_x+\sigma_y}{2}\pm\sqrt{\left(\frac{\sigma_x-\sigma_y}{2}\right)^2+\tau_{xy}^2} \tag{8-4}$$

式(8-4)给出两个主应力,和 z 平面上的主应力一起构成构件内单元体所在点处的三个主应力,最后按照代数值的大小分别记为 σ_1、σ_2、σ_3,其中 $\sigma_1 \geqslant \sigma_2 \geqslant \sigma_3$。

式(8-1a)表明,σ_α 是角度 α 的连续函数,因此,利用条件 $\frac{\mathrm{d}\sigma_\alpha}{\mathrm{d}\alpha}=0$ 可以求出极值正应力的方位角,进而求出极值正应力的数值。可以证明,式(8-3)给出的 α_0 的两个角度满足条件 $\frac{\mathrm{d}\sigma_\alpha}{\mathrm{d}\alpha}=0$,即极值正应力所在平面和极值正应力数值,与主平面、主应力相同。即在单元体所在点处和 z 平面垂直的所有截面的正应力中,和 z 平面垂直的两个主平面上的主应力,一个是最大值,一个是最小值。

3. 极值切应力及其所在平面

同理,利用条件 $\frac{\mathrm{d}\tau_\alpha}{\mathrm{d}\alpha}=0$ 可确定极值切应力所在平面方位,进而求出极值切应力的数值。设 $\alpha=\alpha_1$,满足 $\left(\frac{\mathrm{d}\tau_\alpha}{\mathrm{d}\alpha}\right)_{\alpha=\alpha_1}=0$,即

$$\left(\frac{\mathrm{d}\tau_\alpha}{\mathrm{d}\alpha}\right)_{\alpha=\alpha_1}=2\left(\frac{\sigma_x-\sigma_y}{2}\right)\cos 2\alpha_1-2\tau_{xy}\sin 2\alpha_1=0$$

$$\tan 2\alpha_1=\frac{\sigma_x-\sigma_y}{2\tau_{xy}}$$

$$\begin{cases}\alpha_1=\dfrac{1}{2}\arctan\left(\dfrac{\sigma_x-\sigma_y}{2\tau_{xy}}\right)\\ \alpha_1=\dfrac{1}{2}\arctan\left(\dfrac{\sigma_x-\sigma_y}{2\tau_{xy}}\right)+\dfrac{\pi}{2}\end{cases} \tag{8-5}$$

式(8-5)给出 α_1 的两个角度,所对应的是两个相互垂直的截面,这两个面上的切应力,在通过单元体所在点处和 z 面垂直的所有截面上的切应力中,一个是最大值,一个是最小值。

将 α_1 的两个角度代入式(8-1b)中,得到

$$\left.\begin{matrix}\tau_{\max}\\ \tau_{\min}\end{matrix}\right\}=\pm\sqrt{\left(\frac{\sigma_x-\sigma_y}{2}\right)^2+\tau_{xy}^2} \tag{8-6}$$

比较式(8-3)和(8-5),有

$$\tan 2\alpha_0\cdot\tan 2\alpha_1=-1$$

即

$$\alpha_1=\alpha_0+\frac{\pi}{4} \tag{8-7}$$

式(8-7)表明,极值切应力所在平面和主平面夹角为45°。

二、图解法

1. 应力圆

式(8-1a)和式(8-1b)可以改写成如下形式：

$$\sigma_\alpha - \frac{\sigma_x + \sigma_y}{2} = \frac{\sigma_x - \sigma_y}{2}\cos 2\alpha - \tau_{xy}\sin 2\alpha$$

$$\tau_\alpha = \frac{\sigma_x - \sigma_y}{2}\sin 2\alpha + \tau_{xy}\cos 2\alpha$$

对上面两式求平方和，整理得

$$\left(\sigma_\alpha - \frac{\sigma_x + \sigma_y}{2}\right)^2 + \tau_\alpha^2 = \left(\frac{\sigma_x - \sigma_y}{2}\right)^2 + \tau_{xy}^2 \tag{8-8}$$

式(8-8)中，σ_x、σ_y 和 τ_{xy} 是已知量，σ_α 和 τ_α 是变量。若以 σ 为横坐标轴，τ 为纵坐标轴，建立 σ-τ 直角坐标系，可得式(8-8)对应的图像是一个圆，其圆心坐标为 $\left(\frac{\sigma_x + \sigma_y}{2}, 0\right)$，半径为 $\sqrt{\left(\frac{\sigma_x - \sigma_y}{2}\right)^2 + \tau_{xy}^2}$，如图 8-8b)所示，此圆称为应力圆或莫尔(Mohr)圆，是德国工程师在1882年首先提出的。圆周上的任意一点，和单元体所在点处和 z 面垂直的斜截面一一对应，圆周上点的横坐标值、纵坐标值分别为对应斜截面上的正应力和切应力。

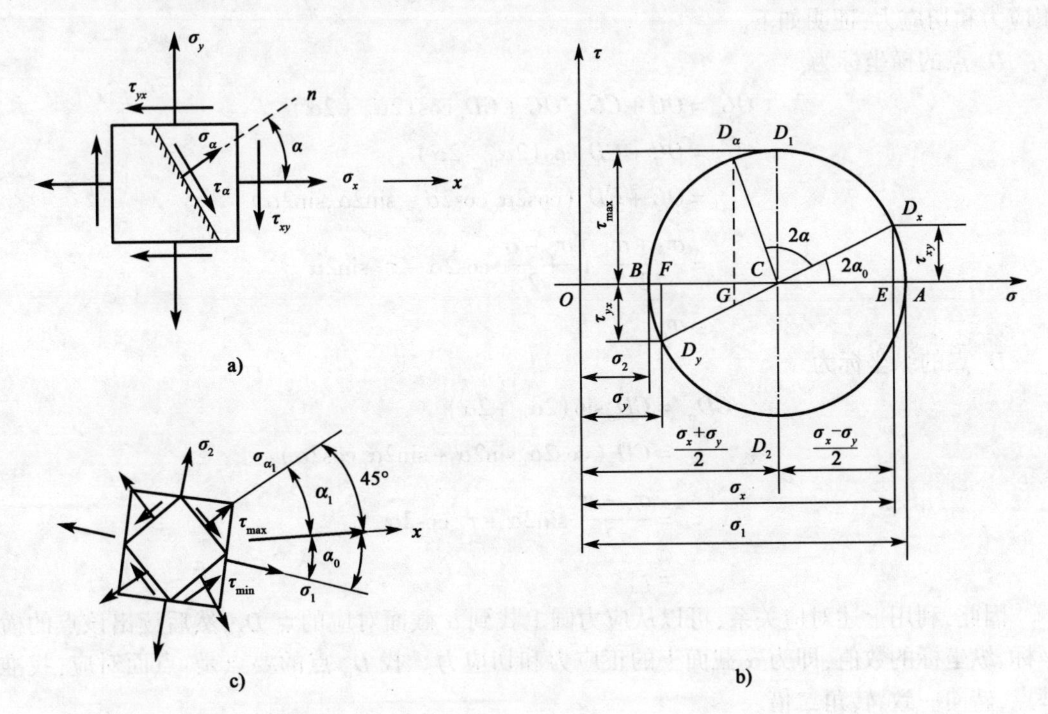

图　8-8

2. 应力圆的作法

二向应力状态单元体的一般情况如图 8-8a)所示，σ_x、σ_y 和 τ_{xy} 数值为已知，按下述步骤作应力圆。

(1)根据已知应力 σ_x、σ_y 和 τ_{xy} 的数值大小,选取适当比例尺,建立 σ-τ 直角坐标系。

(2)按照所选比例尺,在 σ-τ 坐标平面内,用单元体 x、y 面上的应力值作出 x、y 面在坐标面内所对应的点 $D_x(\sigma_x,\tau_{xy})$、$D_y(\sigma_y,\tau_{yx})$。

(3)用直线连接 D_x、D_y 两点,与 σ 轴交于点 C,以 C 为圆心,CD_x 或 CD_y 为半径作圆如图 8-8b)所示。

由切应力互等定理有 $\tau_{xy}=-\tau_{yx}$,因此 C 为 D_xD_y 中点,C 点的坐标为 $\left(\dfrac{\sigma_x+\sigma_y}{2},0\right)$,所作圆的半径为

$$CD_x=\sqrt{CE^2+ED_x^2}=\sqrt{\left(\frac{\sigma_x-\sigma_y}{2}\right)^2+\tau_{xy}^2}$$

因此,按照上述步骤作出圆的方程为式(8-8),是图 8-8a)所示单元体对应的应力圆。

3. 应力圆的应用

(1)用应力圆计算斜截面上的应力

由单元体作出应力圆后,可以证明,与单元体 z 面垂直的 α 截面及其上面的应力与应力圆圆周上的点之间有如下一一对应关系:从应力圆上的点 D_x 出发(找准基点),沿圆周按与 α 相同的转向(即按从 x 轴到 α 截面外法线的转动方向,又称为转向一致)转过 2α 圆心角(转角 2 倍),得到点 D_α,该点与 α 截面一一对应,且该点的横坐标和纵坐标即为 α 截面上的正应力和切应力,证明如下。

D_α 点的横坐标为

$$\begin{aligned}OG&=OC+CG=OC+CD_\alpha\cos(2\alpha_0+2\alpha)\\&=OC+CD_x\cos(2\alpha_0+2\alpha)\\&=OC+CD_x(\cos2\alpha_0\cos2\alpha-\sin2\alpha_0\sin2\alpha)\\&=\frac{\sigma_x+\sigma_y}{2}+\frac{\sigma_x-\sigma_y}{2}\cos2\alpha-\tau_{xy}\sin2\alpha\\&=\sigma_\alpha\end{aligned}$$

D_α 点的纵坐标为

$$\begin{aligned}GD_\alpha&=CD_\alpha\sin(2\alpha_0+2\alpha)\\&=CD_x(\cos2\alpha_0\sin2\alpha+\sin2\alpha_0\cos2\alpha)\\&=\frac{\sigma_x-\sigma_y}{2}\sin2\alpha+\tau_{xy}\cos2\alpha\\&=\tau_\alpha\end{aligned}$$

因此,利用上述对应关系,可以从应力圆上找到 α 截面对应的点 D_α,然后读出该点的横坐标、纵坐标的数值,即为 α 截面上的正应力和切应力。找 D_α 点的要点是:点面对应,找准基点,转向一致,转角二倍。

(2)用应力圆确定主平面方位和主应力数值

如图 8-8b)所示,应力圆与 σ 轴有两个交点 A、B,它们的纵坐标(即切应力)均为零,因此,A、B 两点分别对应单元体所在点处的两个主平面,弧 D_xA 所对应的圆心角为 $2\alpha_0$,弧 D_xB

所对应的圆心角为 $2\alpha_0+180°$，点 A、B 对应的主平面为 α_0 和 $\alpha_0+90°$ 截面，A、B 的横坐标是这两个主平面上的主应力，记为

$$\sigma_{\alpha_0}=OA=OC+CA=\frac{\sigma_x+\sigma_y}{2}+\sqrt{\left(\frac{\sigma_x-\sigma_y}{2}\right)^2+\tau_{xy}^2}$$

$$\sigma_{\alpha_0+90°}=OB=OC-CB=\frac{\sigma_x+\sigma_y}{2}-\sqrt{\left(\frac{\sigma_x-\sigma_y}{2}\right)^2+\tau_{xy}^2}$$

α_0、$\alpha_0+90°$截面和 z 平面是单元体所在点处的三个主平面，σ_{α_0}、$\sigma_{\alpha_0+90°}$、0 是三个主应力，按照代数值的大小记为 σ_1、σ_2、σ_3，如图 8-8c）所示。

（3）用应力圆确定极值切应力数值及其所在平面方位

如图 8-8b）所示，过圆心 C 作 σ 轴的垂线，与应力圆交于 D_1、D_2 点，D_1、D_2 点的纵坐标即为极值切应力 $\tau_{\max}$、$\tau_{\min}$，即

$$\left.\begin{matrix}\tau_{\max}\\ \tau_{\min}\end{matrix}\right\}=\pm\sqrt{\left(\frac{\sigma_x-\sigma_y}{2}\right)^2+\tau_{xy}^2}$$

弧 D_xD_1、D_xD_2 所对应圆心角的一半，即为 D_1、D_2 点所对应极值切应力平面的方位角。要注意的是，这里的极值切应力是在和 z 面垂直的所有斜截面的切应力范围里。后边还要谈到一点处所有截面上极值切应力的计算方法。另外，从应力圆上可以看到，主平面之间相互垂直，极值切应力所在平面之间相互垂直，极值切应力所在平面和主平面之间夹角为 45°，这和解析法得到的结论是一致的。

[例 8-1]　一点处的应力状态如图 8-9a）所示（应力单位为 MPa），试用解析法和图解法求：

（1）如图 8-9a）所示单元体斜截面上的应力，将计算结果表示在单元体图上。

（2）将主应力的数值和主平面的方位表示在单元体图上。

（3）将极值切应力数值及其所在平面方位在单元体上表示出来。

解　由图 8-9a）可知，$\sigma_x=60\text{MPa}$，$\sigma_y=110\text{MPa}$，$\tau_{xy}=-90\text{MPa}$，$\alpha=30°$

（1）解析法

①计算斜截面上的应力。

$$\sigma_{30°}=\frac{60+110}{2}+\frac{60-110}{2}\cos(2\times30°)-(-90)\sin(2\times30°)=150.4\text{MPa}$$

$$\tau_{30°}=\frac{(60-110)}{2}\sin(2\times30°)+(-90)\cos(2\times30°)=-66.7\text{MPa}$$

将 30°截面上的应力表示在单元体图上，如图 8-9b）所示。

②计算主应力和主平面方位。

$$\left.\begin{matrix}\sigma_{\alpha_0}\\ \sigma_{\alpha_0+90°}\end{matrix}\right\}=\frac{60+110}{2}\pm\sqrt{\left(\frac{60-110}{2}\right)^2+(-90)^2}=\begin{matrix}178.4\text{MPa}\\ -8.4\text{MPa}\end{matrix}=\begin{matrix}\sigma_{\max}\\ \sigma_{\min}\end{matrix}$$

$$\sigma_1=178.4\text{MPa},\sigma_2=0,\sigma_3=-8.4\text{MPa}$$

$$\tan2\alpha_0=-\frac{2\times(-90)}{60-110}=-3.6,\alpha_0=-37.2°,\alpha_0+90°=52.8°$$

主应力数值和主平面方位如图 8-9c）、d）所示。

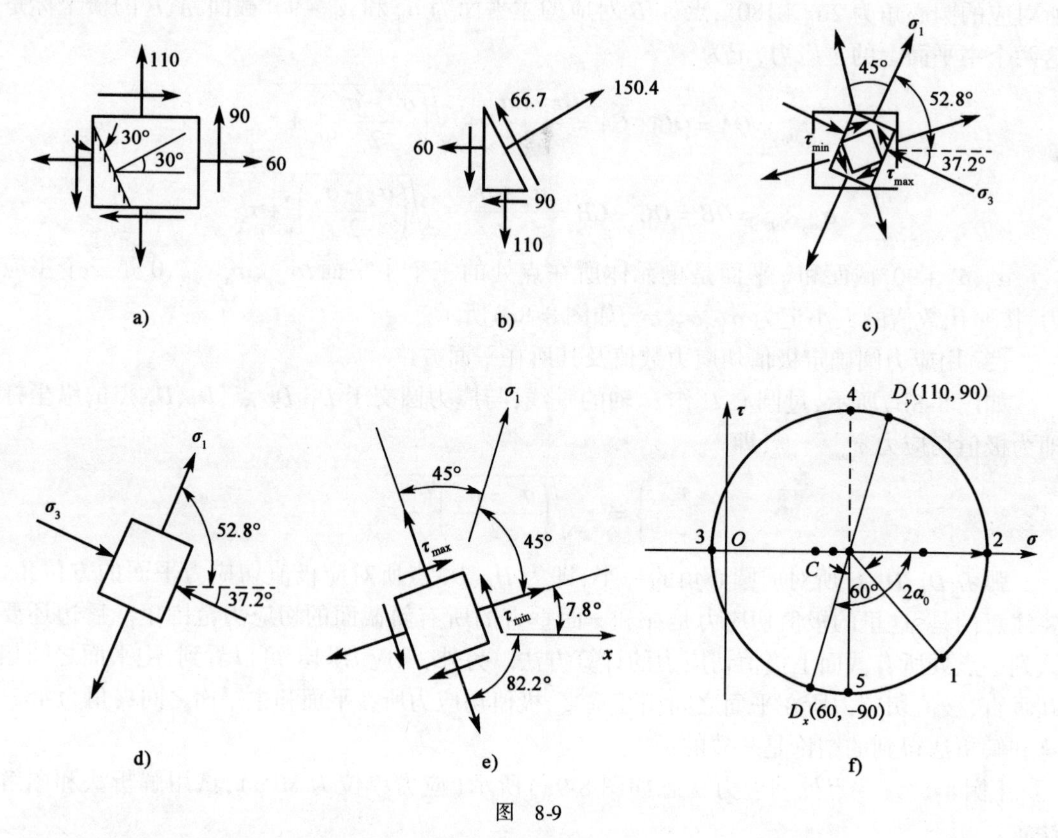

图 8-9

③计算极值切应力及其所在平面方位。

$$\left.\begin{matrix}\tau_{\max}\\\tau_{\min}\end{matrix}\right\} = \pm\sqrt{\left(\frac{60-110}{2}\right)^2+(-90)^2} = \pm 93.4$$

$$\tan 2\alpha_1 = \frac{60-110}{2\times(-90)} = 0.28, \alpha_1 = -82.2°, \alpha_1+90° = 7.8°$$

极值切应力及其所在平面方位如图 8-9e)所示。

(2)图解法

①作图 8-9a)所示的平面应力状态单元体的应力圆,步骤如下:

a. 取比例尺如图 8-9f)所示,画出 σ-τ 坐标系。

b. 按选定比例尺在坐标面内作出点 $D_x(60, -90)$,点 $D_y(110,90)$。

c. 用直线连接 D_x、D_y 两点,交 σ 轴于点 C,以 C 为圆心,CD_x 为半径作应力圆。

②计算斜截面上的应力:要计算 $\alpha=30°$截面上的应力,在应力圆上找到 x 面对应的点 D_x,逆时针转过 $2\alpha=2\times30°$的圆心角得点 1,测量点 1 的坐标为(150.4, −66.7)MPa,即 30°截面上的应力:$\sigma_{30°}=150.4\text{MPa}$,$\tau_{30°}=-66.7\text{MPa}$。其表示在单元体上如图 8-9b)所示。

③计算主应力的数值和主平面方位:如图 8-9f)所示的应力圆上,2 点、3 点的纵坐标即所对应平面的切应力为零,因此,2 点、3 点所对应的平面为主平面,2 点所对应平面的方位角为从 D_x 沿逆时针转到点 2,所转过圆心角的一半,即 52.8°;3 点所对应平面的方位角为从 D_x 沿顺时针转到点 3,所转过圆心角的一半,即 −37.2°。2 点、3 点的横坐标为主应力,分别为 178.4MPa、

-8.4MPa,该点处 z 面为第三个主平面,主应力为0。三个主应力按代数值的大小,分别记为 $\sigma_1=178.4\text{MPa}$,$\sigma_2=0$,$\sigma_3=-8.4\text{MPa}$。其表示在单元体上如图8-9c)、d)、e)所示。

④极值切应力及其所在平面方位:如图8-9f)所示应力圆上,过圆心 C 点做 σ 轴的垂线,和应力圆交于4点和5点,4点的纵坐标为最大的切应力93.4MPa,5点的纵坐标是最小的切应力 -93.4MPa;点4所对应平面的方位角为从 D_x 沿顺时针转到点4,所转过圆心角的一半,即 $-82.2°$,点5所对应平面的方位角为从 D_x 沿逆时针转到点5,所转过圆心角的一半,即7.8°。其表示在单元体上如图8-9e)所示。

【评注】 在用解析法求得 $\left.\begin{matrix}\sigma_{\alpha_0}\\ \sigma_{\alpha_0+90°}\end{matrix}\right\}=\begin{matrix}178.4\text{MPa}\\ -8.4\text{MPa}\end{matrix}=\begin{matrix}\sigma_{max}\\ \sigma_{min}\end{matrix}$,$\alpha_0=-37.2°$,$\alpha_0+90°=52.8°$,如何确定其对应关系,下边给出三种判断方法:

(1)回代法:将 α_0 代入式(8-1a),算出 σ_{α_0},就知 α_0 对应为哪个主应力的方位角。

(2)切应力指向判断法:x 面上的切应力 τ_{xy} 指向哪个象限,σ_{max} 必在这个象限内。

(3)正应力大小判断法:根据 σ_x 和 σ_y 代数值的相对大小来判断,若 $\sigma_x>\sigma_y$,则 σ_{max} 靠近 σ_x,即两者夹角小于45°;反之,若 $\sigma_x<\sigma_y$,则 σ_{min} 靠近 σ_x。这个规律可以简单地说成:大靠大,小靠小,夹角比45°小。

按照上述三种方法中的任意一种,可知,$\sigma_{\alpha_0}=-8.4\text{MPa}$,$\sigma_{\alpha_0+90°}=178.4\text{MPa}$。

[例8-2] 介绍几种简单受力情况下单元体的应力圆。

解 几种简单应力状态下的应力圆如图8-10所示,其中双向等值拉伸应力状态如图8-10d)所示,其应力圆缩小成一个点,称为点圆,即半径为无限小的圆,这就意味着,在任何方向的截面上没有切应力,且正应力值都相同。双向等值拉压应力状态如图8-10e)所示,纯剪切应力状态如图8-10f)所示,这两种应力状态的应力圆相同,意味着这两点的受力状态一样,它们之间的差别在于取单元体所使用的平面不同。

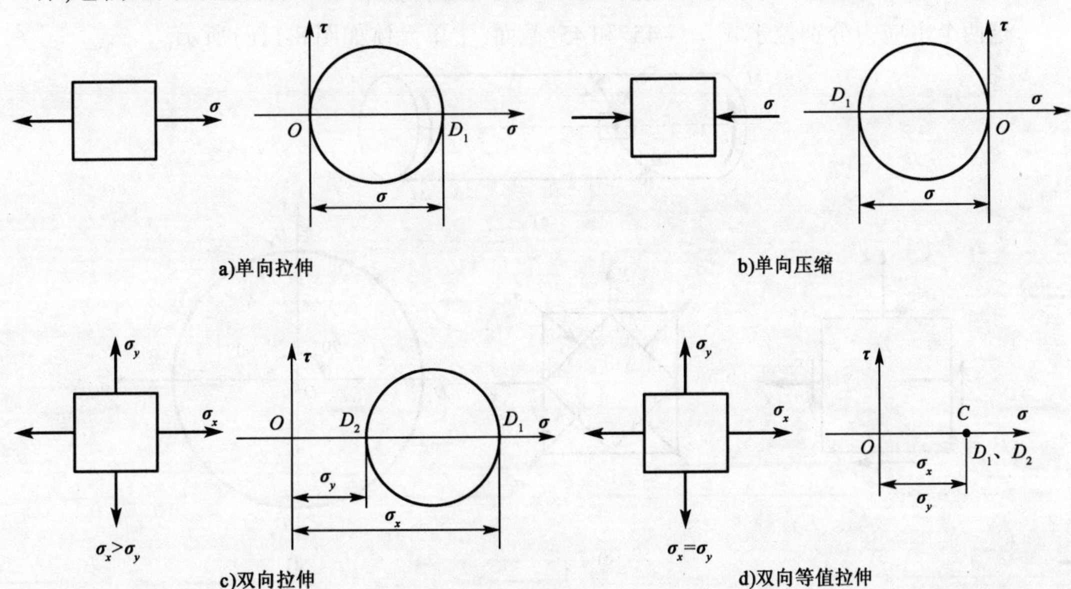

图　8-10

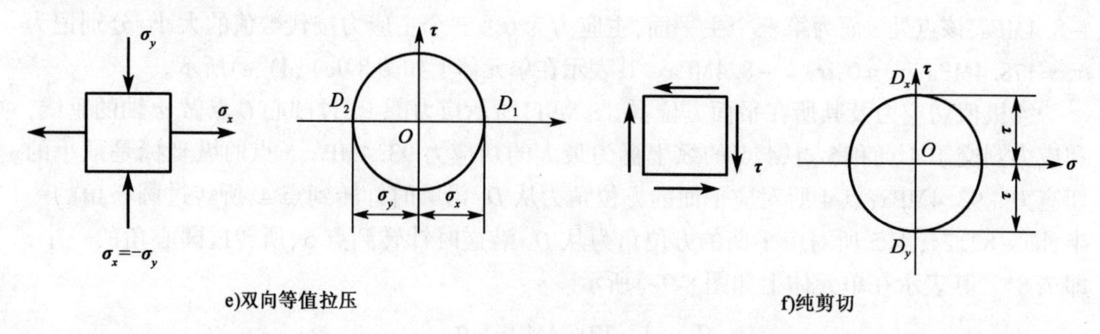

e)双向等值拉压　　f)纯剪切

图 8-10

[例 8-3] 已知圆轴直径 $d=100\text{mm}$,两端作用有大小相等,转向相反的扭转力偶 $M_e=10\text{kN}\cdot\text{m}$,如图 8-11a)所示。用图解法求圆轴表面上 K 点的主应力和 τ_{max} 值,并画出该点的主单元体。

解 从圆轴表面上 K 点取单元体,上下面为过 K 点的径向平面,左右面为过 K 点的横截面,前后面是过 K 点的圆周面。

由第四章知,K 点在横截面上没有正应力,只有切应力,且

$$\tau_{xy}=\frac{T}{W_p}=\frac{16T}{\pi d^3}=\frac{16\times10\times10^3}{\pi\times100^3\times10^{-9}}=50.96\text{MPa}$$

K 点在径向平面上没有正应力,但根据切应力互等定理,K 点在径向面上有切应力,且 $\tau_{yx}=-\tau_{xy}$。K 点在圆周面上无任何应力,用正投影图表示单元体如图 8-11b)所示,该应力状态为纯剪切应力状态,作应力圆如图 8-11d)所示。

从应力圆可以看出

$$\sigma_1=OD_1=\tau_{xy}=50.96\text{MPa}$$
$$\sigma_3=OD_2=-\tau_{xy}=-50.96\text{MPa}$$

这两个主应力分别位于 $\alpha_0=-45°$ 和 $45°$ 截面,主单元体如图 8-11c)所示。

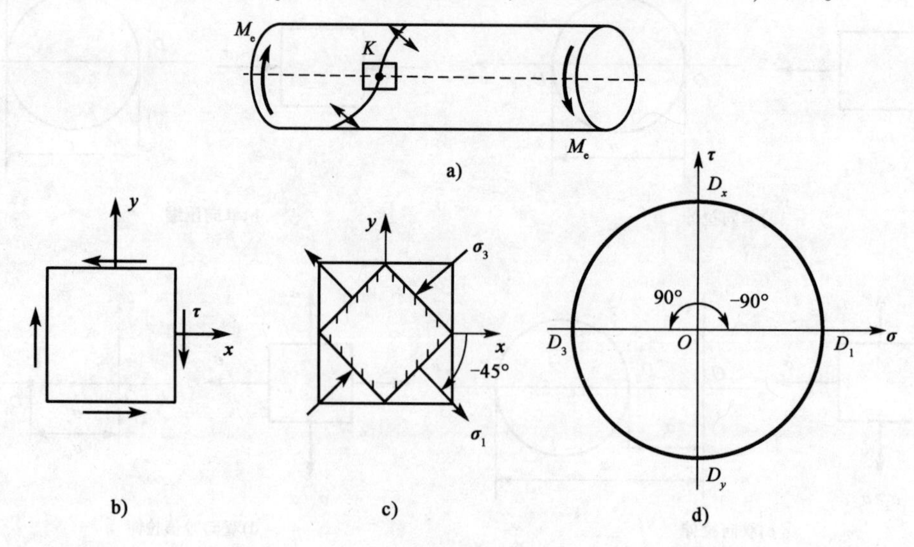

图 8-11

讨论：从应力圆还能看出，横截面和径向平面分别为τ_{max}和τ_{min}的作用平面，即

$$\tau_{max}=-\tau_{min}=\tau_{xy}=50.96\text{MPa}$$

低碳钢圆轴扭转屈服时，在其表面纵、横方向出现滑移线，是由于低碳钢抗剪强度较低，试件纵、横截面上的最大切应力达到极限引起的相对滑移形成的；铸铁圆轴扭转破坏时，表面各点σ_{max}所在主平面连成倾角为45°的螺旋面，由于铸铁抗拉强度较低，试件将沿这一螺旋面因拉应力达到极限而发生断裂破坏，如图8-11a)所示。

[例8-4]　一横力弯曲的梁如图8-12a)所示，截面法可得截面m-n上的弯矩为M，剪力为F_Q，进而算出该截面上A点处的弯曲正应力和切应力分别为：$\sigma=-70\text{MPa}$，$\tau=50\text{MPa}$，如图8-12b)所示。试确定A点的主应力及主平面的方位，并讨论同一截面上其他点的应力状态。

解　围绕A点取单元体，放大如图8-12c)所示，则

$$\sigma_x=-70\text{MPa},\sigma_y=0,\tau_{xy}=50\text{MPa}$$

由式(8-3)，可得主平面的方位

$$\tan 2\alpha_0=-\frac{2\tau_{xy}}{\sigma_x-\sigma_y}=-\frac{2\times 50}{-70-0}=1.429$$

$$2\alpha_0=55°,\ -125°$$

$$\alpha_0=27.5°,\ -62.5°$$

两个主应力的大小，可由式(8-4)计算

$$\left.\begin{matrix}\sigma_{\alpha_0}\\ \sigma_{\alpha_0+90°}\end{matrix}\right\}=\frac{-70+0}{2}\pm\sqrt{\left(\frac{-70-0}{2}\right)^2+50^2}=\begin{matrix}26\text{MPa}\\ -96\text{MPa}\end{matrix}=\begin{matrix}\sigma_{max}\\ \sigma_{min}\end{matrix}$$

A点处的三个主应力为

$$\sigma_1=26\text{MPa},\sigma_2=0,\sigma_3=-96\text{MPa}$$

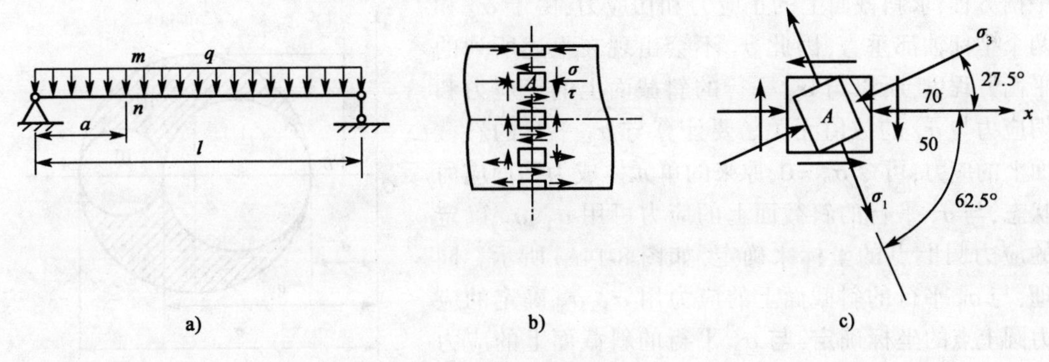

图　8-12

主应力及主平面的方位表示在单元体上，如图8-12c)所示。

【评注】　在梁的横截面m-n上，其他点的应力状态都可用相同的方法进行分析；截面上、下边缘处的点为单向拉伸或压缩应力状态，横截面即为它们的主平面；在中性轴上，各点的应力状态为纯剪切应力状态，主平面与梁轴线成45°。m-n截面上，从上边缘到下边缘，各点的应力状态如图8-12b)所示。

在求出梁截面上一点主应力的方向后，把其中一个主应力的方向延长与相邻横截面相

交,求出交点的主应力方向,再将其延长与下一个相邻的横截面相交,依次类推,我们将得到一条折线,它的极限将是一条曲线。在这样的曲线上,任意一点的切线代表该点主应力的方向,这种曲线称为主应力迹线,如图8-13所示。梁内有两组主应力迹线,实线是主拉应力迹线,虚线是主压应力迹线。在钢筋混凝土梁中,钢筋的作用是承受拉力,所以,应使钢筋尽可能地沿主拉应力迹线的方向放置。

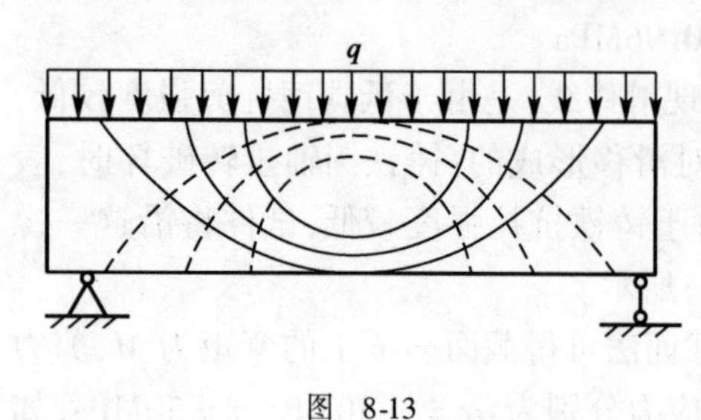

图 8-13

第三节 三向应力状态简介

三向应力状态的应力分析非常复杂,本节只讨论一点处的应力状态用主单元体表示的情形,即一点处的三个主应力为已知时,计算该点处任意截面上的应力、最大的正应力和最大的切应力,为今后解决复杂应力状态下的强度问题提供理论依据。

如图8-14a)所示单元体,三个主应力 σ_1、σ_2、σ_3 均为已知,下面讨论与 σ_3 平行的斜截面上的应力[图8-14a)]。根据截面法,用平行于 σ_3 的任意斜截面将单元体截开,取左边楔形体为研究对象,斜截面上的应力如图8-14b)所示,斜截面上的切应力方向一定和 σ_3 所在平面平行,否则根据切应力互等定理,σ_3 所在平面上必定有切应力,与已知 σ_3 为主应力矛盾。沿该斜截面正应力方向和切应力方向建立直角坐标系,沿两坐标轴方向列力的平衡方程,求斜截面上的正应力和切应力,由于 σ_3 和两个坐标轴都垂直,因此 σ_3 不会出现在上述所列的平衡方程里,所以与 σ_3 平行的斜截面上的正应力和切应力与 σ_3 的数值无关。要计算与 σ_3 平行的斜截面上的应力,可令 $\sigma_3=0$,原来的单元体成为平面应力状态,与 σ_3 平行的斜截面上的应力可用 σ_1、σ_2 确定的应力圆上点的坐标来确定,如图8-14c)所示。同理,与 σ_1 平行的斜截面上的应力用 σ_2、σ_3 确定的应力圆上点的坐标确定,与 σ_2 平行的斜截面上的应力用 σ_1、σ_3 确定的应力圆上点的坐标确定,因此,三个主应力(两两确定一个应力圆)所确定的应力圆称为**三向应力圆**,如图8-14c)所示。可以证明,与三个主应力都不平行的任意斜截面上的应力,可用三个应力圆所围成的阴影区域内某一点的坐标来确定。

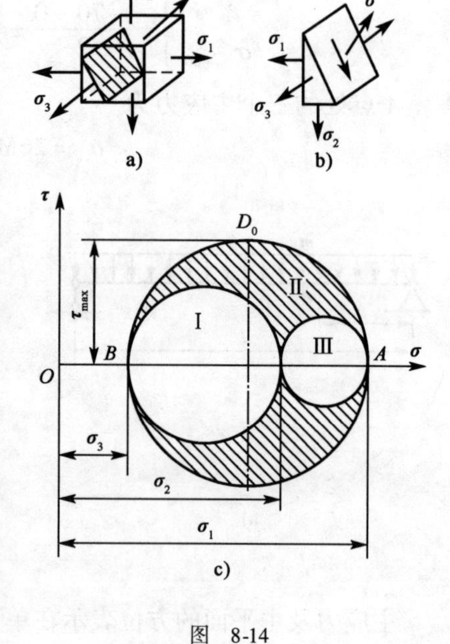

图 8-14

综上所述,通过受力构件内一点的所有截面上的应力,与三向应力圆圆周及其所围成阴影范围内的点一一对应。因此,从三向应力圆可以看出过受力构件内任意一点处所有的截

面上

$$\begin{cases}\sigma_{\max}=\sigma_1\\ \tau_{\max}=\dfrac{\sigma_1-\sigma_3}{2}\end{cases} \tag{8-9}$$

[例 8-5]　试求如图 8-15a) 所示单元体的主应力及最大切应力(应力单位为 MPa)。

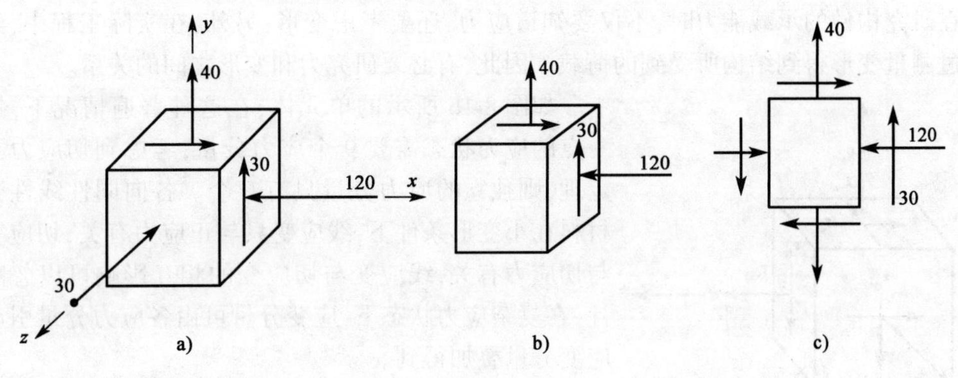

图　8-15

解　单元体前后两平面上没有切应力,故这对平面为主平面,其上的正应力就是一个主应力。单元体所在点处的另外两个主平面和前后平面垂直,而和前后平面垂直的任意斜截面上的应力和前后平面上的应力无关,因此可令前后两个平面上的应力为零,原来的单元体成为平面应力状态的单元体,计算原来单元体和前后平面垂直的两个主平面上的主应力,转化为计算平面应力状态下和前后两平面垂直的两个主平面上的主应力,如图 8-15b)、c) 所示,其中

$$\sigma_x=-120\text{MPa},\sigma_y=40\text{MPa},\tau_{xy}=-30\text{MPa}$$

$$\left.\begin{matrix}\sigma_{\max}\\ \sigma_{\min}\end{matrix}\right\}=\frac{\sigma_x+\sigma_y}{2}\pm\sqrt{\left(\frac{\sigma_x-\sigma_y}{2}\right)^2+\tau_{xy}^2}$$

$$=\frac{-120+40}{2}\pm\sqrt{\left(\frac{-120-40}{2}\right)^2+(-30)^2}$$

$$=\begin{matrix}45.4\text{MPa}\\ -125.4\text{MPa}\end{matrix}$$

如图 8-15a) 所示单元体的主应力为

$$\sigma_1=45.4\text{MPa},\sigma_2=-30\text{MPa},\sigma_3=-125.4\text{MPa}$$

最大的切应力为

$$\tau_{\max}=\frac{\sigma_1-\sigma_3}{2}=\frac{45.4-(-125.4)}{2}=85.4\text{MPa}$$

【评注】　在三向应力状态分析时,本书会分析至少有一个主应力是已知情况下的三向应力状态;另外,不论是二向应力状态还是三向应力状态,计算最大的切应力时都采用式(8-9),而式(8-6)计算的是平面应力状态下和前后两个平面垂直的平面范围内的极值切应力。

第四节 各向同性材料的应力-应变关系

一、广义胡克定律

在研究构件的承载能力时,不仅要知道应力,还要考虑变形;另外,在实际工程中,经常要通过测量变形得到结构所受到的荷载。因此,有必要研究力和变形之间的关系。

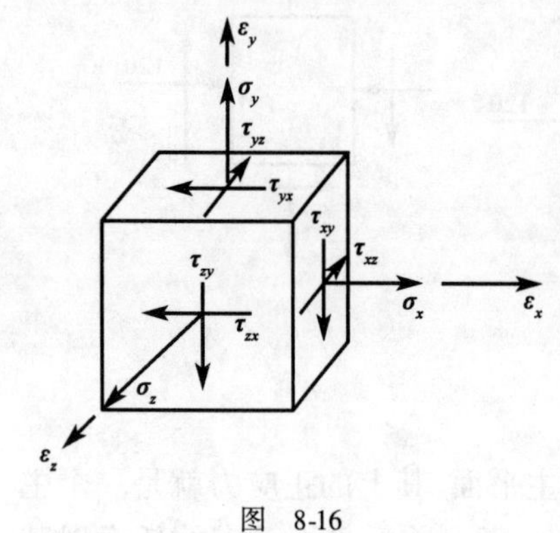

图 8-16

如图 8-16 所示的单元体,在这种普遍情况下,描述一点的应力状态需要 9 个应力分量,考虑到切应力互等定理,则独立的应力分量只有 6 个。各向同性线性弹性材料在小变形条件下,线应变只与正应力有关,切应变只与切应力有关,线应变与切应变的相互影响可以忽略不计,在复杂应力状态下,应变分量可由各应力分量引起的应变分量叠加得到。

如图 8-17 所示,单元体在 σ_x 单独作用下,引起沿 x 方向的线应变为

$$\varepsilon'_x = \frac{\sigma_x}{E}$$

由于横向效应,在 σ_y 和 σ_z 分别单独作用下,引起单元体沿 x 方向的线应变分别为

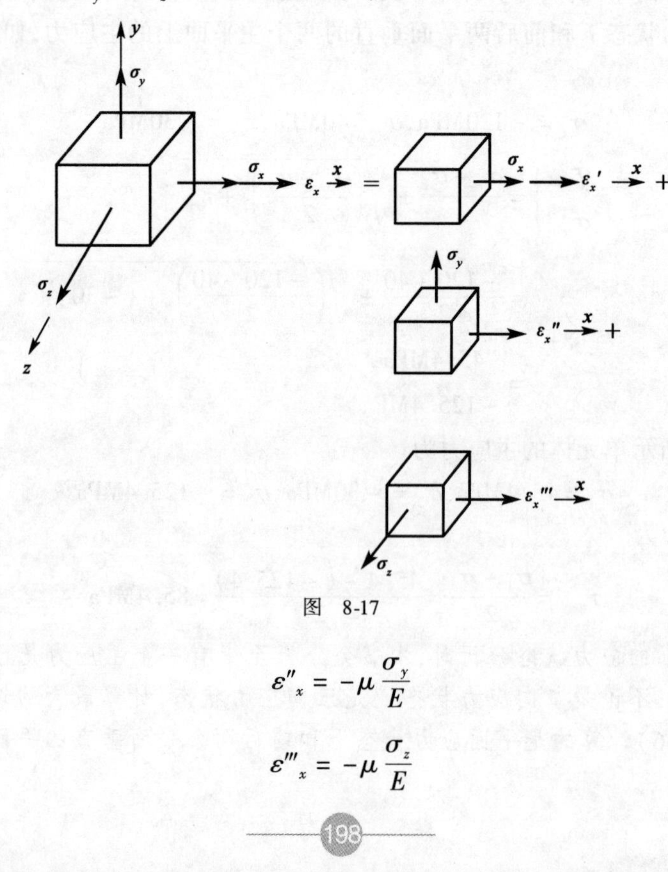

图 8-17

$$\varepsilon''_x = -\mu\frac{\sigma_y}{E}$$

$$\varepsilon'''_x = -\mu\frac{\sigma_z}{E}$$

由叠加原理,单元体沿 x 方向的线应变为

$$\varepsilon_x = \varepsilon'_x + \varepsilon''_x + \varepsilon'''_x = \frac{1}{E}[\sigma_x - \mu(\sigma_y + \sigma_z)]$$

同理可得单元体沿 y 和 z 方向的线应变 ε_y 和 ε_z。

因此,对于各向同性材料空间一般应力状态,有

$$\begin{cases} \varepsilon_x = \dfrac{1}{E}[\sigma_x - \mu(\sigma_y + \sigma_z)] \\ \varepsilon_y = \dfrac{1}{E}[\sigma_y - \mu(\sigma_x + \sigma_z)] \\ \varepsilon_z = \dfrac{1}{E}[\sigma_z - \mu(\sigma_x + \sigma_y)] \end{cases} \tag{8-10a}$$

由弹性力学研究结果可知,对于各向同性材料,切应力和切应变之间有如下关系

$$\begin{cases} \gamma_{xy} = \dfrac{\tau_{xy}}{G} \\ \gamma_{yz} = \dfrac{\tau_{yz}}{G} \\ \gamma_{zx} = \dfrac{\tau_{zx}}{G} \end{cases} \tag{8-10b}$$

式(8-10)是广义胡克定律的一般表达式,即各向同性材料的应力—应变关系的一般表达式。

若单元体各面上的切应力等于零,如图 8-18a)所示,此单元体即为该点的主单元体,x、y、z 方向分别与主应力 σ_1、σ_2、σ_3 方向一致,单元体沿 σ_1、σ_2、σ_3 方向引起的线应变称为主应变,分别用 ε_1、ε_2、ε_3 表示。对于主单元体而言,广义胡克定律的形式为

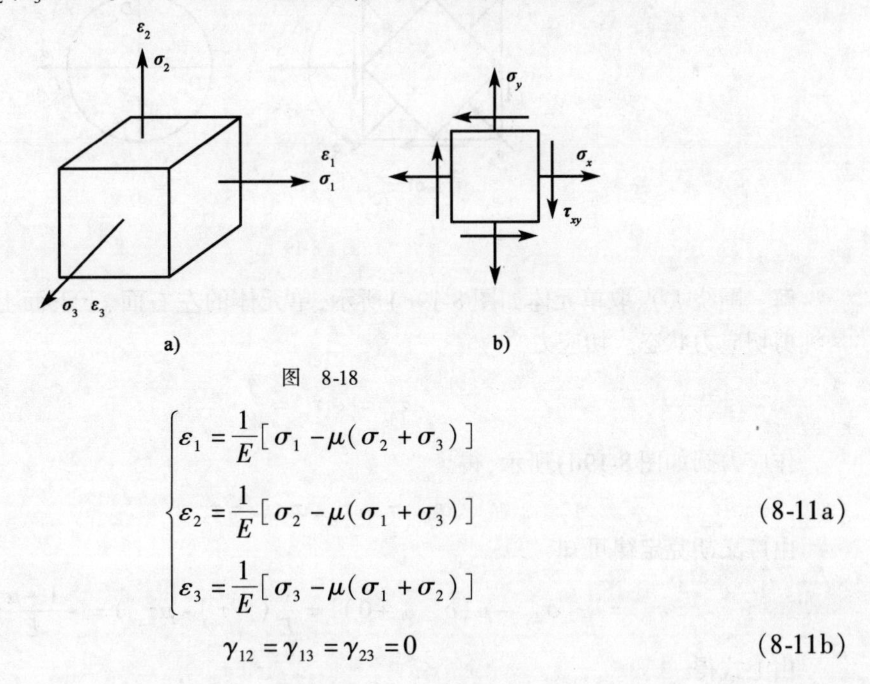

图　8-18

$$\begin{cases} \varepsilon_1 = \dfrac{1}{E}[\sigma_1 - \mu(\sigma_2 + \sigma_3)] \\ \varepsilon_2 = \dfrac{1}{E}[\sigma_2 - \mu(\sigma_1 + \sigma_3)] \\ \varepsilon_3 = \dfrac{1}{E}[\sigma_3 - \mu(\sigma_1 + \sigma_2)] \end{cases} \tag{8-11a}$$

$$\gamma_{12} = \gamma_{13} = \gamma_{23} = 0 \tag{8-11b}$$

对于一般的平面应力状态,如图8-18b)所示,$\sigma_z=\tau_{zx}=\tau_{zy}=0$,广义胡克定律的形式为

$$\begin{cases}\varepsilon_x=\dfrac{1}{E}(\sigma_x-\mu\sigma_y)\\ \varepsilon_y=\dfrac{1}{E}(\sigma_y-\mu\sigma_x)\\ \varepsilon_z=-\dfrac{1}{E}\mu(\sigma_x+\sigma_y)\end{cases} \tag{8-12a}$$

$$\gamma_{xy}=\frac{\tau_{xy}}{G},\gamma_{yz}=\gamma_{zx}=0 \tag{8-12b}$$

二、应用

[**例 8-6**] 空心圆轴在外力偶矩作用下发生扭转变形,如图8-19a)所示,在表面K点测得与轴线成45°方向上的线应变$\varepsilon_{45^\circ}=-340\times10^{-6}$。已知圆轴外径$D=80\text{mm}$,内径$d=60\text{mm}$,材料的弹性模量$E=200\text{GPa}$,$\mu=0.3$。试求圆轴所受扭转力偶。

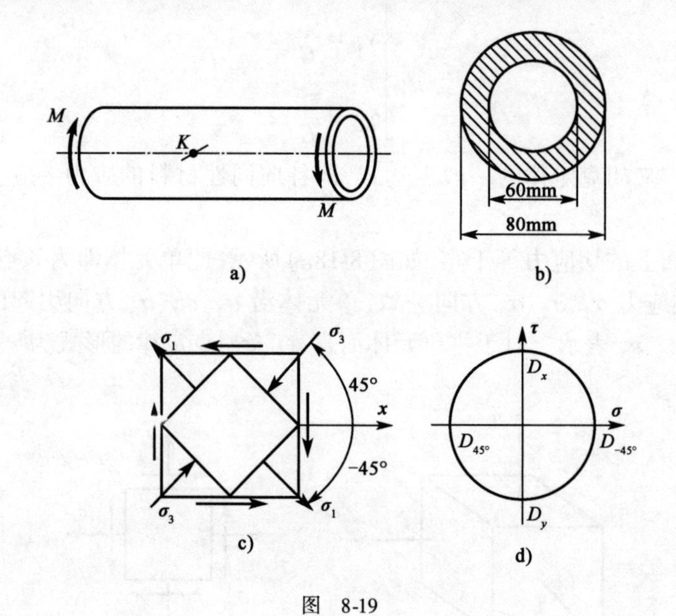

图 8-19

解 围绕K点取单元体如图8-19c)所示,单元体的左右面、上下面上只有切应力τ,这是纯剪切应力状态。切应力

$$\tau_{xy}=-\tau_{yx}=\frac{T}{W_p}$$

作应力圆如图8-19d)所示,得

$$\sigma_{45^\circ}=-\tau_{xy},\sigma_{-45^\circ}=\tau_{xy}$$

由广义胡克定律可知

$$\varepsilon_{45^\circ}=\frac{1}{E}[\sigma_{45^\circ}-\mu(\sigma_{-45^\circ}+0)]=\frac{1}{E}(-\tau_{xy}-\mu\tau_{xy})=-\frac{1+\mu}{E}\tau_{xy}$$

由上式得

$$\tau_{xy} = -\frac{E}{1+\mu}\varepsilon_{45^\circ}$$

将τ_{xy}的表达式代入上式，得

$$\frac{T}{W_p} = -\frac{E}{1+\mu}\varepsilon_{45^\circ}$$

故

$$T = -\frac{E}{1+\mu}\varepsilon_{45^\circ}W_p = -\frac{200\times10^9}{1+0.3}\times(-340\times10^{-6})\times\frac{1}{16}\pi\times80^3\times\left[1-\left(\frac{60}{80}\right)^4\right]\times10^{-9}$$
$$=3.59\text{kN}\cdot\text{m}$$

由轴的平衡方程，得

$$M = T = 3.59\text{kN}\cdot\text{m}$$

[例 8-7]　试证明各向同性材料的三个弹性常数 E、G 和 μ 间存在着如下关系：

$$G = \frac{E}{2(1+\mu)}$$

证明　验证 E、G 和 μ 三者间关系的途径非常多，下面只结合纯剪切应力状态下单元体的应力与应变关系加以验证。

如图 8-20a）所示单元体处于纯剪切应力状态，单元体变形后成为菱形 $ABC'D'$，如图 8-20b）所示，切应变为 γ，此时对角线变成 AC'，伸长量为

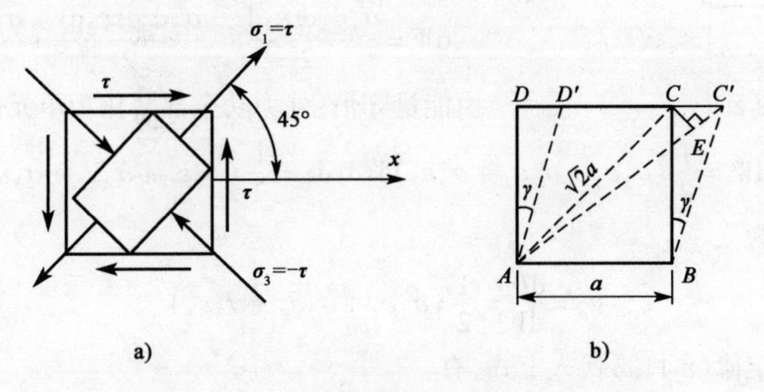

图　8-20

$$C'E = CC'\sin45^\circ = \frac{\sqrt{2}a\gamma}{2}$$

对角线方向的线应变为

$$\varepsilon_{45^\circ} = \frac{C'E}{AC} = \frac{\sqrt{2}a\gamma/2}{\sqrt{2}a} = \frac{\gamma}{2}$$

另一方面，在纯剪切应力状态下，由应力分析可知，$\sigma_{45^\circ}=\tau$，$\sigma_z=0$，$\sigma_{-45^\circ}=-\tau$。由广义胡克定律可得对角线方向的线应变为

$$\varepsilon_{45^\circ} = \frac{1}{E}[\sigma_{45^\circ}-\mu(\sigma_{-45^\circ}+\sigma_z)] = \frac{1}{E}[\tau-\mu(-\tau+0)] = \frac{\tau(1+\mu)}{E}$$

联立两种方法得出的45°方向的线应变

$$\frac{\gamma}{2} = \frac{\tau(1+\mu)}{E}$$

利用剪切胡克定律 $\tau = G\gamma$,代入上式,得

$$G = \frac{E}{2(1+\mu)}$$

上式就是三个弹性常数之间的关系。

第五节 三向应力状态下的应变能

一、三向应力状态下的应变能密度

在外力作用下,弹性体发生变形,外力在相应位移上做功,弹性体以变形的形式把这部分功储存起来,这种因变形而储存的能量称为应变能,单位体积弹性体储存的应变能称为**应变能密度**。

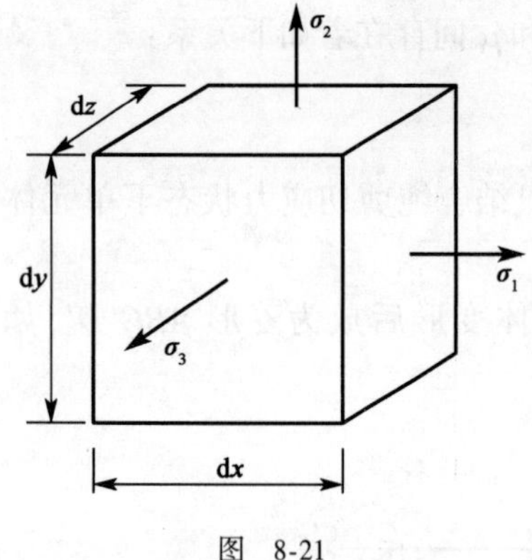

图 8-21

围绕构件内某一点取出主单元体如图 8-21 所示,各边长分别为 dx、dy、dz,主应力 σ_1、σ_2、σ_3 作用下,单元体沿 x、y、z 轴方向的伸长分别为 $\varepsilon_1 dx$、$\varepsilon_2 dy$、$\varepsilon_3 dz$,在线弹性范围内,应力 σ_1、σ_2、σ_3 分别与 ε_1、ε_2、ε_3 成正比,因此,作用在单元体上的外力所做的功为

$$dW = \frac{\sigma_1 dydz\varepsilon_1 dx}{2} + \frac{\sigma_2 dzdx\varepsilon_2 dy}{2} + \frac{\sigma_3 dxdy\varepsilon_3 dz}{2}$$

由能量守恒,外力功全部转化为单元体的应变能,即

$$dU = dW = \frac{1}{2}(\sigma_1\varepsilon_1 + \sigma_2\varepsilon_2 + \sigma_3\varepsilon_3)dxdydz = \frac{1}{2}(\sigma_1\varepsilon_1 + \sigma_2\varepsilon_2 + \sigma_3\varepsilon_3)dV$$

应变能密度为

$$v_\varepsilon = \frac{dU}{dV} = \frac{1}{2}(\sigma_1\varepsilon_1 + \sigma_2\varepsilon_2 + \sigma_3\varepsilon_3)$$

将广义胡克定律(8-11a)代入上式,有

$$v_\varepsilon = \frac{1}{2E}[\sigma_1^2 + \sigma_2^2 + \sigma_3^2 - 2\mu(\sigma_1\sigma_2 + \sigma_2\sigma_3 + \sigma_1\sigma_3)] \tag{8-13}$$

二、体积应变

围绕构件内一点取出主单元体如图 8-21 所示,变形前单元体的边长分别为 dx、dy、dz,单元体变形前的体积为

$$dV_0 = dxdydz$$

受力变形后,各边的线应变为 ε_1、ε_2、ε_3,单元体变形后的体积为

$$\begin{aligned} dV_1 &= (dx + \varepsilon_1 dx)(dy + \varepsilon_2 dy)(dz + \varepsilon_3 dz) = (1+\varepsilon_1)(1+\varepsilon_2)(1+\varepsilon_3)dxdydz \\ &= (1+\varepsilon_1)(1+\varepsilon_2)(1+\varepsilon_3)dV_0 \end{aligned}$$

将上式展开,并略去高阶微量,得

$$dV_1 \approx (1 + \varepsilon_1 + \varepsilon_2 + \varepsilon_3)dV_0$$

单位体积的体积改变量称为体积应变,因此就有

$$\theta = \frac{dV_1 - dV_0}{dV_0} = \varepsilon_1 + \varepsilon_2 + \varepsilon_3$$

将广义胡克定律(8-11a)代入上式,有

$$\theta = \frac{dV_1 - dV_0}{dV_0} = \frac{1-2\mu}{E}(\sigma_1 + \sigma_2 + \sigma_3)$$

上式也可以写成

$$\theta = \frac{3(1-2\mu)}{E} \cdot \frac{\sigma_1 + \sigma_2 + \sigma_3}{3} = \frac{3(1-2\mu)}{E}\sigma_{av} = \frac{\sigma_{av}}{K} \tag{8-14}$$

其中

$$K = \frac{E}{3(1-2\mu)}, \sigma_{av} = \frac{\sigma_1 + \sigma_2 + \sigma_3}{3}$$

式中:K——**体积弹性模量**,量纲与弹性模量 E 相同;

σ_{av}——一点处三个主应力的平均值,称为平均应力。

式(8-14)表明,单元体的体积应变只与三个主应力之和有关系,而与三个主应力之间的比值没有关系。当 $\theta = 0$ 时,单元体体积没有改变。

三、畸变能密度

在外力作用下,一般三个主应力不相等,单元体的体积和形状都会发生变化。图 8-22a)所示单元体上的应力可看成由图 8-22b)和 8-22c)两类应力叠加而成:图 8-22b)中单元体在平均应力作用下只有体积改变,没有形状改变,其应变能密度称为**体积改变能密度**,用 ν_v 表示;图 8-22c)中单元体的三个主应力之和为零,因而只有形状改变而没有体积改变,其应变能密度称为**畸变能密度**,用 ν_d 表示。

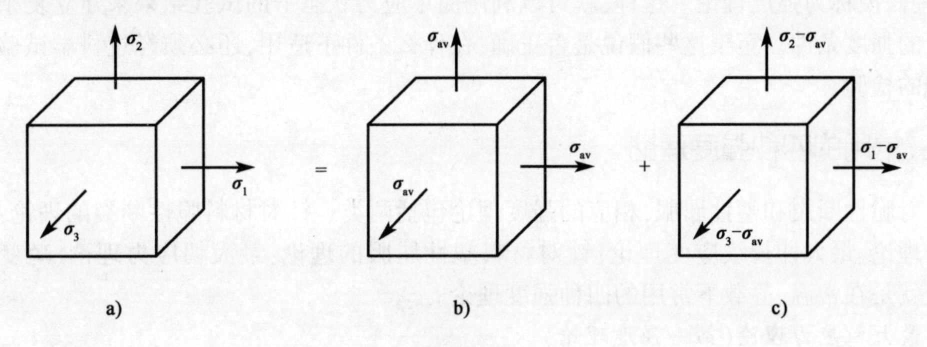

图　8-22

因此,将图 8-22a)所示单元体的应变能密度分为两部分,即

$$\nu_\varepsilon = \nu_v + \nu_d$$

将图 8-22b)所示单元体的三个应力值代入式(8-13),即得单元体的体积改变能密度 ν_v。

$$\nu_v = \frac{3(1-2\mu)}{2E}\sigma_{av}^2 = \frac{1-2\nu}{6E}(\sigma_1 + \sigma_2 + \sigma_3)^2$$

将图 8-22c)所示单元体的三个应力值代入式(8-13),即得单元体的畸变能密度 ν_d。

$$\nu_d = \frac{1+\mu}{6E}[(\sigma_1 - \sigma_2)^2 + (\sigma_2 - \sigma_3)^2 + (\sigma_3 - \sigma_1)^2] \tag{8-15}$$

第六节　强度理论与应用

一、强度理论概述

为保证构件安全使用,需要研究构件发生破坏的条件,并建立保证构件不发生破坏需要满足的强度准则,这是材料力学的一个基本问题。

简单应力状态下,强度条件是直接通过试验建立的。例如,前面几章对单向应力状态和纯剪切应力状态建立了强度条件,即

$$\sigma_{max} \leqslant [\sigma]$$

$$\tau_{max} \leqslant [\tau]$$

上述两式中,许用应力$[\sigma]$、$[\tau]$是通过拉伸(压缩)试验或纯剪切试验所测得的极限应力除以安全因数得到的。

在复杂应力状态下,不能通过直接试验的方法来建立强度条件。这是因为在复杂应力状态下,材料的破坏形式与三个主应力的大小及它们之间的比值有关;而三个主应力的比值有无数个,要通过试验测定每一个比值下材料的极限应力值,实际上并不可行,而且,有的试验无法实现。实际工程中,人们是在有限试验的基础上,从考察材料的破坏形式入手,提出一些假说,研究材料在复杂应力状态下的强度问题。

常温、静载下材料的破坏形式可归结为两类:脆性断裂和塑性屈服。长期以来,人们通过对材料破坏现象的观察和分析,提出了各种关于破坏原因的假说。这些假说认为,无论在简单应力状态或复杂应力状态下,只要破坏形式相同,破坏原因(应力、应变、应变能等)也相同,这些假说称为强度理论。这样,就可以利用简单应力状态下的试验结果来建立复杂应力状态下的强度条件。至于这些假说是否正确,在什么条件下适用,还必须经过科学试验和生产实践的检验。

二、常用的四种强度理论

针对脆性断裂和塑性屈服,相应的强度理论包括两类。针对材料脆性断裂的理论:最大拉应力理论、最大伸长线应变理论;针对材料塑性屈服的理论:最大切应力理论、畸变能理论。这就是在常温、静载下常用的四种强度理论。

1. 最大拉应力理论(第一强度理论)

此理论是在17世纪提出的,相应于其他强度理论,在时间上最早提出,所以又称为第一强度理论。当时工程上使用的材料主要是砖、石、铸铁等脆性材料,这类材料的抗拉性能很差,构件的破坏形式主要是脆性断裂。

第一强度理论认为,引起材料脆性断裂破坏的主要因素是最大拉应力,即不论材料处于简单应力状态还是复杂应力状态,只要最大拉应力 σ_1 达到材料在简单拉伸破坏时的极限应力 σ_b,就会发生脆性断裂破坏。

因此材料发生脆性断裂破坏的条件是

$$\sigma_1 = \sigma_b$$

将 σ_b 除以安全因数 n_b，得到材料的许用拉应力$[\sigma]$。按第一强度理论建立的强度条件为

$$\sigma_1 \leqslant [\sigma] \tag{8-16}$$

试验表明，脆性材料在二向和三向拉伸断裂时，最大拉应力理论与试验结果相当接近；而当存在压应力时，只要最大压应力不超过最大拉应力值或超过不多，最大拉应力理论与试验结果也大致相符。但是，这一理论没有考虑其他两个主应力对材料强度的影响，而且对于没有拉应力的应力状态的破坏现象（如单向、二向和三向压缩），这一强度理论无法解释。

2. 最大伸长线应变理论（第二强度理论）

第二强度理论也是针对脆性断裂破坏形式提出来的。第二强度理论认为，引起材料脆性断裂破坏的主要因素是最大伸长线应变，即不论材料处于简单应力状态还是复杂应力状态，只要最大伸长线应变 ε_1 达到材料在简单拉伸破坏时的极限伸长线应变 ε_1^0，材料就会发生脆性断裂破坏。因此，材料发生脆性断裂破坏的条件为

$$\varepsilon_1 = \varepsilon_1^0 \tag{8-17}$$

假定脆性材料从受力直到断裂前应力和应变服从广义胡克定律，危险点处最大线应变为

$$\varepsilon_1 = \frac{1}{E}[\sigma_1 - \mu(\sigma_2 + \sigma_3)] \tag{8-18}$$

材料在简单拉伸破坏时的极限伸长线应变为

$$\varepsilon_1^0 = \frac{\sigma_b}{E} \tag{8-19}$$

将式(8-18)、式(8-19)代入式(8-17)，脆性断裂破坏条件可改写为

$$\sigma_1 - \mu(\sigma_2 + \sigma_3) = \sigma_b$$

将 σ_b 除以安全因数 n_b，得到材料的许用应力$[\sigma]$。按第二强度理论建立的强度条件为

$$\sigma_1 - \mu(\sigma_2 + \sigma_3) \leqslant [\sigma] \tag{8-20}$$

试验表明，脆性材料在双向拉伸-压缩应力作用下，且压应力值超过拉应力值时，伸长线应变理论与试验结果大致相符。此外，这一理论还解释了石料或混凝土等脆性材料在压缩时沿着纵向开裂的断裂破坏现象。

3. 最大切应力理论（第三强度理论）

19 世纪，工程上开始大量使用低碳钢等金属材料，这些材料的塑性较好，主要破坏形式是塑性屈服。第三强度理论就是针对塑性屈服这一破坏形式提出来的。

第三强度理论认为，引起材料发生塑性屈服破坏的主要因素是最大切应力，即不论材料处于简单还是复杂应力状态，只要构件危险点处的最大切应力 τ_{max} 达到材料简单拉伸屈服时的极限切应力 τ_{max}^0，材料就会发生屈服破坏。因此，材料发生屈服破坏的条件为

$$\tau_{max} = \tau_{max}^0 \tag{8-21}$$

由应力分析可知，危险点处

$$\tau_{max} = \frac{\sigma_1 - \sigma_3}{2} \tag{8-22}$$

简单拉伸屈服时，极限切应力

$$\tau_{max}^{0}=\frac{\sigma_{s}}{2} \tag{8-23}$$

将式(8-22)、式(8-23)代入式(8-21),得到用主应力表示的屈服破坏条件

$$\sigma_1-\sigma_3=\sigma_s$$

将 σ_s 除以安全因数 n_s,得到材料的许用应力$[\sigma]$。按第三强度理论建立的强度条件为

$$\sigma_1-\sigma_3\leqslant[\sigma] \tag{8-24}$$

试验表明,这一理论能较好地解释塑性材料出现塑性屈服的现象,并可用于像硬铝那样塑性变形较小、无颈缩材料的剪切破坏。此准则也称为特雷斯卡(Tresca)屈服准则。按该理论计算的结果与试验结果相比是偏于安全的,在工程上应用广泛。该理论的缺点是没有考虑主应力 σ_2 的影响。

4. 畸变能理论(第四强度理论)

这一理论也是针对塑性屈服破坏形式提出的。

第四强度理论认为,引起材料塑性屈服破坏的主要因素是畸变能,即不论材料是处于简单应力状态还是复杂应力状态,只要危险点处的畸变能密度 ν_d 达到简单拉伸屈服时的畸变能密度 ν_d^0,材料就会发生屈服破坏。因此,材料发生塑性屈服破坏的条件是

$$\nu_d=\nu_d^0 \tag{8-25}$$

简单拉伸屈服时

$$\sigma_1=\sigma_s,\sigma_2=0,\sigma_3=0$$

简单拉伸屈服时的畸变能密度

$$\nu_d^0=\frac{1+\mu}{6E}\cdot 2\sigma_s^2 \tag{8-26}$$

危险点处的畸变能密度

$$\nu_d=\frac{1+\mu}{6E}[(\sigma_1-\sigma_2)^2+(\sigma_2-\sigma_3)^2+(\sigma_3-\sigma_1)^2] \tag{8-27}$$

将式(8-26)、式(8-27)代入式(8-25),得到用主应力描述的屈服破坏条件

$$\sqrt{\frac{1}{2}[(\sigma_1-\sigma_2)^2+(\sigma_2-\sigma_3)^2+(\sigma_3-\sigma_1)^2]}=\sigma_s$$

将上式中 σ_s 除以安全因数 n_s,得到材料的许用应力$[\sigma]$。因此按第四强度理论建立的强度条件为

$$\sqrt{\frac{1}{2}[(\sigma_1-\sigma_2)^2+(\sigma_2-\sigma_3)^2+(\sigma_3-\sigma_1)^2]}\leqslant[\sigma] \tag{8-28}$$

这一理论考虑了中间主应力 σ_2 的影响。试验结果表明,对于塑性较好的材料,第四强度理论比第三强度理论符合得更好。此准则也称为米赛斯(Mises)屈服准则。由于机械、动力行业遇到的荷载往往较不稳定,较多采用偏于安全的第三强度理论;土建行业的荷载往往较为稳定,因而较多地采用第四强度理论。

三、强度理论的选用准则

综上所述,强度理论的强度条件可以写成统一的形式,即

$$\sigma_r \leqslant [\sigma] \tag{8-29}$$

式中，σ_r 称为**相当应力**，是根据各强度理论得到的复杂应力状态下三个主应力的综合值。四个常用强度理论的相当应力分别为

$$\begin{cases} \sigma_{r1} = \sigma_1 \\ \sigma_{r2} = \sigma_1 - \mu(\sigma_2 + \sigma_3) \\ \sigma_{r3} = \sigma_1 - \sigma_3 \\ \sigma_{r4} = \sqrt{\dfrac{1}{2}[(\sigma_1 - \sigma_2)^2 + (\sigma_2 - \sigma_3)^2 + (\sigma_3 - \sigma_1)^2]} \end{cases} \tag{8-30}$$

式(8-30)所示的四个常用的强度理论是针对塑性屈服和脆性断裂这两种失效形式提出的，因此，应根据失效形式选择相应的强度理论。

像铸铁、石料等脆性材料，通常情况下其失效形式为脆性断裂破坏，故采用第一和第二强度理论进行计算；像低碳钢等塑性材料，通常情况下其失效形式为塑性屈服破坏，故采用第三和第四强度理论进行计算，且第三强度理论的计算结果偏于安全；在三向拉伸应力状态下，不论是脆性材料还是塑性材料，其失效形式均为脆性断裂破坏，通常采用第一和第二强度理论进行计算；在三向压缩应力状态下，不论是脆性材料还是塑性材料，其失效形式均为塑性屈服破坏，通常采用第三或第四强度理论进行计算。

最后指出，由于各种因素相互影响，使强度问题变得复杂。目前，各种因素间的本质联系还不完全清楚，上述四个常用的强度理论都具有一定的片面性，人们也陆续提出了一些其他的强度理论。随着科学技术的进一步发展，对材料的力学性质、应力状态与材料强度之间关系的研究的深入，将会提出更为适用的强度理论。

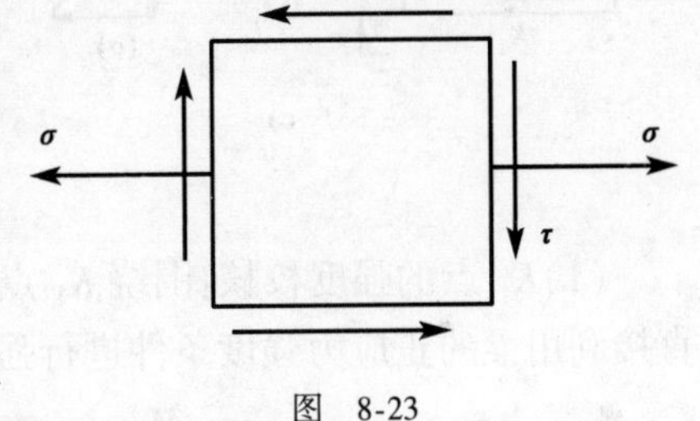

图　8-23

[例 8-8]　单元体如图 8-23 所示，试分别按第三和第四强度理论写出其相当应力。

解　由图 8-23 可知，$\sigma_x = \sigma$，$\sigma_y = 0$，$\tau_{xy} = \tau$，按照主应力的计算公式(8-4)有

$$\left.\begin{matrix}\sigma_{max} \\ \sigma_{min}\end{matrix}\right\} = \frac{\sigma_x + \sigma_y}{2} \pm \sqrt{\left(\frac{\sigma_x - \sigma_y}{2}\right)^2 + \tau_{xy}^2} = \frac{\sigma}{2} \pm \sqrt{\left(\frac{\sigma}{2}\right)^2 + \tau^2}$$

单元体的主应力为

$$\sigma_1 = \frac{\sigma}{2} + \sqrt{\left(\frac{\sigma}{2}\right)^2 + \tau_{xy}^2}, \sigma_2 = 0, \sigma_3 = \frac{\sigma}{2} - \sqrt{\left(\frac{\sigma}{2}\right)^2 + \tau_{xy}^2}$$

将主应力的表达式代入式(8-30)中第三和第四强度理论相当应力的表达式中，整理有

$$\begin{cases} \sigma_{r3} = \sqrt{\sigma^2 + 4\tau^2} \\ \sigma_{r4} = \sqrt{\sigma^2 + 3\tau^2} \end{cases} \tag{8-31}$$

【评注】　从上述推导过程可以看到，若从构件中取出的单元体处于平面应力状态，只要 $\sigma_y = 0$(或 $\sigma_x = 0$)，使用第三或第四强度理论进行强度计算时，可以不用计算三个主应力，直接利用式(8-31)计算第三和第四强度理论的相当应力即可。

[例 8-9]　工字钢梁 No. 20a 受力如图 8-24a)所示，已知材料的许用应力 $[\sigma] =$

150MPa,[τ]=95MPa,试校核梁的强度。

解 梁的剪力图和弯矩图如图8-24b)所示。因$C_{左}$和$D_{右}$截面上剪力和弯矩绝对值相同,且均为最大值,所以这两个截面都是危险截面,且危险程度相同,现选择$C_{左}$截面进行强度校核。$C_{左}$截面上的内力为:$F_Q = 100\text{kN}$,$M = 32\text{kN}\cdot\text{m}$。该截面上应力分布如图8-24c)所示,可以看出,$C_{左}$截面上的最大正应力发生在截面的上下边缘处,例如K_1点,最大切应力发生在截面的中性轴上,例如K_3点,在腹板和翼缘交界的位置正应力和切应力都较大,可能在这里发生破坏,例如K_2点。因此,取K_1、K_2、K_3点为危险点,对这三点进行强度校核。

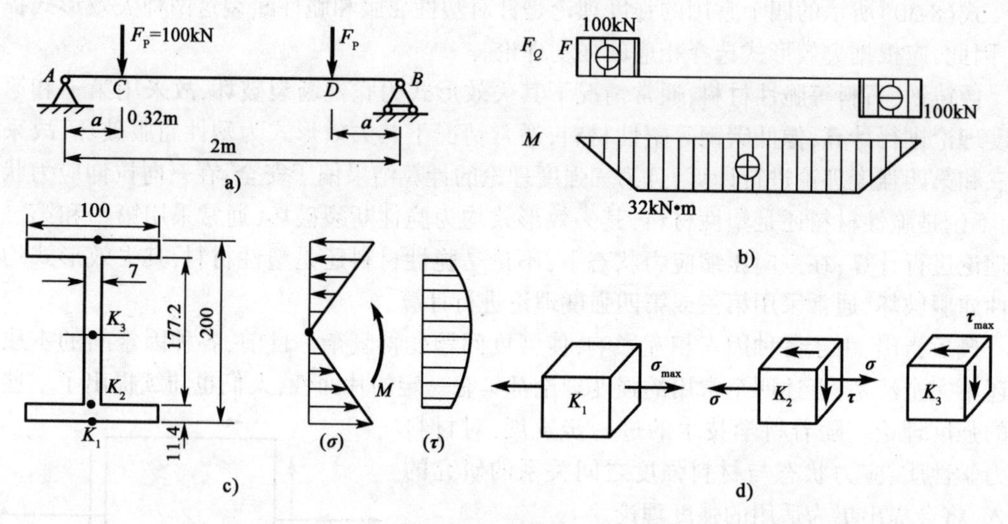

图 8-24

(1)K_1点的强度校核:围绕K_1点取单元体如图8-24d)所示,该点处于单向应力状态,可直接利用梁的正应力强度条件进行强度校核,即

$$\sigma_{\max} = \frac{M_{\max}}{W_z} = \frac{32 \times 10^3}{237 \times 10^{-6}} = 135\text{MPa} < [\sigma] = 150\text{MPa}$$

所以$C_{左}$截面上的K_1点满足正应力强度条件。

(2)K_3点的强度校核:围绕K_3点取单元体如图8-24d)所示,该点处于纯剪切应力状态,可直接利用梁的切应力强度条件进行强度校核,即

$$\tau_{\max} = \frac{F_Q S_{z\max}^*}{I_z b} = \frac{F_Q}{\dfrac{I_z b}{S_{z\max}^*}} = \frac{100 \times 10^3}{17.2 \times 10^{-2} \times 7 \times 10^{-3}} = 83.1\text{MPa} < [\tau] = 95\text{MPa}$$

所以$C_{左}$截面上的K_3点满足切应力强度条件。

(3)腹板与翼缘交界处K_2点的强度校核:围绕K_2点取单元体如图8-24d)所示,该点的正应力和切应力虽都不是最大值,但都与最大值很接近,两者综合起来,有可能发生破坏。该点处于复杂应力状态,工字钢为塑性材料,所以采用第三或第四强度理论对该点进行强度校核。

K_2点处的应力为

$$\sigma = \frac{My}{I_z} = \frac{32 \times 10^3 \times 88.6 \times 10^{-3}}{2\ 370 \times 10^{-8}} = 119.6\text{MPa}$$

$$\tau = \frac{F_{Q\max} S_z^*}{I_z b} = \frac{100 \times 10^3 \times (11.4 \times 100) \times \left(88.6 + \frac{11.4}{2}\right) \times 10^{-9}}{2\ 370 \times 10^{-8} \times 7 \times 10^{-3}} = 64.8$$

将σ、τ的值代入式(8-31)中,得

$$\sigma_{r3} = \sqrt{\sigma^2 + 4\tau^2} = \sqrt{119.6^2 + 4 \times 64.8^2} = 176\text{MPa}$$

$$\sigma_{r4} = \sqrt{\sigma^2 + 3\tau^2} = \sqrt{119.6^2 + 3 \times 64.8^2} = 164\text{MPa}$$

由上两式可看出$\sigma_{r3} > \sigma_{r4}$。由于第四强度理论比第三强度理论更符合实际情况,此处以第四强度理论作为计算依据。由于$\sigma_{r4} > [\sigma] = 150\text{MPa}$,说明此钢梁在$C_{左}$截面上腹板与翼缘交界处的相当应力已超过许用应力,其百分比为

$$\frac{\sigma_{r4} - [\sigma]}{[\sigma]} \times 100\% = \frac{164 - 150}{150} \times 100\% = 9.3\% > 5\%$$

所以K_2点处的强度不够。

【评注】 由本例可以看到,梁内的危险点有时会在正应力和切应力都比较大的点处。虽然在这些点处,横截面上的正应力小于构件内的最大正应力,切应力也小于构件内最大的切应力,但这些点所在截面上的正应力和切应力都比较大,且又是复杂应力状态,其相当应力就有可能大于许用应力,对于腹板较薄的梁需特别注意。

[例 8-10] 按强度理论建立纯剪切应力状态的强度条件,并寻求塑性材料许用切应力$[\tau]$和许用正应力$[\sigma]$之间的关系。

解 对于纯剪切应力状态,由应力分析可知

$$\sigma_1 = \tau, \sigma_2 = 0, \sigma_3 = -\tau$$

对塑性材料,按第三强度理论建立的强度条件为

$$\sigma_{r3} = \sigma_1 - \sigma_3 = \tau - (-\tau) = 2\tau \leqslant [\sigma]$$

$$\tau \leqslant \frac{[\sigma]}{2} \tag{a}$$

按第四强度理论建立的强度条件为

$$\sigma_{r4} = \sqrt{\frac{1}{2}[(\sigma_1 - \sigma_2)^2 + (\sigma_2 - \sigma_3)^2 + (\sigma_3 - \sigma_1)^2]}$$

$$= \sqrt{\frac{1}{2}[(\tau - 0)^2 + (0 - (-\tau))^2 + (\tau - (-\tau))^2]} = \sqrt{3}\tau \leqslant [\sigma]$$

$$\tau \leqslant \frac{\sigma}{\sqrt{3}} \tag{b}$$

纯剪切应力状态的强度条件为

$$\tau \leqslant [\tau] \tag{c}$$

比较式(a)和式(c),有

$$[\tau] = \frac{[\sigma]}{2}$$

比较式(b)和式(c),有

$$[\tau]=\frac{[\sigma]}{\sqrt{3}}=0.577[\sigma]\approx 0.6[\sigma]$$

其中按第四强度理论得到的$[\tau]$和$[\sigma]$之间的关系,即$[\tau]\approx 0.6[\sigma]$与试验结果比较接近。

[**例 8-11**] 薄壁圆筒如图 8-25a)所示。设内压为p,壁厚t远小于圆筒的直径D(通常$t\leqslant D/20$,为薄壁圆筒)。求筒壁内纵向截面和横截面上的应力,并推导强度校核公式。

解 (1)计算横截面上的应力σ':用截面法将薄壁圆筒横向截开,如图 8-25b)所示,由平衡条件有

$$\sum F_x=0,得-\sigma'\pi Dt+\frac{p\pi D^2}{4}=0$$

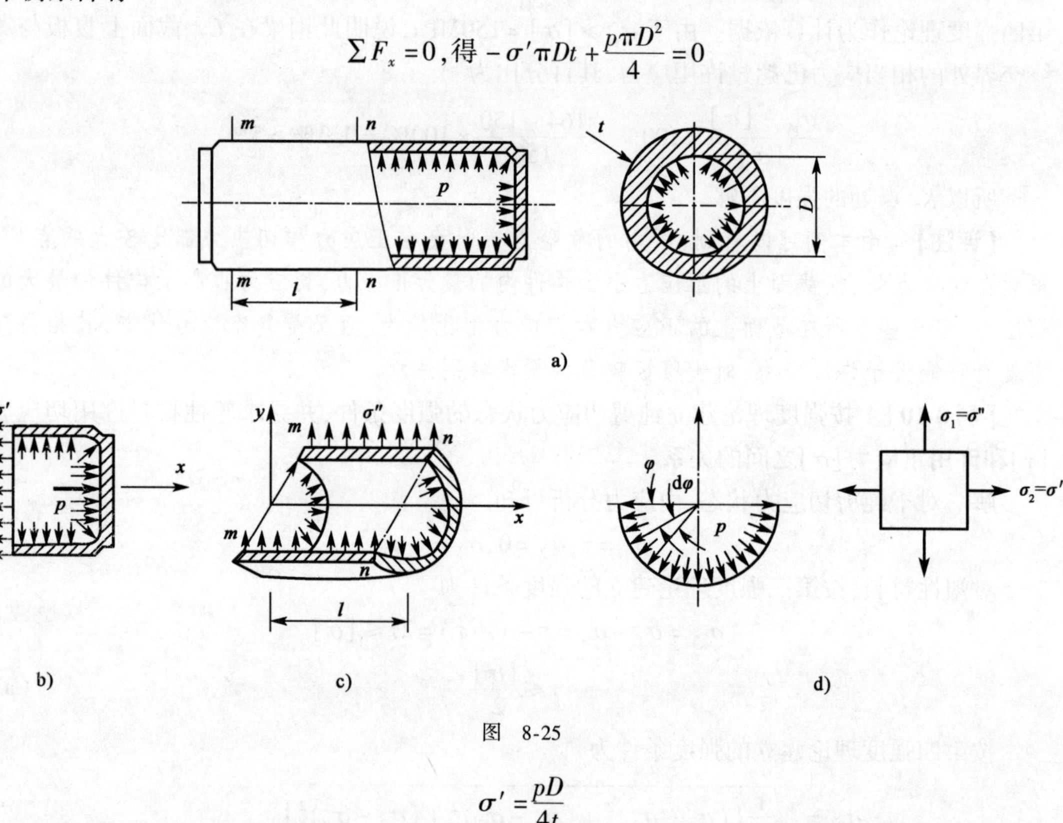

图 8-25

$$\sigma'=\frac{pD}{4t}$$

(2)计算纵向截面上的应力σ'':用相距为l的两个横截面和包含直径的纵向平面假想地从筒中截出一部分如图 8-25c)所示,由平衡条件有

$$\sum F_y=0,得\sigma''\times 2tl-\int_0^{\pi}p\frac{D}{2}\mathrm{d}\varphi l\sin\varphi=0$$

$$\sigma''=\frac{pD}{2t}$$

另外,筒壁上还有径向应力σ_r,在内壁有最大值$\sigma_{\max}=p$。但因内壁上的内压力p和外壁上的大气压力(沿径向)都远小于σ'、σ'',可以认为径向应力σ_r等于零。另一方面,由于圆筒的对称性,在σ'、σ''作用的横截面和纵向平面上没有切应力。薄壁圆筒内各点

的受力状态相同,用纵向平面、横截面和圆周面从筒壁上任意点处取主单元体如图8-25d)所示,三个主应力分别为:$\sigma_1=\sigma''$,$\sigma_2=\sigma'$,$\sigma_3=0$,由于受内压的圆筒一般由塑性材料制成,按照第三和第四强度理论进行强度校核,即

$$\sigma_{r3}=\sigma_1-\sigma_3=\frac{pD}{2t}\leqslant[\sigma]$$

$$\sigma_{r4}=\sqrt{\frac{1}{2}[(\sigma_1-\sigma_2)^2+(\sigma_2-\sigma_3)^2+(\sigma_3-\sigma_1)^2]}=\frac{pD}{2.3t}\leqslant[\sigma]$$

这就是按第三和第四强度理论对薄壁圆筒进行强度校核的公式,对于压力容器、压力管道,通常按第三强度理论校核强度。

本章复习要点

1. 一点处应力状态的概念

一点处的应力状态:指通过受力构件内一点的所有截面上的应力的情况,可以用单元体表示一点处的应力状态。要求会从发生拉伸和压缩变形、扭转变形、弯曲变形的杆件和压力容器中取单元体。

对于构件内的一点处,切应力等于零的平面称为主平面,主平面上的正应力称为主应力;一般情况下,一点处有三个主平面,且它们相互垂直,对应的有三个主应力,按照代数值的大小分别记为 $\sigma_1>\sigma_2>\sigma_3$;用三个主平面围成的单元体称为主单元体。

2. 二向应力状态下的应力分析

针对前后两面上的应力均为零的单元体,解决三个问题:计算和前后两面垂直的斜截面上的应力;主平面的位置、主应力的数值;极值切应力所在平面位置、极值切应力的数值。

求解上述三个问题的方法有两种:解析法和图解法。

(1)解析法:

①计算 α 截面上的应力。

$$\sigma_\alpha=\frac{\sigma_x+\sigma_y}{2}+\frac{\sigma_x-\sigma_y}{2}\cos2\alpha-\tau_{xy}\sin\alpha$$

$$\tau_\alpha=\frac{\sigma_x-\sigma_y}{2}\sin2\alpha+\tau_{xy}\cos2\alpha$$

②主平面的方位和主应力的大小。

$$\tan2\alpha_0=-\frac{2\tau_{xy}}{\sigma_x-\sigma_y}$$

$$\left.\begin{matrix}\sigma_{\alpha_0}\\ \sigma_{\alpha_0+90^\circ}\end{matrix}\right\}=\frac{\sigma_x+\sigma_y}{2}\pm\sqrt{\left(\frac{\sigma_x-\sigma_y}{2}\right)^2+\tau_{xy}^2}$$

α_0 是主平面的位置,σ_{α_0}、$\sigma_{\alpha_0+90^\circ}$和 z 平面上的主应力,是构件内单元体所在点处的三个主应力,最后按照代数值的大小分别记为 σ_1、σ_2、σ_3,其中 $\sigma_1\geqslant\sigma_2\geqslant\sigma_3$。

③极值切应力所在平面位置和极值切应力的数值。

$$\tan 2\alpha_1 = \frac{\sigma_x - \sigma_y}{2\tau_{xy}}$$

$$\left.\begin{matrix}\tau_{\max}\\ \tau_{\min}\end{matrix}\right\} = \pm\sqrt{\left(\frac{\sigma_x - \sigma_y}{2}\right)^2 + \tau_{xy}^2}$$

(2)图解法:

①做出单元体所对应的应力圆。

②由应力圆计算斜截面上的应力:按照“找准基点,转向一致,转角两倍”找到斜截面在应力圆上对应的点,读出该点的坐标值,记为斜截面上的应力。

③确定主平面的方位和主应力的数值。

应力圆上切应力为零的点,其横坐标即为主应力,该点与 D_x 点之间的夹角的一半即为主平面的方位。

④切应力所在平面方位及极值切应力的数值。

应力圆上纵坐标最大和最小的点即为极值切应力所在平面对应的点,极值切应力为其纵坐标,这两个点与 D_x 点间的夹角的一半即为极值切应力所在平面方位。

3.三向应力状态下的应力分析

针对主单元体和至少有一个平面是主平面的单元体两种情况,能够计算出三个主应力的数值和极值切应力的数值,并会做三向应力圆。

4.广义胡克定律

针对各向同性材料、弹性小变形条件下,能够写出应力和应变之间的关系,把力和变形联系起来。

5.四种常用的强度理论

四种常用的强度理论是针对常温、静载条件下,材料的脆性断裂和塑性屈服两种失效形式提出来的,第一、第二强度理论是针对脆性断裂提出来的,第三、第四强度理论是针对塑性屈服失效形式提出来的。在选用的时候应根据失效形式选择相应的强度理论。

四个经典的强度理论见表8-1:

四个经典的强度理论 表8-1

<table>
<tr><th>名　称</th><th>使用范围</th><th>相当应力</th><th>强度条件</th></tr>
<tr><td>第一强度理论</td><td>脆性材料:三向拉伸应力状态</td><td>$\sigma_{r1} = \sigma_1$</td><td rowspan="4">$\sigma_r \leq [\sigma]$</td></tr>
<tr><td>第二强度理论</td><td>石料、混凝土</td><td>$\sigma_{r2} = \sigma_1 - \mu(\sigma_2 + \sigma_3)$</td></tr>
<tr><td>第三强度理论</td><td rowspan="2">塑性材料:三向压缩应力状态</td><td>$\sigma_{r3} = \sigma_1 - \sigma_3$</td></tr>
<tr><td>第四强度理论</td><td>$\sigma_{r4} = \sqrt{\frac{1}{2}[(\sigma_1 - \sigma_2)^2 + (\sigma_2 - \sigma_3)^2 + (\sigma_3 - \sigma_1)^2]}$</td></tr>
</table>

注:当 $\sigma_x = \sigma, \sigma_y = 0, \tau_{xy} = \tau$ 时,$\sigma_{r3} = \sqrt{\sigma^2 + 4\tau^2}$,$\sigma_{r4} = \sqrt{\sigma^2 + 3\tau^2}$。

习　题

8-1　试从题8-1图所示各受力构件中的 A 点处取单元体,并标记单元体各面上的应力。

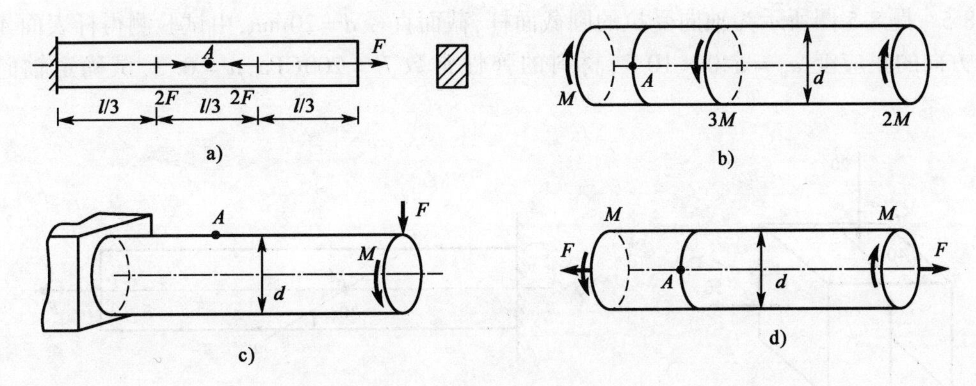

题 8-1 图

8-2　已知平面应力状态单元体如题 8-2 图所示，求指定斜截面 ab 上的应力，并画在单元体上。

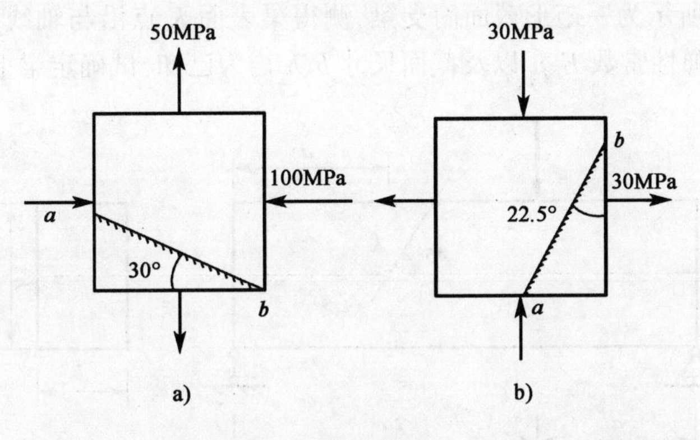

题 8-2 图

8-3　已知平面应力状态单元体如题 8-3 图所示，图中应力单位为 MPa。试用解析法及图解法求：

(1) 主应力大小，主平面位置。

(2) 在单元体上绘出主平面位置及主应力方向。

(3) 切应力极值。

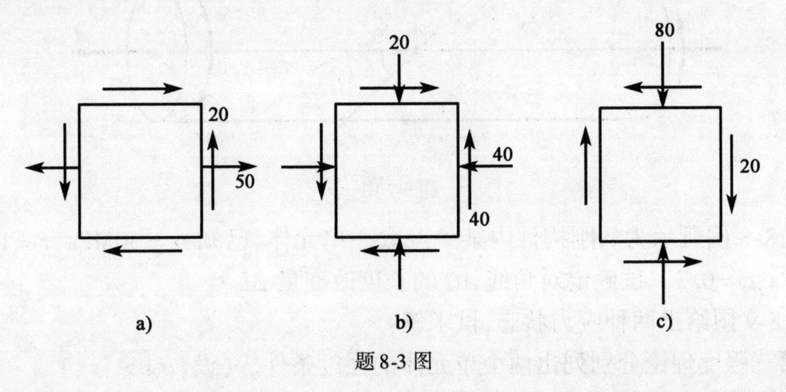

题 8-3 图

8-4　试求题 8-4 图所示应力状态的主应力及最大切应力，图中应力单位为 MPa。

8-5　题 8-5 图所示为轴向受拉的圆截面杆,截面直径 $d=20\text{mm}$,由试验测得杆表面 A 点沿 μ 方向的正应变 $\varepsilon_u=540\times10^{-6}$,材料的弹性常数 $E=200\text{GPa}$,$\mu=0.3$,试确定轴向拉力 F。

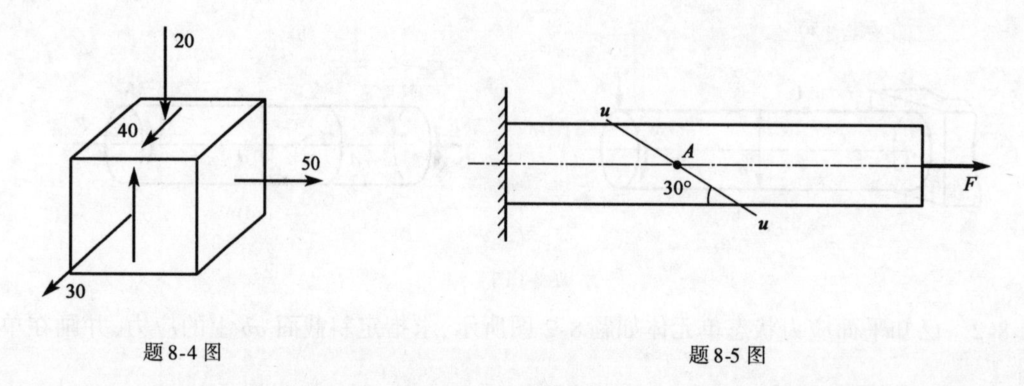

题 8-4 图　　　　题 8-5 图

8-6　题 8-6 图所示为一矩形截面简支梁,测得梁表面 K 点沿与轴线成 45°方向的线应变 $\varepsilon_{45°}$,若梁材料的弹性常数 E、μ 以及截面尺寸 b、h 均为已知,试确定梁上的横向荷载 F。

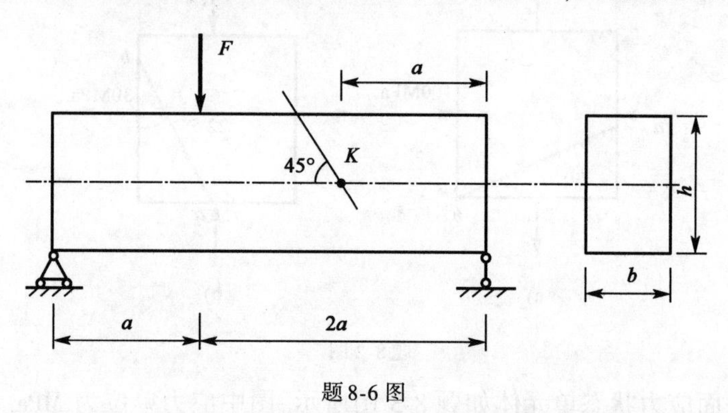

题 8-6 图

8-7　题 8-7 图所示为一圆截面轴,受轴向拉力 F 和扭转力偶矩 M 的作用。截面直径 $d=100\text{mm}$,材料的弹性常数 $E=200\text{GPa}$,泊松比 $\mu=0.3$。现测得圆轴表面 A 点的轴向线应变 $\varepsilon_0=500\times10^{-6}$,45°方向的线应变 $\varepsilon_{45°}=400\times10^{-6}$,试确定 F 和 M。

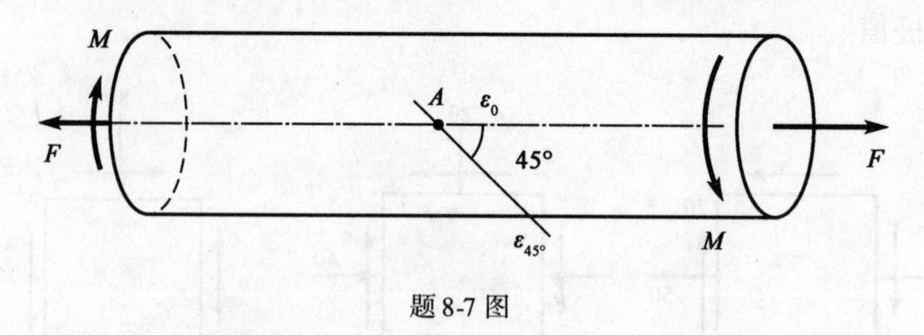

题 8-7 图

8-8　题 8-8 图所示为从刚构件内某一点取一单元体,已知 $\sigma=30\text{MPa}$,$\tau=15\text{MPa}$,材料的 $E=200\text{GPa}$,$\mu=0.3$。试确定对角线 AC 的长度改变量 Δl。

8-9　题 8-9 图给出两种应力状态,试求解:

(1)按第三强度理论分别列出两个单元体的强度条件。(设 $|\sigma|>|\tau|$)

(2)按第四强度理论判断哪个单元体首先发生破坏。

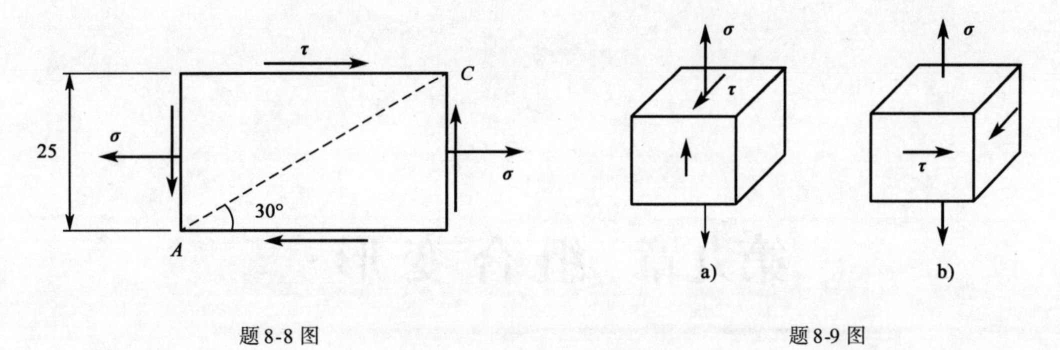

题 8-8 图　　　　题 8-9 图

8-10　题 8-10 图所示为一圆截面直杆，已知截面直径 $d=10\text{mm}$，扭转力偶矩 $M=0.1Fd$。

(1)若材料为钢材，$[\sigma]=160\text{MPa}$，试确定许可荷载 F。

(2)若材料为铸铁，$[\sigma]=30\text{MPa}$，试确定许可荷载 F。

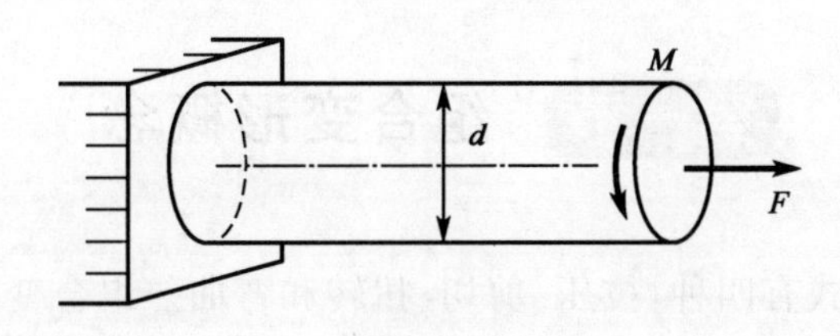

题 8-10 图

8-11　铸铁薄管如题 8-11 图所示，管的内径 $d=170\text{mm}$，壁厚 $t=15\text{mm}$，内压 $p=4\text{MPa}$，轴向力 $F_P=200\text{kN}$，铸铁的抗拉和抗压许用应力分别为 $[\sigma_t]=30\text{MPa}$，$[\sigma_c]=120\text{MPa}$，$\mu=0.25$。试用第二强度理论校核薄管的强度。

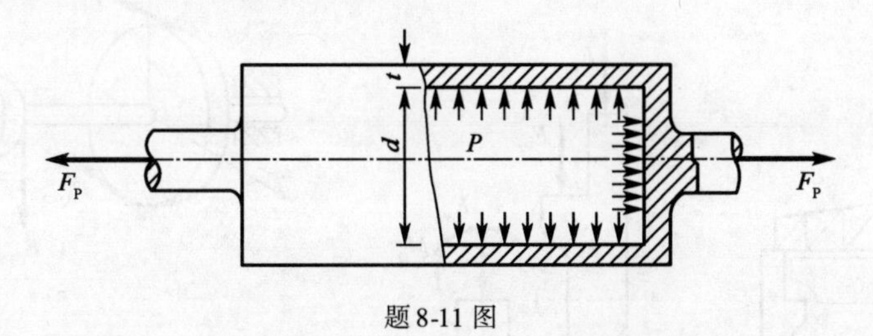

题 8-11 图

第九章 组合变形

本章主要介绍求解组合变形的基本方法，拉伸或压缩与弯曲的组合、弯曲与扭转的组合变形，偏心压缩变形的实质和截面核心的概念。通过本章的学习，可掌握组合变形问题的基本求解方法，从而对于工程实际构件，能够进行分析，解决其强度问题、刚度问题。

第一节 组合变形概念

杆件的基本变形形式有四种：拉压、剪切、扭转和弯曲。组合变形是指由两种或两种以上基本变形形式组成的变形。如图 9-1 所示工厂厂房的立柱，由于外力不通过立柱的中心线，立柱的变形有压缩变形和弯曲变形；如图 9-2 所示工程中的转轴，同时发生扭转和弯曲变形。

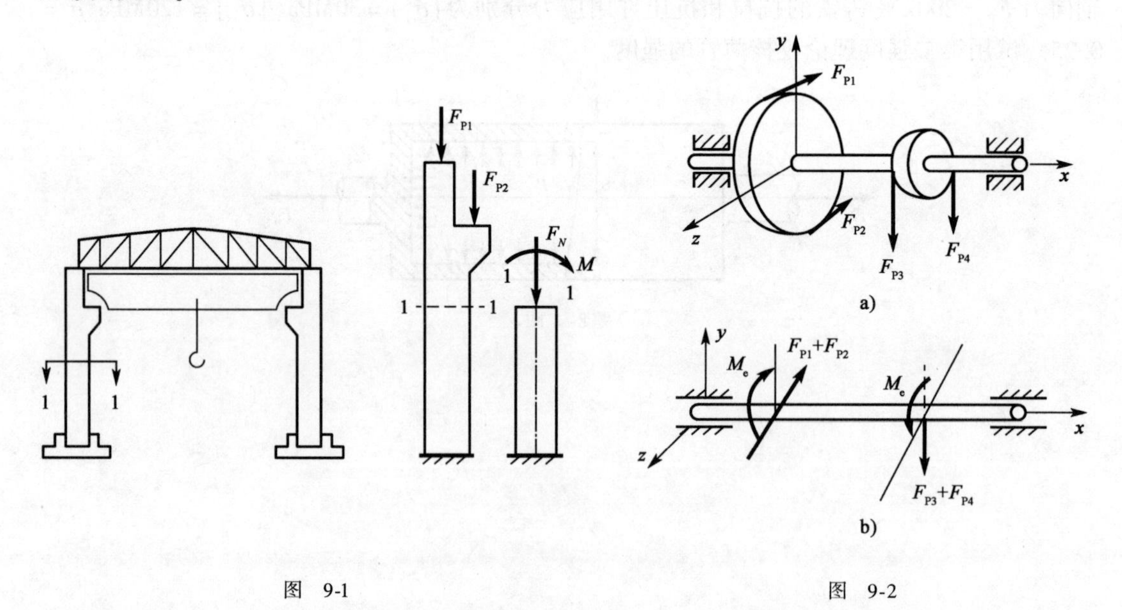

图 9-1　　　　图 9-2

实际工程中，杆件产生的组合变形是弹性小变形，应力、应变服从胡克定律，可以认为组合变形中每一种基本变形都是各自独立、互不影响，位移、应变、内力和应力都与外力成线性关系，因此，解决组合变形构件强度问题可采用下述步骤：

(1)变形形式分析：先将外力进行平移或分解，把构件上的外力转化成基本荷载，使每一种荷载对应一种基本变形，从而判断构件发生的变形形式。

(2)确定危险截面：分别做出每一种基本变形形式下的内力图，包括轴力图、扭矩图、剪力图和弯矩图，综合分析构件的危险截面。

(3)确定危险点：分别给出每一种基本变形形式下危险截面上的应力分布，再将正应力和切应力分别叠加，综合分析危险截面上危险点的位置。

(4)强度计算：围绕危险点取单元体，进行应力分析，根据破坏形式选用相应的强度理论进行强度计算。

解决组合变形构件刚度问题可采用下述步骤：

(1)变形形式分析：先将外力进行平移或分解，把构件上的外力转化成基本荷载，使每一种荷载对应一种基本变形，从而判断构件发生的变形形式。

(2)变形或位移计算：分别计算每一种基本变形的变形和位移。

(3)总变形或位移计算：按照叠加原理，遵循矢量叠加方法，计算组合变形构件的总变形或位移，依据相应的刚度条件进行计算。

本章介绍工程上常见的几种组合变形：拉伸或压缩与弯曲、弯曲与扭转。

第二节　拉伸或压缩与弯曲的组合

拉伸或压缩与弯曲组合变形是工程上常见的一种组合变形，如图 9-3a)所示，图中起重机的横梁 AB，其受力简图如图 9-3b)所示，轴向力 F_{Bx} 和 F_{Ax} 引起压缩变形，横向力 F_{Ay}、G 和 F_{By} 引起弯曲变形，因此，AB 产生压缩和弯曲的组合变形。

下面以悬臂杆件为例，如图 9-4a)所示，说明拉伸或压缩与弯曲组合时的强度问题求解方法。

AB 杆同时受到轴向力 F_P 和横向均布荷载 q 的作用，发生拉伸和弯曲的组合变形，杆的抗弯刚度较大，弯曲变形的挠度与梁的截面尺寸相比很小，轴向力在弯曲变形上引起的弯矩可以忽略不计，因此，轴向力和横向力作用下产生的拉伸和弯曲变形各自独立、互不影响，叠加原理仍可应用。由截面法可知，m-m 截面上的内力有：轴力 F_N、弯矩 M 和剪力 F_Q，如图 9-4b)所示，剪力对强度的影响很小，忽略不计，只考虑轴力和弯矩的作用。

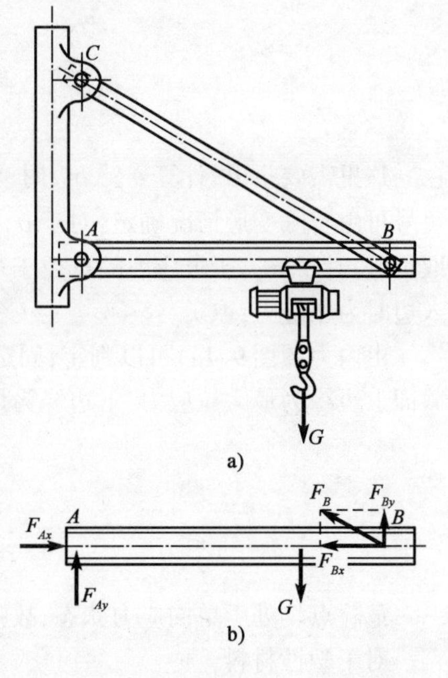

图　9-3

杆件发生拉伸变形时(轴力 F_N 的作用)，横截面上的应力 σ_{F_N} 均匀分布，如图 9-4c)所示。

$$\sigma_{F_N} = \frac{F_N}{A} \tag{9-1a}$$

杆件在纵向对称平面内发生弯曲变形时(M 的作用),横截面上的应力 σ_M 线性分布,如图 9-4d)所示,距中性轴 z 为 y 处的应力为

$$\sigma_M = \frac{My}{I_z} \tag{9-1b}$$

两种应力叠加,得到拉伸和弯曲组合变形时横截面上的正应力分布图,如图 9-4e)所示。横截面上任意一点的总应力为

$$\sigma = \sigma_{F_N} + \sigma_M = \frac{F_N}{A} + \frac{My}{I_z} \tag{9-1c}$$

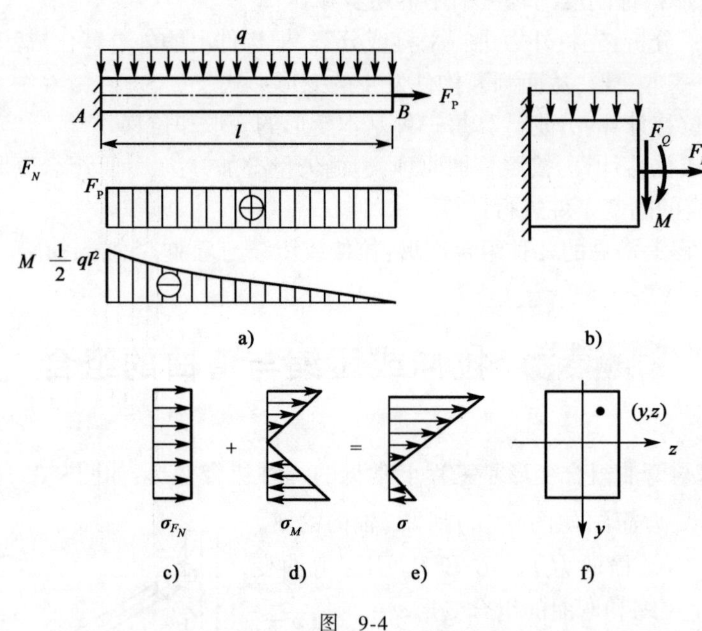

图 9-4

这里需要指出,计算 σ_{F_N}、σ_M 时,将式(9-1c)中 F_N、M 和 y 用绝对值代入,σ_{F_N}、σ_M 的正负号可由实际变形情况确定:对于 σ_{F_N},拉伸变形时为拉应力,取正号,压缩变形时为压应力,取负号;对于 σ_M,所求应力的点位于弯曲变形凸出边时为拉应力,取正号,位于弯曲变形凹入边时为压应力,取负号。

由内力图图 9-4a)可以判定,固定端截面 A 为危险截面,从应力分布图图 9-4e)可知,A 截面上边缘为最大拉应力,下边缘为最大压应力,为危险点,它们的值为

$$\sigma^{+}_{\max} = \frac{F_N}{A} + \frac{M_{\max} y^{+}_{\max}}{I_z} \tag{9-1d}$$

$$\sigma^{-}_{\max} = \frac{F_N}{A} + \frac{M_{\max} y^{-}_{\max}}{I_z} \tag{9-1e}$$

危险点均处于单向应力状态,故强度条件为

对于塑性材料

$$\sigma_{\max} = \max(|\sigma^{+}_{\max}|, |\sigma^{-}_{\max}|) \leqslant [\sigma] \tag{9-2a}$$

对于脆性材料

$$\sigma^{+}_{\max} \leqslant [\sigma^{+}] \quad |\sigma^{-}_{\max}| \leqslant [\sigma^{-}] \tag{9-2b}$$

[例 9-1]　如图 9-5a)所示，起重机最大吊重 $F_P = 8\text{kN}$，若 AB 杆为工字钢，材料为 Q235 钢，$[\sigma] = 100\text{MPa}$，试选择工字钢型号。

解　先计算 CD 杆的长度：

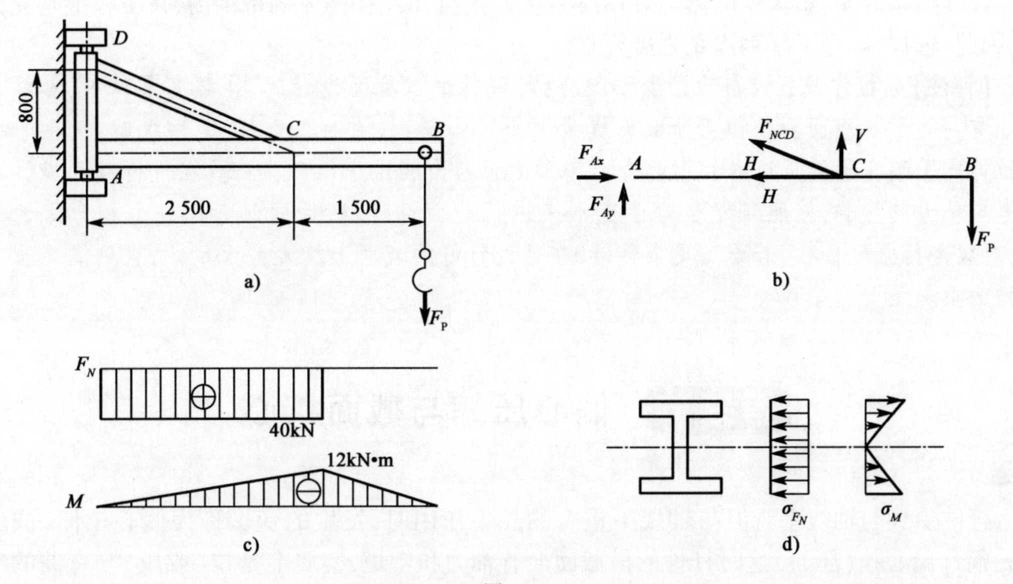

图　9-5

$$l_{CD} = \sqrt{2\,500^2 + 800^2} = 2\,625\text{mm} = 2.625\text{m}$$

取 AB 杆为研究对象，受力分析如图 9-5b)所示，由平衡方程 $\sum M_A = 0$，有

$$F_{NCD} \times 2.5 \times \frac{0.8}{2.625} - 8 \times (2.5 + 1.5) = 0$$

$$F_{NCD} = 42\text{kN}$$

把 F_{NCD} 分解为沿 AB 杆轴线方向的分量 H 和垂直于 AB 杆轴线的分量 V，则

$$H = F_{NCD} \times \frac{2.5}{2.625} = 42 \times \frac{2.5}{2.625} = 40\text{kN}$$

$$V = F_{NCD} \times \frac{0.8}{2.625} = 42 \times \frac{0.8}{2.625} = 12.8\text{kN}$$

AB 杆发生压缩和弯曲的组合变形，轴力图和弯矩图如图 9-5c)所示，在 C 左侧截面上轴力和弯矩都达到最大值，所以为危险截面。

由于引起压缩变形的正应力与引起弯曲变形的正应力相比小得多，因此，在截面设计时，先不考虑轴力的影响，只根据弯曲正应力强度条件进行截面设计，即

$$W_z \geqslant \frac{M_{\max}}{[\sigma]} = \frac{12 \times 10^3}{100 \times 10^6} = 12 \times 10^{-5}\text{m}^3 = 120\text{cm}^3$$

查型钢表，选取 16 号工字钢，$W_z = 141\text{cm}^3$，$A = 26.1\text{cm}^2$。选定工字钢后，同时考虑轴力和弯矩的影响，对梁进行强度校核。危险点在 C 左侧截面的下边缘各点处，正应力绝对值取

最大,且为单向受力状态,因此

$$\sigma_{\max} = |\sigma_{\mathrm{cmax}}| = \left|\frac{F_N}{A} + \frac{M_{\max}}{W}\right| = \left|-\frac{40\times10^3}{26.1\times10^{-4}} - \frac{12\times10^3}{141\times10^{-6}}\right| = 100.4\mathrm{MPa}$$

$$\frac{\sigma_{\max} - [\sigma]}{[\sigma]}\times100\% = \frac{100.4 - 100}{100}\times100\% = 0.4\%$$

计算结果表明,最大压应力与许用应力接近相当,误差在5%的范围内,在工程上是允许的,因此,选择16号工字钢满足强度要求。

【评注】 拉伸或压缩与弯曲变形组合,对杆件进行截面设计时,在强度条件中,和截面尺寸有关的量有截面面积和弯曲截面模量两个未知量,只有一个方程,无法求解;又由于引起拉伸或压缩变形的正应力和引起弯曲变形的正应力相比小得多,因此,在进行截面设计时不考虑轴力的影响,按照只发生弯曲变形来进行截面设计,然后同时考虑轴力和弯矩的影响,对梁进行强度校核,若不满足条件时,在已设计好的截面上放大截面尺寸,直到满足强度条件为止。

第三节 偏心压缩与截面核心

杆件受到与轴线平行但与轴线不重合的外力作用时,发生的变形称为偏心拉伸(或压缩),简称偏心拉(压)。这时杆件的横截面上有轴力和弯矩,实质上是拉(或压)与弯曲的组合变形。

下面以立柱为例,讨论偏心压缩时的强度计算,如图9-6a)所示,偏心拉伸的强度计算方法类似。

如图9-6a)所示为一立柱,在上端受集中力 F_{P} 的作用,力 F_{P} 的作用点到截面形心的距离 $OA=e$,称为**偏心距**。取轴线为 x 轴,截面的对称轴分别为 y、z 轴,压力 F_{P} 的作用点是 $A(y_F, z_F)$,将荷载 F_{P} 向顶面形心 O 点简化,得到轴向压力 F_{P},作用在 xOy 平面内的力偶矩 $M_z^0 = F_{\mathrm{P}}y_F$,作用在 xOz 平面内的力偶矩 $M_y^0 = F_{\mathrm{P}}z_F$,如图9-6b)所示,在该力系的作用下,立柱发生轴向压缩和 xOy、xOz 两个纵向对称面内平面弯曲的组合变形。如图9-6c)所示,由截面法,立柱的任意横截面 m-m 上的内力为

$$F_N = F_{\mathrm{P}} \quad M_y = F_{\mathrm{P}}z_F \quad M_z = F_{\mathrm{P}}y_F$$

F_N、M_y、M_z 代表 m-m 截面上内力的大小。在截面 m-m 上任意点 $C(y,z)$处,使立柱发生压缩变形,xOy、xOz 两个纵向对称面内发生平面弯曲变形的应力分别是

$$\sigma' = -\frac{F_N}{A} = -\frac{F_{\mathrm{P}}}{A}, \sigma'' = -\frac{M_z y}{I_z}, \sigma''' = -\frac{M_y z}{I_y}$$

$C(y,z)$点的总应力为

$$\sigma = \sigma' + \sigma'' + \sigma''' = -\frac{F_{\mathrm{P}}}{A} - \frac{M_z y}{I_z} - \frac{M_y z}{I_y}$$

$$= -\frac{F_{\mathrm{P}}}{A} - \frac{F_{\mathrm{P}}y_F y}{I_z} - \frac{F_{\mathrm{P}}z_F z}{I_y} = -\frac{F_{\mathrm{P}}}{A}\left(1 + \frac{y_F y}{i_z^2} + \frac{z_F z}{i_y^2}\right) \tag{9-3}$$

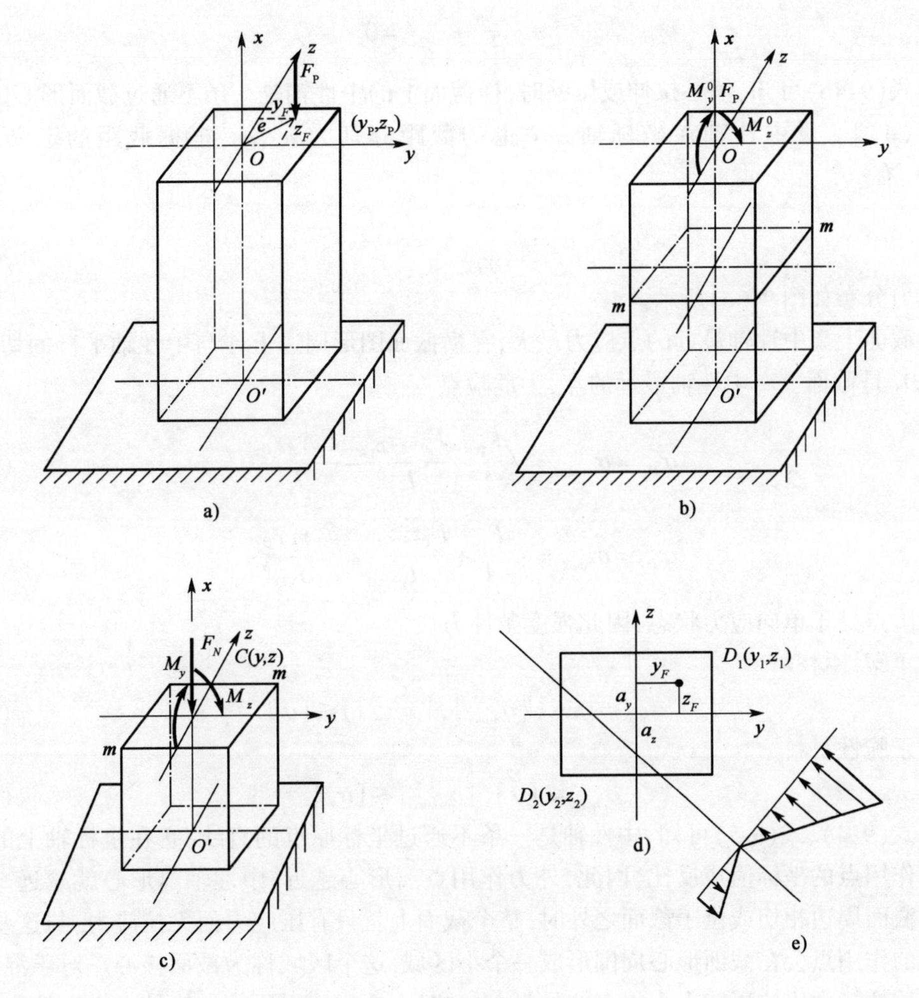

图　9-6

式(9-3)中，截面惯性半径 $i_y=\sqrt{\dfrac{I_y}{A}}$，$i_z=\sqrt{\dfrac{I_z}{A}}$。

需要指出的是，实际计算时，式(9-3)中的外力 F_P、弯矩及截面上点的坐标均取绝对值代入，而各项的正负号可直接根据杆的变形情况确定：对于 σ'，拉伸变形时，为拉应力，取正号，压缩变形时，为压应力，取负号；对于 σ''、σ'''，所求应力的点位于弯曲变形凸出边时，为拉应力，取正号，位于弯曲变形凹入边时，为压应力，取负号。图 9-6c）中，C 点处的正应力 σ'、σ''、σ''' 均为压应力，所以式(9-3)中均取负号。

下面讨论中性轴的计算。设点 (y_0,z_0) 是中性轴上任意一点，由弯曲应力一章可知，中性轴上各点正应力为零，即

$$\sigma(y_0,z_0)=0$$

$$-\frac{F_P}{A}-\frac{M_z y_0}{I_z}-\frac{M_y z_0}{I_y}=0 \qquad (9\text{-}4a)$$

或

$$1+\frac{y_F y_0}{i_z^2}+\frac{z_F z_0}{i_y^2}=0 \tag{9-4b}$$

由式(9-4b)可知,偏心拉伸或压缩时,横截面上的中性轴是一条不通过截面形心的直线[图(9-6d)]。设中性轴在坐标轴 z、y 上的截距分别为 a_z、a_y,根据截距的定义,由式(9-4b),有

$$a_y=-\frac{i_z^2}{y_F},a_z=-\frac{i_y^2}{z_F} \tag{9-5}$$

应力分布如图9-6e)所示。

横截面上离中性轴最远的点应力最大,在横截面图形周边上作与中性轴平行的切线,切点 D_1、D_2 是截面上离中性轴最远的点,为危险点。

$$\sigma_{D_1}=\sigma_{\mathrm{cmax}}=-\frac{F_{\mathrm{P}}}{A}-\frac{F_{\mathrm{P}}z_F z_{D_1}}{I_y}-\frac{F_{\mathrm{P}}y_F y_{D_1}}{I_z} \tag{9-6a}$$

$$\sigma_{D_2}=\sigma_{\mathrm{tmax}}=-\frac{F_{\mathrm{P}}}{A}+\frac{F_{\mathrm{P}}z_F z_{D_2}}{I_y}+\frac{F_{\mathrm{P}}y_F y_{D_2}}{I_z} \tag{9-6b}$$

危险点处于单向应力状态,因此强度条件为

对于塑性材料

$$\sigma_{\max}=\max(|\sigma_{\mathrm{tmax}}|,|\sigma_{\mathrm{cmax}}|)\leqslant[\sigma] \tag{9-7a}$$

对于脆性材料

$$\sigma_{\mathrm{tmax}}\leqslant[\sigma],|\sigma_{\mathrm{cmax}}|\leqslant[\sigma_{\mathrm{c}}] \tag{9-7b}$$

由式(9-4)、式(9-5)可知,中性轴是一条不通过坐标原点的直线,它在坐标轴上的截距与外力作用点的坐标值成反比,因此,外力作用点离形心越近,中性轴离形心就越远。当中性轴与截面周边相切或位于截面之外时,整个截面上就只有压应力而无拉应力,与这些中性轴对应的作用点会在截面形心周围形成一个小区域,这个区域称为**截面核心**。对于混凝土、石料等抗拉能力比抗压能力小得多的材料,设计时不希望偏心压缩在构件中产生拉应力,为达到这一要求,只需将外力作用在截面核心内即可。

由截面核心的定义,把截面周边上若干点的切线作为中性轴,算出中性轴在坐标轴上的截距,再利用式(9-5)求出各中性轴所对应的外力作用点的坐标,顺序连接所求得的各外力作用点,得到一条围绕截面形心的封闭曲线,它所包围的区域就是截面核心。

矩形截面和圆形截面的截面核心如图9-7所示阴影区域。

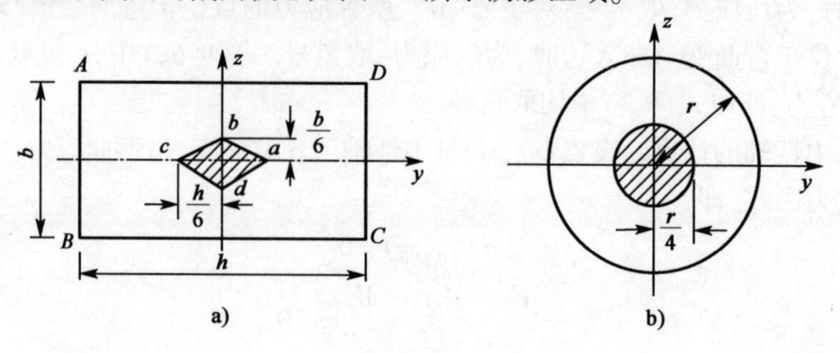

图 9-7

第四节　弯曲与扭转的组合

机械中的传动轴，当它们与皮带轮、飞轮和齿轮等连接时，发生扭转和弯曲的组合变形。由于传动轴大多都是圆轴，因此，本节以圆截面的轴为研究对象，讨论杆件在发生弯扭组合变形时的强度计算方法。

摇臂轴如图9-8a)所示，AB 轴的直径为 d，A 端视为固定端，在 C 端作用有垂直向下的集中力 F_P。将力 F_P 向 B 截面的形心简化，AB 轴的计算简图如图9-8b)所示。横向力 F_P 使 AB 发生平面弯曲变形，力偶 $T=F_Pa$ 使 AB 轴发生扭转变形，因此，AB 轴发生弯曲和扭转的组合变形，AB 杆的弯矩图和扭矩图如图9-8c)、d)所示。由内力图可知，固定端截面为危险截面，其上内力为

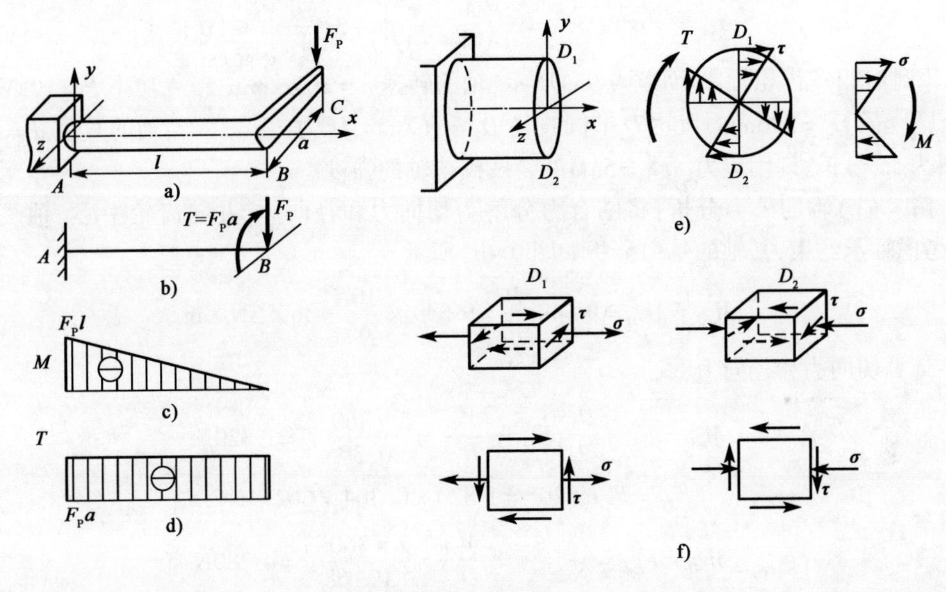

图　9-8

$$M=F_Pl,T=F_Pa$$

固定端截面（A 截面）上的弯曲正应力和扭转切应力的分布如图9-8e)所示，由应力分布图可知，危险点为 A 截面上的 D_1、D_2 点，应力为

$$\sigma=\frac{M}{W},\tau=\frac{T}{W_P} \tag{9-8}$$

其中，$W=\pi d^3/32$，$W_P=\pi d^3/16$，且 $W_P=2W$，D_1、D_2 点的单元体如图9-8f)所示，危险点 D_1、D_2 点处于二向应力状态，而且 $\sigma_y=0$，轴一般用钢材制作，破坏形式为塑性屈服，按第三或第四强度理论建立强度条件，有

$$\sigma_{r3}=\sqrt{\sigma^2+4\tau^2}=\sqrt{\left(\frac{M}{W}\right)^2+4\left(\frac{T}{W_P}\right)^2}=\frac{\sqrt{M^2+T^2}}{W}\leqslant[\sigma] \tag{9-9a}$$

$$\sigma_{r4}=\sqrt{\sigma^2+3\tau^2}=\sqrt{\left(\frac{M}{W}\right)^2+3\left(\frac{T}{W_P}\right)^2}=\frac{\sqrt{M^2+0.75T^2}}{W}\leqslant[\sigma] \tag{9-9b}$$

若在 AB 杆 B 截面位置处还受到轴向拉力 F 的作用,则 AB 杆发生拉伸、扭转和平面弯曲的组合变形,危险截面仍为固定端 A 截面,其上内力为

$$M=F_P l,T=F_P a,F_N=F$$

轴力作用下截面上的正应力均匀分布,且为拉应力,和原来的扭转应力和弯曲应力叠加,危险截面上的危险点为 D_1 点,则

$$\sigma=\frac{M}{W}+\frac{F}{A},\tau=\frac{T}{W_P}$$

D_1 点处的单元体如图 9-8f)所示,$\sigma_y=0$,破坏形式一般为塑性屈服,按第三或第四强度理论建立强度条件,有

$$\sigma_{r3}=\sqrt{\sigma^2+4\tau^2}=\sqrt{\left(\frac{M}{W}+\frac{F}{A}\right)^2+4\left(\frac{T}{W_P}\right)^2}\leqslant[\sigma] \tag{9-10a}$$

$$\sigma_{r4}=\sqrt{\sigma^2+3\tau^2}=\sqrt{\left(\frac{M}{W}+\frac{F}{A}\right)^2+3\left(\frac{T}{W_P}\right)^2}\leqslant[\sigma] \tag{9-10b}$$

[**例 9-2**]　齿轮轴 AB 如图 9-9a)所示,轴的转速 $n=265\text{r/min}$,输入功率 $P=10\text{kW}$,齿轮 C 节圆直径 $D_1=396\text{mm}$,齿轮 D 节圆直径 $D_2=168\text{mm}$,压力角 $\alpha=20°$,轴的直径 $d=50\text{mm}$,材料为 45 号钢,许用应力$[\sigma]=55\text{MPa}$。试校核轴的强度。

解　(1)轴的外力分析:将啮合力分解为切向力和径向力,并向齿轮中心(轴线上)平移,考虑轴承约束力,轴的受力分析如图 9-9b)所示。

$$M_{eC}=M_{eD}=9\ 549\frac{P}{n}=9\ 549\times\frac{10}{265}=360.3\text{N}\cdot\text{m}$$

计算切向力和径向力

$$M_{eC}=F_{1z}\cdot\frac{D_1}{2},F_{1z}=\frac{2M_{eC}}{D_1}=\frac{2\times360.3}{0.396}=1\ 820\text{N}$$

$$F_{1y}=F_{1z}\tan20°=1\ 820\times0.364=662.4\text{N}$$

$$M_{eD}=F_{2y}\cdot\frac{D_2}{2},F_{2y}=\frac{2M_{eD}}{D_2}=\frac{2\times360.3}{0.168}=4\ 289\text{N}$$

$$F_{2z}=F_{2y}\tan20°=4\ 289\times0.364=1\ 561\text{N}$$

横向力 F_{1y}、F_{2y},约束反力 F_{Ay}、F_{By} 使齿轮轴 AB 在 xOy 平面内发生平面弯曲,F_{Ay}、F_{By} 计算如下:

$$\sum M_{z,B}(F)=0,\text{则}-F_{Ay}\times0.29+F_{1y}\times0.21+F_{2y}\times0.08=0$$

得

$$F_{Ay}=1\ 663\text{N}$$

$$\sum M_{z,A}(F)=0,\text{则}\ F_{By}\times0.29-F_{1y}\times0.08-F_{2y}\times0.21=0$$

得

$$F_{By}=3\ 289\text{N}$$

水平面内的横向力 F_{1z}、F_{2z},约束反力 F_{Az}、F_{Bz} 使齿轮轴在 xOz 平面内发生平面弯曲,F_{Az}、

F_{Bz}的计算如下：

$$\sum M_{y,B}(F)=0,\text{则} -F_{Az}\times 0.29+F_{1z}\times 0.21+F_{2z}\times 0.08=0$$

得

$$F_{Az}=1\ 749\text{N}$$

$$\sum M_{y,A}(F)=0,\text{则}\ F_{Bz}\times 0.29-F_{1z}\times 0.08-F_{2z}\times 0.21=0$$

得

$$F_{Bz}=1\ 632\text{N}$$

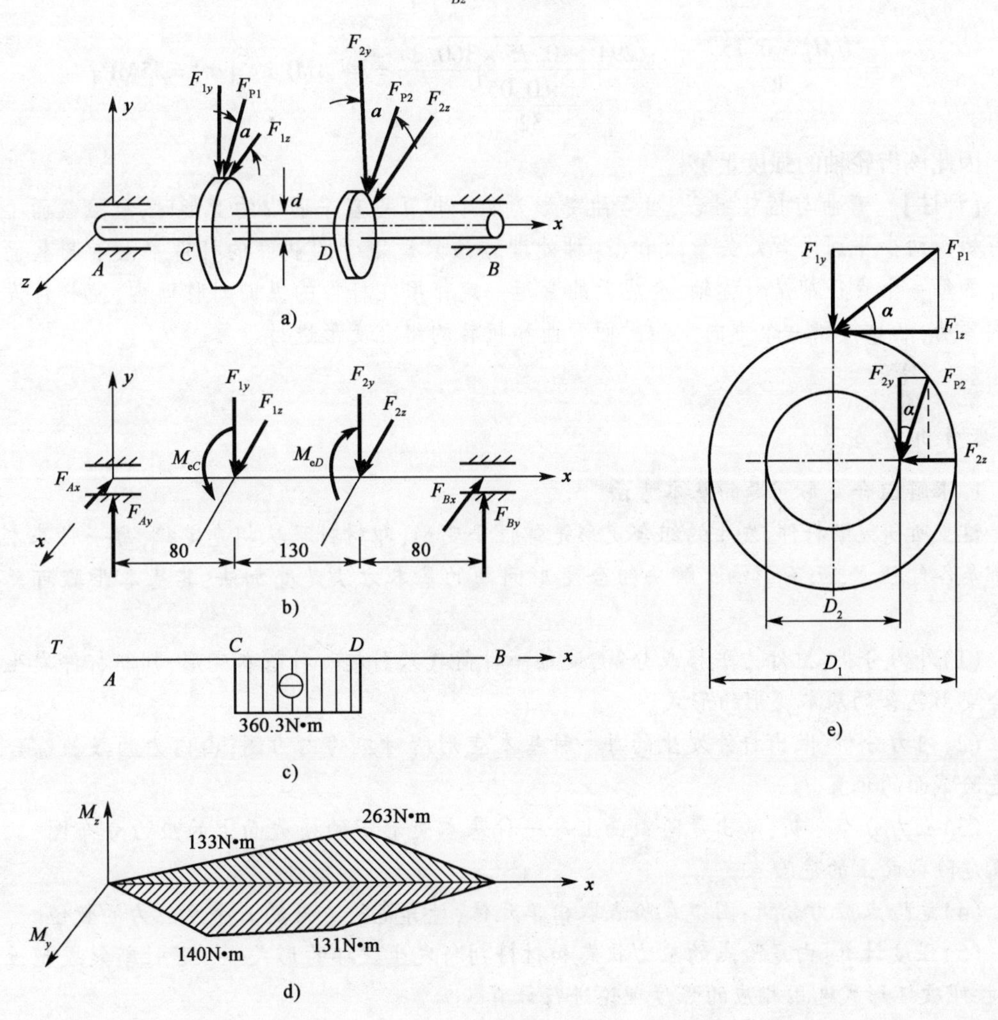

图　9-9

(2)作内力图：齿轮轴发生扭转变形，和分别在 xOy、xOz 两个平面内的平面弯曲变形的组合变形，相应的扭矩图 T，xOy 平面内的平面弯曲弯矩图 M_z，xOz 平面内的平面弯曲弯矩图 M_y 分别如图 9-9c)、d)所示。

(3)强度校核：由上述内力图可初步判断，C 右侧截面和 D 左侧截面可能发生破坏，为危险截面，这两个截面上的合弯矩分别为

$$M_C=\sqrt{M_{Cy}^2+M_{Cz}^2}=\sqrt{140^2+133^2}=193\text{N}\cdot\text{m}$$

$$M_D = \sqrt{M_{Dy}^2 + M_{Dz}^2} = \sqrt{131^2 + 263^2} = 294\text{N} \cdot \text{m}$$

由于 D 截面上的合弯矩比 C 截面上的合弯矩大,而它们的扭矩相同,因此最终判断 D 截面为危险截面,齿轮轴为塑性材料,这里破坏时发生塑性屈服,因此使用第三或第四强度理论进行校核:

$$\sigma_{r3} = \frac{\sqrt{M_D^2 + T^2}}{W} = \frac{\sqrt{294^2 + 360.3^2}}{\dfrac{\pi \times 0.05^3}{32}} = 37.2\text{MPa} < [\sigma] = 55\text{MPa}$$

$$\sigma_{r4} = \frac{\sqrt{M_D^2 + 0.75T^2}}{W} = \frac{\sqrt{294^2 + 0.75 \times 360.3^2}}{\dfrac{\pi \times 0.05^3}{32}} = 34.3\text{MPa} < [\sigma] = 55\text{MPa}$$

因此该齿轮轴的强度足够。

【评注】 弯曲与扭转组合,当弯曲变形为两个相互垂直平面内的变形时,危险截面上的合弯矩为两个平面内弯矩矢量求和,这种处理方法只适用于圆截面的杆件。由于圆截面的杆件的每一个直径都是对称轴,合成后的弯矩一定作用在杆件的纵向对称面内,使杆件发生平面弯曲,然后按照一个方向上的平面弯曲和扭转的组合变形进行计算。

本章复习要点

1. 求解组合变形问题的基本方法

这里所研究的杆件,发生的组合变形是弹性小变形,即材料服从胡克定律,每一种基本变形都是各自独立,互不影响。解决组合变形问题的基本方法是叠加法,其基本步骤可总结如下:

(1)外力分析:把外力平移或分解,使每一种荷载只引起一种基本变形,判断杆件发生的组合变形包含的基本变形的形式。

(2)内力分析:做出杆件发生的每一种基本变形所对应的内力图,由内力的数值综合判断危险截面的位置。

(3)应力分布分析:给出危险截面上每一种基本变形下的横截面上的应力分布图,从而判断危险截面上的危险点。

(4)危险点应力分析:围绕危险点取出单元体,计算危险点处的三个主应力的数值。

(5)强度计算:由危险点的应力状态和材料判断发生破坏的形式——脆性断裂或塑性屈服,按照破坏形式选用相应的强度理论进行计算。

2. 拉伸或压缩与弯曲的组合

在轴向力和横向力、作用在纵向对称面里的力矩作用下发生拉伸或压缩与弯曲的组合变形,轴力和弯矩同时较大的截面为危险截面,危险点处的应力状态为单向应力状态,因此强度条件为

塑性材料

$$\sigma_{\max} = \max(|\sigma_{\text{tmax}}|, |\sigma_{\text{cmax}}|) \leqslant [\sigma]$$

脆性材料

$$\sigma_{\text{tmax}} \leqslant [\sigma], |\sigma_{\text{cmax}}| \leqslant [\sigma_{\text{c}}]$$

3. 偏心压缩与截面核心

偏心压缩的实质是压缩与弯曲的组合变形,因此按照拉伸或压缩与弯曲的组合进行计算。截面核心是截面形心周围的一个区域,当偏心压力的作用点作用在截面核心时,整个截面上就只有压应力而没有拉应力;对于混凝土、大理石等抗拉能力比抗压能力小得多的材料,设计时不希望偏心压缩构件中产生拉应力,为达到这一要求,只要将外力作用在截面核心即可。

4. 弯曲与扭转的组合

发生弯曲与扭转组合变形的构件,工程上常见的有圆轴和曲柄轴,因此这里只讨论圆截面的杆件。

一个纵向对称面内的平面弯曲和扭转的组合时,其强度条件为

$$\sigma_{\text{r3}} = \frac{\sqrt{M^2 + T^2}}{W} \leqslant [\sigma]$$

$$\sigma_{\text{r4}} = \frac{\sqrt{M^2 + 0.75T^2}}{W} \leqslant [\sigma]$$

一个纵向对称面内的平面弯曲、扭转和轴向拉伸或压缩组合时,其强度条件为

$$\sigma_{\text{r3}} = \sqrt{\left(\frac{M}{W} + \frac{F}{A}\right)^2 + 4\left(\frac{T}{W_{\text{P}}}\right)^2} \leqslant [\sigma]$$

$$\sigma_{\text{r4}} = \sqrt{\left(\frac{M}{W} + \frac{F}{A}\right)^2 + 3\left(\frac{T}{W_{\text{P}}}\right)^2} \leqslant [\sigma]$$

两个纵向对称面内的平面弯曲和扭转组合时,其强度条件为

$$\sigma_{\text{r3}} = \frac{\sqrt{(M_y^2 + M_z^2)^2 + T^2}}{W} \leqslant [\sigma]$$

$$\sigma_{\text{r4}} = \frac{\sqrt{(M_y^2 + M_z^2)^2 + 0.75T^2}}{W} \leqslant [\sigma]$$

由组合变形时的强度条件可以对构件进行强度校核、截面设计和确定结构所能够承受的外荷载。

习　题

9-1　试分析题 9-1 图所示杆件各段杆的变形形式。

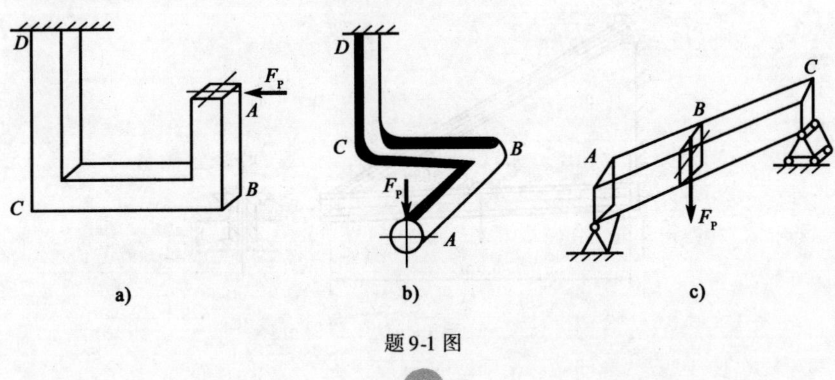

题 9-1 图

9-2　题9-2图所示为一带有切槽的正方形木杆,试求:

(1) m-m 截面上的最大拉应力和最大压应力。

(2)此最大拉应力是截面削弱前的几倍。

9-3　题9-3图所示为一矩形截面短柱,受力如图所示,许用拉应力$[\sigma_t]=30$MPa,许用压应力$[\sigma_c]=90$MPa,试求许可荷载$[F_P]$。

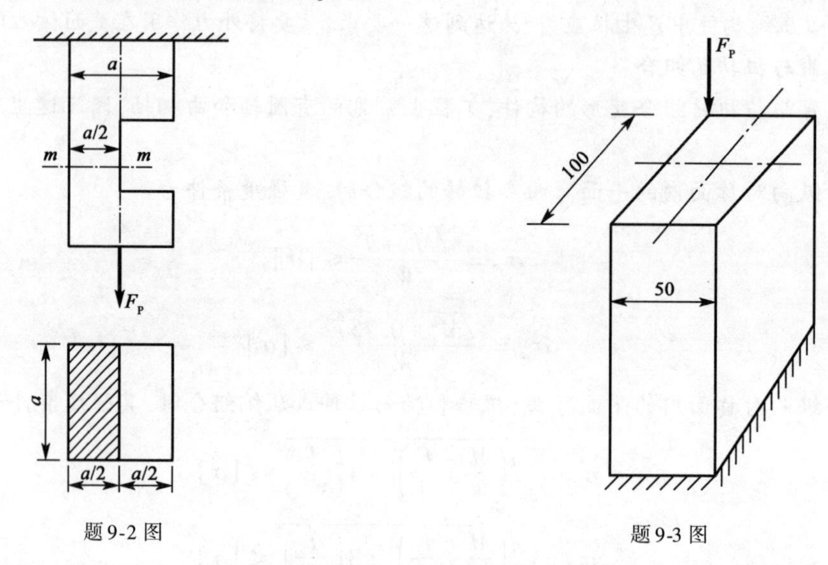

题9-2图　　题9-3图

9-4　题9-4图所示为一矩形截面杆,用应变片测得杆件上、下表面的轴向应变分别为$\varepsilon_a=-0.4\times10^{-4}$,$\varepsilon_b=1\times10^{-4}$,材料的弹性模量$E=210$GPa。试绘出横截面上的正应力分布图,并求拉力$F_P$及其偏心距$e$的数值。

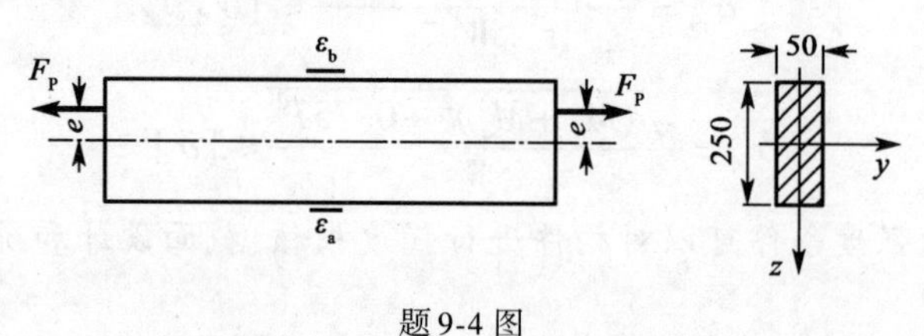

题9-4图

9-5　题9-5图所示起重架的最大起吊重量(包括行走小车等)$F=40$kN,横梁由两根No.18槽钢组成,材料为Q235钢,许用应力$[\sigma]=120$MPa,试校核该横梁的强度。

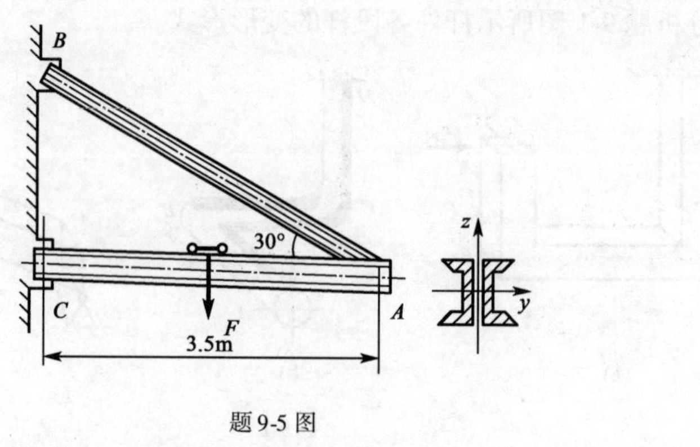

题9-5图

9-6 材料为灰铸铁 HT15-33 的压力机框架如题 9-6 图所示，许用拉应力 $[\sigma_t]=30\text{MPa}$，许用压应力 $[\sigma_c]=80\text{MPa}$，试校核框架立柱的强度。

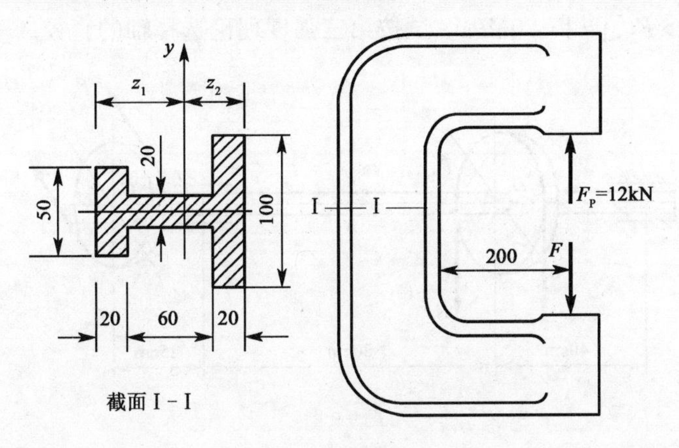

题 9-6 图

9-7 题 9-7 图所示铁道路标圆信号板，装在外径 $D=60\text{mm}$ 的空心圆柱上，所受的最大风荷载 $F=2\text{kN/m}^2$，$[\sigma]=60\text{MPa}$。试按第三强度理论选定空心柱的厚度。

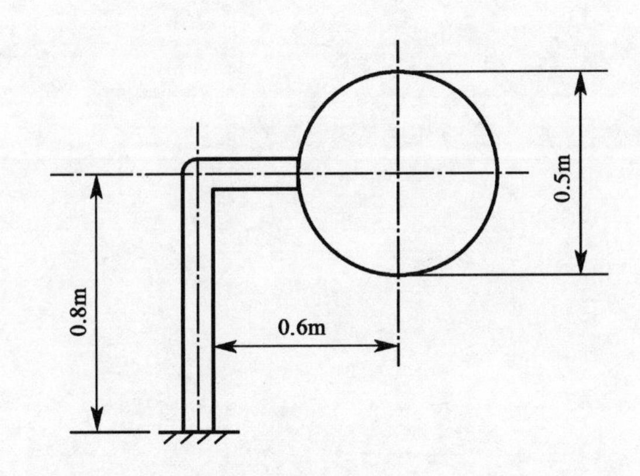

题 9-7 图

9-8 直径为 d 的实心圆轴，受轴向拉力 F、横向力 F_s 及扭矩 T 的作用，如题 9-8 图所示，试按第四强度理论写出此轴危险点的相当应力的表达式。

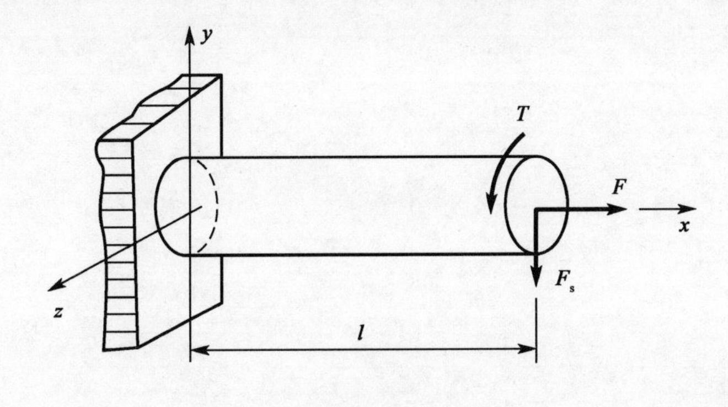

题 9-8 图

9-9　如题 9-9 图所示,两个皮带轮的直径均为 $d = 60\text{cm}$,传动轴的转速 $n = 100\text{r/min}$,传递功率 $P = 7.36\text{kW}$,C 轮上的皮带是水平的,D 轮上的皮带是沿竖直方向。皮带上的拉力 $F_2 = 1.5\text{kN}$,且 $F_1 > F_2$,$[\sigma] = 80\text{MPa}$。试按第三强度理论选择轴的直径。

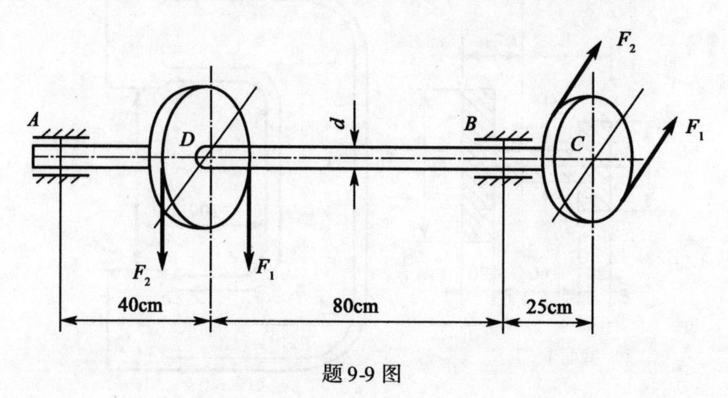

题 9-9 图

第十章 压杆稳定

实际结构中的有些受压杆件,当所承受的压力远小于其拉(压)强度时,杆件发生侧向弯曲,导致杆件无法继续承受荷载,这种现象称为“失稳”。结构中的压杆发生失稳,是造成结构破坏倒塌的重要原因,因此,研究压杆的稳定性是材料力学的重要任务之一。本章从压杆的稳定概念入手,分别介绍在不同的约束条件下,细长压杆的临界荷载计算式;临界应力及欧拉公式的适用范围;压杆的稳定计算和提高压杆承载能力的措施。

第一节 压杆稳定的概念

一、稳定的概念

如图 10-1a)所示小球,在下凹曲面的最低点 A 处于静止平衡状态,若给小球一干扰力,使其离开最低点 A,则它在重力 F_P 和曲面反力 F_R 的合力作用下,小球最后回到最低点 A。我们称小球在 A 点处于**稳定平衡状态**。在图 10-1b)中,小球在光滑平面上,若不计摩擦,则小球可以在任意位置上处于静止平衡状态,这种现象称为**随遇平衡**。在图 10-1c)中,小球在曲面最高点 C 处于静止平衡状态,若给小球一干扰力,则小球离开最高点 C,在重力和曲面反力作用下,将不再回到原来的平衡位置。我们称在图 10-1b)和 c)中,小球处于**不稳定平衡状态**。

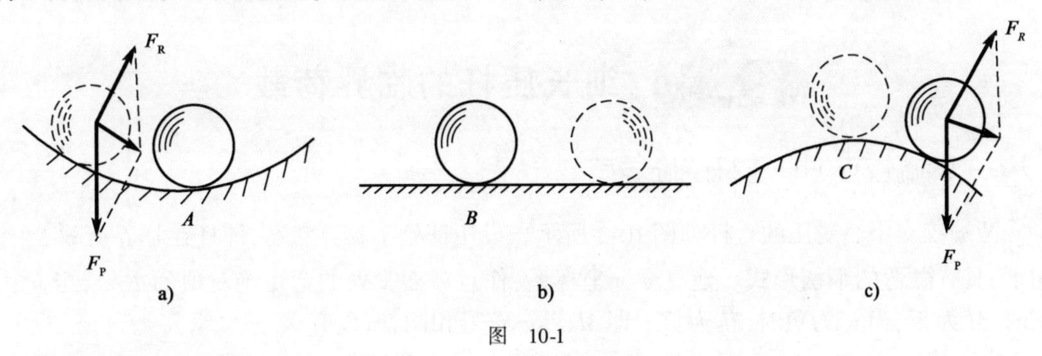

图 10-1

二、压杆的稳定概念

如图 10-2 所示竖直压杆,当轴向压力小于某一数值时(即 $F < F_{cr}$),在横向干扰力作用

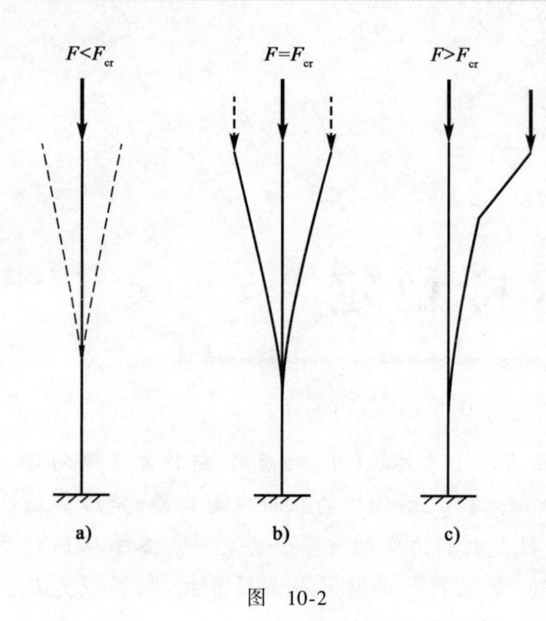

图 10-2

下,杆产生横向弯曲变形(微弯),但当去掉干扰后,杆将恢复原有竖直状态[图 10-2a)],即压杆在竖直状态下的平衡是稳定的;当轴向压力等于该数值时(即 $F=F_{cr}$),若有横向干扰,压杆产生微弯,横向干扰去掉后,压杆既可在竖直状态下保持平衡,又可在微弯状态下保持平衡[图 10-2b)];当轴向压力大于该值时(即 $F>F_{cr}$),若有横向干扰,压杆产生横向弯曲变形,当横向干扰去掉后,杆将不能恢复直线的平衡状态,而且弯曲变形越来越大,直到压杆破坏[图 10-2c)]。

上述现象说明,当轴向压力较小时,压杆直线形式的平衡是稳定的;而当轴向压力较大时,压杆直线形式的平衡是不稳定的。压杆从直线形式的稳定平衡开始转变为不稳定平衡时的轴向压力值,称为压杆的**临界荷载**,用 F_{cr} 表示。压杆在临界荷载作用下,既可在直线状态下保持平衡,也可在微弯状态下保持平衡。当轴向压力超过压杆的临界荷载时,压杆将产生突然变弯,丧失原有的稳定性。由稳定的平衡状态变为不稳定的平衡状态的现象,统称为**稳定失效**,简称为**失稳**或**屈曲**。工程中的柱、桁架中的压杆、薄壳结构及薄壁容器等,在有压力存在时,都可能发生失稳。

由于构件的失稳往往是突然发生的,因而其危害也较大。历史上曾多次发生因构件失稳而引起的重大事故。如 1907 年加拿大劳伦斯河上,跨长为 548m 的奎拜克大桥,因压杆失稳,导致整座大桥倒塌。近代这类事故仍时有发生。因此,稳定问题在工程设计中占有重要地位。

为保证压杆安全可靠地工作,必须使压杆处于直线平衡形式,因而压杆是以临界荷载作为极限承载能力。可见,临界荷载的确定是非常重要的。

第二节　细长压杆的临界荷载

一、两端铰支细长压杆的临界荷载

两端铰支中心受压的直杆如图 10-3 所示。设压杆处于临界状态,即杆在临界荷载 F_{cr} 作用下,具有微弯的平衡形式。建立 w-x 坐标系,任意截面 x 处的弯矩绝对值为 $F_{cr}w$,当 w 为正时,M 为正;当 w 为负时,M 为负。即 M 与 w 符号相同,所以有

$$M=F_{cr}w \tag{10-1}$$

对微小的弯曲变形,挠曲线近似微分方程为

$$\frac{d^2w}{dx^2}=-\frac{M}{EI} \tag{10-2}$$

所以有

$$\frac{d^2w}{dx^2}=-\frac{F_{cr}}{EI}w \tag{10-3}$$

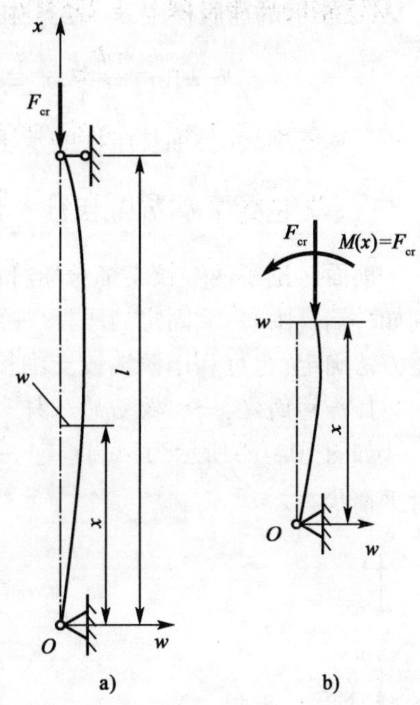

图　10-3

令 $k^2=\frac{F_{cr}}{EI}$,则微分方程变为

$$\frac{d^2w}{dx^2}+k^2w=0 \tag{10-4}$$

式(10-4)为一个二阶齐次常微分方程,其通解为

$$w=A\sin kx+B\cos kx \tag{10-5}$$

式中:A、B、k——未知常数,其值可由压杆的位移边界条件与变形状态确定。

杆端的位移边界条件为 $x=0,w=0;x=l,w=0$。代入式(10-5)得

$$B=0 \tag{10-6}$$

$$A\sin kx=0 \tag{10-7}$$

满足式(10-7)有两种可能:一种是 $A=0$,由式(10-5)知,此时 $w\equiv0$,即压杆没有弯曲变形,这与一开始的假设(压杆处于微弯平衡形式)不符;另一种是 $kl=n\pi,n=1,2,3,\cdots$。由此得出相应于临界状态的临界荷载表达式为

$$F_{cr}=\frac{n^2\pi^2EI}{l^2}$$

在上式中,压杆的临界荷载应是其所有取值中最小值,即取 $n=1$,从而得到两端铰支细长压杆的临界荷载 F_{cr} 值为

$$F_{cr}=\frac{\pi^2EI}{l^2} \tag{10-8}$$

式(10-8)通常称为**欧拉公式**,F_{cr} 称为**欧拉临界荷载**。此式表明,F_{cr} 与弯曲刚度 EI 成正比,与杆长的平方成反比。压杆失稳时,总是绕弯曲刚度最小的轴发生弯曲变形。因此,对于各个方向约束相同的情形(例如球铰约束),式(10-8)中的 I 应为截面最小的形心主惯性矩。

将 $k=\frac{\pi}{l}$ 代入式(10-5)得压杆的挠度方程为

$$w=A\sin\frac{\pi x}{l} \tag{10-9}$$

由式(10-9)知,两端铰支压杆临界状态下的挠曲轴为正弦曲线,在 $x=l/2$ 处,有最大挠度 $w_{max}=A$,表明 A 的值取决于压杆微弯的程度。

[例 10-1]　一细长圆截面连杆,两端铰支,长度 $l=800$mm,直径 $d=20$mm,材料为 Q235 钢,其弹性模量 $E=200$GPa。试计算连杆的临界荷载。

解　该连杆为两端铰支细长压杆,由欧拉公式得其临界荷载为

$$F_{cr}=\frac{\pi^2E}{l^2}\cdot\frac{\pi d^4}{64}=\frac{\pi^3\times200\times10^9\times0.02^4}{64\times0.8^2}=2.42\times10^4\text{N}$$

Q235 钢的屈服极限 $\sigma_s = 235\text{MPa}$,因此,使连杆压缩屈服的轴向压力为

$$F_s = A\sigma_s = \frac{\pi d^2}{4}\sigma_s = \frac{\pi \times 0.02^2 \times 235 \times 10^6}{4} = 7.38 \times 10^4\text{N} > F_{cr}$$

计算结果表明,细长压杆的承压能力是由稳定性要求确定的。

二、其他约束情况细长压杆的临界荷载

前面讨论了两端铰支细长压杆的临界荷载,在工程实际中,还有其他约束方式的压杆,例如一端自由、一端固定的压杆,一端铰支、一端固定的压杆。这些压杆的临界荷载,可用上述方法确定,也可利用两端铰支细长压杆的欧拉公式,采用类比的方法确定。

1. 一端固定、一端铰支的压杆

如图 10-4a)所示为一端固定、一端铰支细长压杆,设压杆在临界荷载 F_{cr} 作用下处于微弯平衡状态。

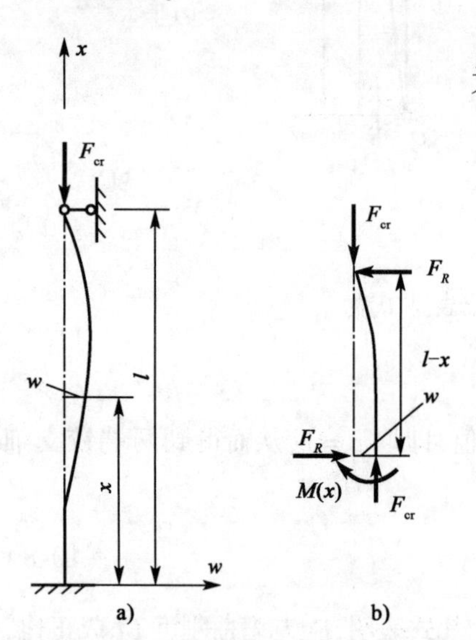

图 10-4

设杆铰支端的反力为 F_R,由图 10-4b)知,距固定端为 x 截面的弯矩为

$$M(x) = F_{cr}w + F_R(l - x)$$

压杆的挠曲线近似微分方程为

$$\frac{d^2w}{dx^2} = -\frac{M}{EI} = \frac{1}{EI}[-F_{cr}w - F_R(l - x)]$$

整理得

$$\frac{d^2w}{dx^2} + \frac{F_{cr}}{EI}w = -\frac{F_R}{EI}(l - x)$$

令

$$k^2 = \frac{F_{cr}}{EI} \tag{10-10}$$

则挠曲线近似微分方程可写为

$$\frac{d^2w}{dx^2} + k^2w = -k^2\frac{F_R}{F_{cr}}(l - x) \tag{10-11}$$

式(10-11)为二阶非齐次微分方程,其通解为

$$w = A\sin kx + B\cos kx - \frac{F_R}{F_{cr}}(l - x) \tag{10-12}$$

其一阶导数为

$$w' = Ak\cos kx - Bk\sin kx + \frac{F_R}{F_{cr}} \tag{10-13}$$

由图 10-4a)知,其边界条件为

$x = 0$ 时

$$w = 0, w' = 0$$

$x = l$ 时

$$w = 0$$

由此可得

$$B-\frac{F_R}{F_{cr}}l=0 \tag{10-14}$$

$$Ak+\frac{F_R}{F_{cr}}=0 \tag{10-15}$$

$$A\sin kl+B\cos kl=0 \tag{10-16}$$

由式(10-14)和式(10-15)得

$$\begin{cases} B=\dfrac{F_R}{F_{cr}}l \\ A=-\dfrac{F_R}{kF_{cr}} \end{cases} \tag{10-17}$$

将式(10-17)代入式(10-16)得

$$\frac{F_R}{F_{cr}}\left(\frac{1}{k}\sin kl-l\cos kl\right)=0$$

在微弯状态下,铰支端的反力 F_R 不为零,则有

$$\tan kl=kl \tag{10-18}$$

式(10-18)为一超越方程,可用图解法求解,结果为

$$kl=4.49$$

由式(10-10)得

$$F_{cr}=k^2EI=\frac{4.49^2EI}{l^2}\approx\frac{\pi^2EI}{(0.7l)^2} \tag{10-19}$$

2. 欧拉公式的一般表达式

对于一端自由、一端固定,长为 l 的压杆,如图 10-5a)所示,当轴向压力 $F=F_{cr}$时,该杆的挠曲线与长为 $2l$ 的两端铰支压杆的挠曲线相同。因此,若两杆的弯曲刚度相同,则其临界荷载也相同。所以,一端自由、一端固定的细长压杆的临界荷载为

$$F_{cr}=\frac{\pi^2EI}{(2l)^2} \tag{10-20}$$

对两端固定,长为 l 的细长压杆,在临界荷载 F_{cr}作用下微弯时的挠曲线如图 10-5b)所示,在距两端各 $l/4$ 处的截面 C 和 D 存在拐点,拐点处挠曲线二阶导数为零,由挠曲线近似微分方程知,该处弯矩为零,相当于该处为一中间铰。因此,长为 $l/2$的 CD 段的受力情况与长为 $l/2$ 的两端铰支压杆相同。所以,两端固定细长压杆的临界荷载为

$$F_{cr}=\frac{\pi^2EI}{(0.5l)^2} \tag{10-21}$$

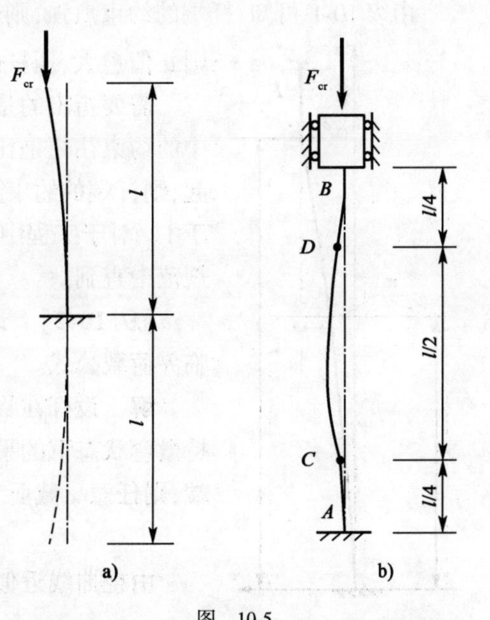

图　10-5

将式(10-8)、式(10-19)～式(10-21)写成统一的形式,从而得到欧拉公式的一般形式为

$$F_{cr}=\frac{\pi^2 EI}{(\mu l)^2} \tag{10-22}$$

式中:μl——压杆的**相当长度**,即相当于两端铰支压杆的长度,或压杆挠曲线拐点之间距离;

μ——**长度系数**,反映了约束情况对临界荷载的影响。

几种常见细长压杆的临界荷载与长度系数如表 10-1 所示。

几种常用细长压杆的临界荷载与长度系数 表 10-1

支持方式	一端自由一端固定	两端铰支	一端铰支一端固定	两端固定
挠曲线形状				
F_{cr}	$\frac{\pi^2 EI}{(2l)^2}$	$\frac{\pi^2 EI}{l^2}$	$\frac{\pi^2 EI}{(0.7l)^2}$	$\frac{\pi^2 EI}{(0.5l)^2}$
μ	2.0	1.0	0.7	0.5

由表 10-1 可知,杆端的约束愈强,则 μ 值愈小,压杆的临界荷载愈高;杆端的约束愈弱,则 μ 值愈大,压杆的临界荷载愈低。

需要指出的是,上述各种 μ 值都是对理想约束而言的,实际工程中的约束往往是比较复杂的,例如压杆两端若与其他构件连接在一起,则杆端的约束是弹性的,μ 值一般为 0.5 ~ 1.0,通常将 μ 值取接近于 1。对于工程中常用的支座情况,长度系数 μ 可从有关设计手册或规范中查到。

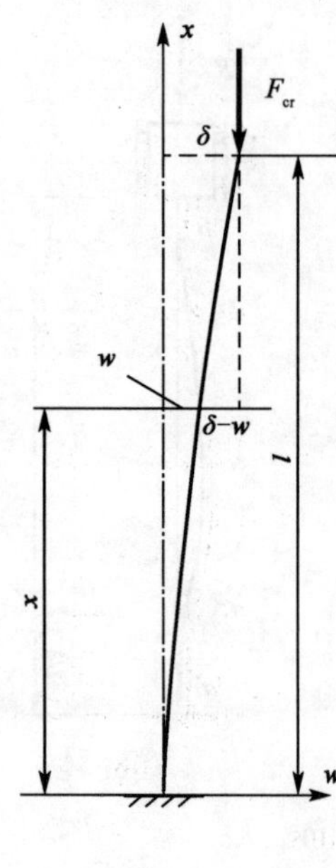

图 10-6

[例 10-2] 试导出图 10-6 所示一端固定,一端自由细长压杆的临界荷载公式。

解 设杆在临界荷载 F_{cr} 作用下,杆在图 10-6 所示 x-w 平面内保持微弯状态下的平衡,其弯曲刚度为 EI,最大挠度 δ 发生在杆的自由端,则任意 x 截面上的弯矩为

$$M(x)=-F_{cr}(\delta-w)$$

由挠曲线近似微分方程得

$$EI\frac{d^2 w}{dx^2}=F_{cr}(\delta-w)$$

简化后得

$$\frac{d^2w}{dx^2}+k^2w=k^2\delta \tag{a}$$

式中，$k^2=F_{cr}/EI$。

该微分方程的通解为

$$w=A\sin kx+B\cos kx+\delta \tag{b}$$

一阶导数为

$$w'=Ak\cos kx-Bk\sin kx \tag{c}$$

其边界条件为

$$\begin{cases}x=0\text{ 时},w=0,w'=0\\ x=l\text{ 时},w=\delta\end{cases} \tag{d}$$

将式(d)代入式(b)和式(c)，得

$$A=0 \tag{e}$$

$$B=-\delta \tag{f}$$

$$\cos kl=0 \tag{g}$$

由式(g)得

$$kl=\frac{n\pi}{2}\quad(n=1,3,5,\cdots) \tag{h}$$

其最小解为 $kl=\pi/2$，即 $\sqrt{F_{cr}/EI}\cdot l=\frac{\pi}{2}$，可得该压杆的临界荷载的欧拉公式为

$$F_{cr}=\frac{\pi^2EI}{4l^2}=\frac{\pi^2EI}{(2l)^2} \tag{i}$$

第三节　压杆的临界应力

一、临界应力

压杆处于临界状态时横截面上的平均应力，称为压杆的临界应力，用 σ_{cr} 表示。则临界应力为

$$\sigma_{cr}=\frac{F_{cr}}{A}=\frac{\pi^2EI}{(\mu l)^2A} \tag{10-23}$$

由截面几何性质知

$$i=\sqrt{\frac{I}{A}} \tag{10-24}$$

式中，i 称为截面的惯性半径，量纲为[长度]。将其代入式(10-23)，并令

$$\lambda=\frac{\mu l}{i} \tag{10-25}$$

则得细长压杆的临界应力为

$$\sigma_{cr} = \frac{\pi^2 E}{\lambda^2} \tag{10-26}$$

式中,λ 是一个无量纲的量,称为**柔度**或**长细比**,它集中地反映了压杆的长度(l)、约束条件(μ)、截面尺寸和形状(i)对临界应力 σ_{cr}的影响。

计算时,惯性矩 I 取截面的最小形心主惯性矩,A 为截面面积。

式(10-26)是欧拉公式 $F_{cr} = \frac{\pi EI}{(\mu l)^2}$的另一种表达式,也叫**欧拉公式**。

式(10-26)表明,细长压杆的临界应力,与柔度的平方成反比,柔度越大,临界应力越低。

二、欧拉公式的适用范围

由前述的推导可知,欧拉公式是根据挠曲线近似微分方程建立的,而该方程的适用范围为杆横截面上的应力不超过比例极限 σ_p,所以,欧拉公式的适用范围为

$$\sigma_{cr} = \frac{\pi^2 E}{\lambda^2} \leqslant \sigma_p$$

或

$$\lambda \geqslant \pi \sqrt{\frac{E}{\sigma_p}}$$

令

$$\lambda_p \geqslant \pi \sqrt{\frac{E}{\sigma_p}} \tag{10-27}$$

即只有 $\lambda \geqslant \lambda_p$ 时,欧拉公式才能成立。

由式(10-27)知,λ_p 是与材料有关的量,不同的材料,其 λ_p 值不同。

例如 Q235 钢,$E = 210\text{GPa}$,$\sigma_p = 200\text{MPa}$,则

$$\lambda_p = \pi \sqrt{\frac{E}{\sigma_p}} = \pi \sqrt{\frac{210 \times 10^9}{200 \times 10^6}} = 102$$

通常把 $\lambda \geqslant \lambda_p$ 的压杆,称为**大柔度杆**,所以,前面经常提到的细长杆,指的是大柔度杆。

三、临界应力的经验公式

在工程实际中,常见的压杆多为 $\lambda < \lambda_p$,即非细长压杆。这类压杆的临界应力可通过解析方法求得,但通常采用经验公式进行计算。常见的经验公式有直线公式和抛物线公式两种。

1. 直线公式

直线型经验公式的一般表达式为

$$\sigma_{cr} = a - b\lambda \tag{10-28}$$

式中,a、b 为与材料性能有关的常数,单位为 MPa。几种常用材料的 a、b 值见表 10-2。

常用材料的 a、b 值　　表 10-2

材　料	a(MPa)	b(MPa)	λ_p	λ_s
Q235 钢 $\sigma_s = 235$MPa $\sigma_b \geqslant 372$MPa	304	1.12	102	62
优质碳钢 $\sigma_s = 306$MPa $\sigma_b \geqslant 471$MPa	460	2.57	100	60
硅钢 $\sigma_s = 353$MPa $\sigma_b \geqslant 510$MPa	578	3.74	100	60
铬钼钢	981	5.30	55	
铸铁	332	1.45	80	
硬铝	372	2.14	50	
松木	39	0.20	59	

按式(10-28)计算的临界应力 σ_{cr} 不能超过材料的压缩极限应力 σ_u，因当压杆的应力达到压缩极限应力 σ_u 时，压杆已因强度不够而失效。例如，塑性材料的压缩极限应力为屈服极限 σ_s，于是，有 $\sigma_{cr} \leqslant \sigma_s$，由式(10-28)得

$$\lambda \geqslant \frac{a - \sigma_s}{b} = \lambda_s \tag{10-29}$$

由以上分析可知，根据压杆的柔度可将其分为三类，并分别按不同的公式进行计算。

(1) $\lambda \geqslant \lambda_p$，压杆为细长杆，或大柔度杆。采用欧拉公式计算其临界应力。

(2) $\lambda_s \leqslant \lambda < \lambda_p$，压杆为中长杆，或中柔度杆。采用经验公式计算其临界应力。

(3) $\lambda < \lambda_s$，压杆为短粗杆，或小柔度杆。这类压杆将发生强度失效，按强度问题处理。

根据上述三类压杆临界应力与 λ 的关系，可画出 σ_{cr}-λ 曲线，如图 10-7 所示，该图称为压杆的**临界应力总图**。

2. 抛物线公式

抛物线型经验公式的一般表达式为

$$\sigma_{cr} = a_1 - b_1\lambda^2 \quad (\lambda \leqslant \lambda_p) \tag{10-30}$$

式中，a_1、b_1 也是与材料有关的常数。

由欧拉公式和上述抛物线公式，可画出 σ_{cr}-λ 曲线，即临界应力总图如图 10-8 所示。

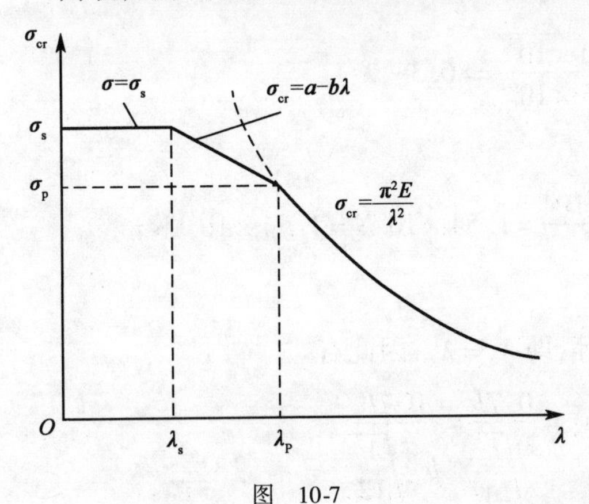

图　10-7

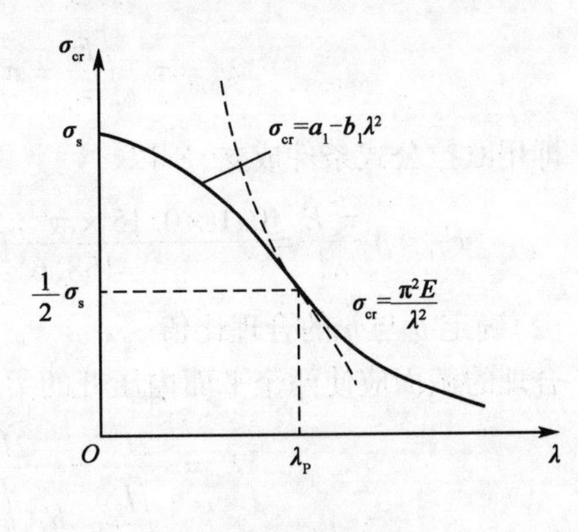

图　10-8

对于Q235钢

$$\sigma_{cr}=(235-0.006\,8\lambda^2)\quad \text{MPa}\quad (\lambda\leqslant 132) \tag{10-31}$$

对于16Mn钢

$$\sigma_{cr}=(343-0.001\,61\lambda^3)\quad \text{MPa}\quad (\lambda\leqslant 109) \tag{10-32}$$

[**例10-3**] 如图10-9所示钢压杆,材料的弹性模量为$E=200\text{GPa}$,比例极限$\sigma_p=265\text{MPa}$,约束情况为:A端固定;B端在x-z平面内受到的约束可简化为铰支,在x-y平面内可自由变形,简化为自由端。压杆长$l=3\text{m}$,截面为矩形,尺寸为$b=10\text{cm}$,$h=15\text{cm}$。

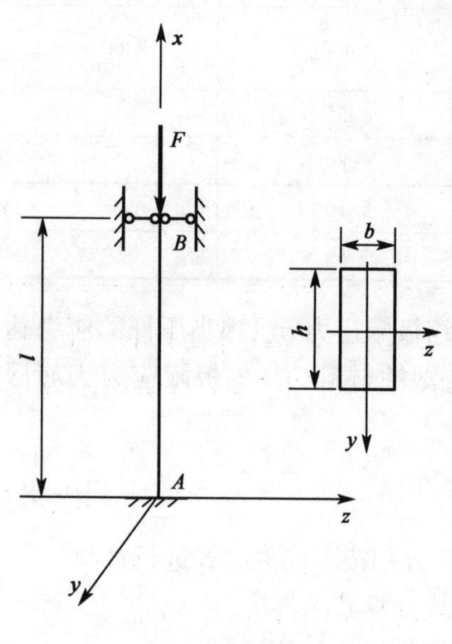

图 10-9

(1)试确定压杆的临界荷载。

(2)b与h的合理比值是多少?

解 (1)计算临界荷载。

压杆在压力作用下,既可能在x-y平面内失稳,也可能在x-z平面内失稳。

如果压杆在x-y平面内失稳(即失稳时横截面绕轴转动),则压杆的约束为一端固定、一端自由,长度系数为$\mu=2$,压杆的柔度为

$$\lambda_z=\frac{(\mu l)_z}{i_z}=\frac{2l}{\sqrt{\dfrac{I_z}{A}}}=\frac{2l}{h\sqrt{\dfrac{1}{12}}}=\frac{2\times 3}{0.15\times\sqrt{\dfrac{1}{12}}}=138.6$$

如果压杆在x-z平面内失稳(即失稳时横截面绕y轴转动),则压杆的约束为一端固定、一端铰支,长度系数为$\mu=0.7$,压杆的柔度为

$$\lambda_y=\frac{(\mu l)_z}{i_y}=\frac{0.7l}{\sqrt{\dfrac{I_y}{A}}}=\frac{0.7l}{b\sqrt{\dfrac{1}{12}}}=\frac{0.7\times 3}{0.1\times\sqrt{\dfrac{1}{12}}}=72.7<\lambda_2$$

可见,压杆将首先在x-y平面内失稳。

由式(10-27)得

$$\lambda_p=\pi\sqrt{\frac{E}{\sigma_p}}=\pi\sqrt{\frac{200\times 10^9}{265\times 10^6}}=86.3<\lambda_z$$

即用欧拉公式条件成立,所以

$$F_{cr}=A\frac{\pi^2E}{\lambda^2}=\frac{0.1\times 0.15\times\pi^2\times 200\times 10^9}{138.6^2}=1.54\times 10^6\text{N}=1.54\times 10^3\text{kN}$$

(2)确定b与h的合理比值。

合理的截面应使两个平面内压杆的柔度相等,即$\lambda_z=\lambda_y$,因此有

$$\lambda_z=\frac{2l}{\sqrt{\dfrac{I_2}{A}}}=\frac{2l}{h\sqrt{\dfrac{1}{12}}}=\lambda_y=\frac{0.7l}{\sqrt{\dfrac{I_y}{A}}}=\frac{0.7l}{b\sqrt{\dfrac{1}{12}}}$$

由此得

$$\frac{h}{b}=\frac{2}{0.7}=2.86$$

第四节　压杆的稳定计算

一、安全因数法

为了保证压杆不失稳，并具有一定的安全储备，压杆的稳定条件可表示为

$$F\leqslant\frac{F_{cr}}{n_{st}}=[F_{st}] \tag{10-33}$$

式中：F——压杆工作时横截面上的压力（轴力），通过受力分析得到；

F_{cr}——压杆的临界荷载，用前述方法确定；

n_{st}——稳定安全因数，可通过有关规范、手册等确定；

$[F_{st}]$——稳定许用压力。

式（10-33）也可写成

$$\sigma=\frac{F}{A}\leqslant\frac{\sigma_{cr}}{n_{st}}=[\sigma_{st}] \tag{10-34}$$

令 $n=F_{cr}/F=\sigma_{cr}/\sigma$，称为**工作安全因数**，则式（10-33）可写成

$$n\geqslant n_{st} \tag{10-35}$$

式（10-35）称为安全因数法的**压杆稳定条件**。它的应用与前面章节的强度条件、刚度条件方法类似。

由于实际中的压杆不可避免存在初曲率和荷载偏心等不利因素的影响，稳定安全因数 n_{st} 值一般比强度安全因数要大些，并且压杆的柔度 λ 越大，n_{st} 值也越大。具体取值可从有关设计手册中查到。

需要指出的是，在压杆的稳定计算中，有时会遇到压杆局部截面被削弱的情况，如杆上开孔、切槽等。由于压杆的临界荷载是从研究整个压杆的弯曲变形来决定的，局部截面的削弱对整体变形影响较小，故稳定计算中仍用原有的截面几何量。但强度计算是根据危险点的应力进行的，故必须对削弱了的截面进行强度校核，即看式（10-36）是否成立。

$$\sigma=\frac{F_N}{A_n}\leqslant[\sigma] \tag{10-36}$$

式中，A_n 是横截面的净面积。

[例 10-4]　如图 10-10 所示的压杆，两端为球铰约束，杆长 $l=2.4$m，压杆由两根 125mm×125mm×12mm 的等边角钢铆接而成，铆钉孔直径为 23mm。若所受压力为 $F=800$kN，材料为 Q235 钢，压杆的稳定安全因数 $n_{st}=1.48$，许用压应力$[\sigma]=160$MPa。试校核此压杆是否安全。

解　（1）稳定校核。

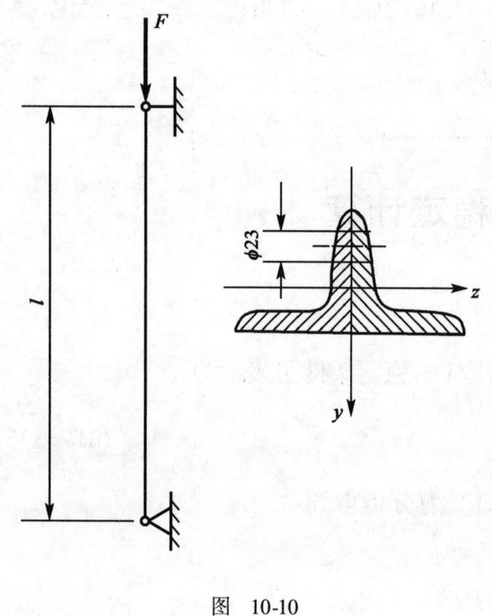

图 10-10

因为两端为球铰,各个方向的约束相同,所以取$\mu=1$;又因两根角钢铆接在一起,所以在屈服时,两者将形成一整体而弯曲,其截面将绕惯性矩最小的主轴(图中 z 轴)转动。根据已知条件

$$I_z=2I_{z1},A=2A_1$$

$$i_z=\sqrt{\frac{I_z}{A}}=\sqrt{\frac{2I_{z1}}{2A_1}}=\sqrt{\frac{I_{z1}}{A_1}}=i_{z1}$$

式中,I_{z1}、i_{z1}、A_1 分别为单根角钢截面对 z 轴的惯性矩、惯性半径和横截面面积,均可在型钢表中查到。现由型钢表中查得 125mm × 125mm × 12mm 的等边角钢相关几何量为

$i_{z1}=3.83\text{cm}=38.3\text{mm},A_1=28.9\text{cm}^2=2.89\times10^3\text{mm}^2$

于是有

$$i_z=i_{z1}=38.3\text{mm}$$

则压杆的柔度为

$$\lambda_z=\frac{\mu l}{i_z}=62.66$$

对于 Q235 钢,$\sigma_s=235\text{MPa},E=210\text{GPa},\lambda_p=132$,所以 $\lambda<\lambda_p$,采用抛物线型经验公式计算临界应力为

$$\sigma_{cr}=(235-0.0068\times62.66^2)\times10^6=208.3\times10^6\text{Pa}=208.3\text{MPa}$$

该压杆的临界荷载为

$$F_{cr}=A\sigma_{cr}=2\times2.89\times10^{-3}\times208.3\times10^6=1\,204\times10^3\text{N}=1\,204\text{kN}$$

压杆的工作安全因数为

$$n=\frac{F_{cr}}{F}=\frac{1\,204}{800}=1.51>n_{st}=1.48$$

故压杆的稳定性是安全的。

角钢由于铆钉孔削弱后的面积为

$$A_n=2\times2.89\times10^{-3}-2\times23\times10^{-6}\times12=5.228\times10^{-3}\text{m}^2=5.228\times10^3\text{mm}^2$$

该截面上的应力为

$$\sigma=\frac{F}{A}=\frac{800\times10^3}{5.228\times10^{-3}}=153.0\times10^6\text{Pa}=153.0\text{MPa}<[\sigma]$$

这表明铆钉孔处的强度也是安全的。

[例 10-5] 如图 10-11 所示的结构中,梁 AB 为 No. 14 普通热轧工字钢,压杆 CD 为圆截面直杆,直径为 $d=20\text{mm}$,两者材料均为 Q235 钢。结构受力如图中所示,A、C、D 处均为

球铰约束。若已知 $F=25\text{kN}, l_1=1.25\text{m}, l_2=0.45\text{m}, E=210\text{GPa}, \sigma_p=200\text{MPa}, \sigma_s=235\text{MPa}$；强度安全因数 $n_s=1.45$，稳定安全因数 $n_{st}=1.8$。试校核此结构是否安全。

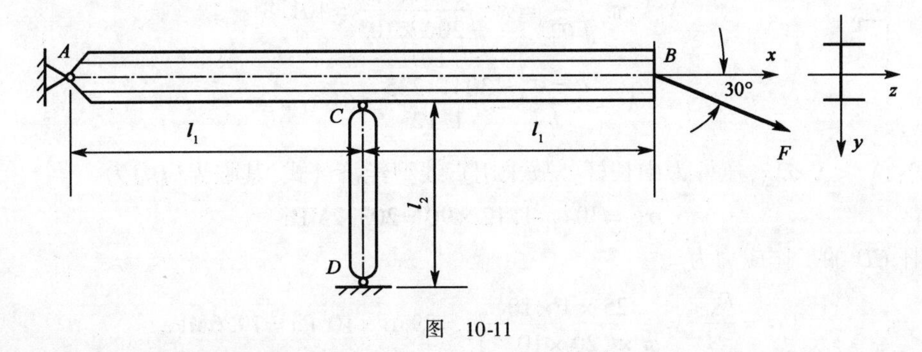

图　10-11

解　(1)梁 AB 的强度校核。

由分析知，梁 AB 在荷载作用下，产生拉伸与弯曲的组合变形，轴力全段相同，而弯矩在 C 处最大，故为危险截面，其上的弯矩和轴力分别为

$$M_{max}=(F\sin30°)l_1=25\times10^3\times0.5\times1.25=15.63\times10^3\text{N}\cdot\text{m}=15.63\text{kN}\cdot\text{m}$$

$$F_{Nx}=F\cos30°=25\times10^3\times0.866=21.65\times10^3\text{N}=21.65\text{kN}$$

由型钢表查得 No.14 普通热轧工字钢有

$$W_z=102\text{cm}^3=102\times10^3\text{mm}^3$$

$$A=21.5\text{cm}^2=21.5\times10^2\text{mm}^2$$

由此得

$$\sigma_{max}=\frac{M_{max}}{W_z}+\frac{F_{Nx}}{A}=\frac{15.63\times10^3}{102\times10^{-6}}+\frac{21.65\times10^3}{21.5\times10^{-4}}=163.2\times10^6\text{Pa}=163.2\text{MPa}$$

Q235 钢的许用应力为

$$[\sigma]=\frac{\sigma_s}{n_s}=162\text{MPa}<\sigma_{max}$$

其误差为

$$\delta=\frac{\sigma_{max}-[\sigma]}{[\sigma]}\times100\%=0.7\%<5\%$$

故工程上认为是安全的。

(2)压杆 CD 的稳定校核。

由平衡方程求得压杆 CD 的轴力为

$$F_{NCD}=2F\sin30°=F=25\text{kN}$$

因为是圆截面，故

$$i=\sqrt{\frac{I}{A}}=\frac{d}{4}=5\text{mm}$$

又因两端为球铰约束，$\mu=1$，所以有

$$\lambda=\frac{\mu l}{i}=\frac{1\times0.45}{5\times10^{-3}}=90$$

而对于 Q235 钢,有

$$\lambda_p = \pi\sqrt{\frac{E}{\sigma_p}} = \pi\sqrt{\frac{210\times10^9}{200\times10^6}} = 101.8$$

$$\lambda_s = \frac{a-\sigma_s}{b} = \frac{304-235}{1.12} = 61.6$$

显然,$\lambda_s < \lambda < \lambda_p$,压杆为中长杆。故采用直线型经济公式,其临界应力为

$$\sigma_{cr} = 304 - 1.12\times90 = 203.2\text{MPa}$$

压杆 CD 的工作应力为

$$\sigma = \frac{F_{NCD}}{A} = \frac{25\times4\times10^3}{\pi\times(20\times10^{-3})^2} = 79.6\times10^6\text{Pa} = 79.6\text{MPa}$$

于是,压杆的工作因数为

$$n = \frac{\sigma_{cr}}{\sigma} = 2.55 > n_{st} = 1.8$$

故压杆的稳定性是安全的。

上述两项计算结果表明,结构是安全的。

二、稳定因数法

在土建工程中,通常采用稳定因数进行稳定计算。

在式(10-34)中,对$[\sigma_{st}]$作如下变换

$$[\sigma_{st}] = \frac{\sigma_{cr}}{n_{st}} = \frac{\sigma_{cr}}{n_{st}[\sigma]}[\sigma] = \varphi[\sigma] \tag{10-37}$$

所以稳定条件为

$$\sigma = \frac{F_N}{A} \leqslant \varphi[\sigma] \tag{10-38}$$

式中:F_N——压杆的轴力;

A——压杆横截面面积;

$[\sigma]$——压杆的许用压应力;

φ——**稳定因数**,其值与压杆的柔度及所用材料有关,它由下式确定

$$\varphi = \frac{\sigma_{cr}}{n_{st}[\sigma]} = \frac{\sigma_{cr}}{n_{st}}\cdot\frac{n_s}{\sigma_u} = \frac{\sigma_{cr}}{\sigma_u}\cdot\frac{n_s}{n_{st}} < 1$$

式中,σ_u 为强度计算中的极限应力;n_s 为强度安全因数。由临界应力总图(图 10-8)可以看出,$\sigma_{cr} < \sigma_u$,且 $n_s < n_{st}$,故 φ 为小于 1 的系数,φ 也是柔度 λ 的函数。

对于各种轧制焊接构件的稳定因素,《钢结构设计规范》(GB 50017—2003)中根据国内常用构件的截面形式、尺寸和加工条件,规定了相应的残余应力变化规律,并考虑 $l/1\ 000$ 的初曲率,计算了 96 根压杆的稳定因数 φ 与柔度 λ 的关系,然后将承载能力相近的截面归并为 a、b、c、d 四类,根据不同材料的屈服强度分别给出 a、b、c、d 四类截面在不同柔度 λ 下的稳定因数 φ 值,以供压杆设计时参考。表 10-3 ~ 表 10-6 分别给出了常用的 a、b、c、d 四类截

面的稳定因数。

对于木制受压构件的稳定因数,《木结构设计规范》(GB 50005—2003)中按树种的强度等级,给出了两组计算公式。

当树种强度等级为TC13、TC11、TB17、TB15和TB11时,有

当$\lambda \leqslant 91$时

$$\varphi = \frac{1}{1 + \left(\frac{\lambda}{65}\right)^2} \tag{10-39}$$

当$\lambda > 91$时

$$\varphi = \frac{2\,800}{\lambda^2} \tag{10-40}$$

当树种强度等级为TC17、TC15和TB20时,有

当$\lambda \leqslant 75$时

$$\varphi = \frac{1}{1 + \left(\frac{\lambda}{80}\right)^2} \tag{10-41}$$

当$\lambda > 75$时

$$\varphi = \frac{3\,000}{\lambda^2} \tag{10-42}$$

树种强度代号中,数字表示树种的弯曲强度(MPa)。其中TC11中有西北云杉、冷杉等;TC13中有红松、马尾松等;TC15中有红杉、云杉等;TC17中有柏木、东北落叶松等;TB15中有栲木、桦木等;TB17中有水曲柳等;TB20中有栎木、桐木等。

a类截面中心受压构件的稳定因数φ　　表10-3

$\lambda\sqrt{\frac{\sigma_s}{235}}$	0	1	2	3	4	5	6	7	8	9
0	1.000	1.000	1.000	1.000	0.999	0.999	0.998	0.998	0.997	0.996
10	0.995	0.994	0.993	0.992	0.991	0.989	0.988	0.986	0.985	0.983
20	0.981	0.979	0.977	0.976	0.974	0.972	0.970	0.968	0.966	0.964
30	0.963	0.961	0.959	0.957	0.955	0.952	0.950	0.948	0.946	0.944
40	0.941	0.939	0.937	0.934	0.932	0.929	0.927	0.924	0.921	0.919
50	0.916	0.913	0.910	0.907	0.904	0.900	0.897	0.894	0.890	0.886
60	0.883	0.879	0.875	0.871	0.867	0.863	0.858	0.854	0.849	0.844
70	0.839	0.834	0.829	0.824	0.818	0.813	0.807	0.801	0.795	0.789
80	0.783	0.776	0.770	0.763	0.757	0.750	0.743	0.736	0.728	0.721
90	0.714	0.706	0.699	0.691	0.684	0.676	0.668	0.661	0.653	0.645
100	0.638	0.630	0.622	0.815	0.607	0.600	0.592	0.585	0.577	0.570
110	0.563	0.555	0.548	0.541	0.534	0.527	0.520	0.514	0.507	0.500
120	0.494	0.488	0.481	0.475	0.469	0.463	0.457	0.451	0.445	0.440

续上表

$\lambda\sqrt{\frac{\sigma_s}{235}}$	0	1	2	3	4	5	6	7	8	9
130	0.434	0.429	0.423	0.418	0.412	0.407	0.402	0.397	0.392	0.387
140	0.383	0.378	0.373	0.369	0.364	0.360	0.356	0.351	0.347	0.343
150	0.339	0.335	0.331	0.327	0.323	0.320	0.316	0.312	0.309	0.305
160	0.302	0.298	0.295	0.292	0.289	0.285	0.282	0.279	0.276	0.273
170	0.270	0.267	0.264	0.262	0.259	0.256	0.253	0.251	0.248	0.246
180	0.243	0.241	0.238	0.236	0.233	0.213	0.229	0.226	0.224	0.222
190	0.220	0.218	0.215	0.213	0.211	0.209	0.207	0.205	0.203	0.201
200	0.199	0.198	0.196	0.194	0.192	0.190	0.180	0.187	0.185	0.183
210	0.182	0.180	0.179	0.177	0.175	0.174	0.172	0.171	0.169	0.168
220	0.166	0.165	0.164	0.162	0.161	0.159	0.158	0.157	0.155	0.154
230	0.153	0.152	0.150	0.149	0.148	0.147	0.146	0.144	0.143	0.142
240	0.141	0.140	0.139	0.138	0.136	0.135	0.134	0.133	0.132	0.131
250	0.130									

b 类截面中心受压构件的稳定因数 φ 表 10-4

$\lambda\sqrt{\frac{\sigma_s}{235}}$	0	1	2	3	4	5	6	7	8	9
0	1.000	1.000	1.000	0.999	0.999	0.998	0.997	0.996	0.995	0.994
10	0.992	0.991	0.980	0.987	0.985	0.983	0.981	0.978	0.976	0.973
20	0.970	0.967	0.963	0.960	0.957	0.953	0.950	0.946	0.943	0.939
30	0.936	0.932	0.929	0.925	0.922	0.918	0.914	0.910	0.906	0.903
40	0.899	0.895	0.891	0.887	0.882	0.878	0.874	0.870	0.865	0.861
50	0.856	0.852	0.847	0.842	0.838	0.833	0.828	0.823	0.818	0.813
60	0.807	0.802	0.797	0.791	0.786	0.780	0.774	0.769	0.763	0.757
70	0.751	0.745	0.739	0.732	0.726	0.720	0.714	0.707	0.701	0.694
80	0.688	0.681	0.675	0.668	0.661	0.655	0.648	0.641	0.635	0.628
90	0.621	0.614	0.608	0.501	0.594	0.588	0.581	0.575	0.568	0.561
100	0.555	0.549	0.542	0.536	0.529	0.523	0.517	0.511	0.505	0.499
110	0.493	0.487	0.481	0.475	0.470	0.464	0.458	0.453	0.447	0.442
120	0.437	0.432	0.426	0.421	0.416	0.411	0.406	0.402	0.397	0.392
130	0.387	0.383	0.378	0.374	0.370	0.365	0.361	0.357	0.535	0.349
140	0.345	0.341	0.337	0.333	0.329	0.326	0.322	0.318	0.315	0.311
150	0.308	0.304	0.301	0.298	0.295	0.291	0.288	0.285	0.282	0.279
160	0.276	0.273	0.270	0.267	0.265	0.262	0.259	0.256	0.254	0.251
170	0.249	0.246	0.244	0.241	0.239	0.236	0.234	0.232	0.229	0.227
180	0.225	0.223	0.220	0.218	0.216	0.214	0.212	0.210	0.208	0.206
190	0.204	0.202	0.200	0.198	0.197	0.195	0.193	0.191	0.190	0.188

续上表

$\lambda\sqrt{\frac{\sigma_s}{235}}$	0	1	2	3	4	5	6	7	8	9
200	0.186	0.184	0.183	0.181	0.180	0.178	0.176	0.175	0.173	0.172
210	0.170	0.169	0.167	0.166	0.165	0.163	0.160	0.162	0.159	0.158
220	0.156	0.155	0.154	0.153	0.151	0.150	0.149	0.148	0.146	0.145
230	0.144	0.143	0.142	0.141	0.140	0.138	0.137	0.136	0.135	0.134
240	0.133	0.132	0.131	0.130	0.129	0.128	0.127	0.126	0.125	0.121
250	0.123									

c 类截面中心受压构件的稳定因数 φ　　表 10-5

$\lambda\sqrt{\frac{\sigma_s}{235}}$	0	1	2	3	4	5	6	7	8	9
0	1.000	1.000	1.000	0.999	0.999	0.998	0.997	0.996	0.995	0.993
10	0.992	0.990	0.998	0.986	0.983	0.981	0.978	0.976	0.973	0.970
20	0.966	0.959	0.953	0.947	0.940	0.934	0.928	0.921	0.915	0.909
30	0.902	0.896	0.890	0.884	0.877	0.871	0.865	0.858	0.852	0.846
40	0.839	0.833	0.826	0.820	0.814	0.807	0.801	0.794	0.788	0.781
50	0.775	0.768	0.762	0.755	0.748	0.742	0.735	0.729	0.722	0.715
60	0.709	0.702	0.695	0.689	0.682	0.676	0.669	0.662	0.656	0.649
70	0.643	0.636	0.629	0.623	0.616	0.610	0.604	0.597	0.591	0.584
80	0.578	0.572	0.566	0.559	0.553	0.547	0.541	0.535	0.529	0.523
90	0.517	0.511	0.505	0.500	0.494	0.488	0.483	0.477	0.472	0.467
100	0.463	0.458	0.454	0.449	0.445	0.441	0.436	0.432	0.428	0.423
110	0.419	0.415	0.411	0.407	0.403	0.399	0.395	0.391	0.387	0.383
120	0.379	0.375	0.371	0.367	0.364	0.360	0.356	0.353	0.349	0.346
130	0.342	0.339	0.335	0.332	0.328	0.325	0.322	0.319	0.315	0.312
140	0.309	0.306	0.303	0.300	0.297	0.294	0.291	0.288	0.285	0.282
150	0.280	0.277	0.274	0.271	0.269	0.266	0.264	0.261	0.258	0.289
160	0.254	0.251	0.249	0.246	0.244	0.242	0.239	0.237	0.235	0.233
170	0.230	0.228	0.226	0.224	0.222	0.220	0.218	0.216	0.214	0.212
180	0.210	0.208	0.206	0.205	0.203	0.201	0.199	0.197	0.196	0.194
190	0.192	0.190	0.189	0.187	0.186	0.184	0.182	0.181	0.179	0.178
200	0.176	0.175	0.173	0.172	0.170	0.169	0.168	0.166	0.165	0.163
210	0.162	0.161	0.159	0.158	0.157	0.156	0.154	0.153	0.152	0.151
220	0.150	0.148	0.147	0.146	0.145	0.144	0.143	0.142	0.140	0.139
230	0.138	0.137	0.136	0.135	0.134	0.133	0.132	0.131	0.130	0.129
240	0.128	0.127	0.126	0.125	0.124	0.124	0.123	0.122	0.121	0.120
250	0.119									

d 类截面中心受压构件的稳定因数 φ　　表 10-6

$\lambda\sqrt{\frac{\sigma_s}{235}}$	0	1	2	3	4	5	6	7	8	9
0	1.000	1.000	0.999	0.999	0.998	0.996	0.994	0.992	0.990	0.987
10	0.984	0.981	0.978	0.974	0.969	0.965	0.960	0.955	0.949	0.944
20	0.937	0.927	0.918	0.909	0.900	0.891	0.883	0.874	0.865	0.857
30	0.848	0.840	0.831	0.823	0.815	0.807	0.799	0.790	0.782	0.774
40	0.766	0.759	0.751	0.743	0.735	0.728	0.720	0.712	0.705	0.697
50	0.690	0.683	0.675	0.668	0.661	0.654	0.646	0.639	0.632	0.620
60	0.618	0.612	0.605	0.598	0.591	0.585	0.578	0.572	0.565	0.559
70	0.552	0.546	0.540	0.534	0.528	0.522	0.516	0.510	0.504	0.498
80	0.493	0.487	0.481	0.476	0.470	0.465	0.460	0.454	0.449	0.444
90	0.439	0.434	0.429	0.424	0.419	0.414	0.410	0.405	0.401	0.397
100	0.394	0.390	0.387	0.383	0.380	0.376	0.373	0.370	0.366	0.363
110	0.359	0.356	0.353	0.350	0.346	0.343	0.340	0.337	0.334	0.331
120	0.328	0.325	0.322	0.319	0.316	0.313	0.310	0.307	0.304	0.301
130	0.299	0.296	0.293	0.290	0.288	0.285	0.282	0.280	0.277	0.275
140	0.272	0.270	0.267	0.265	0.262	0.260	0.258	0.255	0.253	0.251
150	0.248	0.246	0.244	0.242	0.240	0.237	0.235	0.233	0.231	0.229
160	0.227	0.225	0.223	0.221	0.219	0.217	0.215	0.213	0.212	0.210
170	0.208	0.206	0.204	0.203	0.201	0.199	0.197	0.196	0.194	0.192
180	0.191	0.189	0.188	0.186	0.184	0.183	0.181	0.180	0.178	0.177
190	0.176	0.174	0.173	0.171	0.170	0.168	0.167	0.166	0.164	0.163
200	0.162									

注:表 10-3 ~ 表 10-6 中 σ_s 为中心受压构件材料的屈服强度。

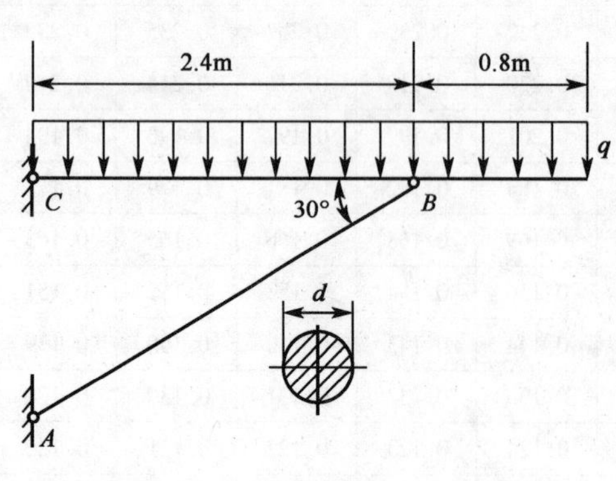

图　10-12

[例 10-6]　如图 10-12 所示为一简单托架,其撑杆 AB 为圆截面木杆,杆的直径 $d=200$mm,两端铰接,木材的强度等级为 TC15,许用应力 $[\sigma]=11$MPa。在横梁上作用有集度 $q=50$kN/m 的均布荷载。试校核撑杆的稳定性。

解　压杆 AB 的柔度为

$$\lambda=\frac{\mu l}{i}=\frac{1\times\frac{2.4}{\cos 30^\circ}}{\frac{1}{4}d}=55.4$$

由式(10-41)知压杆 AB 的稳定因数为

$$\varphi=\frac{1}{1+\left(\frac{\lambda}{80}\right)^2}=\frac{1}{1+\left(\frac{55.4}{80}\right)^2}=0.676$$

从而得压杆 AB 的稳定许用应力为

$$[\sigma_{st}]=\varphi[\sigma]=0.676\times 11=7.43\text{MPa}$$

根据结构的平衡得压杆 AB 的轴力为

$$F_N=\frac{q\times 3.2\times 1.6}{2.4\times \sin 30°}=213.3\text{kN}$$

则压杆 AB 横截面上的应力为

$$\sigma=\frac{F_N}{A}=\frac{F_N}{\frac{\pi d^2}{4}}=\frac{4\times 213.3\times 10^3}{\pi\times 0.2^2}=6.76\times 10^6\text{Pa}=6.79\text{MPa}<[\sigma_{st}]$$

故压杆 AB 满足稳定性要求。

第五节　提高压杆承载能力的措施

压杆的稳定性取决于临界荷载的大小。由临界应力总图可知，当柔度 λ 减小时，临界应力提高，而柔度 λ 的计算式为 $\lambda=\mu l/i$，所以提高压杆承载能力的措施主要是尽量减小压杆的长度，选用合理的截面形状，增加支承的刚性以及合理选用材料。现分述如下。

一、减小压杆的长度

减小压杆的长度，可使柔度 λ 降低，从而提高压杆的临界荷载。工程中，为了减小柱子的长度，通常在柱子的中间设置一定形式的撑杆，它们与其他构件连接在一起后，对柱子形成支点，限制了柱子的弯曲变形，起到减小柱长的作用。

二、选择合理的截面形式

压杆的承载能力取决于最小的惯性矩 I_{min}。当压杆各个方向的约束相同时，使截面对两个形心主轴的惯性矩尽可能大，而且相等，因此，薄壁圆管[图 10-13a)]、正方形薄壁箱形截面[图 10-13b)]是理想截面，它们各个方向的惯性矩相同，且惯性矩比同等面积的实心杆大得多。但这种薄壁杆的壁厚不能过薄，否则会出现局部失稳现象。对于型钢截面(工字钢、槽钢、角钢等)，由于它们的两个形心主轴惯性矩相差较大，为了提高这类型钢截面压杆的承载能力，工程实际中常用几个型钢，通过缀板组成一个组合截面，如图 10-13c)、d)所示。并选用合适的距离 a，使 $I_y=I_z$，这样可大大提高压杆的承载能力。在设计这种组合截面时，应注意控制两缀板之间的长度 l_1，以保证单个型钢的局部稳定性。当压杆两端的约束在不同的平面不同时，就要采用最大与最小主惯性矩不等的截面(例如矩形截面)，并使截面主惯性矩较小的平面内具有较刚性的约束，尽量使两惯性矩平面内柔度接近相等。

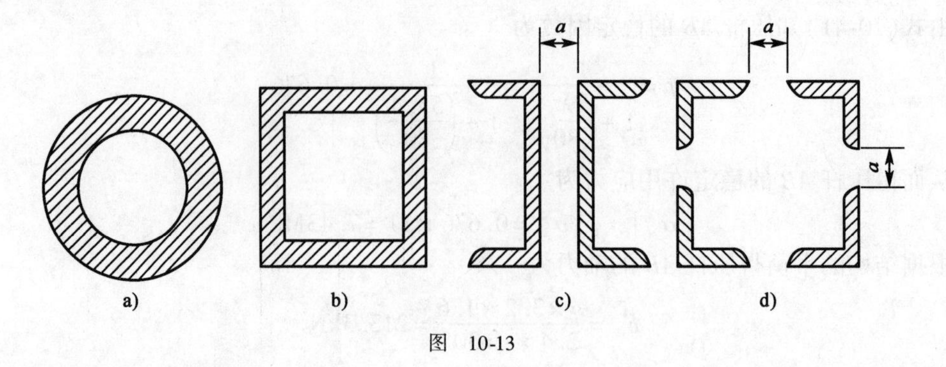

图 10-13

三、增加支承的刚性

对于大柔度的细长杆，两端固定压杆的临界荷载比两端铰支的大一倍。因此，杆端越不易转动，杆端的刚性越大，长度因数就越小，如图 10-14 所示压杆，若增大杆右端止推轴承的长度 a，就加强了约束的刚性。

四、合理选用材料

对于大柔度杆，临界应力与材料的弹性模量成正比。因此钢压杆比铜、铸铁或铝制压杆的临界荷载高。但各种钢材的弹性模量基本相同，所以对大柔度杆选用优质钢材与普通钢材并无多大差别。对于中柔度杆，由临界应力总图可以看出，材料屈服极限和比例极限越高，则临界应力就越大。这时，选用优质钢材会提高压杆的承载能力。至于小柔度杆，本来就是强度问题，优质钢材的强度高，其承载能力的提高是显然的。

最后尚需指出，对于压杆，除了可以采取上述四个方面的措施以提高其承载能力外，在可能的条件下，还可以从结构方面采取相应的措施。例如，将结构中的压杆转换成拉杆，这样，就可以从根本上避免失稳问题，以图 10-15 所示托架为例。在不影响结构使用的条件下，若图 10-15a)所示结构改换成图 10-15b)所示结构，则 AB 杆由承受压力变为承受拉力，从而避免了压杆的失稳问题。

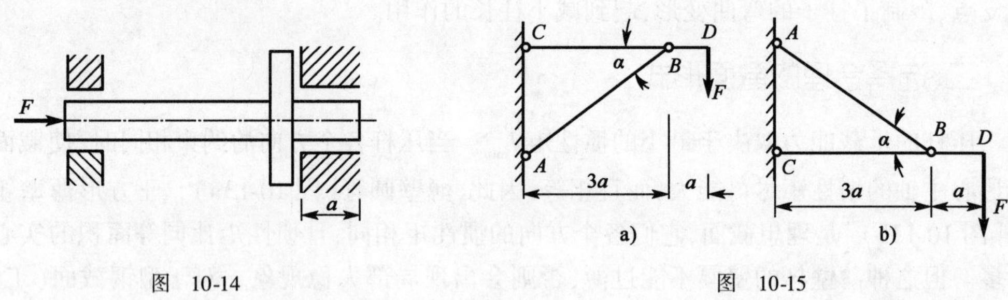

图 10-14　　图 10-15

本章复习要点

(1) 不同约束情况下中心受压细长压杆的临界荷载欧拉公式为

$$F_{cr} = \frac{\pi^2 EI}{(\mu l)^2}$$

对不同的约束,μ 取值不同,杆端的约束越强,则 μ 值越小。

(2)中心受压细长压杆的临界应力欧拉公式为

$$\sigma_{cr} = \frac{\pi^2 E}{\lambda^2}$$

式中, $\lambda = \frac{\mu l}{i}$为柔度。

欧拉公式的适用范围为 $\lambda \geqslant \lambda_p = \pi\sqrt{\frac{E}{\sigma_p}}$。

(3)临界应力的经验公式

①直线公式

$$\sigma_{cr} = a - b\lambda$$

②抛物线公式

$$\sigma_{cr} = a_1 - b_1\lambda^2$$

(4)压杆的稳定计算

①安全因数法

$$n = \frac{F_{cr}}{F} = \frac{\sigma_{cr}}{\sigma} \geqslant n_{st}$$

②稳定因数法

$$\sigma = \frac{F_N}{A} \leqslant \varphi[\sigma]$$

(5)提高压杆承载能力的措施

①减小压杆的长度。

②选择合理的截面形式。

③增加支承的刚性。

④合理选用材料。

习　　题

10-1　试推导两端固定,长为 l 的等截面中心受压直杆的临界荷载 F_{cr}的欧拉公式。

10-2　如题 10-2 图所示一端固定、一端球形铰支细长压杆,弹性模量 $E = 200\text{GPa}$。试用欧拉公式计算其临界荷载。

(1)正方形截面,$a = 40\text{mm}$,$l = 1.2\text{m}$。

(2)矩形截面,$h = 2b = 50\text{mm}$,$l = 1.2\text{m}$。

(3)No. 20 槽钢,$l = 2.0\text{m}$。

10-3　如题 10-3 图所示压杆,AB 和 BC 两段均为细长压杆,其弯曲刚度均为 EI,试求:

(1)当 x 多大时,结构的临界荷载最大。

(2)当截面 B 处无约束时,结构的临界荷载。

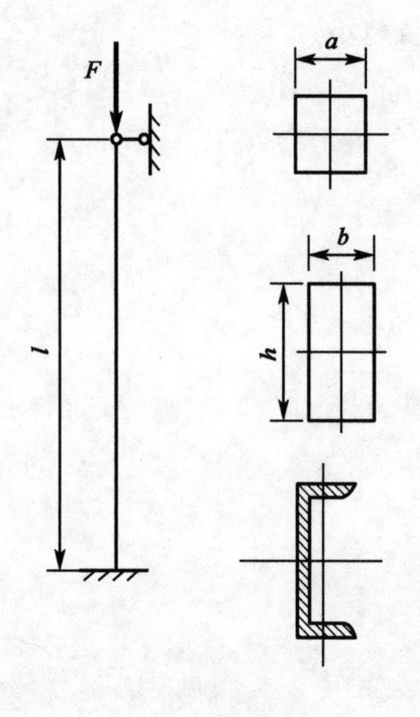

题 10-2 图

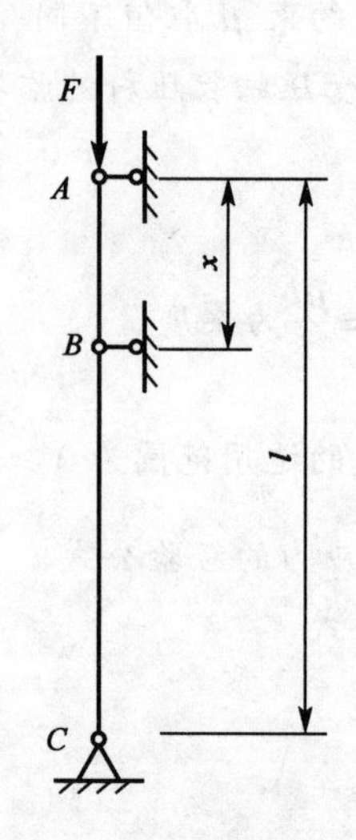

题 10-3 图

10-4　如题 10-4 图所示正方形桁架,各杆的弯曲刚度均为 EI,且均为细长杆,在节点 B 承受荷载 F 作用。试问荷载 F 为何值时结构将失稳?如果将荷载 F 反向作用,则使结构失稳的荷载 F 又为何值?

10-5　如题 10-5 图所示 No. 20a 工字钢直杆在温度 $t_1 = 20℃$ 时安装,此时,杆不受力,已知杆长 $l = 6\text{m}$,材料为 Q235 钢,其弹性模量 $E = 200\text{GPa}$,线膨胀系数 $\alpha = 12.5 \times 10^{-6}℃$。试问当温度升高到多少时,杆将失稳。

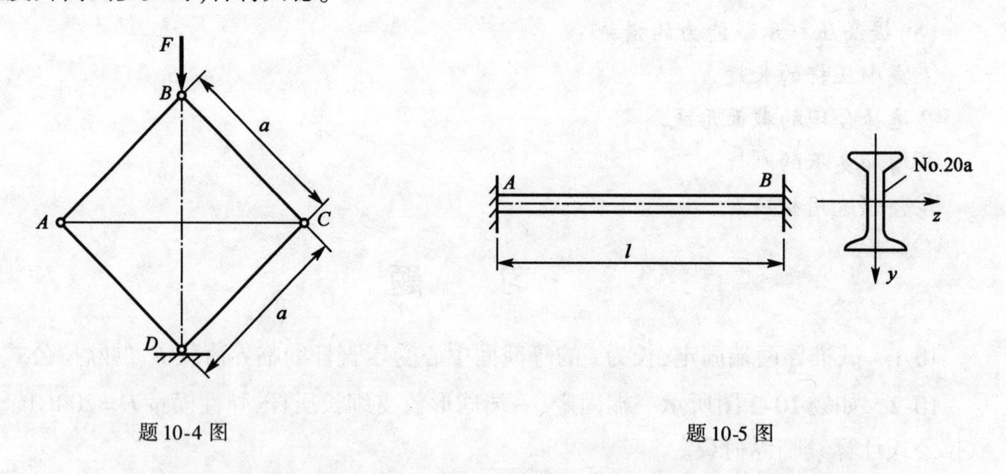

题 10-4 图　　　　题 10-5 图

10-6　如题 10-6 图所示铰接杆系 ABC,由两根具有相同截面和材料的细长杆组成,角度 α 已知。设杆件将在 ABC 所在平面内失稳而引起破坏。试确定荷载 F 为最大时的 β 角(假设 $0 < \beta < \pi/2$)。

10-7　如题 10-7 图所示矩形截面压杆,有三种支持方式。杆长 $l = 400\text{mm}$,截面宽度 $b = 10\text{mm}$,高度 $h = 15\text{mm}$,弹性模量 $E = 210\text{GPa}$,$\lambda_p = 100$,$\lambda_s = 60$,中柔度杆的临界应力采用直线公式,其中 $a = 577\text{MPa}$,$b = 3.74\text{MPa}$。试计算它们的临界荷载。

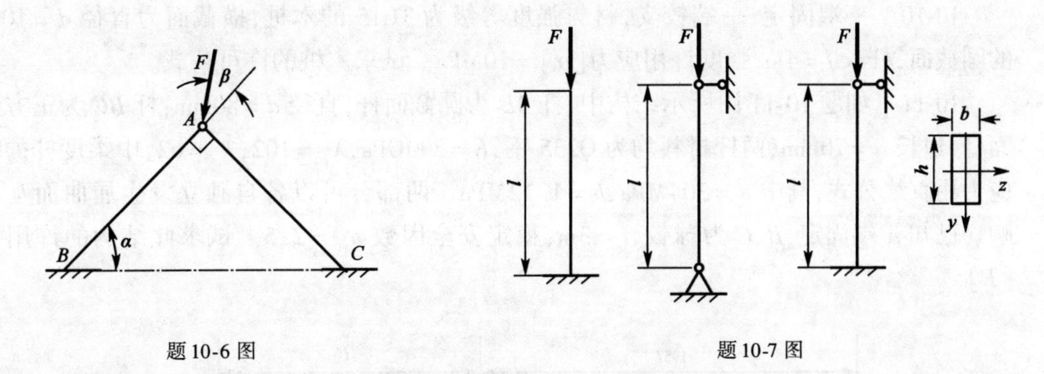

题 10-6 图　　　　题 10-7 图

10-8　如题 10-8 图所示压杆，横截面有 4 种形式，其面积均为 $A=4.0\times10^3\text{mm}^2$。压杆材料的弹性模量 $E=80\text{GPa}$，$\lambda_p=53$，$\lambda_s=0$，中柔度杆的临界应力采用直线公式，其中 $a=385\text{MPa}$，$b=2.14\text{MPa}$。试计算它们的临界荷载。

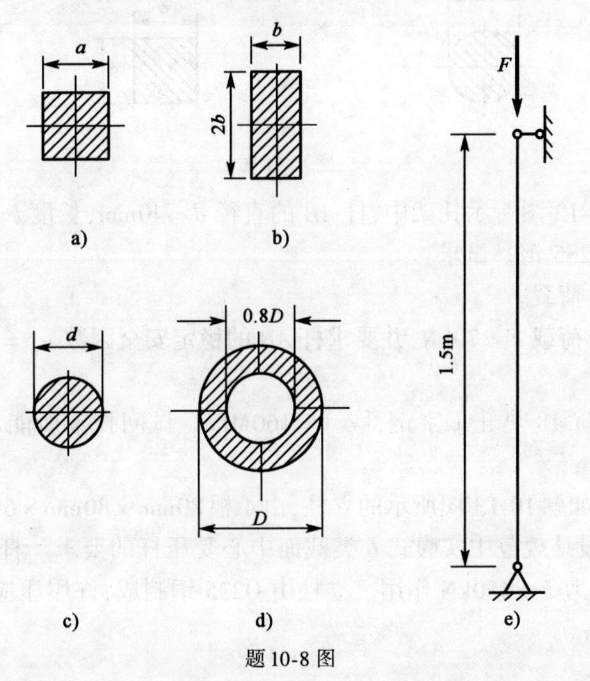

题 10-8 图

10-9　如题 10-9 图所示连杆，横截面为 $b\times h$ 的矩形，从稳定性方面考虑，问 h/b 为何值时最佳。当压杆在 x-z 平面失稳时，可取长度因数 $\mu_y=0.7$；在 x-y 平面失稳时，长度因数 $\mu_z=1$。

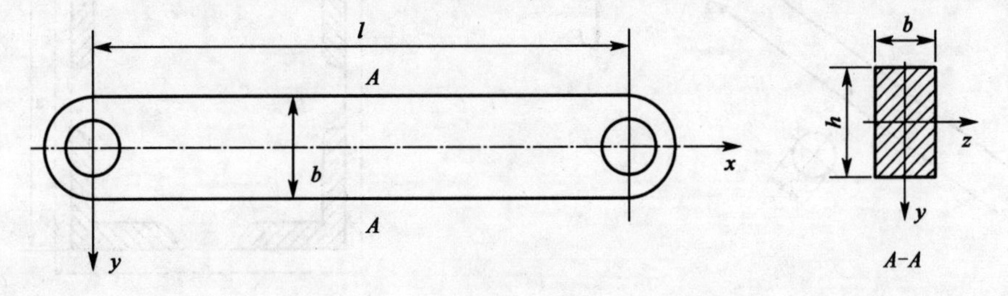

题 10-9 图

10-10　一端固定、一端铰支,材料强度等级为 TC15 的木桩,横截面为直径 $d=100\text{mm}$ 的圆截面,杆长 $l=4\text{m}$,强度许用应力$[\sigma]=10\text{MPa}$。试求木桩的许可荷载。

10-11　如题 10-11 图所示结构中,杆 AB 为圆截面杆,直径 $d=80\text{mm}$;杆 BC 为正方形截面杆,边长 $a=70\text{mm}$,两杆材料均为 Q235 钢,$E=200\text{GPa}$,$\lambda_p=102$,$\lambda_s=62$,中柔度杆的临界应力用直线公式,其中 $a=304\text{MPa}$,$b=1.12\text{MPa}$。两部分可以各自独立发生屈曲而互不影响。已知 A 端固定,B、C 为球铰,$l=3\text{m}$,稳定安全因数 $n_{st}=2.5$。试求此结构的许用荷载$[F]$。

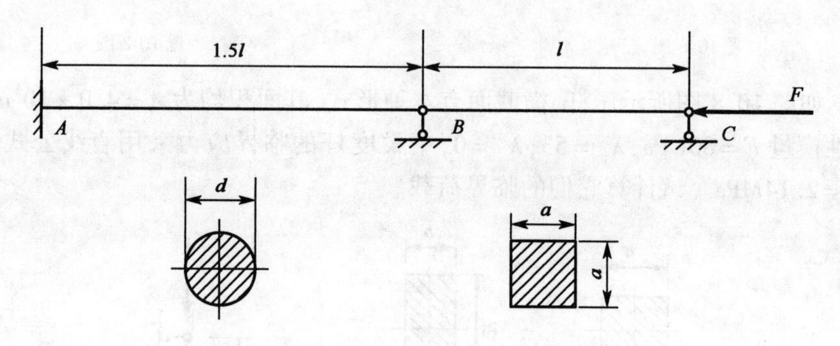

题 10-11 图

10-12　如题 10-12 图所示托架中,杆 AB 的直径 $d=40\text{mm}$,长度 $l=800\text{mm}$,两端可视为球铰约束,材料为 Q235 钢。试求:

(1)托架的临界荷载。

(2)若已知工作荷载 $F=70\text{kN}$,并要求杆 AB 的稳定安全因数 $n_{st}=2.0$,试校核托架是否安全。

(3)若横梁为 No.18 热轧工字钢,$[\sigma]=160\text{MPa}$。试问托架所能承受的最大荷载有没有变化。

10-13　横截面如题 10-13 图所示的立柱,由 4 根 $80\text{mm}\times80\text{mm}\times6\text{mm}$ 的角钢组成,组成的结构符合钢结构设计规范中实腹式 b 类截面中心受压杆的要求。杆长 $l=6\text{m}$。立柱两端为铰支,承受轴向压力 $F=450\text{kN}$ 作用。立柱由 Q235 钢制成,许用压应力$[\sigma]=160\text{MPa}$,试确定横截面的边宽 a。

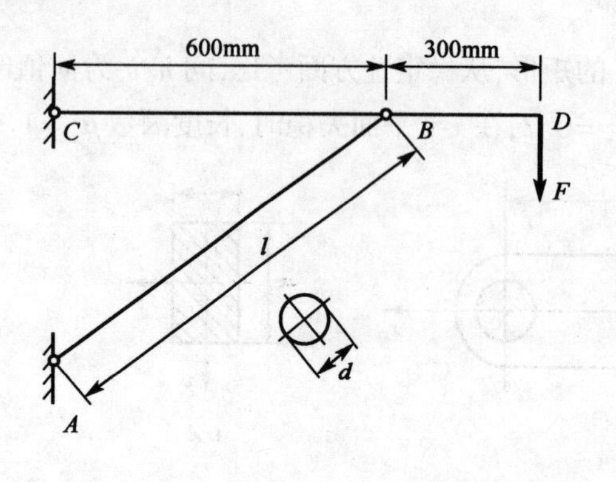

题 10-12 图

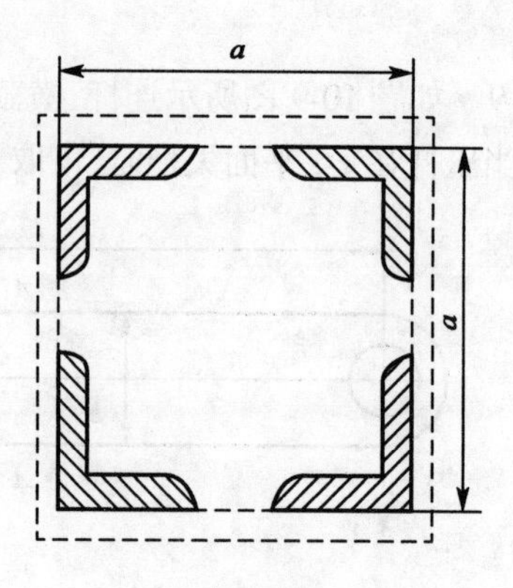

题 10-13 图

10-14　如题10-14图所示桁架，两杆均为圆截面杆，水平杆 AC 的直径 $d=25\text{mm}$，材料为低碳钢Q275，许用应力 $[\sigma]=180\text{MPa}$，斜杆 BC 的直径 $d=250\text{mm}$，材料为强度等级为TC13的木材，许用压应力 $[\sigma]=8\text{MPa}$，试确定结构的许用荷载。

10-15　如题10-15图所示立柱，长度 $l=3.5\text{m}$，承受 $F=400\text{kN}$ 的轴向压力作用。立柱由两根等边角钢，用直径 $d=20\text{mm}$ 的螺栓连接而成，所组成的结构符合钢结构设计规范中实腹式b类截面中心受压杆的要求。材料许用压应力 $[\sigma]=180\text{MPa}$。试选择等边角钢的型号。

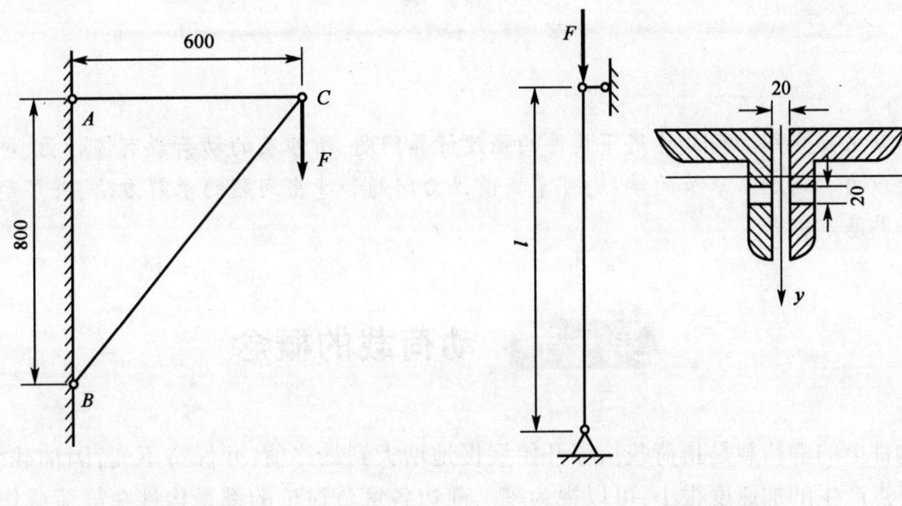

题10-14图　　　　题10-15图

第十一章 动荷载

本章主要介绍动荷载作用下构件的强度计算问题，所涉及的动荷载有惯性力、冲击荷载和交变应力。通过本章节的学习，可掌握惯性力问题和冲击问题的求解方法，并了解疲劳问题的一些基本概念。

第一节 动荷载的概念

构件上的静荷载是指荷载从零开始缓慢地增大到最终值，并保持不变，因加载缓慢，构件上各点产生的加速度很小，可以视为零。前边各章节讨论的都是构件在静荷载作用下的强度、刚度和稳定性问题。

在实际工程结构中，构件所受到的荷载除了上述静荷载之外，还有其他形式的荷载。例如，高速旋转的构件和加速提升的构件等，构件内质点的加速度不为零；锻压汽锤的锤杆、紧急制动的轴等，构件的速度在短时间内发生急剧的变化；大量的机械零件受到的荷载发生周期性变化等。上述这些作加速运动或转动系统中构件的惯性力、使构件速度短时间内发生急剧变化的冲击荷载和作周期性变化的交变荷载，都称为**动荷载**。动荷载的形式很多，不只是这里提到的这三种。

试验结果表明，动荷载作用下，只要构件内的应力不超过材料的比例极限，胡克定律仍然适用，弹性模量、泊松比也与静荷载下的数值相同。

本章讨论下述三类问题：(1)惯性力问题；(2)冲击问题；(3)疲劳问题。

第二节 惯性力问题

构件在运动的过程中，若构件内各质点的加速度不为零，根据达朗伯原理，假想地在每个质点上加上惯性力，则构件在原力系与惯性力系的作用下处于平衡状态。这样，就可以把动力学问题在形式上转化为静力学问题处理，这种方法称为**动静法**。

下面通过例题来说明如何使用动静法求解惯性力问题。

［**例 11-1**］　如图 11-1a）所示一钢索吊起重物，以加速度 a 向上提升。重物的重量为 P，钢索的横截面面积为 A，钢索的重力与 P 相比非常小，可略去不计。试求钢索横截面上的动应力。

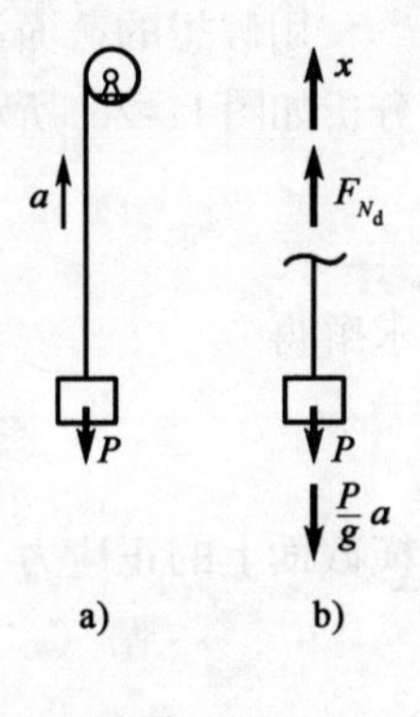

图　11-1

解　沿钢索的任一横截面截开，选取钢索和重物为研究对象，受力分析如图 11-1b）所示。根据动静法，将惯性力 $\frac{P}{g}a$ 加在重物上，按静荷载问题求钢索横截面上的轴力，沿钢索轴线方向建立坐标轴 x，由平衡方程 $\sum F_x = 0$ 有

$$F_{N_d} - P - \frac{P}{g}a = 0$$

解得

$$F_{N_d} = P + \frac{P}{g}a = P\left(1 + \frac{a}{g}\right)$$

从而求得钢索横截面上的动应力为

$$\sigma_d = \frac{F_{N_d}}{A} = \frac{P}{A}\left(1 + \frac{a}{g}\right) = \left(1 + \frac{a}{g}\right)\sigma_{st} = K_d\sigma_{st}$$

上式中，$\sigma_{st} = \frac{P}{A}$，是当加速度为零时，即静荷载作用时钢索横截面上的静应力。$K_d = 1 + \frac{a}{g}$ 称为动荷因数，反映动荷载的效应。因此，强度条件可写为

$$\sigma_d = K_d\sigma_{st} \leqslant [\sigma]$$

［**例 11-2**］　如图 11-2a）所示一薄壁圆环，平均直径为 D，圆环的厚度 t 远小于 D，绕过圆心且垂直于环平面的轴作匀速转动。已知圆环的角速度为 ω，环的横截面面积为 A，材料重度为 γ，求此环横截面上的正应力。

解　因圆环作匀速转动，环内各点只有向心加速度，又圆环的厚度 t 远小于 D，因此可认为环内各点向心加速度相等，为

$$a_n = \frac{D\omega^2}{2}$$

惯性力沿环轴线均匀分布，其分布荷载集度为 q_d，即沿轴线单位长度上的惯性力如图 11-2b）所示，为

$$q_d = \frac{1 \times A \times \gamma}{g}a_n = \frac{A\gamma D}{2g}\omega^2$$

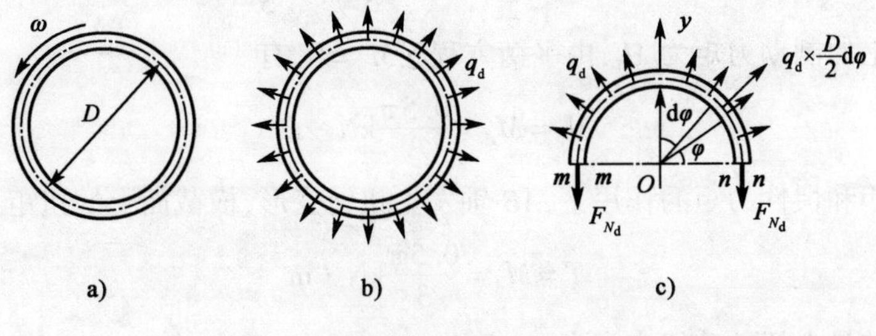

图　11-2

用假想的截面沿圆环的直径方向将圆环分为上下两部分,取上半部分为研究对象,受力分析如图 11-2c)所示,沿竖直径向向上为正方向建立坐标轴 y 轴,沿 y 轴方向列平衡方程,有

$$\sum F_y = 0,\ -2F_{N_d} + \int_0^{\pi} q_d \sin\varphi \frac{D}{2} \mathrm{d}\varphi = 0$$

求解得

$$F_{N_d} = \frac{A\gamma D^2 \omega^2}{4g}$$

横截面上的正应力 σ_d 为

$$\sigma_d = \frac{F_{N_d}}{A} = \frac{\gamma D^2 \omega^2}{4g} = \frac{\gamma v^2}{g}$$

式中,$v = \frac{D\omega}{2}$,是圆环轴线上点的线速度。圆环的强度条件为

$$\sigma_d = \frac{\gamma v^2}{g} \leqslant [\sigma]$$

由横截面上应力 σ_d 的表达式可知,其大小和横截面面积无关,因此要保证圆环的强度,增大截面面积不起作用,可以通过限制圆环的转速、减小圆环的平均直径、选用合理的材料来保证圆环的强度满足要求。

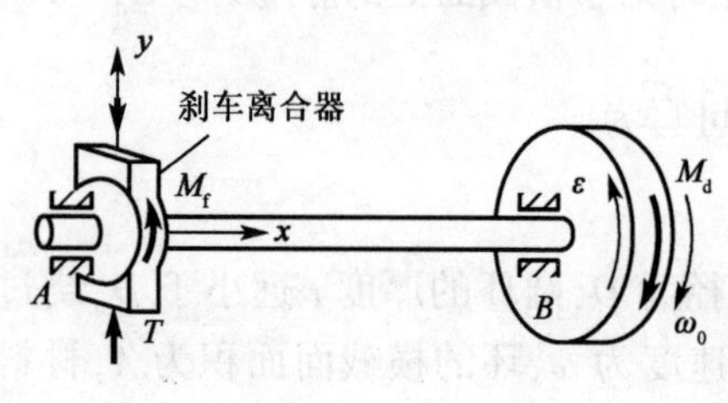

图 11-3

[例 11-3] 如图 11-3 所示,在 AB 轴的 B 端有一个质量很大的飞轮,与飞轮相比,轴的质量可忽略不计,轴的 A 端装有刹车离合器。飞轮转速 $n = 100\text{r/min}$,转动惯量 $I_x = 0.5\text{kN}\cdot\text{m}\cdot\text{s}^2$,轴的直径 $d = 100\text{mm}$,刹车时使轴在 10s 内均匀减速至停止转动。求轴内的最大动应力。

解 飞轮与轴的角速度为

$$\omega_0 = \frac{2\pi n}{60} = \frac{\pi n}{30} = \frac{10\pi}{3}\text{rad/s}$$

飞轮与轴同时做匀减速运动时的角加速度为

$$\varepsilon = \frac{\omega_1 - \omega_0}{t} = \frac{\left(0 - \frac{10\pi}{3}\right)}{10} = -\frac{\pi}{3}\text{rad/s}^2$$

负号表明角加速度与角速度的转向相反。根据动静法,在飞轮上加惯性力矩

$$M_d = -I_x \varepsilon = -0.5 \times \left(-\frac{\pi}{3}\right) = \frac{0.5\pi}{3}\text{kN}\cdot\text{m}$$

作用在轴上的制动力矩为 M_f,由平衡方程 $\sum M_x = 0$,有

$$M_f = M_d = \frac{0.5\pi}{3}\text{kN}\cdot\text{m}$$

在制动力矩和惯性力矩的作用下,AB 轴发生扭转变形,横截面上的扭矩为

$$T = M_d = \frac{0.5\pi}{3}\text{kN}\cdot\text{m}$$

横截面上的最大扭转动切应力为

$$\tau_{\max}=\frac{T}{W_{\mathrm{p}}}=\frac{\frac{0.5\pi}{3}\times10^{3}}{\frac{\pi}{16}\times(100\times10^{-3})^{3}}=2.67\mathrm{MPa}$$

第三节 构件受冲击荷载作用时的应力和变形计算

如图 11-4 所示,冲击物以一定的速度作用在静止的被冲击物上,冲击物的速度在极短的时间内变为零,这时冲击物和被冲击物之间的相互作用力称为**冲击荷载或冲击力**。常见的冲击荷载有:锻锤和锻件接触撞击时的撞击力、重锤打桩时重锤和桩之间的相互作用、用铆钉枪进行铆接时铆钉和构件之间的相互作用、高速转动的飞轮突然刹车飞轮和轴之间的相互作用等。

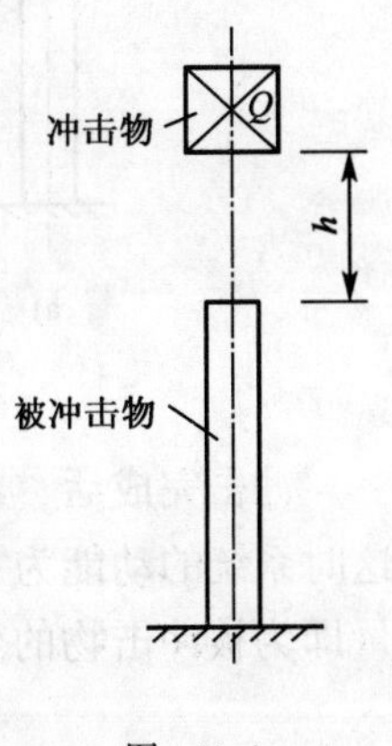

图 11-4

研究表明,当弹性体受到冲击荷载作用时,由于弹性体具有质量即具有惯性,力的作用不是立即传到弹性体的所有部分,而是在开始的瞬间,远离冲击点的部分不受影响,冲击荷载引起的变形,以弹性波的形式在弹性体内传播。有时候,在冲击荷载作用的附近,会产生很大的塑性变形。所以,冲击问题非常复杂,工程中通常采用能量法来求解,这是一种较为粗略但偏于安全的简化计算方法。

在用能量法进行计算时,为了计算简便又能满足要求,做出以下几个假设:

(1)不计冲击物的变形,把冲击物视为刚体。

(2)冲击物与被冲击物接触后无回弹。

(3)被冲击物的质量远小于冲击物的质量,可以忽略不计,冲击应力瞬间传遍整个被冲击物。

(4)材料服从胡克定律。

(5)冲击过程中声、热等能量损耗很小,可以略去不计。

一、受竖直冲击荷载构件的应力和变形计算

如图 11-5a)所示,冲击物的重量为 P,从距离被冲击物顶面高度为 h 的地方自由下落,落到被冲击物的顶面,和被冲击物发生相互作用后,最后冲击物静止在被冲击物的顶面,被冲击物(即构件)在冲击荷载 F_{d} 作用下发生动变形 Δ_{d},构件里边的应力即为动应力 σ_{d}。下面就以图 11-5a)所示结构为例,介绍冲击荷载 F_{d}、动变形 Δ_{d} 和动应力 σ_{d} 的计算过程。

如图 11-5a)所示,冲击完成,被冲击物在冲击荷载作用下发生变形后,被冲击物顶面所在的位置为重力势能的零势能面。在整个冲击过程中,各时刻系统的能量保持不变,即系统的能量守恒。

冲击前冲击物距离被冲击物顶面高度为 h,冲击物速度为零时,系统(即冲击物和构件)

的能量记为 V_1,这时系统中冲击物和构件的速度都为零,因此系统的动能为零;冲击物视为刚体,被冲击物没有发生变形,系统的变形能为零,不计构件的质量,所以系统此时的能量就是系统的重力势能,即

$$V_1 = P(h+\Delta_d) \tag{11-1}$$

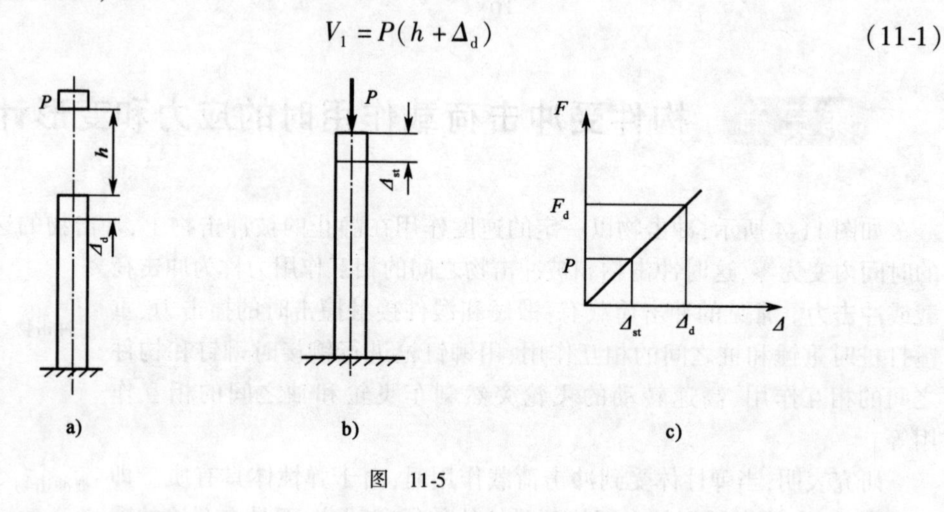

图 11-5

冲击完成后,被冲击物发生变形,冲击物静止在被冲击物的顶面时,系统的能量记为 V_2,这时系统的动能为零,重力势能为零,只有变形能,而冲击物视为刚体,因此这时系统的总能量即为被冲击物的变形能,即

$$V_2 = \frac{1}{2}F_d\Delta_d \tag{11-2}$$

由系统能量守恒,有

$$V_1 = V_2$$

即

$$P(h+\Delta_d) = \frac{1}{2}F_d\Delta_d \tag{11-3}$$

把冲击物的重量 P 以静荷载的方式作用在构件上,如图 11-5b)所示,构件所产生的静变形和静应力分别为 Δ_{st} 和 σ_{st},冲击荷载 F_d 作用下,相应的动变形和动应力为 Δ_d 和 σ_d。在线性弹性范围内,荷载和变形成正比,如图 11-5c)所示,即

$$\frac{F_d}{\Delta_d} = \frac{P}{\Delta_{st}}$$

或者写成

$$F_d = \frac{P}{\Delta_{st}}\Delta_d \tag{11-4}$$

将式(11-4)代入式(11-3),有

$$P(h+\Delta_d) = \frac{P}{2\Delta_{st}}\Delta_d^2$$

整理得

$$\Delta_d^2 - 2\Delta_{st}\Delta_d - 2h\Delta_{st} = 0$$

求解得

$$\Delta_{\mathrm{d}}=\left(1\pm\sqrt{1+\frac{2h}{\Delta_{\mathrm{st}}}}\right)\Delta_{\mathrm{st}}$$

考虑实际结构的物理意义,上式中的正负号应取正号,有

$$\Delta_{\mathrm{d}}=\left(1+\sqrt{1+\frac{2h}{\Delta_{\mathrm{st}}}}\right)\Delta_{\mathrm{st}} \tag{11-5}$$

将式(11-5)代入式(11-4),有

$$F_{\mathrm{d}}=\left(1+\sqrt{1+\frac{2h}{\Delta_{\mathrm{st}}}}\right)P \tag{11-6}$$

构件中的动应力为

$$\sigma_{\mathrm{d}}=\frac{F_{N_{\mathrm{d}}}}{A}=\frac{F_{\mathrm{d}}}{A}=\frac{K_{\mathrm{d}}P}{A}=\left(1+\sqrt{1+\frac{2h}{\Delta_{\mathrm{st}}}}\right)\sigma_{\mathrm{st}} \tag{11-7}$$

引用记号

$$K_{\mathrm{d}}=\frac{F_{\mathrm{d}}}{P}=\frac{\Delta_{\mathrm{d}}}{\Delta_{\mathrm{st}}}=\frac{\sigma_{\mathrm{d}}}{\sigma_{\mathrm{st}}}=1+\sqrt{1+\frac{2h}{\Delta_{\mathrm{st}}}} \tag{11-8}$$

K_{d} 为动荷因数,这样,就有

$$\begin{cases}\Delta_{\mathrm{d}}=K_{\mathrm{d}}\Delta_{\mathrm{st}}\\ F_{\mathrm{d}}=K_{\mathrm{d}}P\\ \sigma_{\mathrm{d}}=K_{\mathrm{d}}\sigma_{\mathrm{st}}\end{cases} \tag{11-9}$$

现对式(11-9)中的结果讨论如下:

(1)式(11-9)中计算出的冲击荷载 F_{d}、动变形 Δ_{d} 和动应力 σ_{d} 是指受冲击荷载的构件到达最大变形位置,冲击物的速度为零时的构件所受的瞬时荷载、构件所产生的瞬时变形和瞬时应力。

(2)式(11-9)中的 Δ_{st} 和 σ_{st} 是指把冲击物的重量作为静荷载,沿着冲击方向加到冲击点上,和所要计算的动变形、动应力对应的静变形和静应力,P 是冲击物的重量。

(3)动荷因数 K_{d} 中的 Δ_{st} 是指把冲击物的重量作为静荷载,沿着冲击方向加到冲击点上,冲击点沿着冲击方向的位移。

(4)动荷因数 K_{d} 中的 h 是指冲击物的速度等于零的位置到冲击点之间的竖直距离。若在距离冲击点竖直距离为 h 的地方,冲击物的速度 v 不为零时,利用能量守恒,有

$$Ph_1=\frac{1}{2}\cdot\frac{P}{g}\cdot v^2$$

即

$$h_1=\frac{v^2}{2g}$$

这时动荷因数 K_{d} 中的 h 为原来冲击物的位置到冲击点的竖直距离加上 h_1。

(5)式(11-9)中,若 $h=0$,即把重物突然施加于弹性体,$K_{\mathrm{d}}=2$,这表明当荷载突然施加在构件上时,构件内的应力和变形分别为同值静荷载所引起的应力和变形的两倍,且冲击物与构件之间的相互作用力是冲击物重量的两倍。

二、受水平冲击荷载构件的应力和变形计算

如图 11-6a)所示为一等直杆水平放置,横截面面积为 A,弹性模量为 E,在自由端受到重量为 P 的冲击物以速度 v 沿水平方向冲击,现在计算冲击物和杆件之间的冲击荷载 F_d、动变形 Δ_d 和动应力 σ_d。

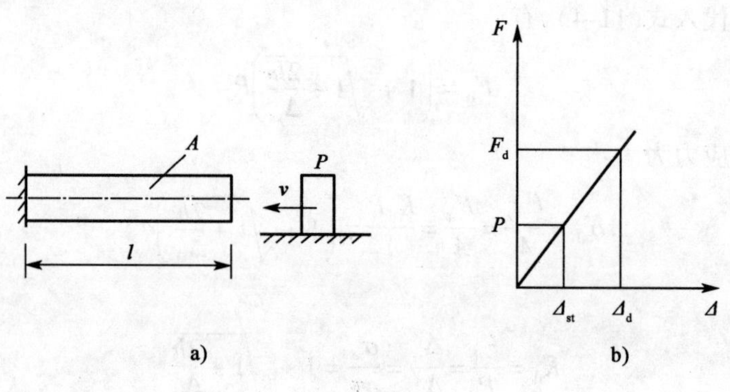

图 11-6

取直杆所在水平位置为重力势能的零势能面,冲击物没有和水平杆发生相互作用时,系统在任一时刻的能量 V_1 为

$$V_1 = \frac{1}{2} \cdot \frac{P}{g} \cdot v^2 \tag{11-10}$$

此时系统的重力势能、变形能均为零,系统只有冲击物有动能。冲击物与水平直杆发生冲击作用,水平直杆在冲击荷载 F_d 的作用下,发生动变形 Δ_d,冲击物静止下来,没有回弹,这时系统的能量 V_2 为

$$V_2 = \frac{1}{2} F_d \Delta_d \tag{11-11}$$

由系统的能量守恒,有

$$V_1 = V_2$$

即

$$\frac{1}{2} \cdot \frac{P}{g} v^2 = \frac{1}{2} F_d \Delta_d \tag{11-12}$$

把冲击物的重量 P 以静荷载的方式沿水平方向作用在构件的自由端处,如图 11-6b)所示,构件所产生的静变形和静应力分别为 Δ_{st} 和 σ_{st},冲击荷载 F_d 作用下,相应的动变形和动应力为 Δ_d 和 σ_d,在线性弹性范围内,荷载和变形成正比,如图 11-6b)所示,即

$$\frac{F_d}{\Delta_d} = \frac{P}{\Delta_{st}}$$

或者可以写成

$$F_d = \frac{P}{\Delta_{st}} \Delta_d \tag{11-13}$$

把式(11-13)代入式(11-12),有

$$\frac{1}{2} \cdot \frac{P}{g} v^2 = \frac{1}{2} \cdot \frac{P}{\Delta_{st}} \Delta_d^2$$

求解得

$$\Delta_d = \sqrt{\frac{v^2}{g\Delta_{st}}}\Delta_{st} \tag{11-14}$$

将式(11-14)代入式(11-13),有

$$F_d = \sqrt{\frac{v^2}{g\Delta_{st}}}\Delta_d \tag{11-15}$$

水平直杆横截面上的动应力 σ_d 为

$$\sigma_d = \frac{F_{N_d}}{A} = \frac{F_d}{A} = \sqrt{\frac{v^2}{g\Delta_{st}}} \cdot \frac{P}{A} = \sqrt{\frac{v^2}{g\Delta_{st}}}\sigma_{st} \tag{11-16}$$

令动荷因数 K_d 为

$$K_d = \sqrt{\frac{v^2}{g\Delta_{st}}} \tag{11-17}$$

这样就有

$$\begin{cases} F_d = K_d P \\ \Delta_d = K_d \Delta_{st} \\ \sigma_d = K_d \sigma_{st} \end{cases} \tag{11-18}$$

要注意的是,式(11-18)中的 Δ_{st}和 σ_{st}是静变形和静应力,是静荷载作用下的和所要计算的动变形、动应力所对应的静变形、静应力,而这里的静荷载是指把冲击物的重量作为静荷载,沿水平方向加到冲击点的地方;P 是冲击物的重量;F_d、Δ_d、σ_d是指冲击荷载、动变形和动应力,是当水平直杆在冲击荷载作用下发生变形完成时的瞬态值;式(11-17)中的 Δ_{st}是指把冲击物的重量沿水平方向加到冲击点的地方,冲击点沿水平方向的位移。

三、强度条件及提高构件抵抗冲击能力的措施

对于受冲击荷载作用的构件,当求出冲击过程中构件内的最大动应力后,找到危险点,取出单元体,计算危险点处的主应力,根据破坏形式,选用相应的强度理论进行强度计算。若构件为基本变形,可仍然采用基本变形时的强度条件计算。以前述等截面直杆受水平冲击荷载为例,当求出横截面上最大的动应力 σ_{dmax},由于构件在冲击荷载作用下发生的是压缩变形,每一个截面上的各点处都是最大的动应力,即为危险点,且危险点为单向应力状态,因此,可按轴向拉伸或压缩变形时的强度条件进行强度计算,即

$$\sigma_{dmax} = K_d \sigma_{stmax} < [\sigma] \tag{11-19}$$

从上式可以看出,在静应力 σ_{stmax}不变的情况下,要提高构件的抗冲击能力,应降低动荷因数 K_d 的值。从前述的分析中可以归纳出以下措施来提高构件的抵抗冲击的能力:

(1)增大静位移 Δ_{st}。这是因为静位移增大表示构件较为柔软,能更多地吸收冲击物的能量。从竖直冲击和水平冲击的动荷因数的表达式也可看到,随着静位移 Δ_{st}的增大动荷因数减小,从而降低构件内的冲击应力,例如在汽车大梁和轮轴之间安装叠板弹簧。

(2)改变受冲击构件的尺寸。以水平冲击问题为例,动应力为

$$\sigma_d = K_d \sigma_{st} = \sqrt{\frac{v^2}{g\Delta_{st}}}\sigma_{st} = \sqrt{\frac{EPv^2}{gAl}} \tag{11-20}$$

式中，$\Delta_{st}=\frac{Pl}{EA}$，$\sigma_{st}=\frac{P}{A}$。

由式(11-20)可知，当杆件的截面面积A不变时，长度l越大，动应力σ_d越小，杆件的抗冲击能力越强，例如把承受冲击的气缸盖螺栓，由原来的短螺栓改为长螺栓。

(3)尽可能避免把受冲击杆件设计成变截面杆。(习题 11-5)

(4)尽可能地选用弹性模量较小的材料或覆盖，例如采用橡胶支座或垫圈。(习题 11-6)

[例 11-4] 承受冲击荷载作用的结构如图 11-7 所示。上端固定，下端有一个固定圆盘，用来承接落下的环形重物。已知杆长$l=1\text{m}$，$h=40\text{mm}$，$d=25\text{mm}$，$P=400\text{N}$，杆的弹性模量$E=200\text{GPa}$，试求下列两种情况中杆件内的动应力：

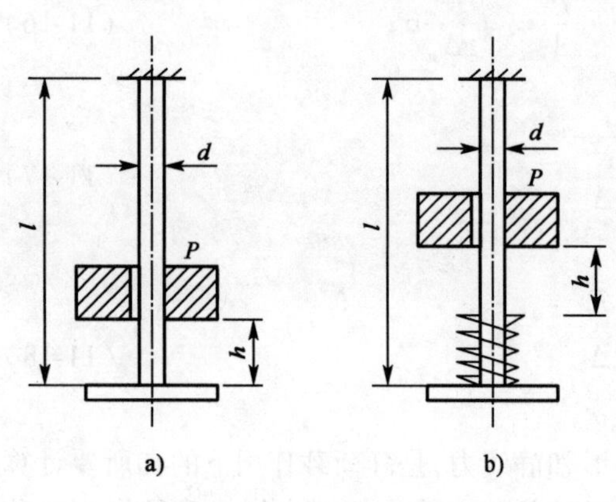

图 11-7

(1)圆盘上没有弹簧，重物直接落在圆盘上，如图 11-7a)所示。

(2)圆盘上放一弹簧，弹簧刚度$k=1\times10^6\text{N/m}$，重物落在弹簧的顶面，如图 11-7b)所示。

解 (1)当圆盘上没有弹簧时，如图 11-7a)所示，静变形为

$$\Delta_{st}=\frac{Pl}{EA}=\frac{400\times1}{200\times10^9\times\frac{\pi\times25^2\times10^{-6}}{4}}=4.08\times10^{-6}\text{m}$$

动荷因数为

$$K_d=1+\sqrt{1+\frac{2h}{\Delta_{st}}}=1+\sqrt{1+\frac{2\times0.04}{4.08\times10^{-6}}}=141$$

杆横截面上的静应力为

$$\sigma_{st}=\frac{P}{A}=\frac{400}{\frac{\pi\times25^2\times10^{-6}}{4}}=0.815\text{MPa}$$

杆横截面上的动应力为

$$\sigma_d=K_d\sigma_{st}=141\times0.815=114.9\text{MPa}$$

(2)当圆盘上有弹簧时，如图 11-7b)图所示。此时静变形为

$$\Delta_{st}=\frac{Pl}{EA}+\frac{P}{k}=4.08\times10^{-6}+\frac{400}{1\times10^6}=404.08\times10^{-6}$$

动荷因数为

$$K_d=1+\sqrt{1+\frac{2h}{\Delta_{st}}}=1+\sqrt{1+\frac{2\times0.04}{404.08\times10^{-6}}}=15.1$$

杆件横截面上的动应力为

$$\sigma_d=K_d\sigma_{st}=15.1\times0.815=12.3\text{MPa}$$

[**例 11-5**]　简支梁受冲击荷载作用如图 11-8 所示,梁的弯曲刚度为 EI,抗弯截面模量为 W,重量为 P 的冲击物从距梁顶面 h 处自由下落,作用在简支梁跨中点 C 处的顶面上,不计梁的自重。试求梁的 C 截面的动挠度、A 截面的动转角及梁内的最大动应力。

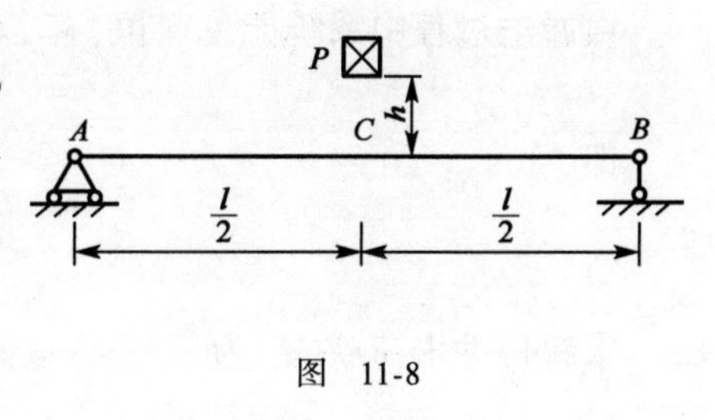

图　11-8

解　把冲击物的重量沿着竖直方向加在梁上冲击点 C 处,C 截面的静挠度为

$$\Delta_{st} = \frac{Pl^3}{48EI}$$

动荷因数为

$$K_d = 1 + \sqrt{1 + \frac{2h}{\Delta_{st}}} = 1 + \sqrt{1 + \frac{96EIh}{Pl^3}}$$

A 截面的静转角为

$$\theta_A = \frac{Pl^2}{16EI}$$

梁内的最大静应力为

$$\sigma_{max} = \frac{M_{max}}{W} = \frac{\frac{Pl}{4}}{W} = \frac{Pl}{4W}$$

梁内 C 截面的动挠度为

$$w_{Cd} = K_d w_{Cst} = K_d \Delta_{st} = \left(1 + \sqrt{1 + \frac{96EIh}{Pl^3}}\right) \times \frac{Pl^3}{48EI}$$

梁内 A 截面的动转角为

$$\theta_{Ad} = K_d \theta_{Ast} = \left(1 + \sqrt{1 + \frac{96EIh}{Pl^3}}\right) \times \frac{Pl^2}{16EI}$$

梁内最大的动应力为

$$\sigma_{dmax} = K_d \sigma_{stmax} = \left(1 + \sqrt{1 + \frac{96EIh}{Pl^3}}\right) \times \frac{Pl}{4W}$$

[**例 11-6**]　在例题 11-3 中,若 AB 轴在 A 端突然刹车,即 A 端突然停止转动,试求轴内的最大动应力。设轴材料的剪切弹性模量 $G = 80\text{GPa}$,轴的长度 $l = 1\text{m}$。

解　B 端飞轮具有角速度,当 A 端紧急刹车时,飞轮在瞬间停止下来,因此,AB 轴为被冲击物或构件,B 轮为冲击物,以轴 AB 的轴线所在的水平位置为重力势能的零势能面,刹车前,系统的能量为 V_1,即

$$V_1 = \frac{1}{2} I_x \omega^2$$

紧急刹车飞轮停止转动,飞轮和轴之间的相互作用为冲击荷载 M_{ed},在冲击荷载作用下轴 AB 发生扭转变形,飞轮视为刚体,此时系统的能量 V_2 为

$$V_2 = \frac{T_d^2 l}{2GI_p} = \frac{M_{ed}^2 l}{2GI_p}$$

由冲击过程中系统能量守恒,有

$$V_1 = V_2$$

即

$$\frac{1}{2}I_x\omega^2 = \frac{M_{ed}^2 l}{2GI_p}$$

求解得冲击荷载 M_{ed} 为

$$M_{ed} = \omega\sqrt{\frac{I_x GI_p}{l}}$$

轴内最大的动切应力为

$$\tau_{dmax} = \frac{T_d}{W_p} = \frac{M_{ed}}{W_p} = \omega\sqrt{\frac{I_x GI_p}{lW_p^2}}$$

对于圆轴,有

$$\frac{I_p}{W_p^2} = \frac{\pi d^4}{32} \times \left(\frac{16}{\pi d^3}\right)^2 = \frac{2}{\frac{\pi d^2}{4}} = \frac{2}{A}$$

因此

$$\tau_{dmax} = \sqrt{\frac{2I_x G}{lA}}$$

代入例 11-3 中的已知数据,可得

$$\tau_{dmax} = \frac{10\pi}{3}\sqrt{\frac{2 \times 80 \times 10^9 \times 0.5 \times 10^3}{1 \times \pi \times (50 \times 10^{-3})^2}} = 1\ 057\text{MPa}$$

对于常用的钢材,许用扭转切应力为 $[\tau] = 80 \sim 100\text{MPa}$,上面求到的最大动切应力远远超过了材料所能承受的数值,刹车轴会发生破坏。与例 11-3 中的情况相比,突然刹车时轴内的最大动切应力是经过一定时间均匀刹车的最大切应力的 396 倍,可见,冲击荷载对于轴的安全来说是非常有害的。

第四节 疲　劳

一、疲劳的概念

结构的构件或机械、仪表的零部件在实际工作的过程中会受到随时间做周期性交替变化的应力的作用,如图 11-9 所示,这种应力称为交变应力或循环应力。构件或零部件在交变应力作用下发生的失效形式称为**疲劳失效**。对于矿山、冶金、动力、运输机械以及航空航天飞行器等结构,疲劳是主要的失效形式,统计结果表明,在各种机械的断裂事故中,大约有 80% 以上是由疲劳失效引起的,因此,对于承受交变应力的设备,疲劳分析在设计中有重要的地位。

构件的疲劳失效与静荷载作用下构件的失效形式有本质上的区别:

(1)疲劳失效时应力低于材料的强度极限,甚至低于材料的屈服极限。

(2)疲劳破坏是在交变应力经历多个周期后才能出现,即破坏是一个损伤积累的过程。

(3)无论是塑性材料还是脆性材料,破坏时一般没有明显的塑性变形,即表现为脆性断裂。

(4)在破坏的断口上,通常有两个区域:一个是光滑区域,另一个是粗粒状区域。例如车辆疲劳破坏的断口,如图 11-10 所示。

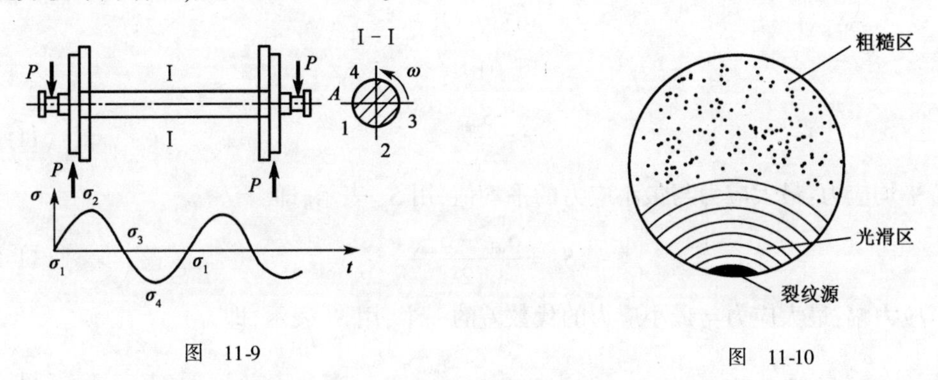

图 11-9

图 11-10

以上疲劳失效的特点与疲劳破坏的起源和发展过程有密切关系。疲劳失效的过程可分为三个阶段:微观裂纹萌生,宏观裂纹形成,最后断裂过程。

(1)微观裂纹萌生。在交变应力的数值超过一定限度,并且经过足够多个周期后,在构件内应力最大或材质薄弱的位置,将形成微观裂纹,这些裂纹的长度一般为 $10^{-7}\sim10^{-4}$m 的量级,肉眼看不到,故称为微观裂纹。

(2)宏观裂纹形成。微观裂纹形成后,微观裂纹处形成新的应力集中,在这种应力集中和交变应力反复作用下,微观裂纹不断扩展,相互贯通,形成较大的裂纹,它的长度大于 10^{-4}m,裸眼能够看见,故称为宏观裂纹。

在宏观裂纹扩展的过程中,由于交变应力交替变化,裂纹两表面的材料时而相互挤压,时而分离,或时而正向错动,时而反向错动,从而形成断口的光滑区。

(3)最后断裂过程。宏观裂纹不断扩展,使截面削弱,类似在构件上形成尖锐的"切口",这种"切口"造成应力集中,使局部区域内的应力达到很大的数值,结果在较低的应力数值下构件便突然发生破坏。

在"切口"附近不仅形成应力集中,而且使局部材料处于三向拉伸应力状态下。在这种应力状态下,无论塑性材料还是脆性材料,发生破坏时都是脆性断裂,没有明显的塑性变形,形成断口处的粗粒状区域。

下面介绍关于交变应力的一些基本概念。

交变应力随时间变化的历程称为**应力谱**,它可能是周期性的,也可能是随机性的,如图 11-11a)、b)所示,但最常见、最基本的交变应力为图 11-11a)所示恒幅交变应力,应力值在两个极值之间周期性变化。

为了描述交变应力,引入下述术语,如图 11-11c)所示。

(1)应力循环:应力变化一个周期,称为应力的一次循环。

(2)应力比:又称为循环特征,应力循环中最小应力与最大应力的比值,用 r 表示,即

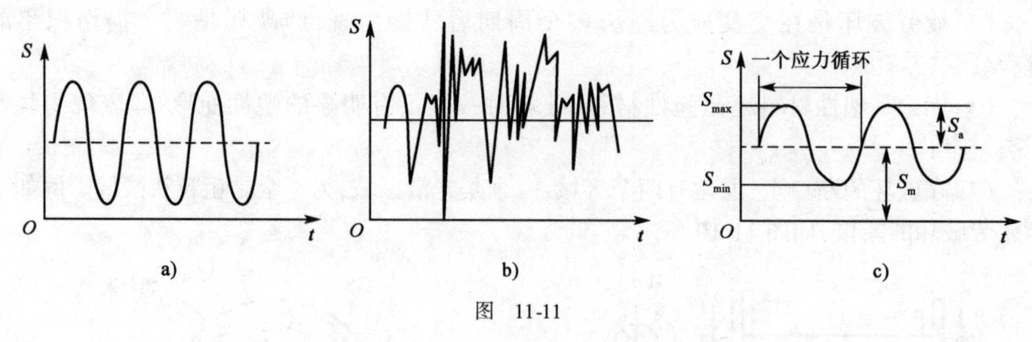

图 11-11

$$r = \frac{S_{min}}{S_{max}} \tag{11-21}$$

(3)平均应力:最大应力与最小应力的平均值,用 S_m 表示,即

$$S_m = \frac{S_{min} + S_{max}}{2} \tag{11-22}$$

(4)应力幅:最大应力与最小应力的代数差的一半,用 S_a 表示,即

$$S_a = \frac{S_{min} - S_{max}}{2} \tag{11-23}$$

(5)最大应力:应力循环中的最大值,即

$$S_{max} = S_m + S_a \tag{11-24}$$

(6)最小应力:应力循环中的最小值,即

$$S_{min} = S_m - S_a \tag{11-25}$$

常见的交变应力有:对称循环交变应力、脉动循环交变应力、静应力、非对称循环交变应力。

(1)**对称循环交变应力**:如图 11-12 所示,在应力循环中,有

$$S_{max} = -S_{min}$$

这种交变应力称为对称循环交变应力,这时有

$$r = -1, S_m = 0, S_a = S_{max} = -S_{min}$$

(2)**脉动循环交变应力**:在应力循环中,如果

$$S_{max} = 0 \text{ 或 } S_{min} = 0$$

这种应力循环称为脉动循环交变应力,如图 11-13a)、b)所示。这时有

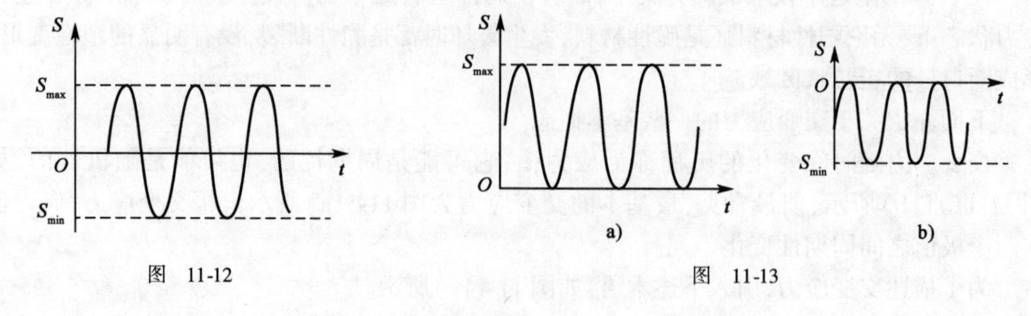

图 11-12　　　　图 11-13

$$r = 0 \text{ 或 } r = -\infty$$

(3)**静应力**:静应力作为交变应力的特例,即

$$S_{max}=S_{min},S_m=S_{max}=S_{min},S_a=0,r=1$$

(4) **非对称循环交变应力**：应力比 $r\neq-1$ 的交变应力都称为非对称循环交变应力。因此，脉动循环交变应力、静应力都应属于非对称循环交变应力。

在非对称循环交变应力中，如图 11-11c）所示，若平均应力 $S_m=0$ 时，则 $r=-1$，即为对称循环交变应力，可知对称循环交变应力是非对称循环的特例。

上述关于交变应力的描述中，都采用符号 S 表示，它泛指正应力和切应力，若为拉、压交变应力或反复弯曲交变应力，则符号 S 为正应力 σ；若为反复扭转交变应力，则符号 S 为切应力 τ，其余关系不变。

二、疲劳极限

疲劳极限是指在交变应力作用下，经过无数多次应力循环而不发生破坏的最大应力的数值，又称为**持久极限**。构件在交变应力作用下，由疲劳失效的特点可知，只要构件所受到的交变应力的最大值小于构件的疲劳极限，构件就不会发生疲劳失效。构件的疲劳极限不仅和材料有关，还和构件的状态及工作条件有关，构件的工作状态包括应力集中、尺寸、表面加工质量和表面强化处理等因素，工作条件包括荷载特性、介质和温度等因素，其中荷载特性包括应力状态、加载顺序和荷载频率等。在本节中，首先只考虑材料的因素，给出光滑小圆试样的疲劳极限，即材料的疲劳极限，然后考虑构件状态的影响，给出实际构件的疲劳极限，至于工作状态的影响，在后续相关的课程中有相应的处理方法，本书不再讨论。

只考虑材料的影响，不考虑实际构件的状态及工作条件，这时的疲劳极限称为**材料的疲劳极限**，通常采用试验来获得，试验时采用光滑的小圆试样，因此材料的疲劳极限又称为**光滑小圆试样的疲劳极限**。

如图 11-14 所示，图 a）为光滑小圆试样，在试验中需要用若干个，图 b）为纯弯曲对称循环疲劳试验机。

试验时，把试样的两端安装在疲劳试验机的支承筒内，如图 11-14b）所示，试样在电动机的带动下旋转，在试样的中点处悬挂砝码，试样处于弯曲受力状态。因此，试样每旋转一圈，它里边的任意一点处的材料就经历一次对称循环交变应力，由计数器记下旋转的次数，试验一直进行到试样断裂为止。

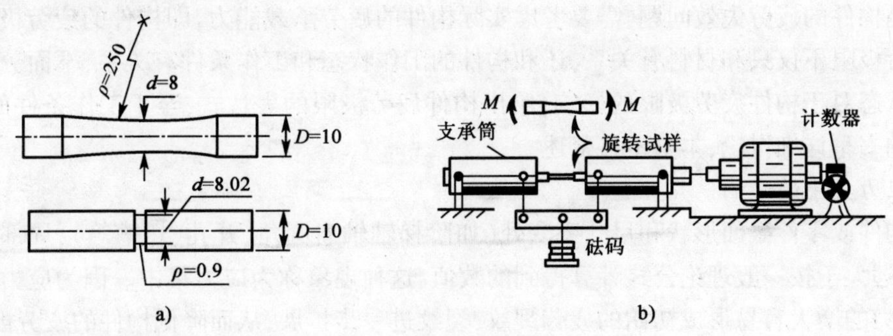

图　11-14

试验过程中，把试样分成若干组，各组试样承受不同的荷载，即悬挂的砝码数量不同，并且是最大应力值由高到低，即悬挂砝码的数目由多到少，试验的过程中记录下每根试样所受到的对称循环交变应力的最大值,即最大应力 S_{max},以及发生破坏的时候经历的应力循环次数(又称为寿命)N,建立 $S\text{-}N$(应力-寿命)坐标系,并将记录下的每根试样的数据画在所建立的坐标平面中,每根试样对应着坐标平面内的一个点。如图 11-15 所示,可以看出疲劳试验结果有明显的分散性,但是通过图上的这些点可以画出一条曲线,这条曲线表明了试样的寿命随着它承受的应力而变化的趋势,这条曲线称为**应力寿命曲线**,简称 $S\text{-}N$ 曲线。从图中可以看出,当应力降低到某一极限值时,$S\text{-}N$ 曲线趋向于一条水平直线,即 $S\text{-}N$ 曲线是水平渐进线,这表明,只要应力不超过某一极限值(即水平渐进线的纵坐标的数值),试样可以经历无穷多次应力循环而不发生疲劳失效,这一极限值称为材料的疲劳极限或持久极限,并用 S_r 表示,下标 r 表示交变应力的应力比,本书中记为 σ_{-1},表明交变应力为对称循环交变应力,且为正应力。

所谓"无穷多次"应力循环,在试验中是难以实现的,工程设计中通常规定:对于 $S\text{-}N$ 曲线有水平渐进线的材料,如结构钢,认定 10^7 次应力循环为无穷多次应力循环;对于 $S\text{-}N$ 曲线没有水平渐进线的材料,如铝合金,规定某一循环次数(例如 2×10^7 次)为无穷多次应力循环,对应的材料的疲劳极限称为条件疲劳极限。

应力比不同,$S\text{-}N$ 曲线也不同,图 11-16 所示为 $r=-1$、$r=0$、$r>0$ 的 $S\text{-}N$ 曲线的比较。试验表明,同一种材料,不同应力比下的疲劳极限,对称循环应力下的疲劳极限最小。

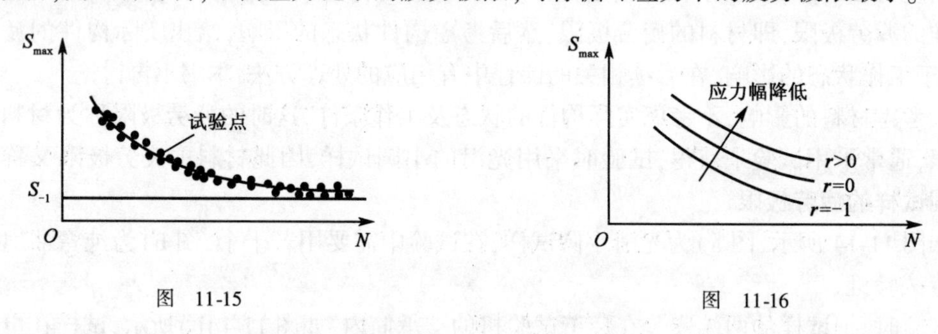

图 11-15　　　　图 11-16

三、影响构件的疲劳极限的因素

通过试验可以得到光滑小圆试样的疲劳极限,即材料的疲劳极限。而实际工程中,我们遇到的是构件的疲劳失效问题,需要考虑实际构件的疲劳承载能力,即构件的疲劳极限。构件的疲劳极限不仅只和材料有关系,还和构件的工作状态和工作条件有关系,下面分析构件的工作状态对于构件疲劳极限的影响,给出构件疲劳极限的表达式,至于工作条件的影响,有相关的书籍详细讨论,本书不再赘述。

1. 应力集中的影响

在构件或零件截面形状和尺寸突变处(如阶梯轴轴肩圆角、开孔、切槽等),局部应力急剧增大,远大于按一般理论公式计算得到的数值,这种现象称为应力集中。因为应力集中的存在,应力的增大容易形成初始的疲劳裂纹,裂纹进一步扩展,从而降低构件的疲劳极限。

在对称循环交变应力作用下,为了考虑应力集中对于构件疲劳极限的影响,引入

$$K_\sigma=\frac{\sigma_{-1}}{\sigma'_{-1}}\quad 或\quad K_\tau=\frac{\tau_{-1}}{\tau'_{-1}}\tag{11-26}$$

式中，K_{σ}、K_{τ} 称为**有效应力集中因数或疲劳缺口因数**；σ_{-1}、τ_{-1} 是光滑试样的疲劳极限；σ'_{-1}、τ'_{-1} 是存在应力集中的光滑试样的疲劳极限。由于应力集中的影响，使得 $\sigma_{1} > \sigma'_{-1}$，$\tau_{-1} > \tau'_{-1}$，所以 K_{σ}、K_{τ} 都大于1。有效应力集中因数越大，构件的疲劳极限越小。

有效应力集中因数不仅与构件的形状和尺寸有关，还与材料有关。工程上为了方便，把有关有效应力集中因数的试验数据整理成曲线或表格，这里仅给出阶梯形圆截面钢杆件在对称循环弯曲、拉压和对称循环扭转时的有效应力集中因数，如图 11-17 ~ 图 11-19 所示，更多的数据在相关手册中可以查到。

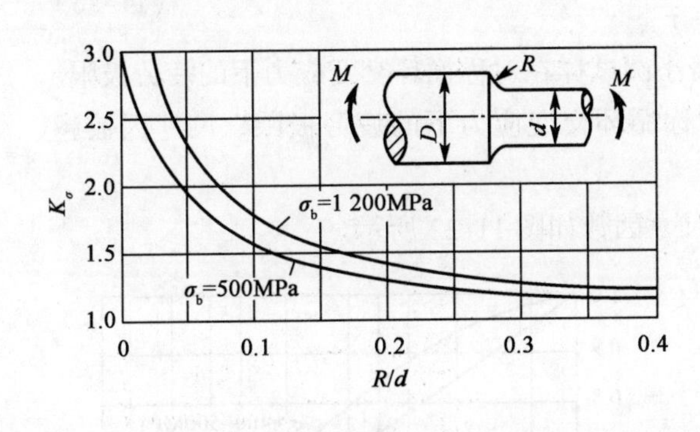

图　11-17

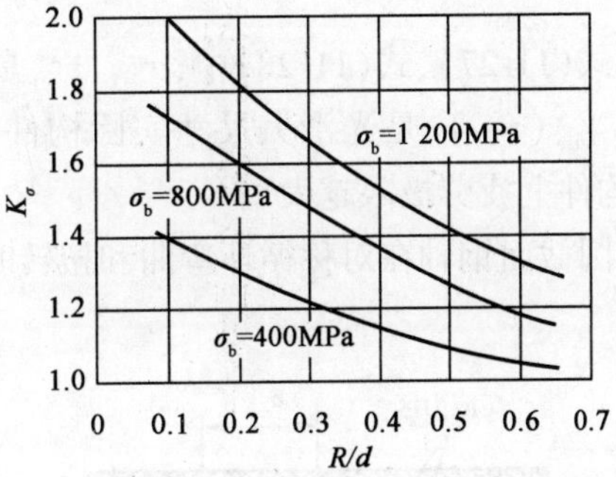

图　11-18

由上述几张图可以看到，对于在交变应力下工作的零件，尤其是用高强度材料制成的零件，设计时应尽量减小应力集中，例如，增大圆角的半径，减小相邻杆段横截面的粗细差别，采用凹槽结构[图 11-20a)]，设计卸荷槽[图 11-20b)]，将必要的孔或沟槽配置在构件的低应力区等。

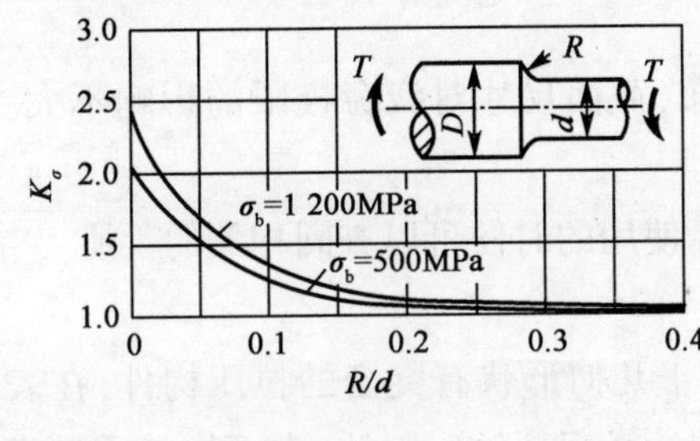

图　11-19

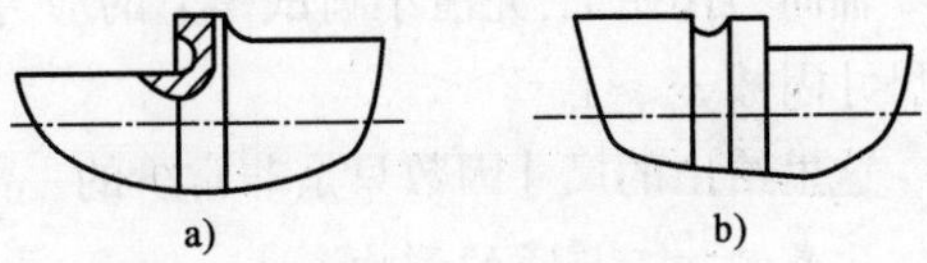

a)　　b)

图　11-20

2. 构件尺寸的影响

试验结果表明，构件横向尺寸越大，疲劳极限越小，而且对于钢材，强度越高，疲劳极限下降越明显。所以，当构件的尺寸大于标准试样尺寸时，必须考虑尺寸的影响。

尺寸造成疲劳极限减小的原因主要有以下几种：

(1)毛坯的尺寸越大，所包含的缩孔、裂纹、夹杂物等越多，越容易形成应力集中而出现微观裂纹。

(2)构件表层的应力较大，因此一般初始微观裂纹在这里产生，构件尺寸越大，它的表面积和表层体积越大，形成微观裂纹的概率也比较大。

(3)应力梯度的影响:如图 11-21 所示,若大、小构件的最大应力均相同,在相同的表层厚度内,大尺寸构件的材料所承受的平均应力要高于小尺寸构件,有利于初始微观裂纹的形成和扩展,从而使疲劳极限减小。

为了描述构件尺寸对疲劳极限的影响,使用尺寸因数 ε_σ、ε_τ。

$$\varepsilon_\sigma = \frac{(\sigma_{-1})_d}{\sigma_{-1}} \tag{11-27}$$

$$\varepsilon_\tau = \frac{(\tau_{-1})_d}{\tau_{-1}} \tag{11-28}$$

式(11-27)、式(11-28)中,σ_{-1}、τ_{-1} 是光滑小圆试样在对称循环交变应力下的疲劳极限;$(\sigma_{-1})_d$、$(\tau_{-1})_d$ 是光滑大尺寸实际构件在对称循环交变应力下的疲劳极限。尺寸因数越大,构件上疲劳极限越大。

圆截面钢轴在对称循环弯曲和扭转时的尺寸因数如图 11-22 所示。

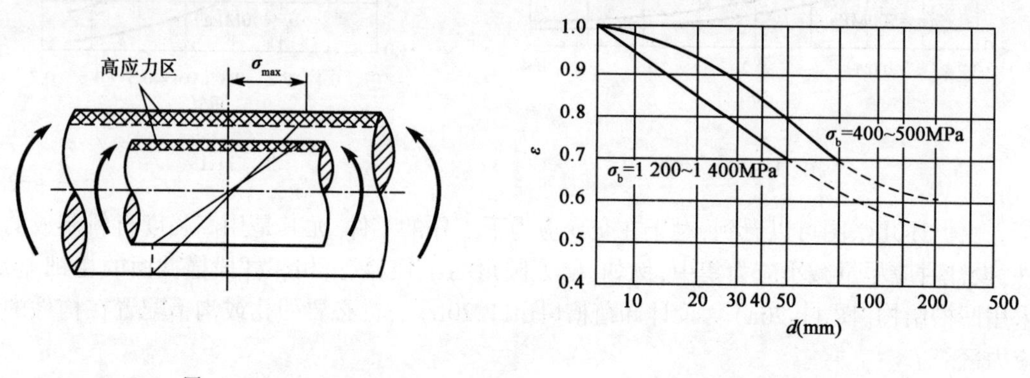

图 11-21

图 11-22

轴向力作用下,光滑小圆试样上的应力均匀分布,截面尺寸对疲劳极限的影响不大,因此尺寸因数 $\varepsilon_\sigma \approx 1$。

这里给出的尺寸因数只是非常少的一部分,实际使用的时候可以查阅相关的手册。

3. 表面加工质量的影响

构件发生弯曲或扭转变形时,表层应力最大;对于几何形状有突变的拉压构件,在表层处也会出现较大的峰值应力;从而容易在表层形成初始微观裂纹。因此,表面加工质量将会直接影响裂纹的形成和扩展,从而影响构件的疲劳极限。

为了描述表面加工质量对疲劳极限的影响,引入表面质量因数 β,即

$$\beta_\sigma = \frac{(\sigma_{-1})_\beta}{\sigma_{-1}} \tag{11-29}$$

$$\beta_\tau = \frac{(\tau_{-1})_\beta}{\tau_{-1}} \tag{11-30}$$

式(11-29)、(11-30)中,σ_{-1}、τ_{-1} 是指对称循环交变应力作用下磨削加工试样即光滑小圆试样的疲劳极限;$(\sigma_{-1})_\beta$、$(\tau_{-1})_\beta$ 是其他加工方式下试样的疲劳极限,β 越大,构件的疲劳极限越大。表面质量因数如图 11-23 所示,这里只是一部分,需要的时候可参阅相关手册。

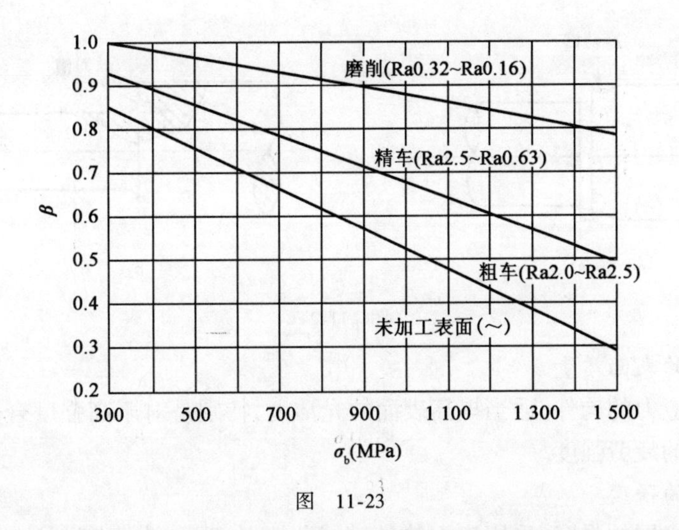

图 11-23

从图 11-23 可以看出，表面加工质量越低，疲劳极限降低得越多；材料的静强度越高，加工质量对构件的疲劳极限的影响越显著。所以，对于在交变应力作用下工作的重要构件，特别是存在应力集中的地方，应当力求采用高质量的表面加工方法，而且，越是高强度的材料，越是要讲究加工方法。另外，提高构件表层材料的强度，改善表层的应力状况，例如渗碳、渗氮、高频淬火、表层滚压和喷丸等，都是提高构件疲劳强度的重要措施，这时的表面质量因数 $\beta>1$。

综合考虑上述三种因素，对称循环交变应力作用下构件的疲劳极限可写为

$$(\sigma_{-1})=\frac{\varepsilon_{\sigma}\beta_{\sigma}}{K_{\sigma}}\sigma_{-1} \tag{11-31}$$

$$(\tau_{-1})=\frac{\varepsilon_{\tau}\beta_{\tau}}{K_{\tau}}\tau_{-1} \tag{11-32}$$

影响构件疲劳极限的因素，除了上述必须考虑的三方面外，还有构件的工作环境，如温度、介质等，这类因素的影响也可类似的用修正系数来表示，这里不做讨论。

得到构件的疲劳极限后，就可以根据交变应力的不同形式，采用相应的疲劳强度条件对构件进行疲劳强度计算，限于教学要求，这里不再赘述。

四、提高构件疲劳强度的途径

提高构件的疲劳强度，是指在不改变构件的基本尺寸和材料的前提下，通过恰当地选择构件的形状、加工工艺及合理的设计，达到提高构件的疲劳强度的目的。由于疲劳裂纹一般都是从构件的表层及应力集中的位置开始的，因此，通常可考虑从以下三个方面来提高构件的疲劳强度。

1. 采用合理的设计，以减小应力集中

截面突变处（如阶梯轴的轴肩）的应力集中是产生微观裂纹和裂纹扩展的重要原因，因此，可以通过适当加大截面突变处的过渡圆角的半径来减小应力集中。在有些情况下，结构不允许加大过渡圆角时，可在直径较大的轴上开减荷槽［图 11-24a)］或退刀槽［图 11-24b)］。

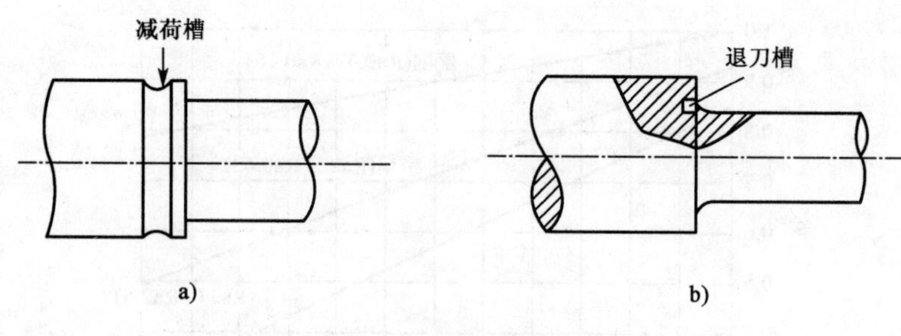

图 11-24

2.提高构件的表面质量

对于受交变应力的构件,适当提高表面的光洁度,特别是对于高强度合金钢、碳钢,能够显著地提高构件的疲劳强度。

3.增加表面的强度

为提高构件表层的强度,采用表面热处理或化学处理,如表面高频淬火、渗碳、渗氮等,或者冷压机械加工,如表面滚压、喷丸处理,在表层造成残余压应力,都能很好地提高构件的疲劳强度。

本章复习要点

1.惯性力问题

求解惯性力问题的基本方法是动静法,即当构件内各质点的加速度不为零时,根据达朗伯原理,假想地在每个质点上加上惯性力,则构件在原力系与惯性力系的作用下处在平衡状态,然后按照静荷载作用下的杆件的计算方法进行计算。

本章惯性力问题具体讨论了做匀加速直线运动的构件、匀速转动构件、匀变速转动构件的计算问题。

2.冲击问题

求解冲击问题的基本方法——能量法。

竖直冲击问题:动荷系数为

$$K_{\mathrm{d}} = 1 + \sqrt{1 + \frac{2h}{\Delta_{\mathrm{st}}}}$$

水平冲击问题:动荷系数为

$$K_{\mathrm{d}} = \sqrt{\frac{v^2}{g\Delta_{\mathrm{st}}}}$$

竖直冲击和水平冲击时的冲击荷载、动变形和动应力分别为

$$F_{\mathrm{d}} = K_{\mathrm{d}}P$$

$$\Delta_{\mathrm{d}} = K_{\mathrm{d}}\Delta_{\mathrm{st}}$$

$$\sigma_{\mathrm{d}} = K_{\mathrm{d}}\sigma_{\mathrm{st}}$$

3.疲劳问题

这部分主要了解一些基本概念:疲劳失效的概念、疲劳失效的特点、疲劳失效的过程;交

变应力的概念、描述交变应力的物理量,常见的几种交变应力。

材料的疲劳极限是光滑小圆试件的承载能力,通过疲劳试验测定;实际构件的疲劳极限会受到外界因素的影响,这里考虑了应力集中、尺寸和表面加工质量的影响,给出构件疲劳极限的表达式,进而进行疲劳强度计算。本章了解几种提高构件疲劳极限的方法。

习　题

11-1　如题11-1图所示,用钢索起吊 $P=60\text{kN}$ 的重物,并在第1秒内以等加速上升2.5m。试求钢索横截面上的轴力 F_{N_d}(不计钢索的质量)。

11-2　如题11-2图所示,一起重机重 $P_1=5\text{kN}$,装在两根跨度 $l=4\text{m}$ 的20a工字钢梁上,用钢索起吊 $P_2=50\text{kN}$ 的重物。该重物在前3s内按等加速上升10m。已知 $[\sigma]=170\text{MPa}$,试校核梁的强度。(不计梁和钢索的自重)

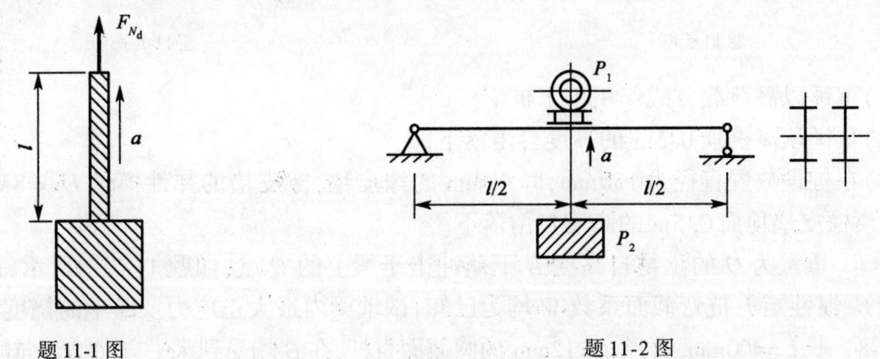

题11-1图　　　　题11-2图

11-3　某材料的重度为72.6kN/m³,许用应力为20MPa,用此材料制成飞轮如题11-3图所示。若不计飞轮轮辐的影响,试求飞轮的最大线速度。

11-4　一杆以角速度 ω 绕铅垂轴在水平面内转动,已知杆长为 l,杆的横截面面积为 A,重量为 P_1。另有一重量为 P_2 的重物连接在杆的端点,如题11-4图所示,试求杆的伸长。

题11-3图　　　　题11-4图

11-5　材料相同、长度相等的变截面杆如题11-5图所示,若两杆的最大横截面面积相同,问哪一根杆承受冲击的能力强?设变截面杆直径为 d 的部分长为 $2l/5$。杆的质量与冲击物的变形均忽略不计,为了便于比较,假设 H 较大,可以近似地把动荷系数取为

$$K_d=1+\sqrt{1+\frac{2H}{\Delta_{st}}}=\sqrt{\frac{2H}{\Delta_{st}}}$$

11-6 如题 11-6 图所示,直径 $d=300\text{mm}$,长为 $l=6\text{m}$ 的圆木桩,下端固定,上端受重 $P=2\text{kN}$ 重锤作用,木材的 $E_1=10\text{GPa}$。试求下列三种情况下,木桩内的最大正应力(木桩的质量和重锤的变形均忽略不计)。

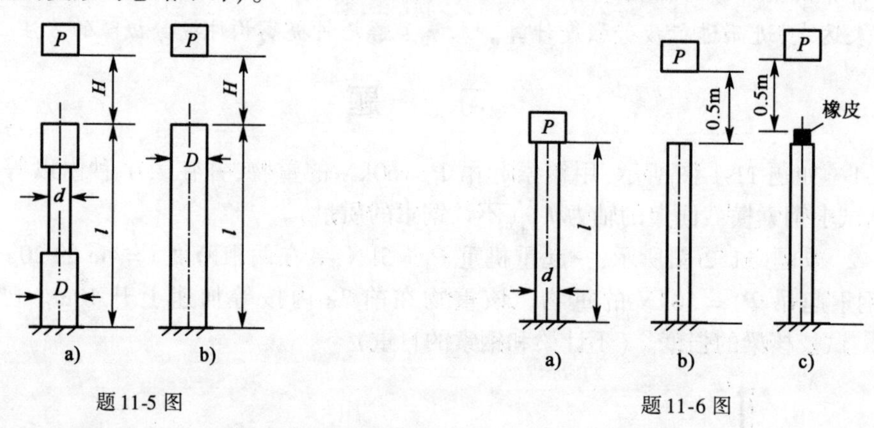

题 11-5 图　　题 11-6 图

(1)重锤以静荷载方式作用于木桩上。

(2)重锤从离桩顶 0.5m 的高度自由落下。

(3)在桩顶放置直径为 150mm,厚 40mm 的橡皮垫,橡皮垫的弹性模量 $E_2=8\text{MPa}$,重锤也是从离橡皮垫顶面 0.5m 的高度自由落下。

11-7 重量为 Q 的重物自高度 H 下落冲击于梁上的 C 点,如题 11-7 图所示,设梁的弹性模量 E、惯性矩 I、抗弯截面系数 W 均为已知,试求梁内最大正应力及跨中的挠度。

11-8 长 $l=400\text{mm}$,直径 $d=12\text{mm}$ 的圆截面直杆,在 B 端受到水平方向的轴向冲击,如题 11-8 图所示,已知 AB 杆的材料的弹性模量 $E=210\text{GPa}$,冲击时冲击物的动能为 2 000N · mm。在不考虑杆的质量的情况下,试求杆内的最大冲击正应力。

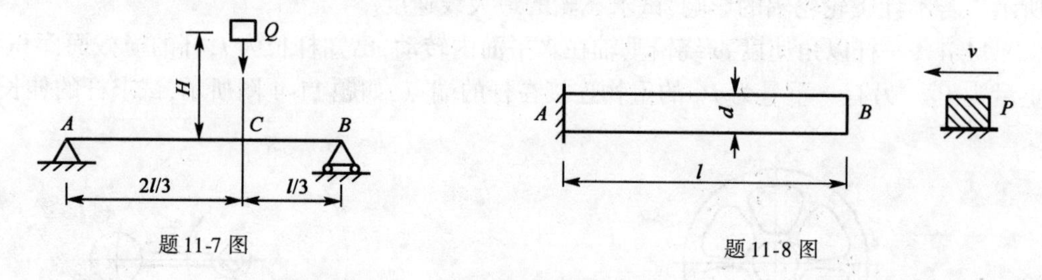

题 11-7 图　　题 11-8 图

11-9 重量 $P=2\text{kN}$ 的冰块,以 $v=1\text{m/s}$ 的速度沿水平方向冲击在木桩的上端,如题 11-9图所示,木桩长 $l=3\text{m}$,直径 $d=200\text{mm}$,弹性模量 $E=11\text{GPa}$,试求木桩在危险点处的最大冲击正应力(不计木桩的自重)。

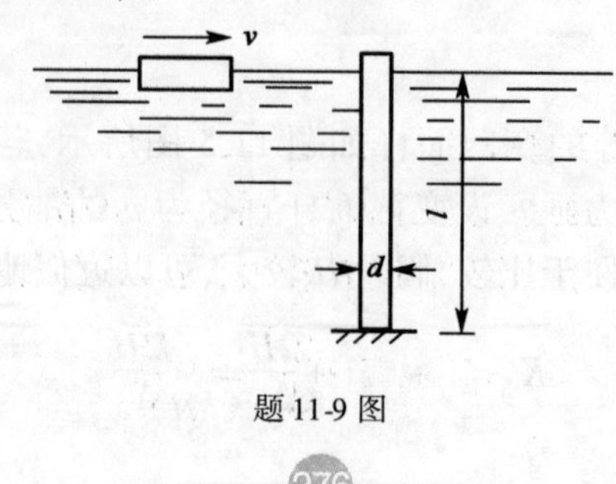

题 11-9 图

附录A 常见截面的几何性质

附表A

序号	截面形状	形心位置	惯性矩
1	b/2 b/2 h/2 h/2 C z y	截面中心	$I_z=\dfrac{bh^3}{12}$
2	b h/2 h/2 C z y	截面中心	$I_z=\dfrac{bh^3}{12}$
3	h C z y_C b y	$y_C=\dfrac{h}{3}$	$I_z=\dfrac{bh^3}{36}$
4	a h C z y_C b y	$y_C=\dfrac{h(2a+b)}{3(a+b)}$	$I_z=\dfrac{h^3(a^2+4ab+b^2)}{36(a+b)}$
5	d C z y	圆心处	$I_z=\dfrac{\pi d^4}{64}$
6	D d C z y	圆心处	$I_z=\dfrac{\pi(D^4-d^4)}{64}=\dfrac{\pi D^4}{64}(1-a^4)$ $a=\dfrac{d}{D}$

续上表

序号	截面形状	形心位置	惯性矩
7	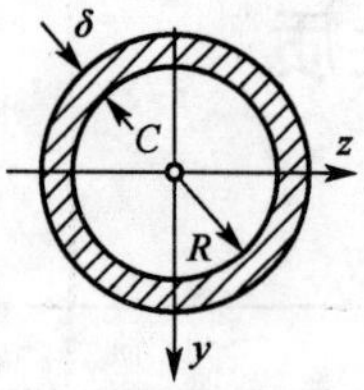	圆心处	$I_z = \pi R^3 \delta$
8	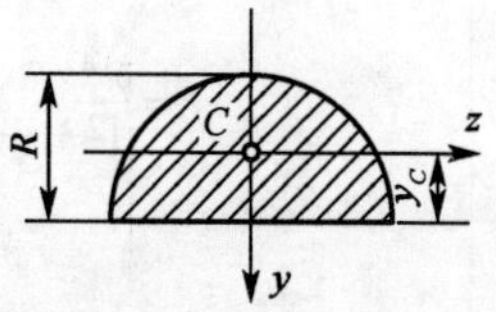	$y_C = \dfrac{4R}{3\pi}$	$I_z = \dfrac{(9\pi^2 - 64)R^4}{72\pi} 0.109\ 8R^4$
9	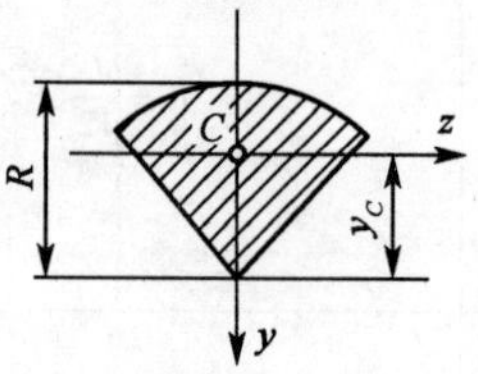	$y_C = \dfrac{2R\sin a}{3a}$	$I_z = \dfrac{R^4}{4}\left(a + \sin\alpha\cos\alpha - \dfrac{16\sin\alpha}{9\alpha}\right)$
10	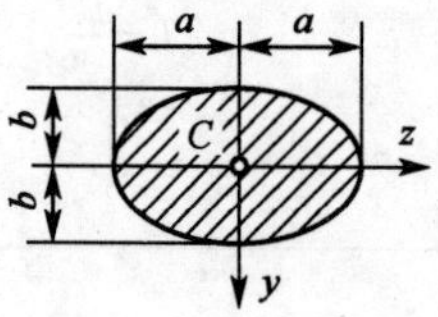	椭圆中心	$I_z = \dfrac{xab^3}{4}$

附录 B　热轧型钢(GB/T 706—2008)

一、工字钢

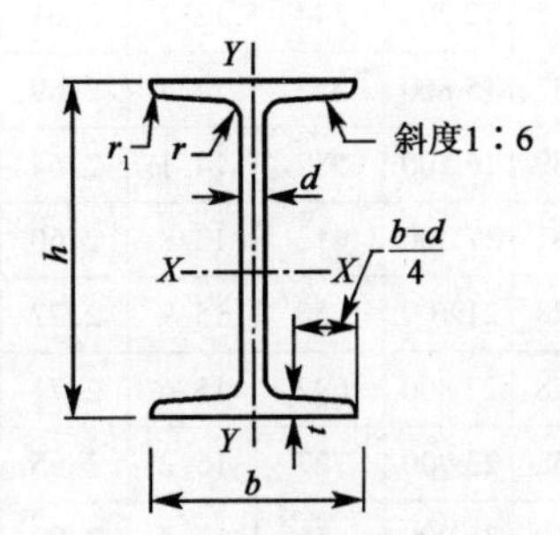

h——高度；
b——腿宽度；
d——腰厚度；
t——平均腿厚度；
r——内圆弧半径；
r_1——腿端圆弧半径

附表 B-1

型号	截面尺寸(mm)						截面面积(cm^2)	理论重量(kg/m)	惯性矩(cm^4)		惯性半径(cm)		截面模数(cm^3)		$\frac{I_x}{S_x}$(cm)*
	h	b	d	t	r	r_1			I_x	I_y	i_x	i_y	W_x	W_y	
10	100	68	4.5	7.6	6.5	3.3	14.345	11.261	245	33.0	4.14	1.52	49.0	9.72	8.59
12	120	74	5.0	8.4	7.0	3.5	17.818	13.987	436	46.9	4.95	1.62	72.7	12.7	—
12.6	126	74	5.0	8.4	7.0	3.5	18.118	14.223	488	46.9	5.20	1.61	77.5	12.7	10.85
14	140	80	5.5	9.1	7.5	3.8	21.516	16.890	712	64.4	5.76	1.73	102	16.1	12.00
16	160	88	6.0	9.9	8.0	4.0	26.131	20.513	1 130	93.1	6.58	1.89	141	21.2	13.80
18	180	94	6.5	10.7	8.5	4.3	30.756	24.143	1 660	122	7.36	2.00	185	26.0	15.40
20a	200	100	7.0	11.4	9.0	4.5	35.578	27.929	2 370	158	8.15	2.12	237	31.5	17.20
20b		102	9.0				39.578	31.069	2 500	169	7.96	2.06	250	33.1	16.90
22a	220	110	7.5	12.3	9.5	4.8	42.128	33.070	3 400	225	8.99	2.31	309	40.9	18.90
22b		112	9.5				46.528	36.524	3 570	239	8.78	2.27	325	42.7	18.70
24a	240	116	8.0	13.0	10.0	5.0	47.741	37.477	4 570	280	9.77	2.42	381	48.4	—
24b		118	10.0				52.541	41.245	4 800	297	9.57	2.38	400	50.4	—
25a	250	116	8.0				48.541	38.105	5 020	280	10.2	2.40	402	48.3	21.58
25b		118	10.0				53.541	42.030	5 280	309	9.94	2.40	423	52.4	21.27
27a	270	122	8.5	13.7	10.5	5.3	54.554	42.825	6 550	345	10.9	2.51	485	56.6	—
27b		124	10.5				59.954	47.064	6 870	366	10.7	2.47	509	58.9	—
28a	280	122	8.5				55.404	43.492	7 110	345	11.3	2.50	508	56.6	24.62
28b		124	10.5				61.004	47.888	7 480	379	11.1	2.49	534	61.2	24.24
30a	300	126	9.0	14.4	11.0	5.5	61.254	48.084	8 950	400	12.1	2.55	597	63.5	—
30b		128	11.0				67.254	52.794	9 400	422	11.8	2.50	627	65.9	—
30c		130	13.0				73.254	57.504	9 850	445	11.6	2.46	657	68.5	—

续上表

型号	截面尺寸(mm)						截面面积(cm^2)	理论重量(kg/m)	惯性矩(cm^4)		惯性半径(cm)		截面模数(cm^3)		$\frac{I_x}{S_x}$(cm)*
	h	b	d	t	r	r_1			I_x	I_y	i_x	i_y	W_x	W_y	
32a		130	9.5				67.156	52.717	11 100	460	12.8	2.62	692	70.8	27.46
32b	320	132	11.5	15.0	11.5	5.8	73.556	57.741	11 600	502	12.6	2.61	726	76.0	27.09
32c		134	13.5				79.956	62.765	12 200	544	12.3	2.61	760	81.2	26.77
36a		136	10.0				76.480	60.037	15 800	552	14.4	2.69	875	81.2	30.70
36b	360	138	12.0	15.8	12.0	6.0	83.680	65.689	16 500	582	14.1	2.64	919	84.3	30.30
36c		140	14.0				90.880	71.341	17 300	612	13.8	2.60	962	87.4	29.90
40a		142	10.5				86.112	67.598	21 700	660	15.9	2.77	1 090	93.2	34.10
40b	400	144	12.5	16.5	12.5	6.3	94.112	73.878	22 800	692	15.6	2.71	1 140	96.2	33.60
40c		146	14.5				102.112	80.158	23 900	727	15.2	2.65	1 190	99.6	33.20
45a		150	11.5				102.446	80.420	32 200	855	17.7	2.89	1 430	114	38.60
45b	450	152	13.5	18.0	13.5	6.8	111.446	87.485	33 800	894	17.4	2.84	1 500	118	38.00
45c		154	15.5				120.446	94.550	35 300	938	17.1	2.79	1 570	122	37.60
50a		158	12.0				119.304	93.654	46 500	1 120	19.7	3.07	1 860	142	42.80
50b	500	160	14.0	20.0	14.0	7.0	129.304	101.504	48 600	1 170	19.4	3.01	1 940	146	42.40
50c		162	16.0				139.304	109.354	50 600	1 220	19.0	2.96	2 080	151	41.80
55a		166	12.5				134.185	105.335	62 900	1 370	21.6	3.19	2 290	164	—
55b	550	168	14.5				145.185	113.970	65 600	1 420	21.2	3.14	2 390	170	—
55c		170	16.5	21.0	14.5	7.3	156.185	122.605	68 400	1 480	20.9	3.08	2 490	175	—
56a		166	12.5				135.435	106.316	65 600	1 370	22.0	3.18	2 340	165	47.73
56b	560	168	14.5				146.635	115.108	68 500	1 490	21.6	3.16	2 450	174	47.17
56c		170	16.5				157.835	123.900	71 400	1 560	21.3	3.16	2 550	183	46.66
63a		176	13.0				154.658	121.407	93 900	1 700	24.5	3.31	2 980	193	54.17
63b	630	178	15.0	22.0	15.0	7.5	167.258	131.298	98 100	1 810	24.2	3.29	3 160	204	53.51
63c		180	17.0				179.858	141.189	102 000	1 920	23.8	3.27	3 300	214	52.92

注:1. 表中 r、r_1 的数据用于孔型设计,不做交货条件。

2. * 表示为方便使用特加此列,数据来源于 GB/T 706—1988。

二、槽钢

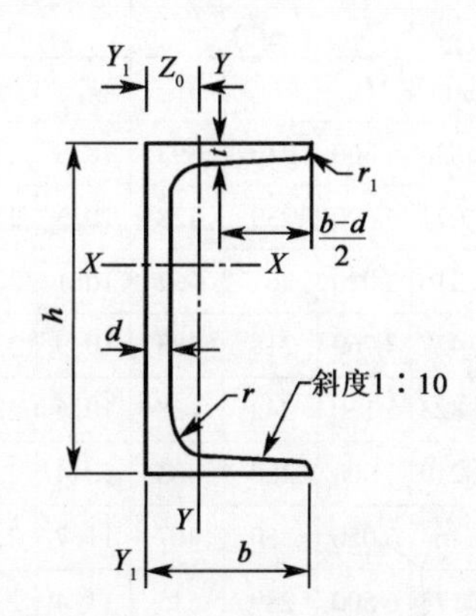

h——高度；
b——腿宽度；
d——腰厚度；
t——平均腿厚度；
r——内圆弧半径；
r_1——腿端圆弧半径；
Z_0——YY轴与Y_1Y_1轴间距

附表 B-2

型号	截面尺寸(mm)						截面面积	理论重量	惯性矩(cm^4)			惯性半径(cm)		截面模数(cm^3)		重心距离(cm)
	h	b	d	t	r	r_1	(cm^2)	(kg/m)	I_x	I_y	I_{y1}	i_x	i_y	W_x	W_y	Z_0
5	50	37	4.5	7.0	7.0	3.5	6.928	5.438	26.0	8.30	20.9	1.94	1.10	10.4	3.55	1.35
6.3	63	40	4.8	7.5	7.5	3.8	8.451	6.6.34	50.8	11.9	28.4	2.45	1.19	16.1	4.50	1.36
6.5	65	40	4.3	7.5	7.8	3.8	8.547	6.709	55.2	12.0	28.3	2.54	1.19	17.0	4.59	1.38
8	80	43	5.0	8.0	8.0	4.0	10.248	8.045	101	16.6	37.4	3.15	1.27	25.3	5.79	1.43
10	100	48	5.3	8.5	8.5	4.2	12.748	10.007	198	25.6	54.9	3.95	1.41	39.7	7.80	1.52
12	120	53	5.5	9.0	9.0	4.5	15.362	12.059	346	37.4	77.7	4.75	1.56	57.7	10.2	1.62
12.6	126	53	5.5	9.0	9.0	4.5	15.692	12.318	391	38.0	77.1	4.95	1.57	62.1	10.2	1.59
14a	140	58	6.0	9.5	9.5	4.8	18.516	14.535	564	53.2	107	5.52	1.70	80.5	13.0	1.71
14b		60	8.0				21.316	16.733	609	61.1	121	5.35	1.69	87.1	14.1	1.67
16a	160	63	6.5	10.0	10.0	5.0	21.962	17.24	866	73.3	144	6.28	1.83	108	16.3	1.80
16b		65	8.5				25.162	19.752	935	83.4	161	6.10	1.82	117	17.6	1.75
18a	180	68	7.0	10.5	10.5	5.2	25.699	20.174	1 270	98.6	190	7.04	1.96	141	20.0	1.88
18b		70	9.0				29.299	23.000	1 370	111	210	6.84	1.95	152	21.5	1.84
20a	200	73	7.0	11.0	11.0	5.5	28.837	22.637	1 780	128	244	7.86	2.11	178	24.2	2.01
20b		75	9.0				32.837	25.777	1 910	144	268	7.64	2.09	191	25.9	1.95
22a	220	77	7.0	11.5	11.5	5.8	31.846	24.999	2 390	158	298	8.67	2.23	218	28.2	2.10
22b		79	9.0				36.246	28.453	2 570	176	326	8.42	2.21	234	30.1	2.03
24a	240	78	7.0	12.0	12.0	6.0	34.217	26.860	3 050	174	325	9.45	2.25	254	30.5	2.10
24b		80	9.0				39.017	30.628	3 280	194	355	9.17	2.23	274	32.5	2.03
24c		82	11.0				43.817	34.396	3 510	213	388	8.96	2.21	293	34.4	2.00
25a	250	78	7.0				34.917	27.410	3 370	176	322	9.82	2.24	270	30.6	2.07
25b		80	9.0				39.917	31.335	3 530	196	353	9.41	2.22	282	32.7	1.98
25c		82	11.0				44.917	35.260	3 690	218	384	9.07	2.21	295	35.9	1.92

续上表

型号	截面尺寸(mm)						截面面积	理论重量	惯性矩(cm^4)			惯性半径(cm)		截面模数(cm^3)		重心距离(cm)
	h	b	d	t	r	r_1	(cm^2)	(kg/m)	I_x	I_y	I_{y1}	i_x	i_y	W_x	W_y	Z_0
27a		82	7.5				39.284	30.838	4 360	216	393	10.5	2.34	323	35.5	2.13
27b	270	84	9.5				44.684	35.077	4 690	239	428	10.3	2.31	347	37.7	2.06
27c		86	11.5	12.5	12.5	6.2	50.084	39.316	5 020	261	467	10.1	2.28	372	39.8	2.03
28a		82	7.5				40.034	31.427	4 760	218	388	10.9	2.33	340	35.7	2.10
28b	280	84	9.5				45.634	35.823	5 130	242	428	10.6	2.30	366	37.9	2.02
28c		86	11.5				51.234	40.219	5 500	268	463	10.4	2.29	393	40.3	1.95
30a		85	7.5				43.902	34.463	6 050	260	467	11.7	2.43	403	41.1	2.17
30b	300	87	9.5	13.5	13.5	6.8	49.902	39.173	6 500	289	515	11.4	2.41	433	44.0	2.13
30c		89	11.5				55.902	43.883	6 950	316	560	11.2	2.38	463	46.4	2.09
32a		88	8.0				48.513	38.083	7 600	305	552	12.5	2.50	475	46.5	2.24
32b	320	90	10.0	14.0	14.0	7.0	54.913	43.107	8 140	336	593	12.2	2.47	509	49.2	2.16
32c		92	12.0				61.313	48.131	8 690	374	643	11.9	2.47	543	52.6	2.09
36a		96	9.0				60.910	47.814	11 900	455	818	14.0	2.73	660	63.5	2.44
36b	360	98	11.0	16.0	16.0	8.0	68.110	53.466	12 700	497	880	13.6	2.70	703	66.9	2.37
36c		100	13.0				75.310	59.118	13 400	536	948	13.4	2.67	746	70.0	2.34
40a		100	10.5				75.068	58.928	17 600	592	1 070	15.3	2.81	879	78.8	2.49
40b	400	102	12.5	18.0	18.0	9.0	83.068	65.208	18 600	640	114	15.0	2.78	932	82.5	2.44
40c		104	14.5				91.068	71.488	19 700	688	1 220	14.7	2.75	986	86.2	2.42

注:表中 r、r_1 的数据用于孔型设计,不做交货条件。

三、等边角钢

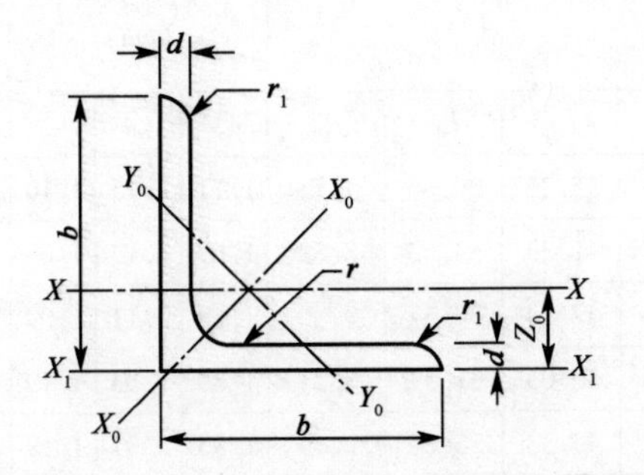

b——边宽度；
d——边厚度；
r——内圆弧半径；
r_1——边端圆弧半径；
Z_0——重心距离

附表 B-3

型号	截面尺寸(mm)			截面面积(cm²)	理论重量(kg/m)	外表面积(m²/m)	惯性矩(cm⁴)				惯性半径(cm)			截面模数(cm³)			重心距离(cm)
	b	d	r				I_x	I_{x1}	I_{x0}	I_{y0}	i_x	i_{x0}	i_{y0}	W_x	W_{x0}	W_{y0}	Z_0
2	20	3	3.5	1.132	0.889	0.078	0.40	0.81	0.63	0.17	0.59	0.75	0.39	0.29	0.45	0.20	0.60
		4		1.459	1.145	0.077	0.50	1.09	0.78	0.22	0.58	0.73	0.38	0.36	0.55	0.24	0.64
2.5	25	3		1.432	1.124	0.098	0.82	1.57	1.29	0.34	0.76	0.95	0.49	0.46	0.73	0.33	0.73
		4		1.859	1.459	0.097	1.03	2.11	1.62	0.43	0.74	0.93	0.48	0.59	0.92	0.40	0.76
3.0	30	3	4.5	1.749	1.373	0.117	1.46	2.71	2.31	0.61	0.91	1.15	0.59	0.68	1.09	0.51	0.85
		4		2.276	1.786	0.117	1.84	3.63	2.92	0.77	0.90	1.13	0.58	0.87	1.37	0.62	0.89
3.6	36	3		2.109	1.656	0.141	2.58	4.68	4.09	1.07	1.11	1.39	0.71	0.99	1.61	0.76	1.00
		4		2.756	2.163	0.141	3.29	6.25	5.22	1.37	1.09	1.38	0.70	1.28	2.05	0.93	1.04
		5		3.382	2.654	0.141	3.95	7.84	6.24	1.65	1.08	1.36	0.70	1.56	2.45	1.00	1.07
4	40	3	5	2.359	1.852	0.157	3.59	6.41	5.69	1.49	1.23	1.55	0.79	1.23	2.01	0.96	1.09
		4		3.086	2.422	0.157	4.60	8.56	7.29	1.91	1.22	1.54	0.79	1.60	2.58	1.19	1.13
		5		3.791	2.976	0.156	5.53	10.74	8.76	2.30	1.21	1.52	0.78	1.96	3.10	1.39	1.17
4.5	45	3		2.659	2.088	0.177	5.17	9.12	8.20	2.14	1.40	1.76	0.89	1.58	2.58	1.24	1.22
		4		3.486	2.736	0.177	6.65	12.18	10.56	2.75	1.38	1.74	0.89	2.05	3.32	1.54	1.26
		5		4.292	3.369	0.176	8.04	15.2	12.74	3.33	1.37	1.72	0.88	2.51	4.00	1.81	1.30
		6		5.076	3.985	0.176	9.33	18.36	14.76	3.89	1.36	1.70	0.8	2.95	4.64	2.06	1.33
5	50	3	5.5	2.971	2.332	0.197	7.18	12.5	11.37	2.98	1.55	1.96	1.00	1.96	3.22	1.57	1.34
		4		3.897	3.059	0.197	9.26	16.69	14.70	3.82	1.54	1.94	0.99	2.56	4.16	1.96	1.38
		5		4.803	3.770	0.196	11.21	20.90	17.79	4.64	1.53	1.92	0.98	3.13	5.03	2.31	1.42
		6		5.688	4.465	0.196	13.05	25.14	20.68	5.42	1.52	1.91	0.98	3.68	5.85	2.63	1.46
5.6	56	3	6	3.343	2.624	0.221	10.19	17.56	16.14	4.24	1.75	2.20	1.13	2.48	4.08	2.02	1.48
		4		4.390	3.446	0.220	13.18	23.43	20.92	5.46	1.73	2.18	1.11	3.24	5.28	2.52	1.53
		5		5.415	4.251	0.220	16.02	29.33	25.42	6.61	1.72	2.17	1.10	3.97	6.42	2.98	1.57

续上表

型号	截面尺寸(mm)			截面面积(cm²)	理论重量(kg/m)	外表面积(m²/m)	惯性矩(cm^4)				惯性半径(cm)			截面模数(cm^3)			重心距离(cm)
	b	d	r				I_x	I_{x1}	I_{x0}	I_{y0}	i_x	i_{x0}	i_{y0}	W_x	W_{x0}	W_{y0}	Z_0
5.6	56	6	6	6.420	5.040	0.220	18.69	35.26	29.66	7.73	1.71	2.15	1.10	4.68	7.49	3.40	1.61
		7		7.404	5.812	0.219	21.23	41.23	33.63	8.82	1.69	2.13	1.09	5.36	8.49	3.80	1.64
		8		8.367	6.568	0.219	23.63	47.24	37.37	9.89	1.68	2.11	1.09	6.03	9.44	4.16	1.68
6	60	5	6.5	5.829	4.576	0.236	19.89	36.05	31.57	8.21	1.85	2.33	1.19	4.59	7.44	3.48	1.67
		6		6.914	5.427	0.235	23.25	43.33	36.89	9.60	1.83	2.31	1.18	5.41	8.70	3.98	1.70
		7		7.977	6.262	0.235	26.44	50.65	41.92	10.96	1.82	2.29	1.17	6.21	9.88	4.45	1.74
		8		9.020	7.081	0.235	29.47	58.02	46.66	12.28	1.81	2.27	1.17	6.98	11.00	4.88	1.78
6.3	63	4	7	4.978	3.907	0.248	19.03	33.35	30.17	7.89	1.96	2.46	1.26	4.13	6.78	3.29	1.70
		5		6.143	4.822	0.248	23.17	41.73	36.77	9.57	1.94	2.45	1.25	5.08	8.25	3.90	1.74
		6		7.288	5.721	0.247	27.12	50.14	43.03	11.20	1.93	2.43	1.24	6.00	9.66	4.46	1.78
		7		8.412	6.603	0.247	30.87	58.60	48.96	12.79	1.92	2.41	1.23	6.88	10.99	4.98	1.82
		8		9.515	7.469	0.247	34.46	67.11	54.56	14.33	1.90	2.40	1.23	7.75	12.25	5.47	1.85
		10		11.657	9.151	0.246	41.09	84.31	64.85	17.33	1.88	2.36	1.22	9.39	14.56	6.36	1.93
7	70	4	8	5.570	4.372	0.275	26.39	45.74	41.80	10.99	2.18	2.74	1.40	5.14	8.44	4.17	1.86
		5		6.875	5.397	0.275	32.21	57.21	51.08	13.31	2.16	2.73	1.39	6.32	10.32	4.95	1.91
		6		8.160	6.406	0.275	37.77	68.73	59.93	15.61	2.15	2.71	1.38	7.48	12.11	5.67	1.95
		7		9.424	7.398	0.275	43.09	80.29	68.35	17.82	2.14	2.69	1.38	8.59	13.81	6.34	1.99
		8		10.667	8.373	0.274	48.17	91.92	76.37	19.98	2.12	2.68	1.37	9.68	15.43	6.98	2.03
7.5	75	5	9	7.412	5.818	0.295	39.97	70.56	63.30	16.63	2.33	2.92	1.50	7.32	11.94	5.77	2.04
		6		8.797	6.905	0.294	46.95	84.55	74.38	19.51	2.31	2.90	1.49	8.64	14.02	6.67	2.07
		7		10.160	7.976	0.294	53.57	98.71	84.96	22.18	2.30	2.89	1.48	9.93	16.02	7.44	2.11
		8		11.503	9.030	0.294	59.96	112.97	95.07	24.86	2.28	2.88	1.47	11.20	17.93	8.19	2.15
		9		12.825	10.068	0.294	66.10	127.30	104.71	27.48	2.27	2.86	1.46	12.43	19.75	8.89	2.18
		10		14.126	11.089	0.293	71.98	141.71	113.92	30.05	2.26	2.84	1.46	13.64	21.48	9.56	2.22
8	80	5		7.912	6.211	0.315	48.79	85.36	77.33	20.25	2.48	3.13	1.60	8.34	13.67	6.66	2.15
		6		9.397	7.376	0.314	57.35	102.50	90.98	23.72	2.47	3.11	1.59	9.87	16.08	7.65	2.19
		7		10.860	8.525	0.314	65.58	119.70	104.07	27.09	2.46	3.10	1.58	11.37	18.40	8.58	2.23
		8		12.303	9.658	0.314	73.49	136.97	116.60	30.39	2.44	3.08	1.57	12.83	20.61	9.46	2.27
		9		13.725	10.774	0.314	81.11	154.31	128.60	33.61	2.43	3.06	1.56	14.25	22.73	10.29	2.31
		10		15.126	11.874	0.313	88.43	171.74	140.09	36.77	2.42	3.04	1.56	15.64	24.76	11.08	2.35
9	90	6	10	10.637	8.350	0.354	82.77	145.87	131.26	34.28	2.79	3.51	1.80	12.61	20.63	9.95	2.44
		7		12.301	9.656	0.354	94.83	170.30	150.47	39.18	2.78	3.50	1.78	14.54	23.64	11.19	2.48
		8		13.944	10.946	0.353	106.47	194.80	168.97	43.97	2.76	3.48	1.78	16.42	26.55	12.35	2.52

续上表

型号	截面尺寸(mm)			截面面积(cm^2)	理论重量(kg/m)	外表面积(m^2/m)	惯性矩(cm^4)				惯性半径(cm)			截面模数(cm^3)			重心距离(cm)
	b	d	r				I_x	I_{x1}	I_{x0}	I_{y0}	i_x	i_{x0}	i_{y0}	W_x	W_{x0}	W_{y0}	Z_0
9	90	9	10	15.566	12.219	0.353	117.72	219.39	186.77	48.66	2.75	3.46	1.77	18.27	29.35	13.46	2.56
		10		17.167	13.476	0.353	128.58	244.07	203.90	53.26	2.74	3.45	1.76	20.07	32.04	14.52	2.59
		12		20.306	15.940	0.352	149.22	293.76	236.21	62.22	2.71	3.41	1.75	23.57	37.12	16.49	2.67
10	100	6	12	11.932	9.366	0.393	114.95	200.07	181.98	47.92	3.10	3.90	2.00	15.68	25.74	12.69	2.67
		7		13.796	10.830	0.393	131.86	233.54	208.97	54.74	3.09	3.89	1.99	18.10	29.55	14.26	2.71
		8		15.638	12.276	0.393	148.24	267.09	235.07	61.41	3.08	3.88	1.98	20.47	33.24	15.75	2.76
		9		17.462	13.708	0.392	164.12	300.73	260.30	67.95	3.07	3.86	1.97	22.79	36.81	17.18	2.80
		10		19.261	15.120	0.392	179.51	334.48	284.68	74.35	3.05	3.84	1.96	25.06	40.26	18.54	2.84
		12		22.800	17.898	0.391	208.90	402.34	330.95	86.84	3.03	3.81	1.95	29.48	46.80	21.08	2.91
		14		26.256	20.611	0.391	236.53	470.75	374.06	99.00	3.00	3.77	1.94	33.73	52.90	23.44	2.99
		16		29.627	23.257	0.390	262.53	539.80	414.16	110.89	2.98	3.74	1.94	37.82	58.57	25.63	3.06
11	110	7		15.196	11.928	0.433	177.16	310.64	280.94	73.38	3.41	4.30	2.20	22.05	36.12	17.51	2.96
		8		17.238	13.535	0.433	199.46	355.20	316.49	82.42	3.40	4.28	2.19	24.95	40.69	19.39	3.01
		10		21.261	16.690	0.432	242.19	444.65	384.39	99.98	3.38	4.25	2.17	30.60	49.42	22.91	3.09
		12		25.200	19.782	0.431	282.55	534.60	448.17	116.93	3.35	4.22	2.15	36.05	57.62	26.15	3.16
		14		29.056	22.809	0.431	320.71	625.16	508.01	133.40	3.32	4.18	2.14	41.31	65.31	29.14	3.24
12.5	125	8	14	19.750	15.504	0.492	297.03	521.01	470.89	123.16	3.88	4.88	2.50	32.52	53.28	25.86	3.37
		10		24.373	19.133	0.491	361.67	651.93	573.89	149.46	3.85	4.85	2.48	39.97	64.93	30.62	3.45
		12		28.912	22.696	0.491	423.16	783.42	671.44	174.88	3.83	4.82	2.46	41.17	75.96	35.03	3.53
		14		33.367	26.193	0.490	481.65	915.61	763.73	199.57	3.80	4.78	2.45	54.16	86.41	39.13	3.61
		16		37.739	29.625	0.489	537.31	1 048.62	850.98	223.65	3.77	4.75	2.43	60.93	96.28	42.96	3.68
14	140	10		27.373	21.488	0.551	514.65	915.11	817.27	212.04	4.34	5.46	2.78	50.58	82.56	39.20	3.82
		12		32.512	25.522	0.551	603.68	1 099.28	958.79	248.57	4.31	5.43	2.76	59.80	96.85	45.02	3.90
		14		37.567	29.490	0.550	688.81	1 284.22	1 093.56	284.06	4.28	5.40	2.75	68.75	110.47	50.45	3.98
		16		42.539	33.393	0.549	770.24	1 470.07	1 221.81	318.67	4.26	5.36	2.74	77.46	123.42	55.55	4.06
15	150	8		23.750	18.644	0.592	521.37	899.55	827.49	215.25	4.69	5.90	3.01	47.36	78.02	38.14	3.99
		10		29.373	23.058	0.591	637.50	1 125.09	1 012.79	262.21	4.66	5.87	2.99	58.35	95.49	45.51	4.08
		12		34.912	27.406	0.591	748.85	1 351.26	1 189.97	307.73	4.63	5.84	2.97	69.04	112.19	52.38	4.15
		14		40.367	31.688	0.590	855.64	1 578.25	1 359.30	351.98	4.60	5.80	2.95	79.45	128.16	58.83	4.23
		15		430.63	33.804	0.590	907.39	1 692.10	1 441.09	373.69	4.59	5.78	2.95	84.56	135.87	61.90	4.27
		16		45.739	35.905	0.589	958.08	1 806.21	1 521.02	395.14	4.58	5.77	2.94	89.59	143.40	64.89	4.31
16	160	10	16	31.502	24.729	0.630	779.53	1 365.33	1 237.30	321.76	4.98	6.27	3.20	66.70	109.36	52.76	4.31
		12		37.441	29.391	0.630	916.58	1 639.57	1 455.68	377.49	4.95	6.24	3.18	78.98	128.67	60.74	4.39

续上表

型号	截面尺寸(mm)			截面面积(cm^2)	理论重量(kg/m)	外表面积(m^2/m)	惯性矩(cm^4)				惯性半径(cm)			截面模数(cm^3)			重心距离(cm)
	b	d	r				I_x	I_{x1}	I_{x0}	I_{y0}	i_x	i_{x0}	i_{y0}	W_x	W_{x0}	W_{y0}	Z_0
16	160	14	16	43.296	33.987	0.629	1 048.36	1 914.68	1 665.02	431.70	4.92	6.20	3.16	90.95	147.17	68.24	4.47
		16		49.067	38.518	0.629	1 175.08	2 190.82	1 865.57	484.59	4.89	6.17	3.14	102.63	164.89	75.31	4.55
18	180	12		42.241	33.159	0.710	1 321.35	2 332.80	2 100.10	542.61	5.59	7.05	3.58	100.82	165.00	78.41	4.89
		14		48.896	38.383	0.709	1 514.48	2 723.48	2 407.42	621.53	5.56	7.02	3.56	116.25	189.14	88.38	4.97
		16		55.467	43.542	0.709	1 700.99	3 115.29	2 703.37	698.60	5.54	6.98	3.55	131.13	212.40	97.83	5.05
		18		61.055	48.634	0.708	1 875.12	3 502.43	2 988.24	762.01	5.50	6.94	3.51	145.64	234.78	105.14	5.13
20	200	14	18	54.642	42.894	0.788	2 103.55	3 734.10	3 343.26	863.83	6.20	7.82	3.98	144.70	236.40	111.82	5.46
		16		62.013	48.680	0.788	2 366.15	4 270.39	3 760.89	971.41	6.18	7.79	3.96	163.65	265.93	123.96	5.54
		18		69.301	54.401	0.787	2 620.64	4 808.13	4 164.54	1 076.74	6.15	7.75	3.94	182.22	294.48	135.52	5.62
		20		76.505	60.056	0.787	2 867.30	5 347.51	4 554.55	1 180.04	6.12	7.72	3.93	200.42	322.06	146.55	5.69
		24		90.661	71.168	0.785	3 338.25	6 457.16	5 294.97	1 381.53	6.07	7.64	3.90	236.17	374.41	166.65	5.87
22	220	16	21	68.664	53.901	0.866	3 187.36	5 681.62	5 063.73	1 310.99	6.81	8.59	4.37	199.55	325.51	153.81	6.03
		18		76.752	60.250	0.866	3 534.30	6 395.93	5 615.32	1 453.27	6.79	8.55	4.35	222.37	360.97	168.29	6.11
		20		84.756	66.533	0.865	3 871.49	7 112.04	6 150.08	1 592.90	6.76	8.52	4.34	244.77	395.34	182.16	6.18
		22		92.676	72.751	0.865	4 199.23	7 830.19	6 668.37	1 730.10	6.73	8.48	4.32	266.78	428.66	195.45	6.26
		24		100.512	78.902	0.864	4 517.83	8 550.57	7 170.55	1 865.11	6.70	8.45	4.31	288.39	460.94	208.21	6.33
		26		108.264	84.987	0.864	4 827.58	9 273.39	7 656.98	1 998.17	6.68	8.41	4.30	309.62	492.21	220.49	6.41
25	250	18	24	87.842	68.956	0.985	5 268.22	9 379.11	8 369.04	2 167.41	7.74	9.76	4.97	290.12	473.42	224.03	6.84
		20		97.045	76.180	0.984	5 779.34	10 426.97	9 181.94	2 376.74	7.72	9.73	4.95	319.66	519.41	242.85	6.92
		24		115.201	90.433	0.983	6 763.93	12 529.74	10 742.67	2 785.19	7.66	9.66	4.92	377.34	607.70	278.38	7.07
		26		124.154	97.461	0.982	7 238.08	13 585.18	11 491.33	2 984.84	7.63	9.62	4.90	405.50	650.05	295.19	7.15
		28		133.022	104.422	0.982	7 700.60	14 643.62	12 219.39	3 181.81	7.61	9.58	4.89	433.22	691.23	311.42	7.22
		30		141.807	111.318	0.981	8 151.80	15 705.30	12 927.26	3 376.34	7.58	9.55	4.88	460.51	731.28	327.12	7.30
		32		150.508	118.149	0.981	8 592.01	16 770.41	13 615.32	3 568.71	7.56	9.51	4.87	487.39	770.20	342.33	7.37
		35		163.402	128.271	0.980	9 232.44	18 374.95	14 611.16	3 853.72	7.52	9.46	4.86	526.97	826.53	364.30	7.48

注:截面图中的 $r_1=1/3d$ 及表中 r 的数据用于孔型设计,不做交货条件。

四、不等边角钢

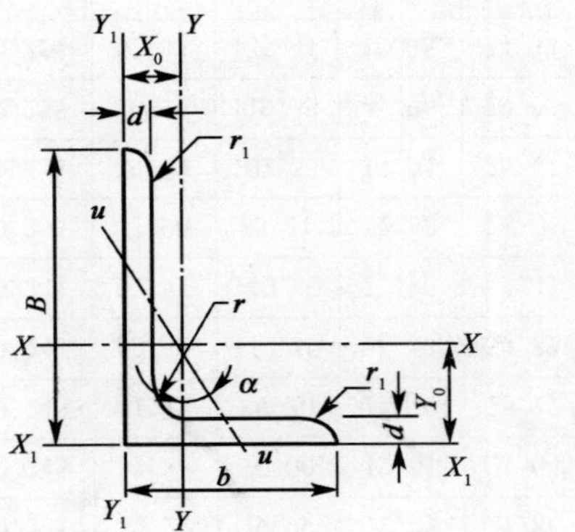

B——长边宽度；
b——短边宽度；
d——边厚度；
r——内圆弧半径；
r_1——边端圆弧半径；
X_0——重心距离；
Y_0——重心距离

附表 B-4

型号	截面尺寸（mm）				截面面积（cm^2）	理论重量（kg/m）	外表面积（m^2/m）	惯性矩（cm^4）					惯性半径（cm）			截面模数（cm^3）			tanα	重心距离（cm）	
	B	b	d	r				I_x	I_{x1}	I_y	I_{y1}	I_u	i_x	i_y	i_u	W_x	W_y	W_u		X_0	Y_0
2.5/1.6	25	16	3	3.5	1.162	0.912	0.080	0.70	1.56	0.22	0.43	0.14	0.78	0.44	0.34	0.43	0.19	0.16	0.392	0.42	0.86
			4		1.499	1.176	0.079	0.88	2.09	0.27	0.59	0.17	0.77	0.43	0.34	0.55	0.24	0.20	0.381	0.46	1.86
3.2/2	32	20	3		1.492	1.171	0.102	1.53	3.27	0.46	0.82	0.28	1.01	0.55	0.43	0.72	0.30	0.25	0.382	0.49	0.90
			4		1.939	1.522	0.101	1.93	4.37	0.57	1.12	0.35	1.00	0.54	0.42	0.93	0.39	0.32	0.374	0.53	1.08
4/2.5	40	25	3	4	1.890	1.484	0.127	3.08	5.39	0.93	1.59	0.56	1.28	0.70	0.54	1.15	0.49	0.40	0.385	0.59	1.12
			4		2.467	1.936	0.127	3.93	8.53	1.18	2.14	0.71	1.36	0.69	0.54	1.49	0.63	0.52	0.381	0.63	1.32
4.5/2.8	45	28	3	5	2.149	1.687	0.143	445	9.10	1.34	2.23	0.80	1.44	0.79	0.61	1.47	0.62	0.51	0.383	0.64	1.37
			4		2.806	2.203	0.143	5.69	12.13	1.70	3.00	1.02	1.42	0.78	0.60	1.91	0.80	0.66	0.380	0.68	1.47
5/3.2	50	32	3	5.5	2.431	1.908	0.161	6.24	12.49	2.02	3.31	1.20	1.60	0.91	0.70	1.84	0.82	0.68	0.404	0.73	1.51
			4		3.177	2.494	0.160	8.02	16.65	2.58	4.45	1.53	1.59	0.90	0.69	2.39	1.06	0.87	0.402	0.77	1.60

续上表

型号	截面尺寸(mm)				截面面积(cm^2)	理论重量(kg/m)	外表面积(m^2/m)	惯性矩(cm^4)					惯性半径(cm)			截面模数(cm^3)			$\tan\alpha$	重心距离(cm)	
	B	b	d	r				I_x	I_{x1}	I_y	I_{y1}	I_u	i_x	i_y	i_u	W_x	W_y	W_u		X_0	Y_0
5.6/3.6	56	36	3	6	2.743	2.153	0.181	8.88	17.54	2.92	4.70	1.73	1.80	1.03	0.79	2.32	1.05	0.87	0.408	0.80	1.65
			4		3.590	2.818	0.180	11.45	23.39	3.76	6.33	2.23	1.79	1.02	0.79	3.03	1.37	1.13	0.408	0.85	1.78
			5		4.415	3.466	0.180	13.86	29.25	4.49	7.94	2.67	1.77	1.01	0.78	3.71	1.65	1.36	0.404	0.88	1.82
6.3/4	63	40	4	7	4.058	3.185	0.202	16.49	33.30	5.23	8.63	3.12	2.02	1.14	0.88	3.87	1.70	1.40	0.398	0.92	1.87
			5		4.993	3.920	0.202	20.02	41.63	6.31	10.86	3.76	2.00	1.12	0.87	4.74	2.07	1.71	0.396	0.95	2.04
			6		5.908	4.638	0.201	23.36	49.98	7.29	13.12	4.34	1.96	1.11	0.86	5.59	2.43	1.99	0.393	0.99	2.08
			7		6.802	5.339	0.201	26.53	58.07	8.24	15.47	4.97	1.98	1.10	0.86	6.40	2.78	2.29	0.389	1.03	2.12
7/4.5	70	45	4	7.5	4.547	3.570	0.226	23.17	45.92	7.55	12.26	4.40	2.26	1.29	0.98	4.86	2.17	1.77	0.410	1.02	2.15
			5		5.609	4.403	0.225	27.95	57.10	9.13	15.39	5.40	2.23	1.28	0.98	5.92	2.65	2.19	0.407	1.06	2.24
			6		6.647	5.218	0.225	32.54	68.35	10.62	18.58	6.35	2.21	1.26	0.98	6.95	3.12	2.59	0.404	1.09	2.28
			7		7.657	6.011	0.225	37.22	79.99	12.01	21.84	7.16	2.20	1.25	0.97	8.03	3.57	2.94	0.402	1.13	2.32
7.5/5	75	50	5	8	6.125	4.808	0.245	34.86	70.00	12.61	21.04	7.41	2.39	1.44	1.10	6.83	3.30	2.74	0.435	1.17	2.36
			6		7.260	5.699	0.245	41.12	84.30	14.70	25.37	8.54	2.38	1.42	1.08	8.12	3.88	3.19	0.435	1.21	2.40
			8		9.467	7.431	0.244	52.39	112.50	18.53	34.23	10.87	2.35	1.40	1.07	10.52	4.99	4.10	0.429	1.29	2.44
			10		11.590	90.098	0.244	62.71	140.80	21.96	43.43	13.10	2.33	1.38	1.06	12.79	6.04	4.99	0.423	1.36	2.52
8/5	80	50	5		6.375	5.005	0.255	41.96	85.21	12.82	21.06	7.66	2.56	1.42	1.10	7.78	3.32	2.74	0.388	1.14	2.60
			6		7.560	5.935	0.255	49.49	102.53	14.95	25.41	8.85	2.56	1.41	1.08	9.25	3.91	3.20	0.387	1.18	2.65
			7		8.724	6.848	0.255	56.16	119.33	46.96	29.82	10.18	2.54	1.39	1.08	10.58	4.48	3.70	0.384	1.21	2.69
			8		9.867	7.745	0.254	62.83	136.41	18.85	34.32	11.38	2.52	1.38	1.07	11.92	5.03	4.16	0.381	1.25	2.73
9/5.6	90	56	5	9	7.212	5.661	0.287	60.45	121.32	18.32	29.53	10.98	2.90	1.59	1.23	9.92	4.21	3.49	0.385	1.25	2.91
			6		8.557	6.717	0.286	71.03	145.59	21.42	35.58	12.90	2.88	1.58	1.23	11.74	4.96	4.13	0.384	1.29	2.95

续上表

型号	截面尺寸(mm)				截面面积(cm^2)	理论重量(kg/m)	外表面积(m^2/m)	惯性矩(cm^4)					惯性半径(cm)			截面模数(cm^3)			tanα	重心距离(cm)	
	B	b	d	r				I_x	I_{x1}	I_y	I_{y1}	I_u	i_x	i_y	i_u	W_x	W_y	W_u		X_0	Y_0
9/5.6	90	56	7	9	9.880	7.756	0.286	81.01	169.60	24.36	41.71	14.67	2.86	1.57	1.22	13.49	5.70	4.72	0.382	1.33	3.00
			8		11.183	8.779	0.286	91.03	194.17	27.15	47.93	16.34	2.85	1.56	1.21	15.27	6.41	5.29	0.380	1.36	3.04
10/6.3	100	63	6	10	9.617	7.550	0.320	99.06	199.71	30.94	50.50	18.42	3.21	1.79	1.38	14.64	6.35	5.25	0.394	1.43	3.24
			7		11.111	8.722	0.320	113.45	233.00	35.26	59.14	21.00	3.20	1.78	1.38	16.88	7.29	6.02	0.394	1.47	3.28
			8		12.534	9.878	0.319	127.37	266.32	393.39	67.88	23.50	3.18	1.77	1.37	19.08	8.21	6.78	0.391	1.50	3.32
			10		15.467	12.142	0.319	153.81	333.06	47.12	85.73	28.33	3.15	1.74	1.35	23.32	9.98	8.24	0.387	1.58	3.40
10/8	100	80	6		10.637	8.350	0.354	107.04	199.83	61.24	102.68	31.65	3.17	2.40	1.72	15.19	10.16	8.37	0.627	1.97	2.95
			7		12.301	9.656	0.354	122.73	233.20	70.08	119.98	36.17	3.16	2.39	1.72	17.52	11.71	9.60	0.626	2.01	3.0
			8		13.944	10.946	0.353	137.92	266.61	78.58	137.37	40.58	3.14	2.37	1.71	19.81	13.21	10.80	0.625	2.05	3.04
			10		17.167	13.476	0.353	166.87	333.63	94.65	172.48	49.10	3.12	2.35	1.69	24.24	16.12	13.12	0.622	2.13	3.12
11/7	110	70	6		10.637	8.350	0.354	133.37	265.78	42.92	69.08	25.36	3.54	2.01	1.54	17.85	7.90	6.53	0.403	1.57	3.53
			7		12.301	9.656	0.354	153.00	310.07	49.01	80.82	28.95	3.53	2.00	1.53	20.60	9.09	7.50	0.402	1.61	3.57
			8		13.944	10.946	0.353	172.04	354.39	54.87	92.70	32.45	3.51	1.98	1.53	23.30	10.25	8.45	0.401	1.65	3.62
			10		17.167	13.476	0.353	208.39	443.13	65.88	116.83	39.20	3.48	1.96	1.51	28.54	12.48	10.29	0.397	1.72	3.70
12.5/8	125	80	7	11	14.096	11.066	0.403	227.98	454.99	74.42	120.32	43.81	4.02	2.30	1.76	26.86	12.01	9.92	0.408	1.80	4.01
			8		15.989	12.551	0.403	256.77	519.99	83.49	137.85	49.15	4.01	2.28	1.75	30.41	13.56	11.18	0.407	1.84	4.06
			10		19.712	15.474	0.402	312.04	650.09	100.67	173.40	59.45	3.98	2.26	1.74	37.33	16.56	13.64	0.404	1.92	4.14
			12		23.351	18.330	0.402	364.41	780.39	116.67	209.67	69.35	3.95	2.24	1.72	44.01	19.43	16.01	0.400	2.00	4.22
14/9	140	90	8	12	18.038	14.160	0.453	365.64	730.53	120.69	195.79	70.83	4.50	2.59	1.98	38.48	17.34	14.31	0.411	2.04	4.50
			10		22.261	17.475	0.452	445.50	913.20	140.03	245.92	85.82	4.47	2.56	1.96	47.31	21.22	17.48	0.409	2.12	4.58
			12		26.400	20.724	0.451	521.59	1 096.09	169.79	296.89	100.21	4.44	2.54	1.95	55.87	24.95	20.54	0.406	2.19	4.66

续上表

型号	截面尺寸 (mm)				截面面积 (cm^2)	理论重量 (kg/m)	外表面积 (m^2/m)	惯性矩 (cm^4)					惯性半径 (cm)			截面模数 (cm^3)			tanα	重心距离 (cm)	
	B	b	d	r				I_x	I_{x1}	I_y	I_{y1}	I_u	i_x	i_y	i_u	W_x	W_y	W_u		X_0	Y_0
14/9	140	90	14	12	30.456	23.908	0.451	594.10	1 279.26	192.10	348.82	114.13	4.42	2.51	1.94	64.18	28.54	23.52	0.403	2.27	4.74
15/9	150	90	8		18.839	14.788	0.473	442.05	898.35	122.80	195.96	74.14	4.84	2.55	1.98	43.86	17.47	14.48	0.364	1.97	4.92
			10		23.261	18.260	0.472	539.24	1 122.85	148.62	246.26	89.86	4.81	2.53	1.97	53.97	21.38	17.69	0.362	2.05	5.01
			12		27.600	21.666	0.471	632.08	1 347.50	172.85	297.46	104.95	4.79	2.50	1.95	63.79	25.14	20.80	0.359	2.12	5.09
			14		31.856	25.007	0.471	720.77	1 572.38	195.62	349.74	119.53	4.76	2.48	1.94	73.33	28.77	23.84	0.356	2.20	5.17
			15		33.925	26.652	0.471	763.62	1 684.93	206.50	376.33	126.67	4.74	2.47	1.93	77.99	30.53	25.33	0.354	2.24	5.21
			16		36.027	28.281	0.470	805.51	1 797.55	217.07	403.24	133.72	4.73	2.45	1.93	82.60	32.27	26.82	0.352	2.27	5.25
16/10	160	100	10	13	25.315	19.872	0.512	668.69	1 362.89	205.03	336.59	121.74	5.14	2.85	2.19	62.13	26.56	21.92	0.390	2.28	5.24
			12		30.054	23.592	0.511	784.91	1 635.56	239.06	405.94	142.33	5.11	2.82	2.17	73.49	31.28	25.79	0.388	2.36	5.32
			14		34.709	27.247	0.510	896.30	1 908.50	271.20	476.42	162.23	5.08	2.80	2.16	84.56	35.83	29.56	0.385	0.43	5.40
			16		29.281	30.835	0.510	1 003.04	2 181.79	301.60	548.22	182.57	5.05	2.77	2.16	95.33	40.24	33.44	0.382	2.51	5.48
18/11	180	110	10	14	28.373	22.273	0.571	956.25	1 940.40	278.11	447.22	166.50	5.80	3.13	2.42	78.96	32.49	26.88	0.376	2.44	5.89
			12		33.712	26.440	0.571	1 124.72	2 328.38	325.03	538.94	194.87	5.78	3.10	2.40	93.53	38.32	31.66	0.374	2.52	5.98
			14		38.967	30.589	0.570	1 286.91	2 716.60	369.55	631.95	222.30	5.75	3.08	2.39	107.76	43.97	36.32	0.372	2.59	6.06
			16		44.139	34.649	0.569	1 443.06	3 105.15	411.85	726.46	248.94	5.72	3.06	2.38	121.64	49.44	40.87	0.369	2.67	6.14
20/12.5	200	125	12		37.912	29.761	0.641	1 570.90	3 193.85	483.16	787.74	285.79	6.44	3.57	2.74	116.73	49.99	41.23	0.392	2.83	6.54
			14		43.687	34.436	0.640	1 800.97	3 726.17	550.83	922.47	326.58	6.41	3.54	2.73	134.65	57.44	47.34	0.390	2.91	6.62
			16		49.739	39.045	0.639	2 023.35	4 258.88	615.44	1 058.86	366.21	6.38	3.52	2.71	152.18	64.89	53.32	0.388	2.99	6.70
			18		55.526	43.588	0.639	2 238.30	4 792.00	677.19	1 197.13	404.83	6.35	3.49	2.70	169.33	71.74	59.18	0.385	3.06	6.78

注:截面图中的 $r_1 = 1/3d$ 及表中 r 的数据用于孔型设计,不做交货条件。

五、L 型钢

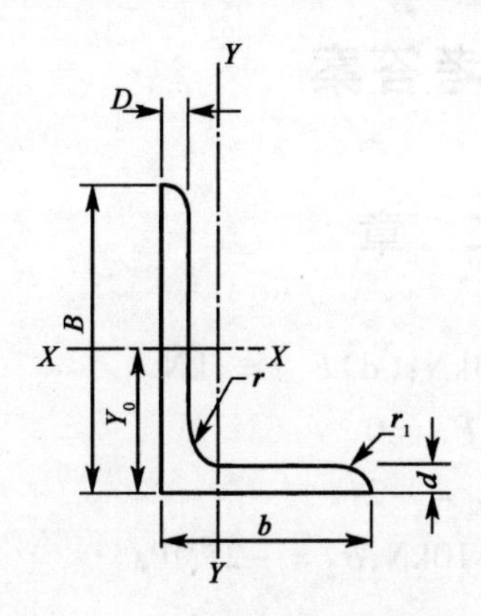

B——长边宽度；
b——短边宽度；
D——长边厚度；
d——短边厚度；
r——内圆弧半径；
r_1——边端圆弧半径；
Y_0——重心距离

附表 B-5

型　号	截面尺寸(mm)						截面面积	理论重量	惯性矩 I_x	重心距离 Y_0
	B	b	D	d	r	r_1	(cm^2)	(kg/m)	(cm^4)	(cm)
L250×90×9×13			9	13			33.4	26.2	2 190	8.64
L250×90×10.5×15	250	90	10.5	15			38.5	30.3	2 510	8.76
L250×90×11.5×16			11.5	16	15	7.5	41.7	32.7	2 710	8.90
L300×100×10.5×15	300	100	10.5	15			45.3	35.6	4 290	10.6
L300×100×11.5×16			11.5	16			49.0	38.5	4 630	10.7
L350×120×10.5×16	350	120	10.5	16			54.9	43.1	7 110	12.0
L350×120×11.5×18			11.5	18			60.4	47.4	7 780	12.0
L400×120×11.5×23	400	120	11.5	23			71.6	56.2	11 900	13.3
L450×120×11.5×25	450	120	11.5	25	20	10	79.5	62.4	16 800	15.1
L500×120×12.5×33	500	120	12.5	33			98.6	77.4	25 500	16.5
L500×120×13.5×35			13.5	35			105.0	82.8	27 100	16.6

习题参考答案

第　二　章

2-1　(a)$F_{max}=F$;(b)$F_{max}=F$;(c)$F_{max}=3kN$;(d)$F_{max}=1kN$

2-2　(a)$F_{N1}=F, F_{N2}=-F$;(b)$F_{N1}=2F, F_{N2}=0$

(c)$F_{N1}=2F, F_{N2}=F$;(d)$F_{N1}=F, F_{N2}=-2F$

2-3　$F_{N1}=-20kN, \sigma_1=-50MPa$;$F_{N2}=-10kN, \sigma_2=-25MPa$

$F_{N3}=10kN, \sigma_3=25MPa$

2-4　$F_{N1}=-20kN, \sigma_1=-50MPa$;$F_{N2}=-10kN, \sigma_2=-33.3MPa$

$F_{N3}=10kN, \sigma_3=50MPa$

2-5

α	0°	30°	45°	60°	90°
σ_α(MPa)	100	75.0	50	25.0	0
τ_α(MPa)	0	43.3	50	43.3	0

2-6　$\alpha=-26.6°$

2-7　$E=70GPa, \nu=0.33$

2-8　$[F]=57.6kN$

2-9　$[F]=1.5kN$

2-10　$d\geqslant 26mm, b\geqslant 100mm$

2-11　$[F]=\frac{\sqrt{2}}{2}A[\sigma]$

2-12　$\alpha=54°44'$

2-13　AC 杆为 2 个 80mm×7mm 角钢,CD 杆为 2 个 75mm×6mm 角钢

2-14　$[F]=41kN$

2-15　$\Delta_D=\frac{Fl}{3EA}$

2-16　(1)$\sigma_{AC}=-2.5MPa, \sigma_{CB}=-6.5MPa$

(2)$\varepsilon_{AC}=-2.5\times10^{-4}, \varepsilon_{CB}=-6.5\times10^{-4}$

(3)$\Delta l=-1.35mm$

2-17　$k=729.2N/m^3, \Delta l=\frac{Fl}{4EA}$

2-18　$\Delta l=\frac{Fl}{E\delta(b_2-b_1)}\ln\frac{b_2}{b_1}$

2-19　(1)$[F]=15.07\text{kN}$,(2)$\Delta_B=3.33\times10^3\text{m}$

2-20　$\Delta_x=0.05\times10^{-3}\text{m}(\rightarrow)$,$\Delta_y=0.50\times10^{-3}\text{m}(\downarrow)$

2-21　$\Delta_{AC}=\dfrac{(2+\sqrt{2})}{EA}Fa$

2-22　(1)$x=0.6\text{m}$;(2)$F=200\text{kN}$

2-23　(a)$F_B=\dfrac{2}{3}F(\leftarrow)$,$F_C=\dfrac{1}{3}F(\leftarrow)$;$F_{N\max}=\dfrac{2}{3}F$

(b)$F_A=\dfrac{7}{4}F(\leftarrow)$,$F_B=\dfrac{5}{4}F(\leftarrow)$;$F_{N\max}=\dfrac{7}{4}F$

2-24　$A_1\geqslant4\times10^{-4}\text{m}^2$;$A_2\geqslant2.67\times10^{-4}\text{m}^2$

2-25　$[F]=452.2\text{kN}$

2-26　(1)$F_A=200\text{kN},F_C=0$;(2)$F_A=155.5\text{kN},F_C=24.5\text{kN}$

2-27　(1)$\sigma_1=\sigma_3=-35\text{MPa},\sigma_2=70\text{MPa}$

(2)$\sigma_1=\sigma_3=17.5\text{MPa},\sigma_2=-35\text{MPa}$

2-28　$\sigma=72\text{MPa}$

2-29　$\Delta T=-26.5℃$

2-30　$D:h:d=1.225:0.333:1$

2-31　$l\geqslant200\text{mm},a\geqslant20\text{mm}$

2-32　$l\geqslant100\text{mm},\delta\geqslant10\text{mm}$

2-33　$l\geqslant127\text{mm}$

2-34　$\tau=99.5\text{MPa},\sigma_{\text{bs}}=125\text{MPa},\sigma'=125\text{MPa},\sigma''=125\text{MPa}$

第　三　章

3-1　(a)$y_C=z_C=\dfrac{4R}{3\pi}$;(b)$y_C=\dfrac{h}{3},z_C=\dfrac{b}{3}$

3-2　(a)$S_z=\dfrac{bh^2}{8}$;(b)$S_z=\dfrac{B}{8}(H^2-h^2)+\dfrac{bh^2}{8}$;(c)$S_z=42\,240\text{mm}^3$

3-3　(a)$y_C=-\dfrac{(b-2a)h}{3(a+b)}$;(b)$y_C=\dfrac{-19}{14}a,\ z_C=\dfrac{19}{14}a$

3-4　(a)$I_y=\dfrac{hb^3}{12}-\dfrac{\pi d^4}{64}$;(b)$I_y=1\,352.67\text{cm}^4$

3-5　$I_{z工字}:I_{z矩形}=1.74:1$

3-6　(a)$I_y=1.36\times10^7\text{mm}^4$;$I_z=27.48\times10^7\text{mm}^4$

(b)$I_y=33.98\text{m}^4$;$I_z=0.966\text{m}^4$

3-7　$I_z=0.013\,36\text{m}^4$

3-8　$a=111.2\text{mm}$

3-9　(a)$I_y=I_z=\dfrac{\pi d^4}{64}$;(b)$I_y=\dfrac{5\pi d^4}{32},I_z=\dfrac{\pi d^4}{32}$;(c)$I_y=I_z=\dfrac{5\pi d^4}{16}$

第 四 章

4-1 (a)$T_{max}=2M_e$;(b)$T_{max}=M_e$;(c)$T_{max}=40kN\cdot m$;(d)$T_{max}=4kN\cdot m$

4-2 (1)$T_{max}=1\ 145.9N\cdot m$;(2)$T_{max}=763.9N\cdot m$

4-3 最大正扭矩 $T_{max}=636.6kN\cdot m$,最大负扭矩 $T_{max}=1\ 591.5kN\cdot m$

4-4 略

4-5 略

4-6 $d\geqslant 39.3mm, d_1\geqslant 20mm, D_1\geqslant 40mm$

4-7 $\tau_{max}=81.5MPa, \theta_{max}=1.17°/m$

4-8 $G=79.65GPa$

4-9 $d\geqslant 70mm$

4-10 略

4-11 略

4-12 (a)$M_A=\frac{2}{3}M_e, M_B=\frac{1}{3}M_e$;(b)$M_A=\frac{ml}{2}, M_B=\frac{ml}{2}$

4-13 $[M_e]=372.7N\cdot m, T_{max}=\frac{5}{3}M_e$

4-14 $V_\varepsilon=\frac{m^2l^3}{6GI_p}$

4-15 $\tau_{max}=20.8MPa$

4-16 $\frac{I_{p正}}{I_{p矩}}=1.23$

4-17 $W_1:W_2:W_3=1:1.23:1.39$

第 五 章

5-1 (a)$F_{QA}=-qa, M_A=0, F_{QB}=-3qa, M_B=-7qa^2$,

$F_{QC}=2qa, M_C=-\frac{3qa^2}{2}, F_{QD}=-3qa, M_D=-4qa^2$

(b)$F_{QA}=qa, M_A=0, F_{QB}=-qa, M_B=0$,

$F_{QC}=qa, M_C=qa^2, F_{QD}=0, M_D=\frac{3qa^2}{2}$

5-2 (a)$F_{QA}=\frac{3qa}{4}, M_A=0, F_{QB}=0, M_B=0$,

$F_{QC左}=\frac{3qa}{4}, F_{QC右}=\frac{qa}{4}, M_{C左}=-\frac{3qa^2}{4}, M_{C右}=-\frac{qa^2}{4}$,

$F_{QD左}=-\frac{qa}{4}, F_{QD右}=qa, M_{D左}=M_{D右}=\frac{qa^2}{2}$

(b) $F_{QA}=0, M_A=-Fa, F_{QB}=0, M_B=0,$

$F_{QC左}=F, F_{QC右}=F, M_{C左}=M_{C右}=Fa,$

$F_{QD左}=F, F_{QD右}=0, M_{D左}=M_{D右}=\frac{qa^2}{2}$

5-3 (a) $F_{Q\max}=0, M_{\max}=M_e$

(b) $F_{Q\max}=\frac{M_e}{l}, M_{\max}=M_e$

(c) $F_{Q\max}=\frac{q_0 l}{6}, M_{Q\max}=\frac{q_0 l^2}{6}$

(d) $F_{Q\max}=\frac{q_0 l}{3}, M_{\max}=\frac{q_0 l^2}{9\sqrt{3}}$

5-4 (a) $F_{Q\max}=F, M_{\max}=Fb$

(b) $F_{Q\max}=\frac{M_e}{l}, M_{\max}=\frac{aM_e}{l}$

(c) $F_{Q\max}=2qa, M_{\max}=2qa^2$

(d) $F_{Q\max}=2qa, M_{\max}=qa^2$

(e) $F_{Q\max}=qa, |M_{\max}|=\frac{qa^2}{2}$

(f) $F_{Q\max}=F, |M_{\max}|=2Fa$

(g) $|F_{Q\max}|=3qa, |M_{\max}|=6qa^2$

(h) $|F_{Q\max}|=2qa, M_{\max}=qa^2$

5-5 纯弯曲是指梁横截面上只有弯矩且为常数,而无剪力的情况。横力弯曲指梁横截面上既有弯矩,又有剪力的情况。

5-6 (a) $M_{\max}=\frac{Fl}{4}, F_{Q\max}=\frac{Fl}{6}$

(b) $M_{\max}=\frac{Fl}{6}, F_{Q\max}=\frac{F}{2}$

(c) $M_{\max}=\frac{Fl}{6}, F_{Q\max}=\frac{F}{2}$

(d) $M_{\max}=\frac{Fl}{8}, F_{Q\max}=\frac{F}{2}$

5-7 (a) $F_{Q\max}=\frac{qa}{4}, M_{\max}=\frac{qa^2}{2}$

(b) $F_{Q\max}=\frac{qa}{4}, M_{\max}=\frac{qa^2}{4}$

5-8 (a) $|F_Q|_{\max}=\frac{5qa}{4}, |M|_{\max}=\frac{qa^2}{2}$

(b) $F_{Q\max}=\dfrac{3ql}{10}, M_{\max}=\dfrac{ql^2}{40}$

5-9 (a) $|F_Q|_{\max}=3qa, |M|_{\max}=7qa^2$

(b) $F_{Q\max}=qa, M_{\max}=\dfrac{3qa^2}{2}$

5-10 (a) $F_{Q\max}=qa, M_{\max}=\dfrac{3}{4}qa^2$

(b) $F_{Q\max}=qa, M_{\max}=qa^2$

5-11 $a=0.2l$

5-12 $a=\dfrac{\sqrt{2-1}}{2}l=0.207l$

5-13 (a) $F_{Q\max}=qa, M_{\max}=qa^2$

(b) $F_{Q\max}=2qa, M_{\max}=qa^2$

(c) $|F_{Q\max}|=\dfrac{3qa}{2}, M_{\max}=\dfrac{9qa^2}{8}$

(d) $|F_{Q\max}|=qa, |M_{\max}|=qa^2$

5-14 (a) $|F_{Q\max}|=5\text{kN}\cdot\text{m}, M_{\max}=6\text{kN}$

(b) $|F_{Q\max}|=2\text{kN}, M_{\max}=2.5\text{kN}\cdot\text{m}$

(c) $|F_{Q\max}|=20\text{kN}, M_{\max}=17.5\text{kN}\cdot\text{m}$

(d) $|F_{Q\max}|=10\text{kN}, M_{\max}=10\text{kN}\cdot\text{m}$

5-15 (a) $F_{Q\max}=\dfrac{qa}{2}, M_{\max}=\dfrac{qa^2}{2}$

(b) $F_{Q\max}=qa, M_{\max}=qa^2$

(c) $|F_{Q\max}|=\dfrac{3qa}{2}, |M_{\max}|=\dfrac{5qa^2}{2}$

(d) $F_{Q\max}=qa, M_{\max}=qa^2$

5-16 (a) $F_{Q\max}=F, M_{\max}=Fa$

(b) $F_{Q\max}=\dfrac{3ql}{2}, M_{\max}=\dfrac{9ql^2}{8}$

5-17 略

5-18 略

5-19 (a) $F_{N\max}=F, F_{Q\max}=2F, |M_{\max}|=2Fa$

(b) $|F_{N\max}|=qa, F_{Q\max}=qa, |M_{\max}|=\dfrac{qa^2}{2}$

(c) $F_{N\max}=\dfrac{qa}{2}, F_{Q\max}=\dfrac{qa}{2}, |M_{\max}|=\dfrac{qa^2}{2}$

(d) $F_{N\max}=\dfrac{M_e}{a}, |F_Q|_{\max}=\dfrac{M_e}{a}, |M_{\max}|=M_e$

5-20 $|F_N|_{\max}=F, |F_Q|_{\max}=F, |M|_{\max}=FR$

5-21 略

第 六 章

6-1 略

6-2 (1)$\sigma_a=-41.9\text{MPa}, \sigma_b=20.95\text{MPa}, \sigma_c=0, \sigma_d=41.9\text{MPa}$

(2)$\sigma_a=-62.55\text{MPa}, \sigma_b=-31.27\text{MPa}, \sigma_c=0, \sigma_d=62.55\text{MPa}$

6-3 (1)$\sigma^+_{\max}=30.3\text{MPa}, \sigma^-_{\max}=69\text{MPa}$

(2)$\sigma^+_{\max}=69\text{MPa}, \sigma^-_{\max}=30.3\text{MPa}$

6-4 $\sigma_{\max}=80\text{MPa}, F=604\text{N}$

6-5 $d=11\text{cm}; h=2b=12\text{cm}$

6-6 $\sigma_{\max实}=318.4\text{MPa}, \sigma_{\max空}=187.2\text{MPa}; 41.2\%$

6-7 $\sigma_{\max}=10\text{MPa}=[\sigma]$,安全

6-8 $\sigma_{\max}=26.2\text{MPa}<[\sigma^+], \sigma^-_{\max}=52.4\text{MPa}<[\sigma^-]$,安全。

6-9 $[q]=8.11\text{kN}\cdot\text{m}$

6-10 $\sigma^+_{\max}=15.7\text{MPa}<[\sigma^+]=30\text{MPa}, \sigma^-_{\max}=27.9\text{MPa}\leqslant[\sigma^-]=90\text{MPa}$,安全。

6-11 $a=\dfrac{3}{5}l$

6-12 $[q]=6.28\text{kN/m}$

6-13 $\tau_a=0, \tau_b=0.48\text{MPa}, \tau_c=0.67\text{MPa}, \tau_d=0$

6-14 $\tau_a=0, \tau_b=1.9\text{MPa}, \tau_c=2.04\text{MPa}, \tau_d=0$

6-15 (1)$\tau_{\max}=18.17\text{MPa}$

(2)$\tau_{胶}=17.2\text{MPa}$

6-16 $[M_e]=11.25\text{MPa}$

6-17 $b=130\text{cm}, h=190\text{cm}$

第 七 章

7-1 (a)$x_1=a, w_2=0; x_2=l+a, w_2=0; x_1=x_2=a, w_1=w_2, \theta_1=\theta_2$

(b)$x_1=0, w_1=0; x_2=l, w_2=\dfrac{ql^2h}{2EA}$

(c)$x_1=0, w_1=0; x_2=l, w_2=\dfrac{ql^2h}{2C}$

(d)$x_2=0, w_1=0, \theta_1=0; x_3=3l, w_3=0; x_1=x_2=l, w_1=w_2; x_2=x_3=2l, w_2=w_3, \theta_2=\theta_3$

7-2 (a)$\theta_C=\dfrac{M_e a}{EI}, w_C=\dfrac{M_e a^2}{2EI}$

(b) $\theta_C = \frac{M_e}{6lEI}(l^2 - 3b^2 - 3a^2)$, $w_C = \frac{M_e a}{6lEI}(l^2 - 3b^2 - a^2)$

(c) $\theta_C = \frac{M_e}{3EI}$, $w_C = \frac{M_e a}{6EI}(2l - 3a)$

(d) $\theta_C = \frac{Fa}{6EI}(2l + 3a)$, $w_C = \frac{Fa^2}{3EI}(l + a)$

7-3 (a) $w_B = \frac{ql^4}{8EI}$, $\theta_B = \frac{ql^3}{6EI}$

(b) $w_B = \frac{3Fl^3}{16EI}$, $\theta_B = \frac{5F_p l^2}{16EI}$

(c) $w_B = \frac{2Fl^2 + 3ml^2}{6EI}$, $\theta_B = \frac{2Fl^3 + 2ml}{2EI}$

(d) $w_B = \frac{41ql^4}{384EI}$, $\theta_B = \frac{7ql^3}{48EI}$

7-4 (a) $\theta_A = -\frac{ml}{6EI}$, $\theta_B = \frac{ml}{3EI}$, $w_{\frac{l}{2}} = -\frac{ml^2}{16EI}$, $w_{\max} = -\frac{ml^2}{9\sqrt{3}EI}$

(b) $\theta_A = -\theta_B = -\frac{11qa^3}{6EI}$, $w_{\frac{l}{2}} = w_{\max} = -\frac{19qa^4}{8EI}$

(c) $\theta_A = -\frac{7q_0l^3}{360EI}$, $\theta_B = \frac{q_0l^3}{45EI}$, $w_{\frac{l}{2}} = -\frac{5q_0l^4}{768EI}$, $w_{\max} = -\frac{5.01q_0l^4}{768EI}$

(d) $\theta_A = -\frac{3ql^3}{128EI}$, $\theta_B = \frac{7ql^3}{384EI}$, $w_{\frac{l}{2}} = -\frac{5ql^4}{768EI}$, $w_{\max} = -\frac{5.04ql^4}{768EI}$

7-5 (a) $\theta_A = \frac{ql^3}{6EI}$, $\theta_C = \frac{ql^3}{6EI}$, $w_C = \frac{ql^4}{8EI}$, $w_D = \frac{ql^4}{12EI}$

(b) $\theta_A = \frac{ql^3}{24EI}$, $\theta_C = \frac{5ql^3}{48EI}$, $w_C = \frac{ql^4}{24EI}$, $w_D = -\frac{ql^4}{384EI}$

7-6 (1) $x = 0, w = 0; x = l, w = 0$

(2) 略

(3) $F_{Q\max} = \frac{ql}{2}$, $M_{\max} = \frac{ql^2}{8}$

7-7 (a) $w_A = \frac{ql^2}{8EI}(4a^2 + l^2)$, $\theta_A = -\frac{ql}{6EI}(6a^2 + l^2)$

(b) $w|_{x=\frac{l}{2}} = \frac{ql^2}{384EI}(72a^2 + 5l^2)$, $\theta_B = \frac{ql}{24EI}(8a^2 + l^2)$

7-8 (a) $w_C = \frac{qal^3}{24EI}$, $\theta_B = \frac{ql^3}{24EI}$

(b) $\theta_B = \frac{qa^2l}{6EI}$, $w_C = \frac{ql}{24EI}(3l^3 + 4a^3)$

7-9 (a) $w_A = -\frac{Fb}{6EI}(3a^2 + 3ab + b^2)$, $\theta_A = \frac{Fb(2a + b)}{2EI}$

(b) $w_{\max} = \frac{41ql^4}{384EI}$, $\theta_{\max} = \frac{7ql^3}{48EI}$

7-10 $\Delta_{Ay}=\dfrac{Fa^2(a+3h)}{3EI}$

7-11 $\Delta_{Ay}=\dfrac{Fl^3}{3EI}+\dfrac{Fa^2l}{GI_t}+\dfrac{Fa^3}{3EI}$

7-12 $b\geqslant 90\text{mm}, h\geqslant 180\text{mm}$

7-13 $[w]=0.0001l=0.0001\times 400=0.04\text{mm}$

$[\theta]=0.001=1\times 10^{-3}\text{rad}$

$w_C=0.0353\text{mm}<[v]=0.04\text{mm}$

$\theta_B=0.1094\times 10^{-3}\text{rad}<[\theta]=1\times 10^{-3}\text{rad}$

满足刚度要求。

7-14 (a)$F_{Ay}=\dfrac{7qa}{64}, F_{By}=\dfrac{57qa}{64}, M_B=\dfrac{9qa^2}{32}$

(b)$F_{Ay}=\dfrac{7qa}{16}, F_{By}=\dfrac{5qa}{8}, F_{Cy}=\dfrac{qa^2}{16}$

7-15 (a)$F_{Ay}=\dfrac{F}{2}, F_{By}=\dfrac{F}{2}, M_B=\dfrac{Fl}{8}$

(b)$F_{Ay}=-F_{Cy}=\dfrac{3M_e}{2l}, M_A=M_C=\dfrac{M_e}{4}$

7-16 $\sigma_{max}=109.1\text{MPa}, \sigma_{BC}=31\text{MPa}, w_C=8.03\text{mm}$

7-17 $M_{max}=\dfrac{3lEI(F+k\delta)}{kl^3+3EI}$

第八章

8-1 略

8-2 (a)$\sigma_{60^\circ}=-62.5\text{MPa}, \tau_{60^\circ}=-65\text{MPa}$

(b)$\sigma_{157.5^\circ}=21.2\text{MPa}, \tau_{157.5^\circ}=-21.2\text{MPa}$

8-3 (a)$\sigma_1=57\text{MPa}, \sigma_2=0\text{MPa}, \sigma_3=-7\text{MPa}, \alpha_0=19^\circ 20', \tau_{max}=32\text{MPa}$

(b)$\sigma_1=11.2\text{MPa}, \sigma_2=0\text{MPa}, \sigma_3=-71.2\text{MPa}, \alpha_0=37^\circ 59', \tau_{max}=41.2\text{MPa}$

(c)$\sigma_1=4.7\text{MPa}, \sigma_2=0\text{MPa}, \sigma_3=-84.7\text{MPa}, \alpha_0=-13^\circ 17', \tau_{max}=44.7\text{MPa}$

8-4 $\sigma_1=52.2\text{MPa}, \sigma_2=50\text{MPa}, \sigma_3=-42.2\text{MPa}, \tau_{max}=80\text{MPa}$

8-5 $F=50.3\text{kN}$

8-6 $F=-2bh\dfrac{E\varepsilon_{45^\circ}}{1+\mu}$

8-7 $F=785\text{kN}, M=6.79\text{kN}\cdot\text{m}$

8-8 $\Delta l=9.29\times 10^{-3}\text{mm}$

8-9 略

8-10 (1)$[F]=9.8\text{kN}$

(2)$[F]=2.06\text{kN}$

8-11 $\sigma_{r2}=26.8\text{MPa}<[\sigma_t]$,安全。

第 九 章

9-1 略

9-2 (1)$\sigma_{tmax}=\frac{8F}{a^2},\sigma_{cmax}=-\frac{4F}{a^2}$

(2)8 倍

9-3 $[F_p]=45\text{kN}$

9-4 $F_p=78.75\text{kN},e=98.6\text{mm}$

9-5 $\sigma_{max}=121\text{MPa},\frac{\sigma_{max}-[\sigma]}{[\sigma]}\times100\%=\frac{121-120}{120}\times100\%=0.8\%<5\%$,因此横梁的强度足够。

9-6 $\sigma_{tmax}=26.9\text{MPa}<[\sigma_t],\sigma_{cmax}=32.3\text{MPa}<[\sigma_c]$,结构安全。

9-7 $t=2.65\text{mm}$

9-8 $\sigma_{r4}=\sqrt{\left(\frac{4F}{\pi d^2}+\frac{32F_s l}{\pi d^3}\right)^2+3\left(\frac{16T}{\pi d^3}\right)^2}$

9-9 $d=6\text{cm}$

第 十 章

10-1 略

10-2 (1)$F_{cr}=596.8\text{kN}$;(2)$F_{cr}=1\ 821.1\text{kN}$;(3)$F_{cr}=1\ 450.2\text{kN}$

10-3 (1)$x=0.412l,F_{cr}=\frac{\pi^2EI}{(0.412l)^2}$;(2)$F_{cr}=\frac{\pi^2EI}{(0.7l)^2}$

10-4 (1)$F_{cr}=\frac{\sqrt{2}\pi^2EI}{a^2}$;(2)$F_{cr}=\frac{\pi^2EI}{2a^2}$

10-5 $\Delta T=38.9℃$

10-6 $\beta=\arctan(\cot^2\alpha)$

10-7 (a)$F_{cr}=4.05\text{kN}$;(b)$F_{cr}=16.18\text{kN}$;(c)$F_{cr}=32.13\text{kN}$

10-8 (a)$F_{cr}=467.4\text{kN}$;(b)$F_{cr}=233.9\text{kN}$;(c)$F_{cr}=466.5\text{kN}$;(d)$F_{cr}=1\ 198.8\text{kN}$

10-9 $\frac{h}{b}=\frac{1.429}{1}$

10-10 $[F]=18.77\text{kN}$

10-11 $[F]=160\text{kN}$

10-12 (1)$F\leqslant119.2\text{kN}$;(2)$n=1.69$;(3)$F\leqslant73.6\text{kN}$

10-13 $a=20.79\text{cm}$

10-14 $[F]=117.75\text{kN}$

10-15　$110 \times 110 \times 10$

第 十一 章

11-1　$F_{N_d} = 90.6\text{kN}$

11-2　$\sigma_{\text{dmax}} = 140\text{MPa}$

11-3　$v_{\max} = 51.96\text{m/s}$

11-4　$\Delta l = \dfrac{\omega^2 l^2}{3EAg}(3P_2 + P_1)$

11-5　$\sigma_{\text{da}} = \sqrt{\dfrac{8HPE}{\pi l d^2\left[\dfrac{3}{5}\left(\dfrac{d}{D}\right)^2 + \dfrac{2}{5}\right]}}$，$\sigma_{\text{db}} = \sqrt{\dfrac{8HPE}{\pi l D^2}}$，图 b）所示等截面杆的抗冲击能力强。

11-6　（1）$\sigma_{\text{st}} = 0.028\ 3\text{MPa}$；（2）$\sigma_{\text{d}} = 6.9\text{MPa}$；（3）$\sigma_{\text{d}} = 1.2\text{MPa}$

11-7　$\sigma_{\text{dmax}} = \dfrac{2Ql}{gW}\left(1 + \sqrt{1 + \dfrac{243EHI}{2Ql^3}}\right)$，$f_{\frac{l}{2}} = \dfrac{23Ql^3}{1\ 296EI}\left(1 + \sqrt{1 + \dfrac{243EHI}{2Ql^3}}\right)$

11-8　$\sigma_{\text{dmax}} = 136.3\text{MPa}$

11-9　$\sigma_{\text{dmax}} = 16.9\text{MPa}$

参考文献

[1] 孙训方,方孝淑,关来泰 . 材料力学(Ⅰ)[M].5 版. 北京:高等教育出版社,2009.
[2] 孙训方,方孝淑,关来泰 . 材料力学(Ⅱ)[M].5 版. 北京:高等教育出版社,2009.
[3] 刘鸿文. 材料力学(Ⅰ)[M].4 版. 北京:高等教育出版社,2004.
[4] 刘鸿文. 材料力学(Ⅱ)[M].4 版. 北京:高等教育出版社,2004.
[5] 单辉祖. 材料力学(Ⅰ)[M]. 北京:高等教育出版社,1999.
[6] 单辉祖. 材料力学(Ⅱ)[M]. 北京:高等教育出版社,1999.
[7] 范钦珊. 材料力学[M]. 北京:高等教育出版社,2000.
[8] 张新占. 材料力学[M]. 西安:西北工业大学出版社,2006.